동물보건 복지 및 법규

오희경 · 김주완 · 배동화
송광영 · 이재연 · 황보람

박영story

　　최근 우리나라는 반려동물을 기르는 인구가 1,500만 명을 넘는 추세이고 이는 서너 집 걸러 한 세대가 반려동물과 함께 하고 있는 상황이다. 얼마 전까지만 해도 이들을 '애완동물'이라 불렀지만 이제는 애완동물보다는 사람들과 '더불어 사는 동물'이라는 의미를 가진 '반려동물'이라 부르고 있다. 반려동물은 반려인과 정서적 교감을 나누고 더불어 같이 살아가는 우리 삶의 동반자로 받아들이고 있으나 반려동물에 대한 법과 제도는 빠른 변화의 속도를 맞추지 못하는 경우가 많다. 반려동물을 기르면서 갖게 되는 기쁨도 있지만, 반려인은 반려동물과 함께하면서 많은 책임도 따른다는 것을 분명히 인식하여야 한다. 이에 따라 여러 법적 문제들이 발생하고 있는데, 대표적으로 반려동물 유기와 반려동물 학대 등에 관한 문제들이 있다. 이와 관련하여 우리나라에서는 동물보호법을 제정하여 동물에 대한 학대행위의 방지뿐만 아니라 동물복지 증진, 건전한 사육문화, 동물의 생명 존중 등 사람과 동물의 조화로운 공존에까지 그 목적을 이루기 위해 동물보호법을 제정하고 있다.

　　한편, 반려동물을 키우는 가구의 수가 증가함에 따라 동물병원을 이용하는 반려동물의 수가 점점 늘어나고 있다. 이와 더불어 동물병원에서 필요로 하는 인력들도 늘어나고 있다. 동물병원에서 동물보건사는 주로 수의사의 진료를 보조하거나 병원에 있는 동물들을 간호하는 업무를 수행하는데, 이를 위해 필요한 전문적인 지식을 갖춰야 한다. 이 책은 이러한 동물보건사를 희망하는 학생들이 동물보건사 자격증 취득을 위해 필수전공과목인 '동물보건복지 및 법규' 교과목에서 다루어야 할 '동물보호법' 및 '수의사법'을 수록하였다. 이외에도 실험동물 및 동물실험의 적절한 관리를 통하여 동물실험에 대한 윤리성 및 신뢰성을 높여 생명과학 발전과 국민보건 향상에 이바지를 목적으로 하는 '실험동물법'에 대한 내용을 정리하여 집필하였다.

머리말

　본서는 '동물보호법', '수의사법' 및 '실험동물법'에 대한 각 법의 조항들과 시행령, 시행규칙 등으로 내용을 구성하였으며 이에 대하여 공부하는 학생들에게 도움이 될 수 있도록 법과 관련된 세부적인 사항들과 용어에 대한 풀이, 각 법과 관련된 여러 자료들 및 상세한 정보 제공을 위해 QR 코드를 삽입하여 집필하였다.

　본서가 출판되기까지 참여하신 교수들에게 감사의 마음을 담아 그 뜻을 전하며, 아낌없는 노고에 감사를 표한다. 또한 출판을 위하여 산파 역할을 해주신 박영사의 김한유 과장님을 비롯하여 직원분들께도 감사의 마음을 드리고 싶다. 앞으로 이 본서를 통하여 동물보건사 분야의 학생들뿐만 아니라 많은 반려인들에게 반려동물과 더불어 사는 사회를 구현하기 위한 길라잡이로서의 역할을 해낼 수 있게 된다면 이 책을 집필하게 된 큰 보람을 가질 수 있을 것으로 생각한다.

2023년 8월

저자대표 오희경

제1장
동물보호법

제2장
수의사법

목 차

제 3 장
실험동물법

제1장

동물보호법

Ⅰ 동물보호법

제1장 총칙

용어해설

제1조(목적) 이 법은 동물의 생명보호, 안전 보장 및 복지 증진을 꾀하고 건전하고 책임 있는 사육문화를 조성함으로써, 생명 존중의 국민 정서를 기르고 사람과 동물의 조화로운 공존에 이바지함을 목적으로 한다.

제2조(정의) 이 법에서 사용하는 용어의 뜻은 다음과 같다.

  1. "동물"이란 고통을 느낄 수 있는 신경체계가 발달한 **척추동물**로서 다음 각 목의 어느 하나에 해당하는 동물을 말한다.

    가. 포유류

    나. 조류

    다. 파충류·양서류·어류 중 농림축산식품부장관이 관계 중앙행정기관의 장과의 협의를 거쳐 대통령령으로 정하는 동물

  2. "소유자등"이란 동물의 소유자와 일시적 또는 영구적으로 동물을 사육·관리 또는 보호하는 사람을 말한다.

  3. "**유실**·**유기**동물"이란 도로·공원 등의 공공장소에서 소유자등이 없이 배회하거나 내버려진 동물을 말한다.

  4. "피학대동물"이란 제10조제2항 및 같은 조 제4항제2호에 따른 학대를 받은 동물을 말한다.

  5. "맹견"이란 다음 각 목의 어느 하나에 해당하는 개를 말한다.

    가. 도사견, 핏불테리어, 로트와일러 등 사람의 생명이나 신체 또는 동물에 위해를 가할 우려가 있는 개로서 농림축산식품부령으로 정하는 개

    나. 사람의 생명이나 신체 또는 동물에 위해를 가할 우려가 있어 제24조제3항에 따라 시·도지사가 맹견으로 지정한 개

척추동물: 머리뼈 아래에서 엉덩이 부위까지 33개의 뼈가 이어져 척주를 이루고 있는 동물

유실: 가지고 있던 돈이나 물건 따위를 부주의로 잃어버림

유기: 내다버림

6. "봉사동물"이란 「장애인복지법」 제40조에 따른 장애인 보조견 등 사람이나 국가를 위하여 봉사하고 있거나 봉사한 동물로서 대통령령으로 정하는 동물을 말한다.

7. "반려동물"이란 반려(伴侶)의 목적으로 기르는 개, 고양이 등 농림축산식품부령으로 정하는 동물을 말한다.

8. "등록대상동물"이란 동물의 보호, 유실·유기(遺棄) 방지, 질병의 관리, 공중위생상의 위해 방지 등을 위하여 등록이 필요하다고 인정하여 대통령령으로 정하는 동물을 말한다.

9. "동물학대"란 동물을 대상으로 정당한 사유 없이 불필요하거나 피할 수 있는 고통과 스트레스를 주는 행위 및 굶주림, 질병 등에 대하여 적절한 조치를 게을리 하거나 방치하는 행위를 말한다.

10. "기질평가"란 동물의 건강상태, 행동**양태** 및 소유자등의 통제능력 등을 종합적으로 분석하여 평가 대상 동물의 공격성을 판단하는 것을 말한다.

> 양태: 사물이나 현상이 존재하는 모양이나 상태

11. "반려동물행동지도사"란 반려동물의 행동분석·평가 및 훈련 등에 전문지식과 기술을 가진 사람으로서 제31조제1항에 따른 자격시험에 합격한 사람을 말한다.

12. "동물실험"이란 「실험동물에 관한 법률」 제2조제1호에 따른 동물실험을 말한다.

13. "동물실험시행기관"이란 동물실험을 실시하는 법인·단체 또는 기관으로서 대통령령으로 정하는 법인·단체 또는 기관을 말한다.

제3조(동물보호의 기본원칙) 누구든지 동물을 사육·관리 또는 보호할 때에는 다음 각 호의 원칙을 준수하여야 한다.

1. 동물이 본래의 습성과 몸의 원형을 유지하면서 정상적으로 살 수 있도록 할 것

▌ 관련 법조항

「장애인복지법」 제40조(장애인 보조견의 훈련·보급 지원 등) ① 국가와 지방자치단체는 장애인의 복지 향상을 위하여 장애인을 보조할 장애인 보조견(補助犬)의 훈련·보급을 지원하는 방안을 강구하여야 한다.

「실험동물에 관한 법률」 제2조(정의) 이 법에서 사용하는 용어의 정의는 다음과 같다.

1. "동물실험"이란 교육·시험·연구 및 생물학적 제제(製劑)의 생산 등 과학적 목적을 위하여 실험동물을 대상으로 실시하는 실험 또는 그 과학적 절차를 말한다.

2. 동물이 갈증 및 굶주림을 겪거나 영양이 결핍되지 아니하도록 할 것

3. 동물이 정상적인 행동을 표현할 수 있고 불편함을 겪지 아니하도록 할 것

4. 동물이 고통·상해 및 질병으로부터 자유롭도록 할 것

5. 동물이 공포와 스트레스를 받지 아니하도록 할 것

제4조(국가·지방자치단체 및 국민의 책무) ① 국가와 지방자치단체는 동물학대 방지 등 동물을 적정하게 보호·관리하기 위하여 필요한 **시책**을 수립·시행하여야 한다.

② 국가와 지방자치단체는 제1항에 따른 책무를 다하기 위하여 필요한 인력·예산 등을 확보하도록 노력하여야 하며, 국가는 동물의 적정한 보호·관리, 복지업무 추진을 위하여 지방자치단체에 필요한 사업비의 전부 또는 일부를 예산의 범위에서 지원할 수 있다.

③ 국가와 지방자치단체는 대통령령으로 정하는 민간단체에 동물보호운동이나 그 밖에 이와 관련된 활동을 권장하거나 필요한 지원을 할 수 있으며, 국민에게 동물의 적정한 보호·관리의 방법 등을 알리기 위하여 노력하여야 한다.

④ 모든 국민은 동물을 보호하기 위한 국가와 지방자치단체의 시책에 적극 협조하는 등 동물의 보호를 위하여 노력하여야 한다.

⑤ 소유자등은 동물의 보호·복지에 관한 교육을 이수하는 등 동물의 적정한 보호·관리와 동물학대 방지를 위하여 노력하여야 한다.

제5조(다른 법률과의 관계) 동물의 보호 및 이용·관리 등에 대하여 다른 법률에 특별한 규정이 있는 경우를 제외하고는 이 법에서 정하는 바에 따른다.

제2장 동물복지종합계획의 수립 등

제6조(동물복지종합계획) ① 농림축산식품부장관은 동물의 적정한 보호·관리를 위하여 5년마다 다음 각 호의 사항이 포함된 동물복지종합계획(이하 "종합계획"이라 한다)을 수립·시행하여야 한다.

1. 동물복지에 관한 기본방향

2. 동물의 보호·복지 및 관리에 관한 사항

3. 동물을 보호하는 시설에 대한 지원 및 관리에 관한 사항

시책: 어떤 정책을 시행함. 또는 그 정책

4. 반려동물 관련 영업에 관한 사항

  5. 동물의 질병 예방 및 치료 등 보건 증진에 관한 사항

  6. 동물의 보호·복지 관련 대국민 교육 및 홍보에 관한 사항

  7. 종합계획 추진 재원의 조달방안

  8. 그 밖에 동물의 보호·복지를 위하여 필요한 사항

② 농림축산식품부장관은 종합계획을 수립할 때 관계 중앙행정기관의 장 및 특별시장·광역시장·특별자치시장·도지사·특별자치도지사(이하 "시·도지사"라 한다)의 의견을 수렴하고, 제7조에 따른 동물복지위원회의 심의를 거쳐 확정한다.

③ 시·도지사는 종합계획에 따라 5년마다 특별시·광역시·특별자치시·도·특별자치도(이하 "시·도"라 한다) 단위의 동물복지계획을 수립하여야 하고, 이를 농림축산식품부장관에게 통보하여야 한다.

제7조(동물복지위원회) ① 농림축산식품부장관의 다음 각 호의 **자문**에 응하도록 하기 위하여 농림축산식품부에 동물복지위원회(이하 이 조에서 "위원회"라 한다)를 둔다. 다만, 제1호는 **심의**사항으로 한다.

> **자문**: 어떤 일을 좀 더 효율적이고 바르게 처리하려고 그 방면의 전문가나, 전문가들로 이루어진 기구에 의견
>
> **심의**: 심사하고 토의함
>
> **수립**: 국가나 정부, 제도, 계획 따위를 이룩하여 세움

  1. 종합계획의 **수립**에 관한 사항

  2. 동물복지정책의 수립, 집행, 조정 및 평가 등에 관한 사항

  3. 다른 중앙행정기관의 업무 중 동물의 보호·복지와 관련된 사항

  4. 그 밖에 동물의 보호·복지에 관한 사항

② 위원회는 공동위원장 2명을 포함하여 20명 이내의 위원으로 구성한다.

③ 공동위원장은 농림축산식품부차관과 **호선**(互選)된 민간위원으로 하며, 위원은 관계 중앙행정기관의 소속 공무원 또는 다음 각 호에 해당하는 사람 중에서 농림축산식품부장관이 임명 또는 **위촉**한다.

> **호선**: 어떤 조직의 구성원들이 그 가운데에서 어떠한 사람을 뽑음. 또는 그런 선거
>
> **위촉**: 어떤 일을 남에게 부탁하여 맡게 함

  1. 수의사로서 동물의 보호·복지에 대한 학식과 경험이 풍부한 사람

  2. 동물복지정책에 관한 학식과 경험이 풍부한 사람으로서 제4조제3항에 따른 민간단체의 추천을 받은 사람

  3. 그 밖에 동물복지정책에 관한 전문지식을 가진 사람으로서 농림축산식품부령으로 정하는 자격기준에 맞는 사람

④ 위원회는 위원회의 업무를 효율적으로 수행하기 위하여 위원회에 분과위원회를 둘 수 있다.

⑤ 제1항부터 제4항까지의 규정에 따른 사항 외에 위원회 및 분과위원회의 구성·운영 등에 관한 사항은 대통령령으로 정한다.

제8조(시·도 동물복지위원회) ① 시·도지사는 제6조제3항에 따른 시·도 단위의 동물복지계획의 수립, 동물의 적정한 보호·관리 및 동물복지에 관한 정책을 종합·조정하기 위하여 시·도 동물복지위원회를 설치·운영할 수 있다. 다만, 시·도에 동물복지위원회와 성격 및 기능이 유사한 위원회가 설치되어 있는 경우 해당 시·도의 **조례**로 정하는 바에 따라 그 위원회가 동물복지위원회의 기능을 대신할 수 있다.

② 시·도 동물복지위원회의 구성·운영 등에 관한 사항은 각 시·도의 조례로 정한다.

조례: 지방 자치 단체가 법령의 범위 안에서 지방 의회의 의결을 거쳐 그 지방의 사무에 관하여 제정하는 법

제3장 동물의 보호 및 관리

제1절 동물의 보호 등

제9조(적정한 사육·관리) ① 소유자등은 동물에게 적합한 사료와 물을 공급하고, 운동·휴식 및 수면이 보장되도록 노력하여야 한다.

② 소유자등은 동물이 질병에 걸리거나 부상당한 경우에는 신속하게 치료하거나 그 밖에 필요한 조치를 하도록 노력하여야 한다.

③ 소유자등은 동물을 관리하거나 다른 장소로 옮긴 경우에는 그 동물이 새로운 환경에 적응하는 데에 필요한 조치를 하도록 노력하여야 한다.

④ 소유자등은 재난 시 동물이 안전하게 대피할 수 있도록 노력하여야 한다.

⑤ 제1항부터 제3항까지에서 규정한 사항 외에 동물의 적절한 사육·관리 방법 등에 관한 사항은 농림축산식품부령으로 정한다.

제10조(동물학대 등의 금지) ① 누구든지 동물을 죽이거나 죽음에 이르게 하는 다음 각 호의 행위를 하여서는 아니 된다.

  1. 목을 매다는 등의 잔인한 방법으로 죽음에 이르게 하는 행위
  2. 노상 등 공개된 장소에서 죽이거나 같은 종류의 다른 동물이 보는 앞에서 죽음에 이르게 하는 행위
  3. 동물의 습성 및 생태환경 등 부득이한 사유가 없음에도 불구하고 해당 동물을 다른 동물의 먹이로 사용하는 행위
  4. 그 밖에 사람의 생명·신체에 대한 직접적인 위협이나 재산상의 피해

방지 등 농림축산식품부령으로 정하는 정당한 사유 없이 동물을 죽음에 이르게 하는 행위

② 누구든지 동물에 대하여 다음 각 호의 행위를 하여서는 아니 된다.

1. 도구·약물 등 물리적·화학적 방법을 사용하여 상해를 입히는 행위. 다만, 해당 동물의 질병 예방이나 치료 등 농림축산식품부령으로 정하는 경우는 제외한다.

2. 살아있는 상태에서 동물의 몸을 손상하거나 체액을 채취하거나 체액을 채취하기 위한 장치를 설치하는 행위. 다만, 해당 동물의 질병 예방 및 동물실험 등 농림축산식품부령으로 정하는 경우는 제외한다.

3. 도박·광고·오락·유흥 등의 목적으로 동물에게 상해를 입히는 행위. 다만, 민속경기 등 농림축산식품부령으로 정하는 경우는 제외한다.

4. 동물의 몸에 고통을 주거나 상해를 입히는 다음 각 목에 해당하는 행위

   가. 사람의 생명·신체에 대한 직접적 위협이나 재산상의 피해를 방지하기 위하여 다른 방법이 있음에도 불구하고 동물에게 고통을 주거나 상해를 입히는 행위

   나. 동물의 습성 또는 사육환경 등의 부득이한 사유가 없음에도 불구하고 동물을 혹서·혹한 등의 환경에 방치하여 고통을 주거나 상해를 입히는 행위

   다. 갈증이나 굶주림의 해소 또는 질병의 예방이나 치료 등의 목적 없이 동물에게 물이나 음식을 강제로 먹여 고통을 주거나 상해를 입히는 행위

   라. 동물의 사육·훈련 등을 위하여 필요한 방식이 아님에도 불구하고 다른 동물과 싸우게 하거나 도구를 사용하는 등 잔인한 방식으로 고통을 주거나 상해를 입히는 행위

③ 누구든지 소유자등이 없이 배회하거나 내버려진 동물 또는 피학대동물 중 소유자등을 알 수 없는 동물에 대하여 다음 각 호의 어느 하나에 해당하는 행위를 하여서는 아니 된다.

1. 포획하여 판매하는 행위

2. 포획하여 죽이는 행위

3. 판매하거나 죽일 목적으로 포획하는 행위

4. 소유자등이 없이 배회하거나 내버려진 동물 또는 피학대동물 중 소유 자등을 알 수 없는 동물임을 알면서 알선·구매하는 행위

④ 소유자등은 다음 각 호의 행위를 하여서는 아니 된다.

1. 동물을 유기하는 행위

2. 반려동물에게 최소한의 사육공간 및 먹이 제공, 적정한 길이의 목줄, 위생·건강 관리를 위한 사항 등 농림축산식품부령으로 정하는 사육·관리 또는 보호의무를 위반하여 상해를 입히거나 질병을 유발하는 행위

3. 제2호의 행위로 인하여 반려동물을 죽음에 이르게 하는 행위

⑤ 누구든지 다음 각 호의 행위를 하여서는 아니 된다.

1. 제1항부터 제4항까지(제4항제1호는 제외한다)의 규정에 해당하는 행위를 촬영한 사진 또는 영상물을 판매·전시·전달·상영하거나 인터넷에 게재하는 행위. 다만, 동물보호 의식을 **고양**하기 위한 목적이 표시된 홍보활동 등 농림축산식품부령으로 정하는 경우에는 그러하지 아니하다.

> **고양**: 정신이나 기분 따위를 북돋워서 높임

2. 도박을 목적으로 동물을 이용하는 행위 또는 동물을 이용하는 도박을 행할 목적으로 광고·선전하는 행위. 다만, 「사행산업통합감독위원회법」 제2조제1호에 따른 사행산업은 제외한다.

3. 도박·시합·복권·오락·유흥·광고 등의 상이나 경품으로 동물을 제공하는 행위

4. **영리**를 목적으로 동물을 대여하는 행위. 다만, 「장애인복지법」 제40조에 따른 장애인 보조견의 대여 등 농림축산식품부령으로 정하는 경우는 제외한다.

> **영리**: 재산상의 이익을 꾀함. 또는 그 이익

❙ 관련 법조항

「사행산업통합감독위원회법」 제2조(정의) 이 법에서 사용하는 용어의 정의는 다음과 같다.

1. "사행산업"이라 함은 다음 각 목의 규정에 따른 것을 말한다.

　가. 카지노업: 「관광진흥법」과 「폐광지역개발 지원에 관한 특별법」의 규정에 따른 카지노업

　나. 경마: 「한국마사회법」의 규정에 따른 경마

　다. 경륜·경정: 「경륜·경정법」의 규정에 따른 경륜과 경정

　라. 복권: 「복권 및 복권기금법」의 규정에 따른 복권

　마. 체육진흥투표권: 「국민체육진흥법」의 규정에 따른 체육진흥투표권

　바. 소싸움경기: 「전통 소싸움경기에 관한 법률」에 따른 소싸움경기

「장애인복지법」 제40조(장애인 보조견의 훈련·보급 지원 등) ① 국가와 지방자치단체는 장애인의 복지 향상을 위하여 장애인을 보조할 장애인 보조견(補助犬)의 훈련·보급을 지원하는 방안을 강구하여야 한다.

제11조(동물의 운송) ① 동물을 운송하는 자 중 농림축산식품부령으로 정하는 자는 다음 각 호의 사항을 준수하여야 한다.

1. 운송 중인 동물에게 적합한 사료와 물을 공급하고, 급격한 출발·제동 등으로 충격과 상해를 입지 아니하도록 할 것

2. 동물을 운송하는 차량은 동물이 운송 중에 상해를 입지 아니하고, 급격한 체온 변화, 호흡곤란 등으로 인한 고통을 최소화할 수 있는 구조로 되어 있을 것

3. 병든 동물, 어린 동물 또는 임신 중이거나 포유 중인 새끼가 딸린 동물을 운송할 때에는 함께 운송 중인 다른 동물에 의하여 상해를 입지 아니하도록 칸막이의 설치 등 필요한 조치를 할 것

4. 동물을 싣고 내리는 과정에서 동물 또는 동물이 들어있는 운송용 우리를 던지거나 떨어뜨려서 동물을 다치게 하는 행위를 하지 아니할 것

5. 운송을 위하여 전기(電氣) 몰이도구를 사용하지 아니할 것

② 농림축산식품부장관은 제1항제2호에 따른 동물 운송 차량의 구조 및 설비기준을 정하고 이에 맞는 차량을 사용하도록 권장할 수 있다.

③ 농림축산식품부장관은 제1항 및 제2항에서 규정한 사항 외에 동물 운송에 관하여 필요한 사항을 정하여 권장할 수 있다.

제12조(반려동물의 전달방법) 반려동물을 다른 사람에게 전달하려는 자는 직접 전달하거나 제73조제1항에 따라 동물운송업의 등록을 한 자를 통하여 전달하여야 한다.

제13조(동물의 도살방법) ① 누구든지 혐오감을 주거나 잔인한 방법으로 동물을 도살하여서는 아니 되며, 도살과정에서 불필요한 고통이나 공포, 스트레스를 주어서는 아니 된다.

② 「축산물 위생관리법」 또는 「가축전염병 예방법」에 따라 동물을 죽이는 경우에는 가스법·전살법(電殺法) 등 농림축산식품부령으로 정하는 방법을 이

│ 관련 법조항

「축산물 위생관리법」 제1조(목적) 이 법은 축산물의 위생적인 관리와 그 품질의 향상을 도모하기 위하여 가축의 사육·도살·처리와 축산물의 가공·유통 및 검사에 필요한 사항을 정함으로써 축산업의 건전한 발전과 공중위생의 향상에 이바지함을 목적으로 한다.

「가축전염병 예방법」 제1조(목적) 이 법은 가축의 전염성 질병이 발생하거나 퍼지는 것을 막음으로써 축산업의 발전과 공중위생의 향상에 이바지함을 목적으로 한다.

용하여 고통을 최소화하여야 하며, 반드시 의식이 없는 상태에서 다음 도살 단계로 넘어가야 한다. **매몰**을 하는 경우에도 또한 같다.

③ 제1항 및 제2항의 경우 외에도 동물을 불가피하게 죽여야 하는 경우에는 고통을 최소화할 수 있는 방법에 따라야 한다.

제14조(동물의 수술) 거세, 뿔 없애기, 꼬리 자르기 등 동물에 대한 외과적 수술을 하는 사람은 수의학적 방법에 따라야 한다.

제15조(등록대상동물의 등록 등) ① 등록대상동물의 소유자는 동물의 보호와 유실·유기 방지 및 공중위생상의 위해 방지 등을 위하여 특별자치시장·특별자치도지사·시장·군수·구청장에게 등록대상동물을 등록하여야 한다. 다만, 등록대상동물이 맹견이 아닌 경우로서 농림축산식품부령으로 정하는 바에 따라 시·도의 조례로 정하는 지역에서는 그러하지 아니하다.

② 제1항에 따라 등록된 등록대상동물(이하 "등록동물"이라 한다)의 소유자는 다음 각 호의 어느 하나에 해당하는 경우에는 해당 각 호의 구분에 따른 기간에 특별자치시장·특별자치도지사·시장·군수·구청장에게 신고하여야 한다.

  1. 등록동물을 잃어버린 경우: 등록동물을 잃어버린 날부터 10일 이내

  2. 등록동물에 대하여 대통령령으로 정하는 사항이 변경된 경우: 변경사유 발생일부터 30일 이내

③ 등록동물의 소유권을 이전받은 자 중 제1항 본문에 따른 등록을 실시하는 지역에 거주하는 자는 그 사실을 소유권을 이전받은 날부터 30일 이내에 자신의 주소지를 관할하는 특별자치시장·특별자치도지사·시장·군수·구청장에게 신고하여야 한다.

④ 특별자치시장·특별자치도지사·시장·군수·구청장은 대통령령으로 정하는 자(이하 이 조에서 "동물등록대행자"라 한다)로 하여금 제1항부터 제3항까지의 규정에 따른 업무를 대행하게 할 수 있으며 이에 필요한 비용을 지급할 수 있다.

⑤ 특별자치시장·특별자치도지사·시장·군수·구청장은 다음 각 호의 어느 하나에 해당하는 경우 등록을 **말소**할 수 있다.

  1. 거짓이나 그 밖의 부정한 방법으로 등록대상동물을 등록하거나 변경신고한 경우

  2. 등록동물 소유자의 주민등록이나 외국인등록사항이 말소된 경우

매몰: 보이지 아니하게 파묻히거나 파묻음

말소: 기록되어 있는 사실 따위를 지워서 아주 없애 버림

3. 등록동물의 소유자인 **법인**이 해산한 경우

⑥ 국가와 지방자치단체는 제1항에 따른 등록에 필요한 비용의 일부 또는 전부를 지원할 수 있다.

⑦ 등록대상동물의 등록 사항 및 방법·절차, 변경신고 절차, 등록 말소 절차, 동물등록대행자 준수사항 등에 관한 사항은 대통령령으로 정하며, 그 밖에 등록에 필요한 사항은 시·도의 조례로 정한다.

제16조(등록대상동물의 관리 등) ① 등록대상동물의 소유자등은 소유자등이 없이 등록대상동물을 기르는 곳에서 벗어나지 아니하도록 관리하여야 한다.

② 등록대상동물의 소유자등은 등록대상동물을 동반하고 외출할 때에는 다음 각 호의 사항을 준수하여야 한다.

1. 농림축산식품부령으로 정하는 기준에 맞는 목줄 착용 등 사람 또는 동물에 대한 위해를 예방하기 위한 안전조치를 할 것

2. 등록대상동물의 이름, 소유자의 연락처, 그 밖에 농림축산식품부령으로 정하는 사항을 표시한 인식표를 등록대상동물에게 부착할 것

3. 배설물(소변의 경우에는 공동주택의 엘리베이터·계단 등 건물 내부의 공용 공간 및 평상·의자 등 사람이 눕거나 앉을 수 있는 기구 위의 것으로 한정한다)이 생겼을 때에는 즉시 수거할 것

③ 시·도지사는 등록대상동물의 유실·유기 또는 공중위생상의 위해 방지를 위하여 필요할 때에는 시·도의 조례로 정하는 바에 따라 소유자등으로 하여금 등록대상동물에 대하여 예방접종을 하게 하거나 특정 지역 또는 장소에서의 사육 또는 출입을 제한하게 하는 등 필요한 조치를 할 수 있다.

제2절 맹견의 관리 등

제17조(맹견수입신고) ① 제2조제5호가목에 따른 맹견을 수입하려는 자는 대통령령으로 정하는 바에 따라 농림축산식품부장관에게 신고하여야 한다.

② 제1항에 따라 맹견수입신고를 하려는 자는 맹견의 품종, 수입 목적, 사육 장소 등 대통령령으로 정하는 사항을 신고서에 기재하여 농림축산식품부장관에게 제출하여야 한다.

제18조(맹견사육허가 등) ① 등록대상동물인 맹견을 사육하려는 사람은 다음 각 호의 요건을 갖추어 시·도지사에게 맹견사육허가를 받아야 한다.

1. 제15조에 따른 등록을 할 것

2. 제23조에 따른 보험에 가입할 것

법인: 자연인이 아니고 법률상으로 인격을 인정받아서 권리 능력을 부여받은 주체

3. 중성화(中性化) 수술을 할 것. 다만, 맹견의 월령이 8개월 미만인 경우
   로서 발육상태 등으로 인하여 중성화 수술이 어려운 경우에는 대통령
   령으로 정하는 기간 내에 중성화 수술을 한 후 그 증명서류를 시·도
   지사에게 제출하여야 한다.

② 공동으로 맹견을 사육·관리 또는 보호하는 사람이 있는 경우에는 제1
항에 따른 맹견사육허가를 공동으로 신청할 수 있다.

③ 시·도지사는 맹견사육허가를 하기 전에 제26조에 따른 기질평가위원회
가 시행하는 기질평가를 거쳐야 한다.

④ 시·도지사는 맹견의 사육으로 인하여 공공의 안전에 위험이 발생할 우
려가 크다고 판단하는 경우에는 맹견사육허가를 거부하여야 한다. 이 경우
기질평가위원회의 심의를 거쳐 해당 맹견에 대하여 인도적인 방법으로 처
리할 것을 명할 수 있다.

⑤ 제4항에 따른 맹견의 인도적인 처리는 제46조제1항 및 제2항 전단을 **준용**한다.

⑥ 시·도지사는 맹견사육허가를 받은 자(제2항에 따라 공동으로 맹견사육허가
를 신청한 경우 공동 신청한 자를 포함한다)에게 농림축산식품부령으로 정하는
바에 따라 교육이수 또는 허가대상 맹견의 훈련을 명할 수 있다.

⑦ 제1항부터 제6항까지의 규정에 따른 사항 외에 맹견사육허가의 절차 등
에 관한 사항은 대통령령으로 정한다.

제19조(맹견사육허가의 결격사유) 다음 각 호의 어느 하나에 해당하는 사람
은 제18조에 따른 맹견사육허가를 받을 수 없다.

1. 미성년자(19세 미만의 사람을 말한다. 이하 같다)

2. 피성년후견인 또는 피한정후견인

3. 「정신건강증진 및 정신질환자 복지서비스 지원에 관한 법률」 제3조제1호
   에 따른 정신질환자 또는 「마약류 관리에 관한 법률」 제2조제1호에 따

준용: 어떤 사항에 관한
규정을 그와 유사하지만
본질적으로 다른 사항에
적용하는 일

▌관련 법조항

「정신건강증진 및 정신질환자 복지서비스 지원에 관한 법률」 제3조(정의) 이 법에서 사용하는 용어의 뜻
은 다음과 같다.

　　1. "정신질환자"란 망상, 환각, 사고(思考)나 기분의 장애 등으로 인하여 독립적으로 일상생활을 영위
　　　 하는 데 중대한 제약이 있는 사람을 말한다.

「마약류 관리에 관한 법률」 제2조(정의) 이 법에서 사용하는 용어의 뜻은 다음과 같다.

　　1. "마약류"란 마약·향정신성의약품 및 대마를 말한다.

른 마약류의 중독자. 다만, 정신건강의학과 전문의가 맹견을 사육하는 것에 지장이 없다고 인정하는 사람은 그러하지 아니다.

4. 제10조·제16조·제21조를 위반하여 벌금 이상의 실형을 선고받고 그 집행이 종료(집행이 종료된 것으로 보는 경우를 포함한다)되거나 집행이 면제된 날부터 3년이 지나지 아니한 사람

5. 제10조·제16조·제21조를 위반하여 벌금 이상의 형의 집행유예를 선고받고 그 유예기간 중에 있는 사람

제20조(맹견사육허가의 철회 등) ① 시·도지사는 다음 각 호의 어느 하나에 해당하는 경우에 맹견사육허가를 철회할 수 있다.

1. 제18조에 따라 맹견사육허가를 받은 사람의 맹견이 사람 또는 동물을 공격하여 다치게 하거나 죽게 한 경우

2. 정당한 사유 없이 제18조제1항제3호 단서에서 규정한 기간이 지나도록 중성화 수술을 이행하지 아니한 경우

3. 제18조제6항에 따른 교육이수명령 또는 허가대상 맹견의 훈련 명령에 따르지 아니한 경우

② 시·도지사는 제1항제1호에 따라 맹견사육허가를 철회하는 경우 기질평가위원회의 심의를 거쳐 해당 맹견에 대하여 인도적인 방법으로 처리할 것을 명할 수 있다. 이 경우 제46조제1항 및 제2항 전단을 준용한다.

제21조(맹견의 관리) ① 맹견의 소유자등은 다음 각 호의 사항을 준수하여야 한다.

1. 소유자등이 없이 맹견을 기르는 곳에서 벗어나지 아니하게 할 것. 다만, 제18조에 따라 맹견사육허가를 받은 사람의 맹견은 맹견사육허가를 받은 사람 또는 대통령령으로 정하는 맹견사육에 대한 전문지식을 가진 사람 없이 맹견을 기르는 곳에서 벗어나지 아니하게 할 것

2. 월령이 3개월 이상인 맹견을 동반하고 외출할 때에는 농림축산식품부령으로 정하는 바에 따라 목줄 및 입마개 등 안전장치를 하거나 맹견의 탈출을 방지할 수 있는 적정한 이동장치를 할 것

3. 그 밖에 맹견이 사람 또는 동물에게 위해를 가하지 못하도록 하기 위하여 농림축산식품부령으로 정하는 사항을 따를 것

② 시·도지사와 시장·군수·구청장은 맹견이 사람에게 신체적 피해를 주는 경우 농림축산식품부령으로 정하는 바에 따라 소유자등의 동의 없이 맹

견에 대하여 격리조치 등 필요한 조치를 취할 수 있다.

③ 제18조제1항 및 제2항에 따라 맹견사육허가를 받은 사람은 맹견의 안전한 사육·관리 또는 보호에 관하여 농림축산식품부령으로 정하는 바에 따라 정기적으로 교육을 받아야 한다.

제22조(맹견의 출입금지 등) 맹견의 소유자등은 다음 각 호의 어느 하나에 해당하는 장소에 맹견이 출입하지 아니하도록 하여야 한다.

1. 「영유아보육법」 제2조제3호에 따른 어린이집
2. 「유아교육법」 제2조제2호에 따른 유치원
3. 「초·중등교육법」 제2조제1호 및 제4호에 따른 초등학교 및 특수학교
4. 「노인복지법」 제31조에 따른 노인복지시설
5. 「장애인복지법」 제58조에 따른 장애인복지시설

| 관련 법조항

「영유아보육법」 제2조(정의) 이 법에서 사용하는 용어의 뜻은 다음과 같다.
　3. "어린이집"이란 보호자의 위탁을 받아 영유아를 보육하는 기관을 말한다.
「유아교육법」 제2조(정의) 이 법에서 사용하는 용어의 뜻은 다음 각 호와 같다.
　2. "유치원"이란 유아의 교육을 위하여 이 법에 따라 설립·운영되는 학교를 말한다.
「초·중등교육법」 제2조(학교의 종류) 초·중등교육을 실시하기 위하여 다음 각 호의 학교를 둔다.
　1. 초등학교 4. 특수학교
「노인복지법」 제31조(노인복지시설의 종류) 노인복지시설의 종류는 다음 각호와 같다.
　1. 노인주거복지시설　　　　2. 노인의료복지시설　　　　3. 노인여가복지시설
　4. 재가노인복지시설　　　　5. 노인보호전문기관
　6. 제23조의2제1항제2호의 노인일자리지원기관　　7. 제39조의19에 따른 학대피해노인 전용쉼터
「장애인복지법」 제58조(장애인복지시설) ① 장애인복지시설의 종류는 다음 각 호와 같다.
　1. 장애인 거주시설: 거주공간을 활용하여 일반가정에서 생활하기 어려운 장애인에게 일정 기간 동안 거주·요양·지원 등의 서비스를 제공하는 동시에 지역사회생활을 지원하는 시설
　2. 장애인 지역사회재활시설: 장애인을 전문적으로 상담·치료·훈련하거나 장애인의 일상생활, 여가활동 및 사회참여활동 등을 지원하는 시설
　3. 장애인 직업재활시설: 일반 작업환경에서는 일하기 어려운 장애인이 특별히 준비된 작업환경에서 직업훈련을 받거나 직업 생활을 할 수 있도록 하는 시설(직업훈련 및 직업 생활을 위하여 필요한 제조·가공 시설, 공장 및 영업장 등 부속용도의 시설로서 보건복지부령으로 정하는 시설을 포함한다)
　4. 장애인 의료재활시설: 장애인을 입원 또는 통원하게 하여 상담, 진단·판정, 치료 등 의료재활서비스를 제공하는 시설
　5. 그 밖에 대통령령으로 정하는 시설
② 제1항 각 호에 따른 장애인복지시설의 구체적인 종류와 사업 등에 관한 사항은 보건복지부령으로 정한다.

6. 「도시공원 및 녹지 등에 관한 법률」 제15조제1항제2호나목에 따른 어린이공원

7. 「어린이놀이시설 안전관리법」 제2조제2호에 따른 어린이놀이시설

8. 그 밖에 불특정 다수인이 이용하는 장소로서 시·도의 조례로 정하는 장소

제23조(보험의 가입 등) ① 맹견의 소유자는 자신의 맹견이 다른 사람 또는 동물을 다치게 하거나 죽게 한 경우 발생한 피해를 보상하기 위하여 보험에 가입하여야 한다.

② 제1항에 따른 보험에 가입하여야 할 맹견의 범위, 보험의 종류, 보상한도액 및 그 밖에 필요한 사항은 대통령령으로 정한다.

③ 농림축산식품부장관은 제1항에 따른 보험의 가입관리 업무를 위하여 필요한 경우 대통령령으로 정하는 바에 따라 관계 중앙행정기관의 장 또는 지방자치단체의 장에게 행정적 조치를 하도록 요청하거나 관계 기관, 보험회사 및 보험 관련 단체에 보험의 가입관리 업무에 필요한 자료를 요청할 수 있다. 이 경우 요청을 받은 자는 정당한 사유가 없으면 이에 따라야 한다.

제24조(맹견 아닌 개의 기질평가) ① 시·도지사는 제2조제5호가목에 따른 맹견이 아닌 개가 사람 또는 동물에게 위해를 가한 경우 그 개의 소유자에게 해당 동물에 대한 기질평가를 받을 것을 명할 수 있다.

② 맹견이 아닌 개의 소유자는 해당 개의 공격성이 분쟁의 대상이 된 경우 시·도지사에게 해당 개에 대한 기질평가를 신청할 수 있다.

③ 시·도지사는 제1항에 따른 명령을 하거나 제2항에 따른 신청을 받은 경우 기질평가를 거쳐 해당 개의 공격성이 높은 경우 맹견으로 지정하여야 한다.

④ 시·도지사는 제3항에 따라 맹견 지정을 하는 경우에는 해당 개의 소유자의 신청이 있으면 제18조에 따른 맹견사육허가 여부를 함께 결정할 수 있다.

❘ 관련 법조항

「도시공원 및 녹지 등에 관한 법률」 제15조(도시공원의 세분 및 규모) ① 도시공원은 그 기능 및 주제에 따라 다음 각 호와 같이 세분한다.

    2. 생활권공원: 도시생활권의 기반이 되는 공원의 성격으로 설치·관리하는 공원으로서 다음 각 목의 공원

        나. 어린이공원: 어린이의 보건 및 정서생활의 향상에 이바지하기 위하여 설치하는 공원

「어린이놀이시설 안전관리법」 제2조(정의) 이 법에서 사용하는 용어의 정의는 다음과 같다.

    2. "어린이놀이시설"이라 함은 어린이놀이기구가 설치된 실내 또는 실외의 놀이터로서 대통령령으로 정하는 것을 말한다.

⑤ 시·도지사는 제3항에 따라 맹견 지정을 하지 아니하는 경우에도 해당 개의 소유자에게 대통령령으로 정하는 바에 따라 교육이수 또는 개의 훈련을 명할 수 있다.

제25조(비용부담 등) ① 기질평가에 소요되는 비용은 소유자의 부담으로 하며, 그 비용의 징수는 「지방행정제재·부과금의 징수 등에 관한 법률」의 예에 따른다.

② 제1항에 따른 기질평가비용의 기준, 지급 범위 등과 관련하여 필요한 사항은 농림축산식품부령으로 정한다.

제26조(기질평가위원회) ① 시·도지사는 다음 각 호의 업무를 수행하기 위하여 시·도에 기질평가위원회를 둔다.

  1. 제2조제5호가목에 따른 맹견 종(種)의 판정

  2. 제18조제3항에 따른 맹견의 기질평가

  3. 제18조제4항에 따른 인도적인 처리에 대한 심의

  4. 제24조제3항에 따른 맹견이 아닌 개에 대한 기질평가

  5. 그 밖에 시·도지사가 요청하는 사항

② 기질평가위원회는 위원장 1명을 포함하여 3명 이상의 위원으로 구성한다.

③ 위원은 다음 각 호의 어느 하나에 해당하는 사람 중에서 시·도지사가 위촉하며, 위원장은 위원 중에서 호선한다.

  1. 수의사로서 동물의 행동과 발달 과정에 대한 학식과 경험이 풍부한 사람

  2. 반려동물행동지도사

  3. 동물복지정책에 대한 학식과 경험이 풍부하다고 시·도지사가 인정하는 사람

④ 제1항부터 제3항까지의 규정에 따른 사항 외에 기질평가위원회의 구성·운영 등에 관한 사항은 대통령령으로 정한다.

제27조(기질평가위원회의 권한 등) ① 기질평가위원회는 기질평가를 위하여 필요하다고 인정하는 경우 평가대상동물의 소유자등에 대하여 출석하여 진술하게 하거나 의견서 또는 자료의 제출을 요청할 수 있다.

② 기질평가위원회는 평가에 필요한 경우 소유자의 거주지, 그 밖에 사건과

▌관련 법조항

「지방행정제재·부과금의 징수 등에 관한 법률」 제1조(목적) 이 법은 지방행정제재·부과금의 체납처분 절차를 명확하게 하고 지방행정제재·부과금의 효율적 징수 및 관리 등에 필요한 사항을 규정함으로써 지방자치단체의 재정 확충 및 재정건전성 제고에 이바지함을 목적으로 한다.

관련된 장소에서 기질평가와 관련된 조사를 할 수 있다.

③ 제2항에 따라 조사를 하는 경우 농림축산식품부령으로 정하는 증표를 지니고 이를 소유자에게 보여주어야 한다.

④ 평가대상동물의 소유자등은 정당한 사유 없이 제1항 및 제2항에 따른 출석, 자료제출요구 또는 기질평가와 관련한 조사를 거부하여서는 아니 된다.

제28조(기질평가에 필요한 정보의 요청 등) ① 시·도지사 또는 기질평가위원회는 기질평가를 위하여 필요하다고 인정하는 경우 동물이 사람 또는 동물에게 위해를 가한 사건에 대하여 관계 기관에 영상정보처리기기의 기록 등 필요한 정보를 요청할 수 있다.

② 제1항에 따른 요청을 받은 관계 기관의 장은 정당한 사유 없이 이를 거부하여서는 아니 된다.

③ 제1항의 정보의 보호 및 관리에 관한 사항은 이 법에서 규정된 것을 제외하고는 「개인정보 보호법」을 따른다.

제29조(비밀엄수의 의무 등) ① 기질평가위원회의 위원이나 위원이었던 사람은 업무상 알게 된 비밀을 누설하여서는 아니 된다.

② 기질평가위원회의 위원 중 공무원이 아닌 사람은 「형법」 제129조부터 제132조

▌ 관련 법조항

「개인정보 보호법」 제1조(목적) 이 법은 개인정보의 처리 및 보호에 관한 사항을 정함으로써 개인의 자유와 권리를 보호하고, 나아가 개인의 존엄과 가치를 구현함을 목적으로 한다.

「형법」 제129조(수뢰, 사전수뢰) ① 공무원 또는 중재인이 그 직무에 관하여 뇌물을 수수, 요구 또는 약속한 때에는 5년 이하의 징역 또는 10년 이하의 자격정지에 처한다.

② 공무원 또는 중재인이 될 자가 그 담당할 직무에 관하여 청탁을 받고 뇌물을 수수, 요구 또는 약속한 후 공무원 또는 중재인이 된 때에는 3년 이하의 징역 또는 7년 이하의 자격정지에 처한다.

「형법」 제130조(제삼자뇌물제공) 공무원 또는 중재인이 그 직무에 관하여 부정한 청탁을 받고 제3자에게 뇌물을 공여하게 하거나 공여를 요구 또는 약속한 때에는 5년 이하의 징역 또는 10년 이하의 자격정지에 처한다.

「형법」 제131조(수뢰후부정처사, 사후수뢰) ① 공무원 또는 중재인이 전2조의 죄를 범하여 부정한 행위를 한 때에는 1년 이상의 유기징역에 처한다.

② 공무원 또는 중재인이 그 직무상 부정한 행위를 한 후 뇌물을 수수, 요구 또는 약속하거나 제삼자에게 이를 공여하게 하거나 공여를 요구 또는 약속한 때에도 전항의 형과 같다.

③ 공무원 또는 중재인이었던 자가 그 재직 중에 청탁을 받고 직무상 부정한 행위를 한 후 뇌물을 수수, 요구 또는 약속한 때에는 5년 이하의 징역 또는 10년 이하의 자격정지에 처한다.

④ 전3항의 경우에는 10년 이하의 자격정지를 병과할 수 있다.

「형법」 제132조(알선수뢰) 공무원이 그 지위를 이용하여 다른 공무원의 직무에 속한 사항의 알선에 관하여 뇌물을 수수, 요구 또는 약속한 때에는 3년 이하의 징역 또는 7년 이하의 자격정지에 처한다.

까지의 규정을 적용할 때에 공무원으로 본다.

제3절 반려동물행동지도사

제30조(반려동물행동지도사의 업무) ① 반려동물행동지도사는 다음 각 호의 업무를 수행한다.

    1. 반려동물에 대한 행동분석 및 평가

    2. 반려동물에 대한 훈련

    3. 반려동물 소유자등에 대한 교육

    4. 그 밖에 반려동물행동지도에 필요한 사항으로 농림축산식품부령으로 정하는 업무

② 농림축산식품부장관은 반려동물행동지도사의 업무능력 및 전문성 향상을 위하여 농림축산식품부령으로 정하는 바에 따라 보수교육을 실시할 수 있다.

제31조(반려동물행동지도사 자격시험) ① 반려동물행동지도사가 되려는 사람은 농림축산식품부장관이 시행하는 자격시험에 합격하여야 한다.

② 반려동물의 행동분석·평가 및 훈련 등에 전문지식과 기술을 갖추었다고 인정되는 대통령령으로 정하는 기준에 해당하는 사람에게는 제1항에 따른 자격시험 과목의 일부를 면제할 수 있다.

③ 농림축산식품부장관은 다음 각 호의 어느 하나에 해당하는 사람에 대해서는 해당 시험을 무효로 하거나 합격 결정을 취소하여야 한다.

    1. 거짓이나 그 밖에 부정한 방법으로 시험에 응시한 사람

    2. 시험에서 부정한 행위를 한 사람

④ 다음 각 호의 어느 하나에 해당하는 사람은 그 처분이 있은 날부터 3년간 반려동물행동지도사 자격시험에 응시하지 못한다.

    1. 제3항에 따라 시험의 무효 또는 합격 결정의 취소를 받은 사람

    2. 제32조제2항에 따라 반려동물행동지도사의 자격이 취소된 사람

⑤ 농림축산식품부장관은 제1항에 따른 자격시험의 시행 등에 관한 사항을 대통령령으로 정하는 바에 따라 관계 전문기관에 위탁할 수 있다.

⑥ 반려동물행동지도사 자격시험의 시험과목, 시험방법, 합격기준 및 자격증 발급 등에 관한 사항은 대통령령으로 정한다.

제32조(반려동물행동지도사의 결격사유 및 자격취소 등) ① 다음 각 호의 어느 하나에 해당하는 사람은 반려동물행동지도사가 될 수 없다.

1. 피성년후견인

2. 「정신건강증진 및 정신질환자 복지서비스 지원에 관한 법률」 제3조제1호에 따른 정신질환자 또는 「마약류 관리에 관한 법률」 제2조제1호에 따른 마약류의 중독자. 다만, 정신건강의학과 전문의가 반려동물행동지도사 업무를 수행할 수 있다고 인정하는 사람은 그러하지 아니하다.

3. 이 법을 위반하여 벌금 이상의 실형을 선고받고 그 집행이 종료(집행이 종료된 것으로 보는 경우를 포함한다)되거나 집행이 면제된 날부터 3년이 지나지 아니한 경우

4. 이 법을 위반하여 벌금 이상의 형의 집행유예를 선고받고 그 유예기간 중에 있는 경우

② 농림축산식품부장관은 반려동물행동지도사가 다음 각 호의 어느 하나에 해당하면 그 자격을 취소하거나 2년 이내의 기간을 정하여 그 자격을 정지시킬 수 있다. 다만, 제1호부터 제4호까지 중 어느 하나에 해당하는 경우에는 그 자격을 취소하여야 한다.

1. 제1항 각 호의 어느 하나에 해당하게 된 경우

2. 거짓이나 그 밖의 부정한 방법으로 자격을 취득한 경우

3. 다른 사람에게 명의를 사용하게 하거나 자격증을 대여한 경우

4. 자격정지기간에 업무를 수행한 경우

5. 이 법을 위반하여 벌금 이상의 형을 선고받고 그 형이 확정된 경우

6. 영리를 목적으로 반려동물의 소유자등에게 불필요한 서비스를 선택하도록 알선·유인하거나 강요한 경우

③ 제2항에 따른 자격의 취소 및 정지에 관한 기준은 그 처분의 사유와 위반 정도 등을 고려하여 농림축산식품부령으로 정한다.

▌관련 법조항

「정신건강증진 및 정신질환자 복지서비스 지원에 관한 법률」 제3조(정의) 이 법에서 사용하는 용어의 뜻은 다음과 같다.

　　1. "정신질환자"란 망상, 환각, 사고(思考)나 기분의 장애 등으로 인하여 독립적으로 일상생활을 영위하는 데 중대한 제약이 있는 사람을 말한다.

「마약류 관리에 관한 법률」 제2조(정의) 이 법에서 사용하는 용어의 뜻은 다음과 같다.

　　1. "마약류"란 마약·향정신성의약품 및 대마를 말한다.

제33조(명의대여 금지 등) ① 제31조에 따른 자격시험에 합격한 자가 아니면 반려동물행동지도사의 명칭을 사용하지 못한다.

② 반려동물행동지도사는 다른 사람에게 자기의 명의를 사용하여 제30조제1항에 따른 업무를 수행하게 하거나 그 자격증을 대여하여서는 아니 된다.

③ 누구든지 제1항이나 제2항에서 금지된 행위를 알선하여서는 아니 된다.

제4절 동물의 구조 등

제34조(동물의 구조 · 보호) ① 시 · 도지사와 시장 · 군수 · 구청장은 다음 각 호의 어느 하나에 해당하는 동물을 발견한 때에는 그 동물을 구조하여 제9조에 따라 치료 · 보호에 필요한 조치(이하 "보호조치"라 한다)를 하여야 하며, 제2호 및 제3호에 해당하는 동물은 학대 재발 방지를 위하여 학대행위자로부터 격리하여야 한다. 다만, 제1호에 해당하는 동물 중 농림축산식품부령으로 정하는 동물은 구조 · 보호조치의 대상에서 제외한다.

1. 유실 · 유기동물

2. 피학대동물 중 소유자를 알 수 없는 동물

3. 소유자등으로부터 제10조제2항 및 같은 조 제4항제2호에 따른 학대를 받아 적정하게 치료 · 보호받을 수 없다고 판단되는 동물

② 시 · 도지사와 시장 · 군수 · 구청장이 제1항제1호 및 제2호에 해당하는 동물에 대하여 보호조치 중인 경우에는 그 동물의 등록 여부를 확인하여야 하고, 등록된 동물인 경우에는 지체 없이 동물의 소유자에게 보호조치 중인 사실을 통보하여야 한다.

③ 시 · 도지사와 시장 · 군수 · 구청장이 제1항제3호에 따른 동물을 보호할 때에는 농림축산식품부령으로 정하는 바에 따라 기간을 정하여 해당 동물에 대한 보호조치를 하여야 한다.

④ 시 · 도지사와 시장 · 군수 · 구청장은 제1항 각 호 외의 부분 단서에 해당하는 동물에 대하여도 보호 · 관리를 위하여 필요한 조치를 할 수 있다.

제35조(동물보호센터의 설치 등) ① 시 · 도지사와 시장 · 군수 · 구청장은 제34조에 따른 동물의 구조 · 보호 등을 위하여 농림축산식품부령으로 정하는 시설 및 인력 기준에 맞는 동물보호센터를 설치 · 운영할 수 있다.

② 시 · 도지사와 시장 · 군수 · 구청장은 제1항에 따른 동물보호센터를 직접 설치 · 운영하도록 노력하여야 한다.

③ 제1항에 따라 설치한 동물보호센터의 업무는 다음 각 호와 같다.

1. 제34조에 따른 동물의 구조·보호조치

2. 제41조에 따른 동물의 반환 등

3. 제44조에 따른 사육포기 동물의 인수 등

4. 제45조에 따른 동물의 기증·분양

5. 제46조에 따른 동물의 인도적인 처리 등

6. 반려동물사육에 대한 교육

7. 유실·유기동물 발생 예방 교육

8. 동물학대행위 근절을 위한 동물보호 홍보

9. 그 밖에 동물의 구조·보호 등을 위하여 농림축산식품부령으로 정하는 업무

④ 농림축산식품부장관은 제1항에 따라 시·도지사 또는 시장·군수·구청장이 설치·운영하는 동물보호센터의 설치·운영에 드는 비용의 전부 또는 일부를 지원할 수 있다.

⑤ 제1항에 따라 설치된 동물보호센터의 장 및 그 종사자는 농림축산식품부령으로 정하는 바에 따라 정기적으로 동물의 보호 및 공중위생상의 위해 방지 등에 관한 교육을 받아야 한다.

⑥ 동물보호센터 운영의 공정성과 투명성을 확보하기 위하여 농림축산식품부령으로 정하는 일정 규모 이상의 동물보호센터는 농림축산식품부령으로 정하는 바에 따라 운영위원회를 구성·운영하여야 한다. 다만, 시·도 또는 시·군·구에 운영위원회와 성격 및 기능이 유사한 위원회가 설치되어 있는 경우 해당 시·도 또는 시·군·구의 조례로 정하는 바에 따라 그 위원회가 운영위원회의 기능을 대신할 수 있다.

⑦ 제1항에 따른 동물보호센터의 준수사항 등에 관한 사항은 농림축산식품부령으로 정하고, 보호조치의 구체적인 내용 등 그 밖에 필요한 사항은 시·도의 조례로 정한다.

제36조(동물보호센터의 지정 등) ① 시·도지사 또는 시장·군수·구청장은 농림축산식품부령으로 정하는 시설 및 인력 기준에 맞는 기관이나 단체 등을 동물보호센터로 지정하여 제35조제3항에 따른 업무를 위탁할 수 있다. 이 경우 동물보호센터로 지정받은 기관이나 단체 등은 동물의 보호조치를 제3자에게 위탁하여서는 아니 된다.

② 제1항에 따른 동물보호센터로 지정받으려는 자는 농림축산식품부령으로 정하는 바에 따라 시·도지사 또는 시장·군수·구청장에게 신청하여야 한다.

③ 시·도지사 또는 시장·군수·구청장은 제1항에 따른 동물보호센터에 동물의 구조·보호조치 등에 드는 비용(이하 "보호비용"이라 한다)의 전부 또는 일부를 지원할 수 있으며, 보호비용의 지급절차와 그 밖에 필요한 사항은 농림축산식품부령으로 정한다.

④ 시·도지사 또는 시장·군수·구청장은 제1항에 따라 지정된 동물보호센터가 다음 각 호의 어느 하나에 해당하는 경우에는 그 지정을 취소할 수 있다. 다만, 제1호 및 제4호에 해당하는 경우에는 그 지정을 취소하여야 한다.

  1. 거짓이나 그 밖의 부정한 방법으로 지정을 받은 경우

  2. 제1항에 따른 지정기준에 맞지 아니하게 된 경우

  3. 보호비용을 거짓으로 청구한 경우

  4. 제10조제1항부터 제4항까지의 규정을 위반한 경우

  5. 제46조를 위반한 경우

  6. 제86조제1항제3호의 **시정**명령을 위반한 경우

  7. 특별한 사유 없이 유실·유기동물 및 피학대동물에 대한 보호조치를 3회 이상 거부한 경우

  8. 보호 중인 동물을 영리를 목적으로 분양한 경우

⑤ 시·도지사 또는 시장·군수·구청장은 제4항에 따라 지정이 취소된 기관이나 단체 등을 지정이 취소된 날부터 1년 이내에는 다시 동물보호센터로 지정하여서는 아니 된다. 다만, 제4항제4호에 따라 지정이 취소된 기관이나 단체는 지정이 취소된 날부터 5년 이내에는 다시 동물보호센터로 지정하여서는 아니 된다.

⑥ 제1항에 따른 동물보호센터 지정절차의 구체적인 내용은 시·도의 조례로 정하고, 지정된 동물보호센터에 대하여는 제35조제5항부터 제7항까지의 규정을 준용한다.

제37조(민간동물보호시설의 신고 등) ① 영리를 목적으로 하지 아니하고 유실·유기동물 및 피학대동물을 기증받거나 인수 등을 하여 임시로 보호하기 위하여 대통령령으로 정하는 규모 이상의 민간동물보호시설(이하 "보호시설"이라 한다)을 운영하려는 자는 농림축산식품부령으로 정하는 바에 따라 시

시정: 잘못된 것을 바로 잡음

설 명칭, 주소, 규모 등을 특별자치시장·특별자치도지사·시장·군수·구청장에게 신고하여야 한다.

② 제1항에 따라 신고한 사항 중 대통령령으로 정하는 중요한 사항을 변경할 때에는 특별자치시장·특별자치도지사·시장·군수·구청장에게 신고하여야 한다.

③ 특별자치시장·특별자치도지사·시장·군수·구청장은 제1항에 따른 신고 또는 제2항에 따른 변경신고를 받은 경우 그 내용을 검토하여 이 법에 적합하면 신고를 수리하여야 한다.

④ 제3항에 따라 신고가 수리된 보호시설의 운영자(이하 "보호시설운영자"라 한다)는 농림축산식품부령으로 정하는 시설 및 운영 기준 등을 준수하여야 하며 동물보호를 위하여 시설정비 등의 사후관리를 하여야 한다.

⑤ 보호시설운영자가 보호시설의 운영을 일시적으로 중단하거나 영구적으로 폐쇄 또는 그 운영을 재개하려는 경우에는 농림축산식품부령으로 정하는 바에 따라 보호하고 있는 동물에 대한 관리 또는 처리 방안 등을 마련하여 특별자치시장·특별자치도지사·시장·군수·구청장에게 신고하여야 한다. 이 경우 제3항을 준용한다.

⑥ 제74조제1호·제2호·제6호·제7호에 해당하는 자는 보호시설운영자가 되거나 보호시설 종사자로 채용될 수 없다.

⑦ 농림축산식품부장관 또는 특별자치시장·특별자치도지사·시장·군수·구청장은 보호시설의 환경개선 및 운영에 드는 비용의 일부를 지원할 수 있다.

⑧ 제1항부터 제6항까지의 규정에 따른 보호시설의 시설 및 운영 등에 관한 사항은 대통령령으로 정한다.

제38조(시정명령 및 시설폐쇄 등) ① 특별자치시장·특별자치도지사·시장·군수·구청장은 제37조제4항을 위반한 보호시설운영자에게 해당 위반행위의 중지나 시정을 위하여 필요한 조치를 명할 수 있다.

② 특별자치시장·특별자치도지사·시장·군수·구청장은 보호시설운영자가 다음 각 호의 어느 하나에 해당하는 경우에는 보호시설의 폐쇄를 명할 수 있다. 다만, 제1호 및 제2호에 해당하는 경우에는 보호시설의 폐쇄를 명하여야 한다.

　1. 거짓이나 그 밖의 부정한 방법으로 보호시설의 신고 또는 변경신고를

한 경우

2. 제10조제1항부터 제4항까지의 규정을 위반하여 벌금 이상의 형을 선고받은 경우

3. 제1항에 따른 중지명령이나 시정명령을 최근 2년 이내에 3회 이상 반복하여 이행하지 아니한 경우

4. 제37조제1항에 따른 신고를 하지 아니하고 보호시설을 운영한 경우

5. 제37조제2항에 따른 변경신고를 하지 아니하고 보호시설을 운영한 경우

제39조(신고 등) ① 누구든지 다음 각 호의 어느 하나에 해당하는 동물을 발견한 때에는 관할 지방자치단체 또는 동물보호센터에 신고할 수 있다.

1. 제10조에서 금지한 학대를 받는 동물

2. 유실·유기동물

② 다음 각 호의 어느 하나에 해당하는 자가 그 직무상 제1항에 따른 동물을 발견한 때에는 지체 없이 관할 지방자치단체 또는 동물보호센터에 신고하여야 한다.

1. 제4조제3항에 따른 민간단체의 임원 및 회원

2. 제35조제1항에 따라 설치되거나 제36조제1항에 따라 지정된 동물보호센터의 장 및 그 종사자

3. 제37조에 따른 보호시설운영자 및 보호시설의 종사자

4. 제51조제1항에 따라 동물실험윤리위원회를 설치한 동물실험시행기관의 장 및 그 종사자

5. 제53조제2항에 따른 동물실험윤리위원회의 위원

6. 제59조제1항에 따라 동물복지축산농장 인증을 받은 자

7. 제69조제1항에 따른 영업의 허가를 받은 자 또는 제73조제1항에 따라 영업의 등록을 한 자 및 그 종사자

8. 수의사, 동물병원의 장 및 그 종사자

③ 신고인의 신분은 보장되어야 하며 그 의사에 반하여 신원이 노출되어서는 아니 된다.

④ 제1항 또는 제2항에 따라 신고한 자 또는 신고·통보를 받은 관할 특별자치시장·특별자치도지사·시장·군수·구청장은 관할 시·도 가축방역기관장 또는 국립가축방역기관장에게 해당 동물의 학대 여부 판단 등을 위한

동물검사를 의뢰할 수 있다.

제40조(공고) 시·도지사와 시장·군수·구청장은 제34조제1항제1호 및 제2호에 따른 동물을 보호하고 있는 경우에는 소유자등이 보호조치 사실을 알 수 있도록 대통령령으로 정하는 바에 따라 지체 없이 7일 이상 그 사실을 공고하여야 한다.

제41조(동물의 반환 등) ① 시·도지사와 시장·군수·구청장은 다음 각 호의 어느 하나에 해당하는 사유가 발생한 경우에는 제34조에 해당하는 동물을 그 동물의 소유자에게 반환하여야 한다.

 1. 제34조제1항제1호 및 제2호에 해당하는 동물이 보호조치 중에 있고, 소유자가 그 동물에 대하여 반환을 요구하는 경우

 2. 제34조제3항에 따른 보호기간이 지난 후, 보호조치 중인 같은 조 제1항제3호의 동물에 대하여 소유자가 제2항에 따른 사육계획서를 제출한 후 제42조제2항에 따라 보호비용을 부담하고 반환을 요구하는 경우

② 시·도지사와 시장·군수·구청장이 보호조치 중인 제34조제1항제3호의 동물을 반환받으려는 소유자는 농림축산식품부령으로 정하는 바에 따라 학대행위의 재발 방지 등 동물을 적정하게 보호·관리하기 위한 사육계획서를 제출하여야 한다.

③ 시·도지사와 시장·군수·구청장은 제1항제2호에 해당하는 동물의 반환과 관련하여 동물의 소유자에게 보호기간, 보호비용 납부기한 및 면제 등에 관한 사항을 알려야 한다.

④ 시·도지사와 시장·군수·구청장은 제1항제2호에 따라 동물을 반환받은 소유자가 제2항에 따라 제출한 사육계획서의 내용을 이행하고 있는지를 제88조제1항에 따른 동물보호관에게 점검하게 할 수 있다.

제42조(보호비용의 부담) ① 시·도지사와 시장·군수·구청장은 제34조제1항제1호 및 제2호에 해당하는 동물의 보호비용을 소유자 또는 제45조제1항에 따라 분양을 받는 자에게 청구할 수 있다.

② 제34조제1항제3호에 해당하는 동물의 보호비용은 농림축산식품부령으로 정하는 바에 따라 납부기한까지 그 동물의 소유자가 내야 한다. 이 경우 시·도지사와 시장·군수·구청장은 동물의 소유자가 제43조제2호에 따라 그 동물의 소유권을 포기한 경우에는 보호비용의 전부 또는 일부를 면제할 수 있다.

③ 제1항 및 제2항에 따른 보호비용의 징수에 관한 사항은 대통령령으로 정하고, 보호비용의 산정 기준에 관한 사항은 농림축산식품부령으로 정하는 범위에서 해당 시·도의 조례로 정한다.

제43조(동물의 소유권 취득) 시·도 및 시·군·구가 동물의 소유권을 취득할 수 있는 경우는 다음 각 호와 같다.

1. 「유실물법」 제12조 및 「민법」 제253조에도 불구하고 제40조에 따라 공고한 날부터 10일이 지나도 동물의 소유자등을 알 수 없는 경우

2. 제34조제1항제3호에 해당하는 동물의 소유자가 그 동물의 소유권을 포기한 경우

3. 제34조제1항제3호에 해당하는 동물의 소유자가 제42조제2항에 따른 보호비용의 납부기한이 종료된 날부터 10일이 지나도 보호비용을 납부하지 아니하거나 제41조제2항에 따른 사육계획서를 제출하지 아니한 경우

4. 동물의 소유자를 확인한 날부터 10일이 지나도 정당한 사유 없이 동물의 소유자와 연락이 되지 아니하거나 소유자가 반환받을 의사를 표시하지 아니한 경우

제44조(사육포기 동물의 인수 등) ① 소유자등은 시·도지사와 시장·군수·구청장에게 자신이 소유하거나 사육·관리 또는 보호하는 동물의 인수를 신청할 수 있다.

② 시·도지사와 시장·군수·구청장이 제1항에 따른 인수신청을 승인하는 경우에 해당 동물의 소유권은 시·도 및 시·군·구에 귀속된다.

③ 시·도지사와 시장·군수·구청장은 제1항에 따라 동물의 인수를 신청하는 자에 대하여 농림축산식품부령으로 정하는 바에 따라 해당 동물에 대한 보호비용 등을 청구할 수 있다.

④ 시·도지사와 시장·군수·구청장은 장기입원 또는 요양, 「병역법」에 따

┃ 관련 법조항

「유실물법」 제12조(준유실물) 착오로 점유한 물건, 타인이 놓고 간 물건이나 일실(逸失)한 가축에 관하여는 이 법 및 「민법」 제253조를 준용한다. 다만, 착오로 점유한 물건에 대하여는 제3조의 비용과 제4조의 보상금을 청구할 수 없다.

「민법」 제253조(유실물의 소유권취득) 유실물은 법률에 정한 바에 의하여 공고한 후 6개월 내에 그 소유자가 권리를 주장하지 아니하면 습득자가 그 소유권을 취득한다.

른 병역 복무 등 농림축산식품부령으로 정하는 불가피한 사유가 없음에도 불구하고 동물의 인수를 신청하는 자에 대하여는 제1항에 따른 동물인수신청을 거부할 수 있다.

제45조(동물의 기증·분양) ① 시·도지사와 시장·군수·구청장은 제43조 또는 제44조에 따라 소유권을 취득한 동물이 적정하게 사육·관리될 수 있도록 시·도의 조례로 정하는 바에 따라 동물원, 동물을 애호하는 자(시·도의 조례로 정하는 자격요건을 갖춘 자로 한정한다)나 대통령령으로 정하는 민간단체 등에 기증하거나 분양할 수 있다.

② 시·도지사와 시장·군수·구청장은 제1항에 따라 기증하거나 분양하는 동물이 등록대상동물인 경우 등록 여부를 확인하여 등록이 되어 있지 아니한 때에는 등록한 후 기증하거나 분양하여야 한다.

③ 시·도지사와 시장·군수·구청장은 제43조 또는 제44조에 따라 소유권을 취득한 동물에 대하여는 제1항에 따라 분양될 수 있도록 공고할 수 있다.

④ 제1항에 따른 기증·분양의 요건 및 절차 등 그 밖에 필요한 사항은 시·도의 조례로 정한다.

제46조(동물의 인도적인 처리 등) ① 제35조제1항 및 제36조제1항에 따른 동물보호센터의 장은 제34조제1항에 따라 보호조치 중인 동물에게 질병 등 농림축산식품부령으로 정하는 사유가 있는 경우에는 농림축산식품부장관이 정하는 바에 따라 마취 등을 통하여 동물의 고통을 최소화하는 인도적인 방법으로 처리하여야 한다.

② 제1항에 따라 시행하는 동물의 인도적인 처리는 수의사가 하여야 한다. 이 경우 사용된 약제 관련 사용기록의 작성·보관 등에 관한 사항은 농림축산식품부령으로 정하는 바에 따른다.

③ 동물보호센터의 장은 제1항에 따라 동물의 사체가 발생한 경우 「폐기물관리법」에 따라 처리하거나 제69조제1항제4호에 따른 동물장묘업의 허가를 받은 자가 설치·운영하는 동물장묘시설 및 제71조제1항에 따른 공설동물

┃ 관련 법조항

「폐기물관리법」 제1조(목적) 이 법은 폐기물의 발생을 최대한 억제하고 발생한 폐기물을 친환경적으로 처리함으로써 환경보전과 국민생활의 질적 향상에 이바지하는 것을 목적으로 한다.

장묘시설에서 처리하여야 한다.

제4장 동물실험의 관리 등

제47조(동물실험의 원칙) ① 동물실험은 인류의 복지 증진과 동물 생명의 존엄성을 고려하여 실시되어야 한다.

② 동물실험을 하려는 경우에는 이를 대체할 수 있는 방법을 우선적으로 고려하여야 한다.

③ 동물실험은 실험동물의 윤리적 취급과 과학적 사용에 관한 지식과 경험을 보유한 자가 시행하여야 하며 필요한 최소한의 동물을 사용하여야 한다.

④ 실험동물의 고통이 수반되는 실험을 하려는 경우에는 감각능력이 낮은 동물을 사용하고 진통제·진정제·마취제의 사용 등 수의학적 방법에 따라 고통을 덜어주기 위한 적절한 조치를 하여야 한다.

⑤ 동물실험을 한 자는 그 실험이 끝난 후 지체 없이 해당 동물을 검사하여야 하며, 검사 결과 정상적으로 회복한 동물은 기증하거나 분양할 수 있다.

⑥ 제5항에 따른 검사 결과 해당 동물이 회복할 수 없거나 지속적으로 고통을 받으며 살아야 할 것으로 인정되는 경우에는 신속하게 고통을 주지 아니하는 방법으로 처리하여야 한다.

⑦ 제1항부터 제6항까지에서 규정한 사항 외에 동물실험의 원칙과 이에 따른 기준 및 방법에 관한 사항은 농림축산식품부장관이 정하여 고시한다.

제48조(전임수의사) ① 대통령령으로 정하는 기준 이상의 실험동물을 보유한 동물실험시행기관의 장은 그 실험동물의 건강 및 복지 증진을 위하여 실험동물을 전담하는 수의사(이하 "전임수의사"라 한다)를 두어야 한다.

② 전임수의사의 자격 및 업무 범위 등에 필요한 사항은 대통령령으로 정한다.

제49조(동물실험의 금지 등) 누구든지 다음 각 호의 동물실험을 하여서는 아니 된다. 다만, 인수공통전염병 등 질병의 확산으로 인간 및 동물의 건강과 안전에 심각한 위해가 발생될 것이 우려되는 경우 또는 봉사동물의 선발·훈련방식에 관한 연구를 하는 경우로서 제52조에 따른 공용동물실험윤리위원회의 실험 심의 및 승인을 받은 때에는 그러하지 아니하다.

  1. 유실·유기동물(보호조치 중인 동물을 포함한다)을 대상으로 하는 실험

2. 봉사동물을 대상으로 하는 실험

제50조(미성년자 동물 해부실습의 금지) 누구든지 미성년자에게 체험·교육·시험·연구 등의 목적으로 동물(사체를 포함한다) 해부실습을 하게 하여서는 아니 된다. 다만, 「초·중등교육법」 제2조에 따른 학교 또는 동물실험시행기관 등이 시행하는 경우 등 농림축산식품부령으로 정하는 경우에는 그러하지 아니하다.

제51조(동물실험윤리위원회의 설치 등) ① 동물실험시행기관의 장은 실험동물의 보호와 윤리적인 취급을 위하여 제53조에 따라 동물실험윤리위원회(이하 "윤리위원회"라 한다)를 설치·운영하여야 한다.

② 제1항에도 불구하고 다음 각 호의 어느 하나에 해당하는 경우에는 윤리위원회를 설치한 것으로 본다.

　　1. 농림축산식품부령으로 정하는 일정 기준 이하의 동물실험시행기관이 제54조에 따른 윤리위원회의 기능을 제52조에 따른 공용동물실험윤리위원회에 위탁하는 협약을 맺은 경우

　　2. 동물실험시행기관에 「실험동물에 관한 법률」 제7조에 따른 실험동물운영위원회가 설치되어 있고, 그 위원회의 구성이 제53조제2항부터 제4항까지에 규정된 요건을 충족할 경우

③ 동물실험시행기관의 장은 동물실험을 하려면 윤리위원회의 심의를 거쳐야 한다.

④ 동물실험시행기관의 장은 제3항에 따른 심의를 거친 내용 중 농림축산식품부령으로 정하는 중요사항에 변경이 있는 경우에는 해당 변경사유의 발생 즉시 윤리위원회에 변경심의를 요청하여야 한다. 다만, 농림축산식품

▌ 관련 법조항

「초·중등교육법」 제2조(학교의 종류) 초·중등교육을 실시하기 위하여 다음 각 호의 학교를 둔다.
　　1. 초등학교　　　2. 중학교·고등공민학교　　　3. 고등학교·고등기술학교
　　4. 특수학교　　　5. 각종학교
「실험동물에 관한 법률」 제7조(실험동물운영위원회 설치 등) ① 동물실험시설에는 동물실험의 윤리성, 안전성 및 신뢰성 등을 확보하기 위하여 실험동물운영위원회를 설치·운영하여야 한다. 다만, 해당 동물실험시설에 「동물보호법」 제25조에 따른 동물실험윤리위원회가 설치되어 있고, 그 위원회의 구성이 제2항 및 제3항의 요건을 충족하는 경우에는 그 위원회를 실험동물운영위원회로 본다.

부령으로 정하는 경미한 변경이 있는 경우에는 제56조제1항에 따라 지정된 전문위원의 검토를 거친 후 제53조제1항의 위원장의 승인을 받아야 한다.

⑤ 농림축산식품부장관은 윤리위원회의 운영에 관한 표준지침을 위원회(IACUC) 표준운영가이드라인으로 고시하여야 한다.

제52조(공용동물실험윤리위원회의 지정 등) ① 농림축산식품부장관은 동물실험시행기관 또는 연구자가 공동으로 이용할 수 있는 공용동물실험윤리위원회(이하 "공용윤리위원회"라 한다)를 지정 또는 설치할 수 있다.

② 공용윤리위원회는 다음 각 호의 실험에 대한 심의 및 지도·감독을 수행한다.

1. 제51조제2항제1호에 따라 공용윤리위원회와 협약을 맺은 기관이 위탁한 실험

2. 제49조 각 호 외의 부분 단서에 따라 공용윤리위원회의 실험 심의 및 승인을 받도록 규정한 같은 조 각 호의 동물실험

3. 제50조에 따라 「초·중등교육법」 제2조에 따른 학교 등이 신청한 동물해부실습

4. 둘 이상의 동물실험시행기관이 공동으로 수행하는 실험으로 각각의 윤리위원회에서 해당 실험을 심의 및 지도·감독하는 것이 적절하지 아니하다고 판단되어 해당 동물실험시행기관의 장들이 공용윤리위원회를 이용하기로 합의한 실험

5. 그 밖에 농림축산식품부령으로 정하는 실험

③ 제2항에 따른 공용윤리위원회의 심의 및 지도·감독에 대해서는 제51조제4항, 제54조제2항·제3항, 제55조의 규정을 준용한다.

④ 제1항 및 제2항에 따른 공용윤리위원회의 지정 및 설치, 기능, 운영 등에 필요한 사항은 농림축산식품부령으로 정한다.

제53조(윤리위원회의 구성) ① 윤리위원회는 위원장 1명을 포함하여 3명 이상의 위원으로 구성한다.

② 위원은 다음 각 호에 해당하는 사람 중에서 동물실험시행기관의 장이 위촉하며, 위원장은 위원 중에서 호선한다.

1. 수의사로서 농림축산식품부령으로 정하는 자격기준에 맞는 사람

2. 제4조제3항에 따른 민간단체가 추천하는 동물보호에 관한 학식과 경험이 풍부한 사람으로서 농림축산식품부령으로 정하는 자격기준에 맞는 사람

3. 그 밖에 실험동물의 보호와 윤리적인 취급을 도모하기 위하여 필요한 사람으로서 농림축산식품부령으로 정하는 사람

③ 윤리위원회에는 제2항제1호 및 제2호에 해당하는 위원을 각각 1명 이상 포함하여야 한다.

④ 윤리위원회를 구성하는 위원의 3분의 1 이상은 해당 동물실험시행기관과 이해관계가 없는 사람이어야 한다.

⑤ 위원의 임기는 2년으로 한다.

⑥ 동물실험시행기관의 장은 제2항에 따른 위원의 추천 및 선정 과정을 투명하고 공정하게 관리하여야 한다.

⑦ 그 밖에 윤리위원회의 구성 및 이해관계의 범위 등에 관한 사항은 농림축산식품부령으로 정한다.

제54조(윤리위원회의 기능 등) ① 윤리위원회는 다음 각 호의 기능을 수행한다.

1. 동물실험에 대한 심의(변경심의를 포함한다. 이하 같다)

2. 제1호에 따라 심의한 실험의 진행·종료에 대한 확인 및 평가

3. 동물실험이 제47조의 원칙에 맞게 시행되도록 지도·감독

4. 동물실험시행기관의 장에게 실험동물의 보호와 윤리적인 취급을 위하여 필요한 조치 요구

② 윤리위원회의 심의대상인 동물실험에 관여하고 있는 위원은 해당 동물실험에 관한 심의에 참여하여서는 아니 된다.

③ 윤리위원회의 위원 또는 그 직에 있었던 자는 그 직무를 수행하면서 알게 된 비밀을 누설하거나 도용하여서는 아니 된다.

④ 제1항에 따른 심의·확인·평가 및 지도·감독의 방법과 그 밖에 윤리위원회의 운영 등에 관한 사항은 대통령령으로 정한다.

제55조(심의 후 감독) ① 동물실험시행기관의 장은 제53조제1항의 위원장에게 대통령령으로 정하는 바에 따라 동물실험이 심의된 내용대로 진행되고 있는지 감독하도록 요청하여야 한다.

② 위원장은 윤리위원회의 심의를 받지 아니한 실험이 진행되고 있는 경우 즉시 실험의 중지를 요구하여야 한다. 다만, 실험의 중지로 해당 실험동물의 복지에 중대한 침해가 발생할 것으로 우려되는 경우 등 대통령령으로

정하는 경우에는 실험의 중지를 요구하지 아니할 수 있다.

③ 제2항 본문에 따라 실험 중지 요구를 받은 동물실험시행기관의 장은 해당 동물실험을 중지하여야 한다.

④ 동물실험시행기관의 장은 제2항 본문에 따라 실험 중지 요구를 받은 경우 제51조제3항 또는 제4항에 따른 심의를 받은 후에 동물실험을 재개할 수 있다.

⑤ 동물실험시행기관의 장은 제1항에 따른 감독 결과 위법사항이 발견되었을 경우에는 지체 없이 농림축산식품부장관에게 통보하여야 한다.

제56조(전문위원의 지정 및 검토) ① 윤리위원회의 위원장은 윤리위원회의 위원 중 해당 분야에 대한 전문성을 가지고 실험을 심의할 수 있는 자를 전문위원으로 지정할 수 있다.

② 위원장은 제1항에 따라 지정한 전문위원에게 다음 각 호의 사항에 대한 검토를 요청할 수 있다.

  1. 제51조제4항 단서에 따른 경미한 변경에 관한 사항

  2. 제54조제1항제2호에 따른 확인 및 평가

제57조(윤리위원회 위원 및 기관 종사자에 대한 교육) ① 윤리위원회의 위원은 동물의 보호·복지에 관한 사항과 동물실험의 심의에 관하여 농림축산식품부령으로 정하는 바에 따라 정기적으로 교육을 이수하여야 한다.

② 동물실험시행기관의 장은 위원과 기관 종사자를 위하여 동물의 보호·복지와 동물실험 심의에 관한 교육의 기회를 제공할 수 있다.

제58조(윤리위원회의 구성 등에 대한 지도·감독) ① 농림축산식품부장관은 제51조제1항 및 제2항에 따라 윤리위원회를 설치한 동물실험시행기관의 장에게 제53조부터 제57조까지의 규정에 따른 윤리위원회의 구성·운영 등에 관하여 지도·감독을 할 수 있다.

② 농림축산식품부장관은 윤리위원회가 제53조부터 제57조까지의 규정에 따라 구성·운영되지 아니할 때에는 해당 동물실험시행기관의 장에게 대통령령으로 정하는 바에 따라 기간을 정하여 해당 윤리위원회의 구성·운영 등에 대한 개선명령을 할 수 있다.

제5장 동물복지축산농장의 인증

제59조(동물복지축산농장의 인증) ① 농림축산식품부장관은 동물복지 증진

에 이바지하기 위하여 「축산물 위생관리법」 제2조제1호에 따른 가축으로서 농림축산식품부령으로 정하는 동물(이하 "농장동물"이라 한다)이 본래의 습성 등을 유지하면서 정상적으로 살 수 있도록 관리하는 축산농장을 동물복지축산농장으로 인증할 수 있다.

② 제1항에 따른 인증을 받으려는 자는 제60조제1항에 따라 지정된 인증기관(이하 "인증기관"이라 한다)에 농림축산식품부령으로 정하는 서류를 갖추어 인증을 신청하여야 한다.

③ 인증기관은 인증 신청을 받은 경우 농림축산식품부령으로 정하는 인증기준에 따라 심사한 후 그 기준에 맞는 경우에는 인증하여 주어야 한다.

④ 제3항에 따른 인증의 유효기간은 인증을 받은 날부터 3년으로 한다.

⑤ 제3항에 따라 인증을 받은 동물복지축산농장(이하 "인증농장"이라 한다)의 경영자는 그 인증을 유지하려면 제4항에 따른 유효기간이 끝나기 2개월 전까지 인증기관에 갱신 신청을 하여야 한다.

⑥ 제3항에 따른 인증 또는 제5항에 따른 인증갱신에 대한 심사결과에 이의가 있는 자는 인증기관에 재심사를 요청할 수 있다.

⑦ 제6항에 따른 재심사 신청을 받은 인증기관은 농림축산식품부령으로 정하는 바에 따라 재심사 여부 및 그 결과를 신청자에게 통보하여야 한다.

⑧ 인증농장의 인증 절차 및 인증의 갱신, 재심사 등에 관한 사항은 농림축산식품부령으로 정한다.

제60조(인증기관의 지정 등) ① 농림축산식품부장관은 대통령령으로 정하는 공공기관 또는 법인을 인증기관으로 지정하여 인증농장의 인증과 관련한 업무 및 인증농장에 대한 사후관리업무를 수행하게 할 수 있다.

② 제1항에 따라 지정된 인증기관은 인증농장의 인증에 필요한 인력·조직·시설 및 인증업무 규정 등을 갖추어야 한다.

③ 농림축산식품부장관은 제1항에 따라 지정한 인증기관에서 인증심사업무

▌ 관련 법조항

「축산물 위생관리법」 제2조(정의) 이 법에서 사용하는 용어의 뜻은 다음과 같다.

　　1. "가축"이란 소, 말, 양(염소 등 산양을 포함한다. 이하 같다), 돼지(사육하는 멧돼지를 포함한다. 이하 같다), 닭, 오리, 그 밖에 식용(食用)을 목적으로 하는 동물로서 대통령령으로 정하는 동물을 말한다.

를 수행하는 자에 대한 교육을 실시하여야 한다.

④ 제1항부터 제3항까지의 규정에 따른 인증기관의 지정, 인증업무의 범위, 인증심사업무를 수행하는 자에 대한 교육, 인증농장에 대한 사후관리 등에 필요한 구체적인 사항은 농림축산식품부령으로 정한다.

제61조(인증기관의 지정취소 등) ① 농림축산식품부장관은 인증기관이 다음 각 호의 어느 하나에 해당하면 그 지정을 취소하거나 6개월 이내의 기간을 정하여 인증업무의 전부 또는 일부의 정지를 명할 수 있다. 다만, 제1호 또는 제2호에 해당하면 그 지정을 취소하여야 한다.

 1. 거짓이나 그 밖의 부정한 방법으로 지정을 받은 경우

 2. 업무정지 명령을 위반하여 정지기간 중 인증을 한 경우

 3. 제60조제2항에 따른 지정기준에 맞지 아니하게 된 경우

 4. 고의 또는 중대한 과실로 제59조제3항에 따른 인증기준에 맞지 아니한 축산농장을 인증한 경우

 5. 정당한 사유 없이 지정된 인증업무를 하지 아니하는 경우

② 제1항에 따른 지정취소 및 업무정지의 기준 등에 관한 사항은 농림축산식품부령으로 정한다.

제62조(인증농장의 표시) ① 인증농장은 농림축산식품부령으로 정하는 바에 따라 인증농장 표시를 할 수 있다.

② 제1항에 따른 인증농장의 표시에 관한 기준 및 방법 등은 농림축산식품부령으로 정한다.

제63조(동물복지축산물의 표시) ① 인증농장에서 생산한 축산물에는 다음 각 호의 구분에 따라 그 포장·용기 등에 동물복지축산물 표시를 할 수 있다.

 1. 「축산물 위생관리법」 제2조제3호 및 제4호의 축산물: 다음 각 목의 요건을 모두 충족하여야 한다.

┃ 관련 법조항

「축산물 위생관리법」 제2조(정의) 이 법에서 사용하는 용어의 뜻은 다음과 같다.
  3. "식육(食肉)"이란 식용을 목적으로 하는 가축의 지육(枝肉), 정육(精肉), 내장, 그 밖의 부분을 말한다.
  4. "포장육"이란 판매(불특정다수인에게 무료로 제공하는 경우를 포함한다. 이하 같다)를 목적으로 식육을 절단[세절(細切) 또는 분쇄(粉碎)를 포함한다]하여 포장한 상태로 냉장하거나 냉동한 것으로서 화학적 합성품 등의 첨가물이나 다른 식품을 첨가하지 아니한 것을 말한다.

가. 인증농장에서 생산할 것

나. 농장동물을 운송할 때에는 농림축산식품부령으로 정하는 운송차량을 이용하여 운송할 것

다. 농장동물을 도축할 때에는 농림축산식품부령으로 정하는 도축장에서 도축할 것

2. 「축산물 위생관리법」 제2조제5호 및 제6호의 축산물: 인증농장에서 생산하여야 한다.

3. 「축산물 위생관리법」 제2조제8호의 축산물: 제1호의 요건을 모두 충족한 원료의 함량에 따라 동물복지축산물 표시를 할 수 있다.

4. 「축산물 위생관리법」 제2조제9호 및 제10호의 축산물: 인증농장에서 생산한 축산물의 함량에 따라 동물복지축산물 표시를 할 수 있다.

② 제1항에 따른 동물복지축산물을 포장하지 아니한 상태로 판매하거나 낱개로 판매하는 때에는 표지판 또는 푯말에 동물복지축산물 표시를 할 수 있다.

③ 제1항 및 제2항에 따른 동물복지축산물 표시에 관한 기준 및 방법 등에 관한 사항은 농림축산식품부령으로 정한다.

제64조(인증농장에 대한 지원 등) ① 농림축산식품부장관은 인증농장에 대하여 다음 각 호의 지원을 할 수 있다.

1. 동물의 보호·복지 증진을 위하여 축사시설 개선에 필요한 비용

▎관련 법조항

「축산물 위생관리법」 제2조(정의) 이 법에서 사용하는 용어의 뜻은 다음과 같다.

5. "원유"란 판매 또는 판매를 위한 처리·가공을 목적으로 하는 착유(搾乳) 상태의 우유와 양유(羊乳)를 말한다.

6. "식용란"이란 식용을 목적으로 하는 가축의 알로서 총리령으로 정하는 것을 말한다.

8. "식육가공품"이란 판매를 목적으로 하는 햄류, 소시지류, 베이컨류, 건조저장육류, 양념육류, 그 밖에 식육을 원료로 하여 가공한 것으로서 대통령령으로 정하는 것을 말한다.

9. "유가공품"이란 판매를 목적으로 하는 우유류, 저지방우유류, 분유류, 조제유류(調製乳類), 발효유류, 버터류, 치즈류, 그 밖에 원유 등을 원료로 하여 가공한 것으로서 대통령령으로 정하는 것을 말한다.

10. "알가공품"이란 판매를 목적으로 하는 난황액(卵黃液), 난백액(卵白液), 전란분(全卵粉), 그 밖에 알을 원료로 하여 가공한 것으로서 대통령령으로 정하는 것을 말한다.

2. 인증농장의 환경개선 및 경영에 관한 지도·상담 및 교육

3. 인증농장에서 생산한 축산물의 판로개척을 위한 상담·자문 및 판촉

4. 인증농장에서 생산한 축산물의 해외시장의 진출·확대를 위한 정보제공, 홍보활동 및 투자유치

5. 그 밖에 인증농장의 경영안정을 위하여 필요한 사항

② 농림축산식품부장관, 시·도지사, 시장·군수·구청장, 제4조제3항에 따른 민간단체 및 「축산자조금의 조성 및 운용에 관한 법률」 제2조제3호에 따른 축산단체는 인증농장의 운영사례를 교육·홍보에 적극 활용하여야 한다.

제65조(인증취소 등) ① 농림축산식품부장관 또는 인증기관은 인증 받은 자가 거짓이나 그 밖의 부정한 방법으로 인증을 받은 경우 그 인증을 취소하여야 하며, 제59조제3항에 따른 인증기준에 맞지 아니하게 된 경우 그 인증을 취소할 수 있다.

② 제1항에 따라 인증이 취소된 자(법인인 경우에는 그 대표자를 포함한다)는 그 인증이 취소된 날부터 1년 이내에는 인증농장 인증을 신청할 수 없다.

제66조(사후관리) ① 농림축산식품부장관은 인증기관으로 하여금 매년 인증농장이 제59조제3항에 따른 인증기준에 맞는지 여부를 조사하게 하여야 한다.

② 제1항에 따른 조사를 위하여 인증농장에 출입하는 자는 농림축산식품부령으로 정하는 증표를 지니고 이를 관계인에게 보여 주어야 한다.

③ 제1항에 따른 조사의 요구를 받은 자는 정당한 사유 없이 이를 거부·방해하거나 기피하여서는 아니 된다.

제67조(부정행위의 금지) ① 누구든지 다음 각 호에 해당하는 행위를 하여서는 아니 된다.

1. 거짓이나 그 밖의 부정한 방법으로 인증농장 인증을 받는 행위

2. 제59조제3항에 따른 인증을 받지 아니한 축산농장을 인증농장으로 표시하는 행위

┃ 관련 법조항

「축산자조금의 조성 및 운용에 관한 법률」 제2조(정의) 이 법에서 사용하는 용어의 뜻은 다음과 같다.

   3. "축산단체"란 「민법」 제32조에 따라 설립된 비영리법인으로서 축산업자의 전부 또는 일부를 회원으로 하는 전국단위의 단체와 「농업협동조합법」 제121조에 따라 설립된 농업협동조합중앙회(농협경제지주회사를 포함한다. 이하 같다)를 말한다.

3. 거짓이나 그 밖의 부정한 방법으로 제59조제3항, 제5항 및 제6항에 따른 인증심사, 인증갱신에 대한 심사 및 재심사를 하거나 받을 수 있도록 도와주는 행위

4. 제63조제1항부터 제3항까지의 규정을 위반하여 동물복지축산물 표시를 하는 다음 각 목의 행위(동물복지축산물로 잘못 인식할 우려가 있는 유사한 표시를 하는 행위를 포함한다)

　가. 제63조제1항제1호가목 및 같은 항 제2호를 위반하여 인증농장에서 생산되지 아니한 축산물에 동물복지축산물 표시를 하는 행위

　나. 제63조제1항제1호나목 및 다목을 따르지 아니한 축산물에 동물복지축산물 표시를 하는 행위

　다. 제63조제3항에 따른 동물복지축산물 표시 기준 및 방법을 위반하여 동물복지축산물 표시를 하는 행위

② 제1항제4호에 따른 동물복지축산물로 잘못 인식할 우려가 있는 유사한 표시의 세부기준은 농림축산식품부령으로 정한다.

제68조(인증의 승계) ① 다음 각 호의 어느 하나에 해당하는 자는 인증농장 인증을 받은 자의 지위를 승계한다.

1. 인증농장 인증을 받은 사람이 사망한 경우 그 농장을 계속하여 운영하려는 상속인

2. 인증농장 인증을 받은 자가 그 사업을 양도한 경우 그 **양수인**

3. 인증농장 인증을 받은 법인이 합병한 경우 합병 후 존속하는 법인이나 합병으로 설립되는 법인

② 제1항에 따라 인증농장 인증을 받은 자의 지위를 승계한 자는 그 사실을 30일 이내에 인증기관에 신고하여야 한다.

③ 제2항에 따른 신고에 필요한 사항은 농림축산식품부령으로 정한다.

제6장 반려동물 영업

제69조(영업의 허가) ① 반려동물(이하 이 장에서 "동물"이라 한다. 다만, 동물장묘업 및 제71조제1항에 따른 공설동물장묘시설의 경우에는 제2조제1호에 따른 동물로 한다)과 관련된 다음 각 호의 영업을 하려는 자는 농림축산식품부령으로 정하는 바에 따라 특별자치시장·특별자치도지사·시장·군수·구청장

양수인: 타인의 권리, 재산, 법률에서의 지위 따위를 넘겨받는 사람

의 허가를 받아야 한다.

1. 동물생산업
2. 동물수입업
3. 동물판매업
4. 동물장묘업

② 제1항 각 호에 따른 영업의 세부 범위는 농림축산식품부령으로 정한다.

③ 제1항에 따른 허가를 받으려는 자는 영업장의 시설 및 인력 등 농림축산식품부령으로 정하는 기준을 갖추어야 한다.

④ 제1항에 따라 영업의 허가를 받은 자가 허가받은 사항을 변경하려는 경우에는 변경허가를 받아야 한다. 다만, 농림축산식품부령으로 정하는 경미한 사항을 변경하는 경우에는 특별자치시장·특별자치도지사·시장·군수·구청장에게 신고하여야 한다.

제70조(맹견취급영업의 **특례**) ① 제2조제5호가목에 따른 맹견을 생산·수입 또는 판매(이하 "취급"이라 한다)하는 영업을 하려는 자는 제69조제1항에 따른 동물생산업, 동물수입업 또는 동물판매업의 허가 외에 대통령령으로 정하는 바에 따라 맹견 취급에 대하여 시·도지사의 허가(이하 "맹견취급허가"라 한다)를 받아야 한다. 허가받은 사항을 변경하려는 때에도 또한 같다.

② 맹견취급허가를 받으려는 자의 결격사유에 대하여는 제19조를 준용한다.

③ 맹견취급허가를 받은 자는 다음 각 호의 어느 하나에 해당하는 경우 농림축산식품부령으로 정하는 바에 따라 시·도지사에게 신고하여야 한다.

1. 맹견을 번식시킨 경우
2. 맹견을 수입한 경우
3. 맹견을 양도하거나 양수한 경우
4. 보유하고 있는 맹견이 죽은 경우

④ 맹견 취급을 위한 동물생산업, 동물수입업 또는 동물판매업의 시설 및 인력 기준은 제69조제3항에 따른 기준 외에 별도로 농림축산식품부령으로 정한다.

제71조(공설동물장묘시설의 특례) ① 지방자치단체의 장은 동물을 위한 장묘시설(이하 "공설동물장묘시설"이라 한다)을 설치·운영할 수 있다. 이 경우 시설 및 인력 등 농림축산식품부령으로 정하는 기준을 갖추어야 한다.

② 농림축산식품부장관은 제1항에 따라 공설동물장묘시설을 설치·운영하

특례: 일반적 규율인 법령 또는 규정에 대하여 특수하고 예외적인 경우를 규정하는 규정. 또는 그 법령

는 지방자치단체에 대해서는 예산의 범위에서 시설의 설치에 필요한 경비를 지원할 수 있다.

③ 지방자치단체의 장이 공설동물장묘시설을 사용하는 자에게 부과하는 사용료 또는 관리비의 금액과 부과방법 및 용도, 그 밖에 필요한 사항은 해당 지방자치단체의 조례로 정한다.

제72조(동물장묘시설의 설치 제한) 다음 각 호의 어느 하나에 해당하는 지역에는 제69조제1항제4호의 동물장묘업을 **영위**하기 위한 동물장묘시설 및 공설동물장묘시설을 설치할 수 없다.

영위: 일을 꾸려 나감

　1.「장사 등에 관한 법률」제17조에 해당하는 지역

　2. 20호 이상의 인가밀집지역, 학교, 그 밖에 공중이 수시로 집합하는 시설 또는 장소로부터 300미터 이내. 다만, 해당 지역의 위치 또는 지형 등의 상황을 고려하여 해당 시설의 기능이나 이용 등에 지장이 없는 경우로서 특별자치시장·특별자치도지사·시장·군수·구청장이 인정하는 경우에는 적용을 제외한다.

제72조의2(장묘정보시스템의 구축·운영 등) ① 농림축산식품부장관은 동물장묘 등에 관한 정보의 제공과 동물장묘시설 이용·관리의 업무 등을 전자적으로 처리할 수 있는 정보시스템(이하 "장묘정보시스템"이라 한다)을 구축·운영할 수 있다.

② 장묘정보시스템의 기능에는 다음 각 호의 사항이 포함되어야 한다.

　1. 동물장묘시설의 현황 및 가격 정보 제공

❙ 관련 법조항

「장사 등에 관한 법률」제17조(묘지 등의 설치 제한) 다음 각 호의 어느 하나에 해당하는 지역에는 묘지·화장시설·봉안시설 또는 자연장지를 설치·조성할 수 없다.

　1.「국토의 계획 및 이용에 관한 법률」제36조제1항제1호라목에 따른 녹지지역 중 대통령령으로 정하는 지역

　2.「수도법」제7조제1항에 따른 상수원보호구역. 다만, 기존의 사원 경내에 설치하는 봉안시설 또는 대통령령으로 정하는 지역주민이 설치하거나 조성하는 일정규모 미만의 개인, 가족 및 종중·문중의 봉안시설 또는 자연장지인 경우에는 그러하지 아니하다.

　3.「문화재보호법」제27조 및 제70조제3항에 따른 보호구역. 다만, 대통령령으로 정하는 규모 미만의 자연장지로서 문화재청장의 허가를 받은 경우에는 그러하지 아니하다.

　4. 그 밖에 대통령령으로 정하는 지역

2. 동물장묘절차 등에 관한 정보 제공

3. 그 밖에 농림축산식품부장관이 필요하다고 인정하는 사항

③ 장묘정보시스템의 구축·운영 등에 필요한 사항은 농림축산식품부장관이 정한다.

제73조(영업의 등록) ① 동물과 관련된 다음 각 호의 영업을 하려는 자는 농림축산식품부령으로 정하는 바에 따라 특별자치시장·특별자치도지사·시장·군수·구청장에게 등록하여야 한다.

1. 동물전시업

2. 동물위탁관리업

3. 동물미용업

4. 동물운송업

② 제1항 각 호에 따른 영업의 세부 범위는 농림축산식품부령으로 정한다.

③ 제1항에 따른 영업의 등록을 신청하려는 자는 영업장의 시설 및 인력 등 농림축산식품부령으로 정하는 기준을 갖추어야 한다.

④ 제1항에 따라 영업을 등록한 자가 등록사항을 변경하는 경우에는 변경등록을 하여야 한다. 다만, 농림축산식품부령으로 정하는 경미한 사항을 변경하는 경우에는 특별자치시장·특별자치도지사·시장·군수·구청장에게 신고하여야 한다.

제74조(허가 또는 등록의 결격사유) 다음 각 호의 어느 하나에 해당하는 사람은 제69조제1항에 따른 영업의 허가를 받거나 제73조제1항에 따른 영업의 등록을 할 수 없다.

1. 미성년자

2. 피성년후견인

3. 파산선고를 받은 자로서 **복권**되지 아니한 사람

4. 제82조제1항에 따른 교육을 이수하지 아니한 사람

5. 제83조제1항에 따라 허가 또는 등록이 취소된 후 1년이 지나지 아니한 상태에서 취소된 업종과 같은 업종의 허가를 받거나 등록을 하려는 사람(법인인 경우에는 그 대표자를 포함한다)

6. 이 법을 위반하여 벌금 이상의 실형을 선고받고 그 집행이 종료(집행이 종료된 것으로 보는 경우를 포함한다)되거나 집행이 면제된 날부터 3년(제10조를 위반한 경우에는 5년으로 한다)이 지나지 아니한 사람

복권: 법률상 일정한 자격이나 권리를 한번 상실한 사람이 이를 다시 찾음

7. 이 법을 위반하여 벌금 이상의 형의 집행유예를 선고받고 그 유예기간

　　중에 있는 사람

제75조(영업승계) ① 제69조제1항에 따른 영업의 허가를 받거나 제73조제1
항에 따라 영업의 등록을 한 자(이하 "영업자"라 한다)가 그 영업을 양도하거
나 사망한 경우 또는 법인이 합병한 경우에는 그 양수인·상속인 또는 합병
후 존속하는 법인이나 합병으로 설립되는 법인(이하 "양수인등"이라 한다)은
그 영업자의 지위를 승계한다.

② 다음 각 호의 어느 하나에 해당하는 절차에 따라 영업시설의 전부를 인
수한 자는 그 영업자의 지위를 승계한다.

　1. 「민사집행법」에 따른 경매

　2. 「채무자 회생 및 파산에 관한 법률」에 따른 환가(換價)

　3. 「국세징수법」·「관세법」 또는 「지방세법」에 따른 압류재산의 매각

　4. 그 밖에 제1호부터 제3호까지의 어느 하나에 준하는 절차

③ 제1항 또는 제2항에 따라 영업자의 지위를 승계한 자는 그 지위를 승계
한 날부터 30일 이내에 농림축산식품부령으로 정하는 바에 따라 특별자치
시장·특별자치도지사·시장·군수·구청장에게 신고하여야 한다.

④ 제1항 및 제2항에 따른 승계에 관하여는 제74조에 따른 결격사유 규정
을 준용한다. 다만, 상속인이 제74조제1호 및 제2호에 해당하는 경우에는
상속을 받은 날부터 3개월 동안은 그러하지 아니하다.

관련 법조항

「민사집행법」 제1조(목적) 이 법은 강제집행, 담보권 실행을 위한 경매, 민법·상법, 그 밖의 법률의 규정
에 의한 경매(이하 "민사집행"이라 한다) 및 보전처분의 절차를 규정함을 목적으로 한다.

「채무자 회생 및 파산에 관한 법률」 제1조(목적) 이 법은 재정적 어려움으로 인하여 파탄에 직면해 있는
채무자에 대하여 채권자·주주·지분권자 등 이해관계인의 법률관계를 조정하여 채무자 또는 그 사업의 효
율적인 회생을 도모하거나, 회생이 어려운 채무자의 재산을 공정하게 환가·배당하는 것을 목적으로 한다.

「국세징수법」 제1조(목적) 이 법은 국세의 징수에 필요한 사항을 규정함으로써 국민의 납세의무의 적정
한 이행을 통하여 국세수입을 확보하는 것을 목적으로 한다.

「관세법」 제1조(목적) 이 법은 관세의 부과·징수 및 수출입물품의 통관을 적정하게 하고 관세수입을 확
보함으로써 국민경제의 발전에 이바지함을 목적으로 한다.

「지방세법」 제1조(목적) 이 법은 지방자치단체가 과세하는 지방세 각 세목의 과세요건 및 부과·징수, 그
밖에 필요한 사항을 규정함을 목적으로 한다.

제76조(휴업·폐업 등의 신고) ① 영업자가 휴업, 폐업 또는 그 영업을 재개하려는 경우에는 농림축산식품부령으로 정하는 바에 따라 특별자치시장·특별자치도지사·시장·군수·구청장에게 신고하여야 한다.

② 영업자(동물장묘업자는 제외한다. 이하 이 조에서 같다)는 제1항에 따라 휴업 또는 폐업의 신고를 하려는 경우에는 농림축산식품부령으로 정하는 바에 따라 특별자치시장·특별자치도지사·시장·군수·구청장에게 휴업 또는 폐업 30일 전에 보유하고 있는 동물의 적절한 사육 및 처리를 위한 계획서(이하 "동물처리계획서"라 한다)를 제출하여야 한다.

③ 영업자는 동물처리계획서에 따라 동물을 처리한 후 그 결과를 특별자치시장·특별자치도지사·시장·군수·구청장에게 보고하여야 하며, 보고를 받은 특별자치시장·특별자치도지사·시장·군수·구청장은 동물처리계획서의 이행 여부를 확인하여야 한다.

④ 제2항 및 제3항에 따른 동물처리계획서의 제출 및 보고에 관한 사항은 농림축산식품부령으로 정한다.

제77조(직권말소) ① 특별자치시장·특별자치도지사·시장·군수·구청장은 영업자가 제76조제1항에 따른 폐업신고를 하지 아니한 경우에는 농림축산식품부령으로 정하는 바에 따라 폐업 사실을 확인한 후 허가 또는 등록사항을 **직권**으로 **말소**할 수 있다.

② 특별자치시장·특별자치도지사·시장·군수·구청장은 영업자가 영업을 폐업하였는지를 확인하기 위하여 필요한 경우 관할 세무서장에게 영업자의 폐업 여부에 대한 정보 제공을 요청할 수 있다. 이 경우 요청을 받은 관할 세무서장은 정당한 사유 없이 이를 거부하여서는 아니 된다.

제78조(영업자 등의 준수사항) ① 영업자(법인인 경우에는 그 대표자를 포함한다)와 그 종사자는 다음 각 호의 사항을 준수하여야 한다.

1. 동물을 안전하고 위생적으로 사육·관리 또는 보호할 것
2. 동물의 건강과 안전을 위하여 동물병원과의 적절한 연계를 확보할 것
3. 노화나 질병이 있는 동물을 유기하거나 폐기할 목적으로 거래하지 아니할 것
4. 동물의 번식, 반입·반출 등의 기록 및 관리를 하고 이를 보관할 것
5. 동물에 관한 사항을 표시·광고하는 경우 이 법에 따른 영업허가번호 또는 영업등록번호와 거래금액을 함께 표시할 것

직권: 직무상의 권한. 공무원이나 법인 따위의 기관이 그 지위나 자격으로 행할 수 있는 사무나 그런 사무의 범위를 이름

말소: 기록되어 있는 사실 따위를 지워서 아주 없애 버림

6. 동물의 분뇨, 사체 등은 관계 법령에 따라 적정하게 처리할 것

7. 농림축산식품부령으로 정하는 영업장의 시설 및 인력 기준을 준수할 것

8. 제82조제2항에 따른 정기교육을 이수하고 그 종사자에게 교육을 실시할 것

9. 농림축산식품부령으로 정하는 바에 따라 동물의 취급 등에 관한 영업실적을 보고할 것

10. 등록대상동물의 등록 및 변경신고의무(등록·변경신고방법 및 위반 시 처벌에 관한 사항 등을 포함한다)를 고지할 것

11. 다른 사람의 영업명의를 도용하거나 대여받지 아니하고, 다른 사람에게 자기의 영업명의 또는 상호를 사용하도록 하지 아니할 것

② 동물생산업자는 제1항에서 규정한 사항 외에 다음 각 호의 사항을 준수하여야 한다.

1. 월령이 12개월 미만인 개·고양이는 교배 또는 출산시키지 아니할 것

2. 약품 등을 사용하여 인위적으로 동물의 발정을 유도하는 행위를 하지 아니할 것

3. 동물의 특성에 따라 정기적으로 예방접종 및 건강관리를 실시하고 기록할 것

③ 동물수입업자는 제1항에서 규정한 사항 외에 다음 각 호의 사항을 준수하여야 한다.

1. 동물을 수입하는 경우 농림축산식품부장관에게 수입의 내역을 신고할 것

2. 수입의 목적으로 신고한 사항과 다른 용도로 동물을 사용하지 아니할 것

④ 동물판매업자(동물생산업자 및 동물수입업자가 동물을 판매하는 경우를 포함한다)는 제1항에서 규정한 사항 외에 다음 각 호의 사항을 준수하여야 한다.

1. 월령이 2개월 미만인 개·고양이를 판매(**알선** 또는 **중개**를 포함한다)하지 아니할 것

2. 동물을 판매 또는 전달을 하는 경우 직접 전달하거나 동물운송업자를 통하여 전달할 것

⑤ 동물장묘업자는 제1항에서 규정한 사항 외에 다음 각 호의 사항을 준수하여야 한다.

1. 살아있는 동물을 처리(마취 등을 통하여 동물의 고통을 최소화하는 인도적인 방법으로 처리하는 것을 포함한다)하지 아니할 것

알선: 남의 일이 잘되도록 주선하는 일

중개: 제삼자로서 두 당사자 사이에 서서 일을 주선함

2. 등록대상동물의 사체를 처리한 경우 농림축산식품부령으로 정하는 바에 따라 특별자치시장·특별자치도지사·시장·군수·구청장에게 신고할 것

⑥ 제1항부터 제5항까지의 규정에 따른 영업자의 준수사항에 관한 구체적인 사항 및 그 밖에 동물의 보호와 공중위생상의 위해 방지를 위하여 영업자가 준수하여야 할 사항은 농림축산식품부령으로 정한다.

제79조(등록대상동물의 판매에 따른 등록신청) ① 동물생산업자, 동물수입업자 및 동물판매업자는 등록대상동물을 판매하는 경우에 구매자(영업자를 제외한다)에게 동물등록의 방법을 설명하고 구매자의 명의로 특별자치시장·특별자치도지사·시장·군수·구청장에게 동물등록을 신청한 후 판매하여야 한다.

② 제1항에 따른 등록대상동물의 등록신청에 대해서는 제15조를 준용한다.

제80조(거래내역의 신고) ① 동물생산업자, 동물수입업자 및 동물판매업자가 등록대상동물을 취급하는 경우에는 그 거래내역을 농림축산식품부령으로 정하는 바에 따라 특별자치시장·특별자치도지사·시장·군수·구청장에게 신고하여야 한다.

② 농림축산식품부장관은 제1항에 따른 등록대상동물의 거래내역을 제95조제2항에 따른 국가동물보호정보시스템으로 신고하게 할 수 있다.

제81조(표준계약서의 제정·보급) ① 농림축산식품부장관은 동물보호 및 동물영업의 건전한 거래질서 확립을 위하여 공정거래위원회와 협의하여 표준계약서를 제정 또는 개정하고 영업자에게 이를 사용하도록 권고할 수 있다.

② 농림축산식품부장관은 제1항에 따른 표준계약서에 관한 업무를 대통령령으로 정하는 기관에 위탁할 수 있다.

③ 제1항에 따른 표준계약서의 구체적인 사항은 농림축산식품부령으로 정한다.

제82조(교육) ① 제69조제1항에 따른 허가를 받거나 제73조제1항에 따른 등록을 하려는 자는 허가를 받거나 등록을 하기 전에 동물의 보호 및 공중위생상의 위해 방지 등에 관한 교육을 받아야 한다.

② 영업자는 정기적으로 제1항에 따른 교육을 받아야 한다.

③ 제83조제1항에 따른 영업정지처분을 받은 영업자는 제2항의 정기 교육 외에 동물의 보호 및 영업자 준수사항 등에 관한 추가교육을 받아야 한다.

④ 제1항부터 제3항까지의 규정에 따라 교육을 받아야 하는 영업자로서 교육을 받지 아니한 자는 그 영업을 하여서는 아니 된다.

⑤ 제1항 또는 제2항에 따라 교육을 받아야 하는 영업자가 영업에 직접 종사하지 아니하거나 두 곳 이상의 장소에서 영업을 하는 경우에는 종사자 중에서 책임자를 지정하여 영업자 대신 교육을 받게 할 수 있다.

⑥ 제1항부터 제3항까지의 규정에 따른 교육의 종류, 내용, 시기, 이수방법 등에 관하여는 농림축산식품부령으로 정한다.

제83조(허가 또는 등록의 취소 등) ① 특별자치시장·특별자치도지사·시장·군수·구청장은 영업자가 다음 각 호의 어느 하나에 해당하는 경우에는 농림축산식품부령으로 정하는 바에 따라 그 허가 또는 등록을 취소하거나 6개월 이내의 기간을 정하여 그 영업의 전부 또는 일부의 정지를 명할 수 있다. 다만, 제1호, 제7호 또는 제8호에 해당하는 경우에는 허가 또는 등록을 취소하여야 한다.

1. 거짓이나 그 밖의 부정한 방법으로 허가를 받거나 등록을 한 것이 판명된 경우

2. 제10조제1항부터 제4항까지의 규정을 위반한 경우

3. 허가를 받은 날 또는 등록을 한 날부터 1년이 지나도록 영업을 개시하지 아니한 경우

4. 제69조제1항 또는 제73조제1항에 따른 허가 또는 등록 사항과 다른 방식으로 영업을 한 경우

5. 제69조제4항 또는 제73조제4항에 따른 변경허가를 받거나 변경등록을 하지 아니한 경우

6. 제69조제3항 또는 제73조제3항에 따른 시설 및 인력 기준에 미달하게 된 경우

7. 제72조에 따라 설치가 금지된 곳에 동물장묘시설을 설치한 경우

8. 제74조 각 호의 어느 하나에 해당하게 된 경우

9. 제78조에 따른 준수사항을 지키지 아니한 경우

② 특별자치시장·특별자치도지사·시장·군수·구청장은 제1항에 따라 영업의 허가 또는 등록을 취소하거나 영업의 전부 또는 일부를 정지하는 경우에는 해당 영업자에게 보유하고 있는 동물을 양도하게 하는 등 적절한

사육·관리 또는 보호를 위하여 필요한 조치를 명하여야 한다.

③ 제1항에 따른 처분의 효과는 그 처분기간이 만료된 날부터 1년간 양수인 등에게 승계되며, 처분의 절차가 진행 중일 때에는 양수인등에 대하여 처분의 절차를 행할 수 있다. 다만, 양수인등이 양수·상속 또는 합병 시에 그 처분 또는 위반사실을 알지 못하였음을 증명하는 경우에는 그러하지 아니하다.

제84조(과징금의 부과) ① 특별자치시장·특별자치도지사·시장·군수·구청장은 영업자가 제83조제1항제4호부터 제6호까지 또는 제9호의 어느 하나에 해당하여 영업정지처분을 하여야 하는 경우로서 그 영업정지처분이 해당 영업의 동물 또는 이용자에게 곤란을 주거나 공익에 현저한 지장을 줄 우려가 있다고 인정되는 경우에는 영업정지처분에 **갈음**하여 1억원 이하의 과징금을 부과할 수 있다.

갈음: 다른 것으로 바꾸어 대신함

② 특별자치시장·특별자치도지사·시장·군수·구청장은 제1항에 따른 과징금을 부과받은 자가 납부기한까지 과징금을 내지 아니하면 「지방행정제재·부과금의 징수 등에 관한 법률」에 따라 징수한다.

③ 특별자치시장·특별자치도지사·시장·군수·구청장은 제1항에 따른 과징금을 부과하기 위하여 필요한 경우에는 다음 각 호의 사항을 적은 문서로 관할 세무서장에게 과세 정보의 제공을 요청할 수 있다.

　1. 납세자의 인적 사항

　2. 과세 정보의 사용 목적

　3. 과징금 부과기준이 되는 매출금액

④ 제1항에 따른 과징금을 부과하는 위반행위의 종류, 영업의 규모, 위반횟수 등에 따른 과징금의 금액, 그 밖에 필요한 사항은 대통령령으로 정한다.

제85조(영업장의 폐쇄) ① 특별자치시장·특별자치도지사·시장·군수·구청장은 제69조 또는 제73조에 따른 영업이 다음 각 호의 어느 하나에 해당하는 때에는 관계 공무원으로 하여금 농림축산식품부령으로 정하는 바에 따라 해당 영업장을 폐쇄하게 할 수 있다.

　1. 제69조제1항에 따른 허가를 받지 아니하거나 제73조제1항에 따른 등록을 하지 아니한 때

　2. 제83조에 따라 허가 또는 등록이 취소되거나 영업정지명령을 받았음에도 불구하고 계속하여 영업을 한 때

② 특별자치시장·특별자치도지사·시장·군수·구청장은 제1항에 따라 영업장을 폐쇄하기 위하여 관계 공무원에게 다음 각 호의 조치를 하게 할 수 있다.

1. 해당 영업장의 간판이나 그 밖의 영업표지물의 제거 또는 삭제

2. 해당 영업장이 적법한 영업장이 아니라는 것을 알리는 게시문 등의 부착

3. 영업을 위하여 꼭 필요한 시설물 또는 기구 등을 사용할 수 없게 하는 **봉인**(封印)

③ 특별자치시장·특별자치도지사·시장·군수·구청장은 제1항 및 제2항에 따른 폐쇄조치를 하려는 때에는 폐쇄조치의 일시·장소 및 관계 공무원의 성명 등을 미리 해당 영업을 하는 영업자 또는 그 대리인에게 서면으로 알려주어야 한다.

④ 특별자치시장·특별자치도지사·시장·군수·구청장은 제1항에 따라 해당 영업장을 폐쇄하는 경우 해당 영업자에게 보유하고 있는 동물을 양도하게 하는 등 적절한 사육·관리 또는 보호를 위하여 필요한 조치를 명하여야 한다.

⑤ 제1항에 따른 영업장 폐쇄의 세부적인 기준과 절차는 그 위반행위의 유형과 위반 정도 등을 고려하여 농림축산식품부령으로 정한다.

봉인: 형체가 있는 동산에 대하여 그 모양을 바꾸지 못하도록 처분으로서 날인하는 일. 또는 그 인

제7장 보칙

제86조(출입·검사 등) ① 농림축산식품부장관, 시·도지사 또는 시장·군수·구청장은 동물의 보호 및 공중위생상의 위해 방지 등을 위하여 필요하면 동물의 소유자등에 대하여 다음 각 호의 조치를 할 수 있다.

1. 동물 현황 및 관리실태 등 필요한 자료제출의 요구

2. 동물이 있는 장소에 대한 출입·검사

3. 동물에 대한 위해 방지 조치의 이행 등 농림축산식품부령으로 정하는 시정명령

② 농림축산식품부장관, 시·도지사 또는 시장·군수·구청장은 동물보호 등과 관련하여 필요하면 다음 각 호의 어느 하나에 해당하는 자에게 필요한 보고를 하도록 명하거나 자료를 제출하게 할 수 있으며, 관계 공무원으로 하여금 해당 시설 등에 출입하여 운영실태를 조사하게 하거나 관계 서류를 검사하게 할 수 있다.

1. 제35조제1항 및 제36조제1항에 따른 동물보호센터의 장

2. 제37조에 따른 보호시설운영자

3. 제51조제1항 및 제2항에 따라 윤리위원회를 설치한 동물실험시행기관의 장

4. 제59조제3항에 따른 동물복지축산농장의 인증을 받은 자

5. 제60조에 따라 지정된 인증기관의 장

6. 제63조제1항에 따라 동물복지축산물의 표시를 한 자

7. 제69조제1항에 따른 영업의 허가를 받은 자 또는 제73조제1항에 따라 영업의 등록을 한 자

③ 특별자치시장·특별자치도지사·시장·군수·구청장은 소속 공무원으로 하여금 제2항제2호에 따른 보호시설운영자에 대하여 제37조제4항에 따른 시설기준·운영기준 등의 사항 및 동물보호를 위한 시설정비 등의 사후관리와 관련한 사항을 1년에 1회 이상 정기적으로 점검하도록 하고, 필요한 경우 수시로 점검하게 할 수 있다.

④ 시·도지사와 시장·군수·구청장은 소속 공무원으로 하여금 제2항제7호에 따른 영업자에 대하여 다음 각 호의 구분에 따라 1년에 1회 이상 정기적으로 점검하도록 하고, 필요한 경우 수시로 점검하게 할 수 있다.

1. 시·도지사: 제70조제4항에 따른 시설 및 인력 기준의 준수 여부

2. 특별자치시장·특별자치도지사·시장·군수·구청장: 제69조제3항 및 제73조제3항에 따른 시설 및 인력 기준의 준수 여부와 제78조에 따른 준수사항의 이행 여부

⑤ 시·도지사는 제3항 및 제4항에 따른 점검 결과(관할 시·군·구의 점검 결과를 포함한다)를 다음 연도 1월 31일까지 농림축산식품부장관에게 보고하여야 한다.

⑥ 농림축산식품부장관, 시·도지사 또는 시장·군수·구청장이 제1항제2호 및 제2항 각 호에 따른 출입·검사 또는 제3항 및 제4항에 따른 점검(이하 "출입·검사등"이라 한다)을 할 때에는 출입·검사등의 시작 7일 전까지 대상자에게 다음 각 호의 사항이 포함된 출입·검사등 계획을 통지하여야 한다. 다만, 출입·검사등 계획을 미리 통지할 경우 그 목적을 달성할 수 없다고 인정하는 경우에는 출입·검사등을 착수할 때에 통지할 수 있다.

1. 출입·검사등의 목적

2. 출입·검사등의 기간 및 장소

3. 관계 공무원의 성명과 직위

4. 출입·검사등의 범위 및 내용

5. 제출할 자료

⑦ 농림축산식품부장관, 시·도지사 또는 시장·군수·구청장은 제2항부터 제4항까지의 규정에 따른 출입·검사등의 결과에 따라 필요한 시정을 명하는 등의 조치를 할 수 있다.

제87조(영상정보처리기기의 설치 등) ① 다음 각 호의 어느 하나에 해당하는 자는 동물학대 방지 등을 위하여 「개인정보 보호법」 제2조제7호에 따른 고정형 영상정보처리기기를 설치하여야 한다.

1. 제35조제1항 또는 제36조제1항에 따른 동물보호센터의 장

2. 제37조에 따른 보호시설운영자

3. 제63조제1항제1호다목에 따른 도축장 운영자

4. 제69조제1항에 따른 영업의 허가를 받은 자 또는 제73조제1항에 따라 영업의 등록을 한 자

② 제1항에 따른 고정형 영상정보처리기기의 설치 대상, 장소 및 기준 등에 필요한 사항은 대통령령으로 정한다.

③ 제1항에 따라 고정형 영상정보처리기기를 설치·관리하는 자는 동물보호센터·보호시설·영업장의 종사자, 이용자 등 정보주체의 인권이 침해되지 아니하도록 다음 각 호의 사항을 준수하여야 한다.

1. 설치 목적과 다른 목적으로 고정형 영상정보처리기기를 임의로 조작하거나 다른 곳을 비추지 아니할 것

2. 녹음기능을 사용하지 아니할 것

④ 제1항에 따라 고정형 영상정보처리기기를 설치·관리하는 자는 다음 각 호의 어느 하나에 해당하는 경우 외에는 고정형 영상정보처리기기로 촬영한 영상기록을 다른 사람에게 제공하여서는 아니 된다.

┃ 관련 법조항

「개인정보 보호법」 제2조(정의) 이 법에서 사용하는 용어의 뜻은 다음과 같다.

　　7. "영상정보처리기기"란 일정한 공간에 지속적으로 설치되어 사람 또는 사물의 영상 등을 촬영하거나 이를 유·무선망을 통하여 전송하는 장치로서 대통령령으로 정하는 장치를 말한다.

1. 소유자등이 자기 동물의 안전을 확인하기 위하여 요청하는 경우

2. 「개인정보 보호법」 제2조제6호가목에 따른 공공기관이 제86조 등 법령에서 정하는 동물보호 업무 수행을 위하여 요청하는 경우

3. 범죄의 수사와 공소의 제기 및 유지, 법원의 재판업무 수행을 위하여 필요한 경우

⑤ 이 법에서 정하는 사항 외에 고정형 영상정보처리기기의 설치, 운영 및 관리 등에 관한 사항은 「개인정보 보호법」에 따른다.

제88조(동물보호관) ① 농림축산식품부장관(대통령령으로 정하는 소속 기관의 장을 포함한다), 시·도지사 및 시장·군수·구청장은 동물의 학대 방지 등 동물보호에 관한 사무를 처리하기 위하여 소속 공무원 중에서 동물보호관을 지정하여야 한다.

② 제1항에 따른 동물보호관(이하 "동물보호관"이라 한다)의 자격, 임명, 직무범위 등에 관한 사항은 대통령령으로 정한다.

③ 동물보호관이 제2항에 따른 직무를 수행할 때에는 농림축산식품부령으로 정하는 증표를 지니고 이를 관계인에게 보여주어야 한다.

④ 누구든지 동물의 특성에 따른 출산, 질병 치료 등 부득이한 사유가 있는 경우를 제외하고는 제2항에 따른 동물보호관의 직무 수행을 거부·방해 또는 기피하여서는 아니 된다.

제89조(학대행위자에 대한 상담·교육 등의 권고) 동물보호관은 학대행위자에 대하여 상담·교육 또는 심리치료 등 필요한 지원을 받을 것을 권고할 수 있다.

제90조(명예동물보호관) ① 농림축산식품부장관, 시·도지사 및 시장·군수·구청장은 동물의 학대 방지 등 동물보호를 위한 지도·**계몽** 등을 위하여 명예동물보호관을 위촉할 수 있다.

② 제10조를 위반하여 제97조에 따라 형을 선고받고 그 형이 확정된 사람은 제1항에 따른 명예동물보호관(이하 "명예동물보호관"이라 한다)이 될 수 없다.

③ 명예동물보호관의 자격, 위촉, 해촉, 직무, 활동 범위와 수당의 지급 등

계몽: 지식수준이 낮거나 인습에 젖은 사람을 가르쳐서 깨우침

▌ 관련 법조항

「개인정보 보호법」 제2조(정의) 이 법에서 사용하는 용어의 뜻은 다음과 같다.

　　6. "공공기관"이란 다음 각 목의 기관을 말한다.

　　　　가. 국회, 법원, 헌법재판소, 중앙선거관리위원회의 행정사무를 처리하는 기관, 중앙행정기관(대통령 소속 기관과 국무총리 소속 기관을 포함한다) 및 그 소속 기관, 지방자치단체

에 관한 사항은 대통령령으로 정한다.

④ 명예동물보호관은 제3항에 따른 직무를 수행할 때에는 부정한 행위를 하거나 권한을 남용하여서는 아니 된다.

⑤ 명예동물보호관이 그 직무를 수행하는 경우에는 신분을 표시하는 증표를 지니고 이를 관계인에게 보여주어야 한다.

제91조(수수료) 다음 각 호의 어느 하나에 해당하는 자는 농림축산식품부령으로 정하는 바에 따라 수수료를 내야 한다. 다만, 제1호에 해당하는 자에 대하여는 시·도의 조례로 정하는 바에 따라 수수료를 감면할 수 있다.

1. 제15조제1항에 따라 등록대상동물을 등록하려는 자
2. 제31조에 따른 자격시험에 응시하려는 자 또는 자격증의 재발급 등을 받으려는 자
3. 제59조제3항, 제5항 또는 제6항에 따라 동물복지축산농장 인증을 받거나 갱신 및 재심사를 받으려는 자
4. 제69조, 제70조 및 제73조에 따라 영업의 허가 또는 변경허가를 받거나, 영업의 등록 또는 변경등록을 하거나, 변경신고를 하려는 자

제92조(청문) 농림축산식품부장관, 시·도지사 또는 시장·군수·구청장은 다음 각 호의 어느 하나에 해당하는 처분을 하려면 청문을 하여야 한다.

1. 제20조제1항에 따른 맹견사육허가의 철회
2. 제32조제2항에 따른 반려동물행동지도사의 자격취소
3. 제36조제4항에 따른 동물보호센터의 지정취소
4. 제38조제2항에 따른 보호시설의 시설폐쇄
5. 제61조제1항에 따른 인증기관의 지정취소
6. 제65조제1항에 따른 동물복지축산농장의 인증취소
7. 제83조제1항에 따른 영업허가 또는 영업등록의 취소

제93조(권한의 위임·위탁) ① 농림축산식품부장관은 대통령령으로 정하는 바에 따라 이 법에 따른 권한의 일부를 소속기관의 장 또는 시·도지사에게 위임할 수 있다.

② 농림축산식품부장관은 대통령령으로 정하는 바에 따라 이 법에 따른 업무 및 동물복지 진흥에 관한 업무의 일부를 농림축산 또는 동물보호 관련 업무를 수행하는 기관·법인·단체의 장에게 위탁할 수 있다.

③ 농림축산식품부장관은 제1항에 따라 위임한 업무 및 제2항에 따라 위탁한 업무에 관하여 필요하다고 인정하면 업무처리지침을 정하여 통보하거나

그 업무처리를 지도·감독할 수 있다.

④ 제2항에 따라 위탁받은 이 법에 따른 업무를 수행하는 기관·법인·단체의 임원 및 직원은 「형법」 제129조부터 제132조까지의 규정을 적용할 때에는 공무원으로 본다.

⑤ 농림축산식품부장관은 제2항에 따라 업무를 위탁한 기관에 필요한 비용의 전부 또는 일부를 예산의 범위에서 출연 또는 보조할 수 있다.

제94조(실태조사 및 정보의 공개) ① 농림축산식품부장관은 다음 각 호의 정보와 자료를 수집·조사·분석하고 그 결과를 해마다 정기적으로 공표하여야 한다. 다만, 제2호에 해당하는 사항에 관하여는 해당 동물을 관리하는 중앙행정기관의 장 및 관련 기관의 장과 협의하여 결과공표 여부를 정할 수 있다.

1. 제6조제1항의 동물복지종합계획 수립을 위한 동물의 보호·복지 실태에 관한 사항

2. 제2조제6호에 따른 봉사동물 중 국가소유 봉사동물의 마릿수 및 해당 봉사동물의 관리 등에 관한 사항

3. 제15조에 따른 등록대상동물의 등록에 관한 사항

4. 제34조부터 제36조까지 및 제39조부터 제46조까지의 규정에 따른 동

┃ 관련 법조항

「형법」 제129조(수뢰, 사전수뢰) ① 공무원 또는 중재인이 그 직무에 관하여 뇌물을 수수, 요구 또는 약속한 때에는 5년 이하의 징역 또는 10년 이하의 자격정지에 처한다.
② 공무원 또는 중재인이 될 자가 그 담당할 직무에 관하여 청탁을 받고 뇌물을 수수, 요구 또는 약속한 후 공무원 또는 중재인이 된 때에는 3년 이하의 징역 또는 7년 이하의 자격정지에 처한다.
「형법」 제130조(제삼자뇌물제공) 공무원 또는 중재인이 그 직무에 관하여 부정한 청탁을 받고 제3자에게 뇌물을 공여하게 하거나 공여를 요구 또는 약속한 때에는 5년 이하의 징역 또는 10년 이하의 자격정지에 처한다.
「형법」 제131조(수뢰후부정처사, 사후수뢰) ① 공무원 또는 중재인이 전2조의 죄를 범하여 부정한 행위를 한 때에는 1년 이상의 유기징역에 처한다.
② 공무원 또는 중재인이 그 직무상 부정한 행위를 한 후 뇌물을 수수, 요구 또는 약속하거나 제삼자에게 이를 공여하게 하거나 공여를 요구 또는 약속한 때에도 전항의 형과 같다.
③ 공무원 또는 중재인이었던 자가 그 재직 중에 청탁을 받고 직무상 부정한 행위를 한 후 뇌물을 수수, 요구 또는 약속한 때에는 5년 이하의 징역 또는 10년 이하의 자격정지에 처한다.
④ 전3항의 경우에는 10년 이하의 자격정지를 병과할 수 있다.
「형법」 제132조(알선수뢰) 공무원이 그 지위를 이용하여 다른 공무원의 직무에 속한 사항의 알선에 관하여 뇌물을 수수, 요구 또는 약속한 때에는 3년 이하의 징역 또는 7년 이하의 자격정지에 처한다.

물보호센터와 유실·유기동물 등의 치료·보호 등에 관한 사항

5. 제37조에 따른 보호시설의 운영실태에 관한 사항

6. 제51조부터 제56조까지, 제58조의 규정에 따른 윤리위원회의 운영 및 동물실험 실태, 지도·감독 등에 관한 사항

7. 제59조에 따른 동물복지축산농장 인증현황 등에 관한 사항

8. 제69조 및 제73조에 따른 영업의 허가 및 등록과 운영실태에 관한 사항

9. 제86조제4항에 따른 영업자에 대한 정기점검에 관한 사항

10. 그 밖에 동물의 보호·복지 실태와 관련된 사항

② 농림축산식품부장관은 제1항 각 호에 따른 업무를 효율적으로 추진하기 위하여 실태조사를 실시할 수 있으며, 실태조사를 위하여 필요한 경우 관계 중앙행정기관의 장, 지방자치단체의 장, 공공기관(「공공기관의 운영에 관한 법률」 제4조에 따른 공공기관을 말한다. 이하 같다)의 장, 관련 기관 및 단체, 동물의 소유자등에게 필요한 자료 및 정보의 제공을 요청할 수 있다. 이 경우 자료 및 정보의 제공을 요청받은 자는 정당한 사유가 없는 한 자료 및 정보를 제공하여야 한다.

③ 제2항에 따른 실태조사(현장조사를 포함한다)의 범위, 방법, 그 밖에 필요한 사항은 대통령령으로 정한다.

④ 시·도지사, 시장·군수·구청장, 동물실험시행기관의 장 또는 인증기관은 제1항 각 호의 실적을 다음 연도 1월 31일까지 농림축산식품부장관(대통령령으로 정하는 그 소속기관의 장을 포함한다)에게 보고하여야 한다.

제95조(동물보호정보의 수집 및 활용) ① 농림축산식품부장관은 동물의 생명보호, 안전 보장 및 복지 증진과 건전하고 책임 있는 사육문화를 조성하기 위하여 다음 각 호의 정보(이하 "동물보호정보"라 한다)를 수집하여 체계적으로 관리하여야 한다.

1. 제17조에 따라 맹견수입신고를 한 자 및 신고한 자가 소유한 맹견에

▌관련 법조항

「공공기관의 운영에 관한 법률」 제4조(공공기관) ① 기획재정부장관은 국가·지방자치단체가 아닌 법인·단체 또는 기관(이하 "기관"이라 한다)으로서 다음 각 호의 어느 하나에 해당하는 기관을 공공기관으로 지정할 수 있다.

대한 정보

2. 제18조 및 제20조에 따라 맹견사육허가·허가철회를 받은 사람 및 허가받은 사람이 소유한 맹견에 대한 정보

3. 제18조제3항 및 제24조에 따라 기질평가를 받은 동물과 그 소유자에 대한 정보

4. 제69조 및 제70조에 따른 영업의 허가 및 제73조에 따른 영업의 등록에 관한 사항(영업의 허가 및 등록 번호, 업체명, 전화번호, 소재지 등을 포함한다)

5. 제94조제1항 각 호의 정보

6. 그 밖에 동물보호에 관한 정보로서 농림축산식품부장관이 수집·관리할 필요가 있다고 인정하는 정보

② 농림축산식품부장관은 동물보호정보를 체계적으로 관리하고 통합적으로 분석하기 위하여 국가동물보호정보시스템을 구축·운영하여야 한다.

③ 농림축산식품부장관은 동물보호정보의 수집을 위하여 관계 중앙행정기관의 장, 시·도지사 또는 시장·군수·구청장, 경찰관서의 장 등에게 필요한 자료를 요청할 수 있다. 이 경우 관계 중앙행정기관의 장, 시·도지사 또는 시장·군수·구청장, 경찰관서의 장 등은 정당한 사유가 없으면 요청에 응하여야 한다.

④ 시·도지사 및 시장·군수·구청장은 동물의 보호 또는 동물학대 발생 방지를 위하여 필요한 경우 국가동물보호정보시스템에 등록된 관련 정보를 농림축산식품부장관에게 요청할 수 있다. 이 경우 정보활용의 목적과 필요한 정보의 범위를 구체적으로 기재하여 요청하여야 한다.

⑤ 제4항에 따른 정보를 취득한 사람은 같은 항 후단의 요청 목적 외로 해당 정보를 사용하거나 다른 사람에게 정보를 제공 또는 누설하여서는 아니 된다.

⑥ 농림축산식품부장관은 대통령령으로 정하는 바에 따라 제1항제4호의 정보 중 영업의 허가 및 등록 번호, 업체명, 전화번호, 소재지 등을 공개하여야 한다.

⑦ 제1항부터 제6항까지에서 규정한 사항 외에 동물보호정보 등의 수집·관리·공개 및 정보의 요청 방법, 국가동물보호정보시스템의 구축·활용 등에 필요한 사항은 대통령령으로 정한다.

제96조(위반사실의 공표) ① 시·도지사 또는 시장·군수·구청장은 제36조

제4항 또는 제38조에 따라 행정처분이 확정된 동물보호센터 또는 보호시설에 대하여 위반행위, 해당 기관·단체 또는 시설의 명칭, 대표자 성명 등 대통령령으로 정하는 사항을 공표할 수 있다.

② 특별자치시장·특별자치도지사·시장·군수·구청장은 제83조부터 제85조까지의 규정에 따라 행정처분이 확정된 영업자에 대하여 위반행위, 해당 영업장의 명칭, 대표자 성명 등 대통령령으로 정하는 사항을 공표할 수 있다.

③ 제1항 및 제2항에 따른 공표 여부를 결정할 때에는 위반행위의 동기, 정도, 횟수 및 결과 등을 고려하여야 한다.

④ 시·도지사 또는 시장·군수·구청장은 제1항 및 제2항에 따른 공표를 실시하기 전에 공표대상자에게 그 사실을 통지하여 **소명**자료를 제출하거나 출석하여 의견진술을 할 수 있는 기회를 부여하여야 한다.

⑤ 제1항 및 제2항에 따른 공표의 절차·방법, 그 밖에 필요한 사항은 대통령령으로 정한다.

소명: 재판에서, 법관이 당사자가 주장하는 사실이 확실할 것이라고 추측을 하는 상태. 또는 그 상태에 이르도록 당사자가 증거를 제출하려고 노력함

제8장 벌칙

제97조(벌칙) ① 다음 각 호의 어느 하나에 해당하는 자는 3년 이하의 징역 또는 3천만원 이하의 벌금에 처한다.

1. 제10조제1항 각 호의 어느 하나를 위반한 자

2. 제10조제3항제2호 또는 같은 조 제4항제3호를 위반한 자

3. 제16조제1항 또는 같은 조 제2항제1호를 위반하여 사람을 사망에 이르게 한 자

4. 제21조제1항 각 호를 위반하여 사람을 사망에 이르게 한 자

② 다음 각 호의 어느 하나에 해당하는 자는 2년 이하의 징역 또는 2천만원 이하의 벌금에 처한다.

1. 제10조제2항 또는 같은 조 제3항제1호·제3호·제4호의 어느 하나를 위반한 자

2. 제10조제4항제1호를 위반하여 맹견을 유기한 소유자등

3. 제10조제4항제2호를 위반한 소유자등

4. 제16조제1항 또는 같은 조 제2항제1호를 위반하여 사람의 신체를 상해에 이르게 한 자

5. 제21조제1항 각 호의 어느 하나를 위반하여 사람의 신체를 상해에 이르게 한 자

6. 제67조제1항제1호를 위반하여 거짓이나 그 밖의 부정한 방법으로 인증농장 인증을 받은 자

7. 제67조제1항제2호를 위반하여 인증을 받지 아니한 축산농장을 인증농장으로 표시한 자

8. 제67조제1항제3호를 위반하여 거짓이나 그 밖의 부정한 방법으로 인증심사·재심사 및 인증갱신을 하거나 받을 수 있도록 도와주는 행위를 한 자

9. 제69조제1항 또는 같은 조 제4항을 위반하여 허가 또는 변경허가를 받지 아니하고 영업을 한 자

10. 거짓이나 그 밖의 부정한 방법으로 제69조제1항에 따른 허가 또는 같은 조 제4항에 따른 변경허가를 받은 자

11. 제70조제1항을 위반하여 맹견취급허가 또는 변경허가를 받지 아니하고 맹견을 취급하는 영업을 한 자

12. 거짓이나 그 밖의 부정한 방법으로 제70조제1항에 따른 맹견취급허가 또는 변경허가를 받은 자

13. 제72조를 위반하여 설치가 금지된 곳에 동물장묘시설을 설치한 자

14. 제85조제1항에 따른 영업장 폐쇄조치를 위반하여 영업을 계속한 자

③ 다음 각 호의 어느 하나에 해당하는 자는 1년 이하의 징역 또는 1천만원 이하의 벌금에 처한다.

1. 제18조제1항을 위반하여 맹견사육허가를 받지 아니한 자

2. 제33조제1항을 위반하여 반려동물행동지도사의 명칭을 사용한 자

3. 제33조제2항을 위반하여 다른 사람에게 반려동물행동지도사의 명의를 사용하게 하거나 그 자격증을 대여한 자 또는 반려동물행동지도사의 명의를 사용하거나 그 자격증을 대여받은 자

4. 제33조제3항을 위반한 자

5. 제73조제1항 또는 같은 조 제4항을 위반하여 등록 또는 변경등록을 하지 아니하고 영업을 한 자

6. 거짓이나 그 밖의 부정한 방법으로 제73조제1항에 따른 등록 또는 같은 조 제4항에 따른 변경등록을 한 자

7. 제78조제1항제11호를 위반하여 다른 사람의 영업명의를 도용하거나 대여받은 자 또는 다른 사람에게 자기의 영업명의나 상호를 사용하게 한 영업자

8. 제83조를 위반하여 영업정지 기간에 영업을 한 자

9. 제87조제3항을 위반하여 설치 목적과 다른 목적으로 고정형 영상정보처리기기를 임의로 조작하거나 다른 곳을 비춘 자 또는 녹음기능을 사용한 자

10. 제87조제4항을 위반하여 영상기록을 목적 외의 용도로 다른 사람에게 제공한 자

④ 다음 각 호의 어느 하나에 해당하는 자는 500만원 이하의 벌금에 처한다.

1. 제29조제1항을 위반하여 업무상 알게 된 비밀을 누설한 기질평가위원회의 위원 또는 위원이었던 자

2. 제37조제1항에 따른 신고를 하지 아니하고 보호시설을 운영한 자

3. 제38조제2항에 따른 폐쇄명령에 따르지 아니한 자

4. 제54조제3항을 위반하여 비밀을 누설하거나 도용한 윤리위원회의 위원 또는 위원이었던 자(제52조제3항에서 준용하는 경우를 포함한다)

5. 제78조제2항제1호를 위반하여 월령이 12개월 미만인 개·고양이를 교배 또는 출산시킨 영업자

6. 제78조제2항제2호를 위반하여 동물의 발정을 유도한 영업자

7. 제78조제5항제1호를 위반하여 살아있는 동물을 처리한 영업자

8. 제95조제5항을 위반하여 요청 목적 외로 정보를 사용하거나 다른 사람에게 정보를 제공 또는 누설한 자

⑤ 다음 각 호의 어느 하나에 해당하는 자는 300만원 이하의 벌금에 처한다.

1. 제10조제4항제1호를 위반하여 동물을 유기한 소유자등(맹견을 유기한 경우는 제외한다)

2. 제10조제5항제1호를 위반하여 사진 또는 영상물을 판매·전시·전달·상영하거나 인터넷에 게재한 자

3. 제10조제5항제2호를 위반하여 도박을 목적으로 동물을 이용한 자 또는 동물을 이용하는 도박을 행할 목적으로 광고·선전한 자

4. 제10조제5항제3호를 위반하여 도박·시합·복권·오락·유흥·광고 등의 상이나 경품으로 동물을 제공한 자

5. 제10조제5항제4호를 위반하여 영리를 목적으로 동물을 대여한 자

6. 제18조제4항 후단에 따른 인도적인 방법에 의한 처리 명령에 따르지 아니한 맹견의 소유자

7. 제20조제2항에 따른 인도적인 방법에 의한 처리 명령에 따르지 아니한 맹견의 소유자

8. 제24조제1항에 따른 기질평가 명령에 따르지 아니한 맹견 아닌 개의 소유자

9. 제46조제2항을 위반하여 수의사에 의하지 아니하고 동물의 인도적인 처리를 한 자

10. 제49조를 위반하여 동물실험을 한 자

11. 제78조제4항제1호를 위반하여 월령이 2개월 미만인 개·고양이를 판매(알선 또는 중개를 포함한다)한 영업자

12. 제85조제2항에 따른 게시문 등 또는 봉인을 제거하거나 손상시킨 자

⑥ 상습적으로 제1항부터 제5항까지의 죄를 지은 자는 그 죄에 정한 형의 2분의 1까지 가중한다.

제98조(벌칙) 제100조제1항에 따라 이수명령을 부과받은 사람이 보호관찰소의 장 또는 교정시설의 장의 이수명령 이행에 관한 지시에 따르지 아니하여 「보호관찰 등에 관한 법률」 또는 「형의 집행 및 수용자의 처우에 관한 법률」에 따른 경고를 받은 후 재차 정당한 사유 없이 이수명령 이행에 관한 지시를 따르지 아니한 경우에는 다음 각 호에 따른다.

1. 벌금형과 병과된 경우에는 500만원 이하의 벌금에 처한다.

2. 징역형 이상의 실형과 **병과**된 경우에는 1년 이하의 징역 또는 1천만원 이하의 벌금에 처한다.

> **병과**: 동시에 둘 이상의 형벌에 처하는 일

│ 관련 법조항

「보호관찰 등에 관한 법률」 제1조(목적) 이 법은 죄를 지은 사람으로서 재범 방지를 위하여 보호관찰, 사회봉사, 수강(受講) 및 갱생보호(更生保護) 등 체계적인 사회 내 처우가 필요하다고 인정되는 사람을 지도하고 보살피며 도움으로써 건전한 사회 복귀를 촉진하고, 효율적인 범죄예방 활동을 전개함으로써 개인 및 공공의 복지를 증진함과 아울러 사회를 보호함을 목적으로 한다.
「형의 집행 및 수용자의 처우에 관한 법률」 제1조(목적) 이 법은 수형자의 교정교화와 건전한 사회복귀를 도모하고, 수용자의 처우와 권리 및 교정시설의 운영에 관하여 필요한 사항을 규정함을 목적으로 한다.

제99조(양벌규정) 법인의 대표자나 법인 또는 개인의 대리인, 사용인, 그 밖의 종업원이 그 법인 또는 개인의 업무에 관하여 제97조에 따른 위반행위를 하면 그 행위자를 벌하는 외에 그 법인 또는 개인에게도 해당 조문의 벌금형을 과한다. 다만, 법인 또는 개인이 그 위반행위를 방지하기 위하여 해당 업무에 관하여 상당한 주의와 감독을 게을리하지 아니한 경우에는 그러하지 아니하다.

제100조(형벌과 수강명령 등의 병과) ① 법원은 제97조제1항제1호·제2호 및 같은 조 제2항제1호부터 제3호까지의 죄를 지은 자(이하 이 조에서 "동물학대행위자"라 한다)에게 유죄판결(선고유예는 제외한다)을 선고하면서 200시간의 범위에서 재범예방에 필요한 수강명령(「보호관찰 등에 관한 법률」에 따른 수강명령을 말한다. 이하 같다) 또는 치료프로그램의 이수명령(이하 "이수명령"이라 한다)을 병과할 수 있다.

② 동물학대행위자에게 부과하는 수강명령은 형의 집행을 유예할 경우에는 그 집행유예기간 내에서 병과하고, 이수명령은 벌금형 또는 징역형의 실형을 선고할 경우에 병과한다.

③ 법원이 동물학대행위자에 대하여 형의 집행을 유예하는 경우에는 제1항에 따른 수강명령 외에 그 집행유예기간 내에서 보호관찰 또는 사회봉사 중 하나 이상의 처분을 병과할 수 있다.

④ 제1항에 따른 수강명령 또는 이수명령은 형의 집행을 유예할 경우에는 그 집행유예기간 내에, 벌금형을 선고할 경우에는 형 확정일부터 6개월 이내에, 징역형의 실형을 선고할 경우에는 형기 내에 각각 집행한다.

⑤ 제1항에 따른 수강명령 또는 이수명령이 벌금형 또는 형의 집행유예와 병과된 경우에는 보호관찰소의 장이 집행하고, 징역형의 실형과 병과된 경우에는 교정시설의 장이 집행한다. 다만, 징역형의 실형과 병과된 이수명령을 모두 이행하기 전에 석방 또는 가석방되거나 **미결구금일수 산입** 등의 사유로 형을 집행할 수 없게 된 경우에는 보호관찰소의 장이 남은 이수명령을 집행한다.

⑥ 제1항에 따른 수강명령 또는 이수명령은 다음 각 호의 내용으로 한다.

  1. 동물학대 행동의 진단·상담

  2. 소유자등으로서의 기본 소양을 갖추게 하기 위한 교육

미결구금일수 산입: 판결 선고 전의 구금 일수를 본형에 일부만 산입할 수 있도록 한 일

3. 그 밖에 동물학대행위자의 재범 예방을 위하여 필요한 사항

⑦ 형벌과 병과하는 수강명령 및 이수명령에 관하여 이 법에서 규정한 사항 외에는 「보호관찰 등에 관한 법률」을 준용한다.

제101조(과태료) ① 다음 각 호의 어느 하나에 해당하는 자에게는 500만원 이하의 과태료를 부과한다.

1. 제51조제1항을 위반하여 윤리위원회를 설치·운영하지 아니한 동물실험시행기관의 장

2. 제51조제3항을 위반하여 윤리위원회의 심의를 거치지 아니하고 동물실험을 한 동물실험시행기관의 장

3. 제51조제4항을 위반하여 윤리위원회의 변경심의를 거치지 아니하고 동물실험을 한 동물실험시행기관의 장(제52조제3항에서 준용하는 경우를 포함한다)

4. 제55조제1항을 위반하여 심의 후 감독을 요청하지 아니한 경우 해당 동물실험시행기관의 장(제52조제3항에서 준용하는 경우를 포함한다)

5. 제55조제3항을 위반하여 정당한 사유 없이 실험 중지 요구를 따르지 아니하고 동물실험을 한 동물실험시행기관의 장(제52조제3항에서 준용하는 경우를 포함한다)

6. 제55조제4항을 위반하여 윤리위원회의 심의 또는 변경심의를 받지 아니하고 동물실험을 재개한 동물실험시행기관의 장(제52조제3항에서 준용하는 경우를 포함한다)

7. 제58조제2항을 위반하여 개선명령을 이행하지 아니한 동물실험시행기관의 장

8. 제67조제1항제4호가목을 위반하여 동물복지축산물 표시를 한 자

9. 제78조제1항제7호를 위반하여 영업별 시설 및 인력 기준을 준수하지 아니한 영업자

▌관련 법조항

「보호관찰 등에 관한 법률」 제1조(목적) 이 법은 죄를 지은 사람으로서 재범 방지를 위하여 보호관찰, 사회봉사, 수강(受講) 및 갱생보호(更生保護) 등 체계적인 사회 내 처우가 필요하다고 인정되는 사람을 지도하고 보살피며 도움으로써 건전한 사회 복귀를 촉진하고, 효율적인 범죄예방 활동을 전개함으로써 개인 및 공공의 복지를 증진함과 아울러 사회를 보호함을 목적으로 한다.

② 다음 각 호의 어느 하나에 해당하는 자에게는 300만원 이하의 과태료를 부과한다.

1. 제17조제1항을 위반하여 맹견수입신고를 하지 아니한 자

2. 제21조제1항 각 호를 위반한 맹견의 소유자등

3. 제21조제3항을 위반하여 맹견의 안전한 사육 및 관리에 관한 교육을 받지 아니한 자

4. 제22조를 위반하여 맹견을 출입하게 한 소유자등

5. 제23조제1항을 위반하여 보험에 가입하지 아니한 소유자

6. 제24조제5항에 따른 교육이수명령 또는 개의 훈련 명령에 따르지 아니한 소유자

7. 제37조제4항을 위반하여 시설 및 운영 기준 등을 준수하지 아니하거나 시설정비 등의 사후관리를 하지 아니한 자

8. 제37조제5항에 따른 신고를 하지 아니하고 보호시설의 운영을 중단하거나 보호시설을 폐쇄한 자

9. 제38조제1항에 따른 중지명령이나 시정명령을 3회 이상 반복하여 이행하지 아니한 자

10. 제48조제1항을 위반하여 전임수의사를 두지 아니한 동물실험시행기관의 장

11. 제67조제1항제4호나목 또는 다목을 위반하여 동물복지축산물 표시를 한 자

12. 제70조제3항을 위반하여 맹견 취급의 사실을 신고하지 아니한 영업자

13. 제76조제1항을 위반하여 휴업·폐업 또는 재개업의 신고를 하지 아니한 영업자

14. 제76조제2항을 위반하여 동물처리계획서를 제출하지 아니하거나 같은 조 제3항에 따른 처리결과를 보고하지 아니한 영업자

15. 제78조제1항제3호를 위반하여 노화나 질병이 있는 동물을 유기하거나 폐기할 목적으로 거래한 영업자

16. 제78조제1항제4호를 위반하여 동물의 번식, 반입·반출 등의 기록, 관리 및 보관을 하지 아니한 영업자

17. 제78조제1항제5호를 위반하여 영업허가번호 또는 영업등록번호를 명시하지 아니하고 거래금액을 표시한 영업자

18. 제78조제3항제1호를 위반하여 수입신고를 하지 아니하거나 거짓이 나 그 밖의 부정한 방법으로 수입신고를 한 영업자

③ 다음 각 호의 어느 하나에 해당하는 자에게는 100만원 이하의 과태료를 부과한다.

1. 제11조제1항제4호 또는 제5호를 위반하여 동물을 운송한 자

2. 제11조제1항을 위반하여 제69조제1항의 동물을 운송한 자

3. 제12조를 위반하여 반려동물을 전달한 자

4. 제15조제1항을 위반하여 등록대상동물을 등록하지 아니한 소유자

5. 제27조제4항을 위반하여 정당한 사유 없이 출석, 자료제출요구 또는 기질평가와 관련한 조사를 거부한 자

6. 제36조제6항에 따라 준용되는 제35조제5항을 위반하여 교육을 받지 아니한 동물보호센터의 장 및 그 종사자

7. 제37조제2항에 따른 변경신고를 하지 아니하거나 같은 조 제5항에 따른 운영재개신고를 하지 아니한 자

8. 제50조를 위반하여 미성년자에게 동물 해부실습을 하게 한 자

9. 제57조제1항을 위반하여 교육을 이수하지 아니한 윤리위원회의 위원

10. 정당한 사유 없이 제66조제3항에 따른 조사를 거부·방해하거나 기 피한 자

11. 제68조제2항을 위반하여 인증을 받은 자의 지위를 승계하고 그 사실 을 신고하지 아니한 자

12. 제69조제4항 단서 또는 제73조제4항 단서를 위반하여 경미한 사항 의 변경을 신고하지 아니한 영업자

13. 제75조제3항을 위반하여 영업자의 지위를 승계하고 그 사실을 신고 하지 아니한 자

14. 제78조제1항제8호를 위반하여 종사자에게 교육을 실시하지 아니한 영업자

15. 제78조제1항제9호를 위반하여 영업실적을 보고하지 아니한 영업자

16. 제78조제1항제10호를 위반하여 등록대상동물의 등록 및 변경신고의 무를 고지하지 아니한 영업자

17. 제78조제3항제2호를 위반하여 신고한 사항과 다른 용도로 동물을 사 용한 영업자

18. 제78조제5항제2호를 위반하여 등록대상동물의 사체를 처리한 후 신고하지 아니한 영업자

19. 제78조제6항에 따라 동물의 보호와 공중위생상의 위해 방지를 위하여 농림축산식품부령으로 정하는 준수사항을 지키지 아니한 영업자

20. 제79조를 위반하여 등록대상동물의 등록을 신청하지 아니하고 판매한 영업자

21. 제82조제2항 또는 제3항을 위반하여 교육을 받지 아니하고 영업을 한 영업자

22. 제86조제1항제1호에 따른 자료제출 요구에 응하지 아니하거나 거짓 자료를 제출한 동물의 소유자등

23. 제86조제1항제2호에 따른 출입·검사를 거부·방해 또는 기피한 동물의 소유자등

24. 제86조제2항에 따른 보고·자료제출을 하지 아니하거나 거짓으로 보고·자료제출을 한 자 또는 같은 항에 따른 출입·조사·검사를 거부·방해·기피한 자

25. 제86조제1항제3호 또는 같은 조 제7항에 따른 시정명령 등의 조치에 따르지 아니한 자

26. 제88조제4항을 위반하여 동물보호관의 직무 수행을 거부·방해 또는 기피한 자

④ 다음 각 호의 어느 하나에 해당하는 자에게는 50만원 이하의 과태료를 부과한다.

1. 제15조제2항을 위반하여 정해진 기간 내에 신고를 하지 아니한 소유자

2. 제15조제3항을 위반하여 소유권을 이전받은 날부터 30일 이내에 신고를 하지 아니한 자

3. 제16조제1항을 위반하여 소유자등 없이 등록대상동물을 기르는 곳에서 벗어나게 한 소유자등

4. 제16조제2항제1호에 따른 안전조치를 하지 아니한 소유자등

5. 제16조제2항제2호를 위반하여 인식표를 부착하지 아니한 소유자등

6. 제16조제2항제3호를 위반하여 배설물을 수거하지 아니한 소유자등

7. 제94조제2항을 위반하여 정당한 사유 없이 자료 및 정보의 제공을 하지 아니한 자

⑤ 제1항부터 제4항까지의 과태료는 대통령령으로 정하는 바에 따라 농림축산식품부장관, 시·도지사 또는 시장·군수·구청장이 부과·징수한다.

부칙 <법률 제18853호, 2022. 4. 26.>

제1조(시행일) 이 법은 공포 후 1년이 경과한 날부터 시행한다. 다만, 제17조부터 제21조까지, 제24조부터 제33조까지, 제52조, 제59조부터 제68조까지 및 제70조의 개정규정은 공포 후 2년이 경과한 날부터 시행한다.

제2조(맹견수입신고에 관한 적용례) 제17조의 개정규정은 부칙 제1조 단서에 따른 시행일 이후 수입하는 맹견부터 적용한다.

제3조(사육계획서의 제출에 관한 적용례) 동물을 적정하게 보호·관리하기 위한 사육계획서의 제출에 관한 제41조제1항제2호 및 같은 조 제2항의 개정규정은 이 법 시행 이후 동물의 반환을 요구하는 사례부터 적용한다.

제4조(윤리위원회 변경심의, 심의 후 감독 및 전문위원 검토에 관한 적용례) 제51조제4항, 제55조 및 제56조의 개정규정은 이 법 시행 당시 진행 중인 동물실험에 대해서도 적용한다.

제5조(결격사유의 적용례) ① 제74조제3호의 개정규정은 이 법 시행 이후 파산선고를 받은 경우부터 적용한다.

② 이 법 시행 전의 행위로 종전의 규정에 따라 허가 또는 등록이 취소되거나 벌금 이상의 형의 집행유예를 선고받은 경우에 대해서도 제74조제5호부터 제7호까지의 개정규정을 적용한다. 부칙 제18조에 따라 종전의 규정에 따른 등록업이 개정규정에 따른 허가업으로 간주된 경우에도 같다.

제6조(동물처리계획서에 관한 적용례) 제76조제2항부터 제4항까지의 개정규정은 이 법 시행 이후 휴업 또는 폐업의 신고를 하는 경우부터 적용한다.

제7조(동물생산업자, 동물수입업자의 동물등록에 관한 적용례) 제79조의 개정규정은 이 법 시행 이후 동물생산업자, 동물수입업자가 등록대상동물을 판매하는 경우부터 적용한다.

제8조(거래내역의 신고에 관한 적용례) 제80조의 개정규정은 이 법 시행 이후 동물생산업자, 동물수입업자, 동물판매업자가 취급하는 등록대상동물에 관한 거래내역부터 적용한다.

제9조(동물복지종합계획 및 동물복지계획에 관한 경과조치) 이 법 시행 당시

종전의 제4조에 따라 수립한 동물복지종합계획 및 동물복지계획은 제6조의 개정규정에 따라 수립한 동물복지종합계획 및 동물복지계획으로 본다.

제10조(동물복지위원회에 대한 경과조치) 이 법 시행 당시 종전의 제5조에 따라 설치된 동물복지위원회(위원장 및 위원을 포함한다)는 이 법 시행일 이후 제7조의 개정규정에 따라 동물복지위원회가 새로 구성될 때까지 존속한다.

제11조(맹견사육허가에 관한 경과조치) 이 법 시행 당시 맹견을 사육하고 있는 자는 부칙 제1조 단서에 따른 시행일 이후 6개월 이내에 맹견사육허가를 받아야 한다.

제12조(맹견의 관리에 관한 경과조치) 맹견의 관리에 관하여는 부칙 제1조 단서에 따라 제21조의 개정규정이 시행되기 전까지는 종전의 제13조의2를 적용한다.

제13조(동물보호센터 등에 관한 경과조치) ① 이 법 시행 당시 종전의 제15조에 따라 설치되거나 지정된 동물보호센터와 운영위원회는 제35조 및 제36조의 개정규정에 따라 설치되거나 지정된 동물보호센터와 운영위원회로 본다.

② 이 법 시행 전의 행위에 대하여 동물보호센터 지정취소나 지정의 **결격**기간을 적용할 때에는 종전의 규정을 따른다.

결격: 필요한 자격을 갖추고 있지 못함

제14조(보호비용의 부담에 관한 경과조치) 이 법 시행 당시 종전의 제19조에 따라 발생한 동물의 보호비용은 제42조의 개정규정에 따라 처리할 수 있다.

제15조(동물의 소유권 취득에 관한 경과조치) 이 법 시행 당시 종전의 제20조에 따라 시·도와 시·군·구가 취득한 동물의 소유권은 제43조의 개정규정에 따라 취득한 것으로 본다.

제16조(윤리위원회에 관한 경과조치) ① 이 법 시행 당시 종전의 제25조제1항에 따라 설치·운영하는 윤리위원회는 제51조제1항의 개정규정에 따라 설치된 윤리위원회로 본다.

② 종전의 제25조제2항에 따라 동물실험시행기관이 다른 동물실험시행기관과 공동으로 설치·운영하는 윤리위원회는 부칙 제1조 단서에 따른 시행일 이후 제52조제1항의 개정규정에 따라 공용윤리위원회가 지정 또는 설치될 때까지 존속한다.

③ 이 법 시행 당시 종전의 제27조에 따라 호선 또는 위촉된 윤리위원회의

위원장 및 위원은 제53조의 개정규정에 따라 호선 또는 위촉된 것으로 본다. 이 경우 위원장 및 위원의 임기는 원래의 임기 개시일부터 **기산**한다.

제17조(동물복지축산농장의 인증에 관한 경과조치) ① 동물복지축산농장의 인증에 관하여는 제59조부터 제68조까지의 개정규정이 시행되기 전까지는 종전의 제29조부터 제31조까지의 규정을 적용한다.

② 이 법 시행 당시 종전의 제29조제2항에 따라 농림축산식품부장관(종전의 제44조에 따라 인증업무를 위임받은 소속기관의 장을 포함한다. 이하 같다)에게 인증을 신청하였으나 부칙 제1조 단서의 시행일 전날까지 인증을 받지 못한 경우에는 제59조의 개정규정에 따라 인증기관에 인증 신청을 다시 하여야 한다. 이 경우 농림축산식품부장관은 신청인의 요청에 따라 심사 중인 자료를 인증기관에 이관할 수 있고, 이관한 경우에는 그 사실을 신청인에게 알려주어야 한다.

③ 부칙 제1조 단서에 따른 시행일 당시 종전의 제29조에 따라 받은 동물복지축산농장의 인증은 제59조의 개정규정에 따른 동물복지축산농장 인증으로 본다. 이 경우 인증의 유효기간은 제59조제4항의 개정규정에도 불구하고 다음 각 호에서 정하는 날까지로 한다.

1. 부칙 제1조 단서에 따른 시행일 당시 인증일로부터 2년 미만의 기간이 경과한 축산농장: 부칙 제1조 단서에 따른 시행일로부터 4년

2. 부칙 제1조 단서에 따른 시행일 당시 인증일로부터 2년 이상 5년 미만의 기간이 경과한 축산농장: 부칙 제1조 단서에 따른 시행일로부터 3년

3. 부칙 제1조 단서에 따른 시행일 당시 인증일로부터 5년 이상의 기간이 경과한 축산농장: 부칙 제1조 단서에 따른 시행일로부터 2년

④ 이 법 시행 전의 행위에 대하여 동물복지축산농장의 인증취소, 인증 결격기간을 적용할 때에는 종전의 규정에 따른다.

제18조(영업의 허가 또는 등록에 관한 경과조치) ① 이 법 시행 당시 종전의 제34조에 따라 동물생산업의 허가를 받은 자는 제69조의 개정규정에 따른 동물생산업의 허가를 받은 것으로 본다.

② 이 법 시행 당시 종전의 제33조에 따라 동물장묘업, 동물판매업, 동물수입업의 등록을 한 자는 제69조제1항의 개정규정에 따른 동물장묘업, 동물

기산: 일정한 때나 장소를 기점으로 잡아서 계산을 시작함

판매업, 동물수입업의 허가를 받은 것으로 본다. 이 경우 이 법 시행일부터 1년 이내에 제69조제3항의 개정규정에 따른 동물장묘업, 동물판매업, 동물수입업의 시설 및 인력 기준을 갖추어야 하며, 기간 내에 갖추지 못한 경우에는 특별자치시장·특별자치도지사·시장·군수·구청장은 허가를 취소할 수 있다.

③ 이 법 시행 당시 종전의 제33조에 따라 동물전시업, 동물위탁관리업, 동물미용업, 동물운송업의 등록을 한 자는 제73조제1항의 개정규정에 따른 동물전시업, 동물위탁관리업, 동물미용업, 동물운송업의 등록을 한 것으로 본다.

④ 이 법 시행 전에 반려동물영업에 관하여 종전의 규정에 따라 허가사항 또는 등록사항의 변경에 관한 신고를 한 경우에는 제69조제4항의 개정규정에 따른 변경허가 또는 변경신고나 제73조제4항의 개정규정에 따른 변경등록 또는 변경신고를 한 것으로 본다.

제19조(교육이수에 관한 규정의 경과조치) 부칙 제18조제2항에 따라 동물장묘업의 허가를 받은 것으로 보는 자는 이 법 시행일 이후 1년 이내에 제82조제1항의 개정규정에 따른 교육을 받아야 한다.

제20조(허가 또는 등록의 취소 등에 관한 경과조치) 이 법 시행 전의 행위에 대한 허가 또는 등록의 취소, 영업정지와 처분의 효과 **승계**에 대하여는 제83조의 개정규정에도 불구하고 종전의 제35조 및 제38조를 적용한다.

제21조(동물보호관 등에 관한 경과조치) 이 법 시행 전에 종전의 제40조에 따라 지정된 동물보호감시원은 제88조의 개정규정에 따라 지정된 동물보호관으로, 종전의 제41조에 따라 위촉된 동물보호명예감시원은 제90조의 개정규정에 따라 위촉된 명예동물보호관으로 본다.

제22조(벌칙 및 과태료에 관한 경과조치) 이 법 시행 전의 행위에 대하여 벌칙이나 과태료의 규정을 적용할 때에는 종전의 규정을 따른다.

제23조(종전 부칙의 적용범위에 관한 경과조치) 종전의 「동물보호법」의 개정에 따라 규정하였던 종전의 부칙은 이 법 시행 전에 이미 효력이 상실된 경우를 제외하고는 이 법의 규정에 위배되지 아니하는 범위에서 이 법 시행 이후에도 계속하여 적용한다.

제24조(동물학대로 벌금형 이상의 형을 선고받은 자에 관한 적용례) 제74조제6호의 개정규정은 2019년 3월 25일 이후 종전의 제8조를 위반하여 벌금

승계: 다른 사람의 권리나 의무를 이어받는 일

형 이상의 형을 선고받고, 그 형이 확정된 경우부터 적용한다.

제25조(조례의 효력에 관한 경과조치) 이 법 시행 당시 종전의 제12조제1항 단서 및 같은 조 제5항, 제13조제3항, 제13조의3제4호, 제15조제10항, 제19조제3항, 제21조제1항·제3항, 제33조의3 전단, 제42조 각 호 외의 부분 단서에 따른 조례는 제15조제1항 단서 및 같은 조 제7항, 제16조제3항, 제22조제8호, 제35조제7항(제36조제6항에서 준용하는 경우를 포함한다), 제42조 제3항, 제45조제1항·제4항, 제71조제3항, 제91조 각 호 외의 부분 단서의 개정규정에 따른 조례로 본다.

제26조(다른 법률의 개정) ① 가축 및 축산물 이력관리에 관한 법률 일부를 다음과 같이 개정한다.

제11조의2제2항제2호 중 "「동물보호법」 제29조"를 "「동물보호법」 제59조"로 한다.

② 사법경찰관리의 직무를 수행할 자와 그 직무범위에 관한 법률 일부를 다음과 같이 개정한다.

제5조제42호의2를 다음과 같이 한다.

42의2. 「동물보호법」 제88조제1항에 따른 동물보호관

③ 실험동물에 관한 법률 일부를 다음과 같이 **개정**한다.

개정: 주로 문서의 내용 따위를 고쳐 바르게 함

제7조제1항 단서 중 "「동물보호법」 제25조에 따른 동물실험윤리위원회가 설치되어 있고"를 "「동물보호법」 제51조제1항에 따른 동물실험윤리위원회가 설치되어 있고(「동물보호법」 제51조제2항에 따라 동물실험윤리위원회를 설치한 것으로 보는 경우를 포함한다)"로 한다.

④ 전통 소싸움경기에 관한 법률 일부를 다음과 같이 개정한다.

제4조제1항 중 "「동물보호법」 제8조제2항 및 제46조제1항(「동물보호법」 제8조제2항을 위반한 사람만 해당한다)"을 "「동물보호법」 제10조제2항 및 제97조제2항제1호(「동물보호법」 제10조제2항을 위반한 사람만 해당한다)"로 한다.

⑤ 첨단재생의료 및 첨단바이오의약품 안전 및 지원에 관한 법률 일부를 다음과 같이 개정한다.

제16조제6항 중 "「동물보호법」 제2조제5호"를 "「동물보호법」 제2조제13호"로 한다.

⑥ 폐기물관리법 일부를 다음과 같이 개정한다.

제3조제1항제9호 중 "「동물보호법」 제32조제1항에 따른 동물장묘업의 등록을 한 자"를 "「동물보호법」 제69조제1항에 따른 동물장묘업의 허가를 받은 자"로 한다.

제27조(다른 법령과의 관계) 이 법 시행 당시 다른 법령(조례를 포함한다)에서 종전의 「동물보호법」 또는 그 규정을 **인용**하고 있는 경우에 이 법 가운데 그에 해당하는 규정이 있으면 종전의 규정을 **갈음**하여 이 법 또는 이 법의 해당 규정을 인용한 것으로 본다.

인용: 남의 말이나 글을 자신의 말이나 글 속에 끌어 씀

갈음: 다른 것으로 바꾸어 대신함

II 동물보호법 시행령

제1조(목적) 이 영은 「동물보호법」에서 위임된 사항과 그 시행에 필요한 사항을 규정함을 목적으로 한다.

제2조(동물의 범위) 「동물보호법」(이하 "법"이라 한다) 제2조제1호다목에서 "대통령령으로 정하는 동물"이란 **파충류, 양서류** 및 어류를 말한다. 다만, 식용(食用)을 목적으로 하는 것은 제외한다.

제3조(봉사동물의 범위) 법 제2조제6호에서 "대통령령으로 정하는 동물"이란 다음 각 호의 어느 하나에 해당하는 동물을 말한다.

1. 「장애인복지법」 제40조에 따른 장애인 **보조견**

2. 국방부(그 소속 기관을 포함한다)에서 수색·경계·추적·탐지 등을 위해 이용하는 동물

3. 농림축산식품부(그 소속 기관을 포함한다) 및 관세청(그 소속 기관을 포함한다) 등에서 각종 물질의 탐지 등을 위해 이용하는 동물

| 관련 법조항

「동물보호법」제1조(목적) 이 법은 동물의 생명보호, 안전 보장 및 복지 증진을 꾀하고 건전하고 책임 있는 사육문화를 조성함으로써, 생명 존중의 국민 정서를 기르고 사람과 동물의 조화로운 공존에 이바지함을 목적으로 한다.

「장애인복지법」제40조(장애인 보조견의 훈련·보급 지원 등) ① 국가와 지방자치단체는 장애인의 복지 향상을 위하여 장애인을 보조할 장애인 보조견(補助犬)의 훈련·보급을 지원하는 방안을 강구하여야 한다.

② 보건복지부장관은 장애인 보조견에 대하여 장애인 보조견표지(이하 "보조견표지"라 한다)를 발급할 수 있다.

③ 누구든지 보조견표지를 붙인 장애인 보조견을 동반한 장애인이 대중교통수단을 이용하거나 공공장소, 숙박시설 및 식품접객업소 등 여러 사람이 다니거나 모이는 곳에 출입하려는 때에는 정당한 사유 없이 거부하여서는 아니 된다. 제4항에 따라 지정된 전문훈련기관에 종사하는 장애인 보조견 훈련자 또는 장애인 보조견 훈련 관련 자원봉사자가 보조견표지를 붙인 장애인 보조견을 동반한 경우에도 또한 같다.

④ 보건복지부장관은 장애인보조견의 훈련·보급을 위하여 전문훈련기관을 지정할 수 있다.

⑤ 보조견표지의 발급대상, 발급절차 및 전문훈련기관의 지정에 관하여 필요한 사항은 보건복지부령으로 정한다.

4. 다음 각 목의 기관(그 소속 기관을 포함한다)에서 수색·탐지 등을 위해 이용하는 동물

　가. 국토교통부

　나. 경찰청

　다. 해양경찰청

5. **소방청**(그 소속 기관을 포함한다)에서 효율적인 구조활동을 위해 이용하는 119**구조견**

제4조(등록대상동물의 범위) 법 제2조제8호에서 "대통령령으로 정하는 동물"이란 다음 각 호의 어느 하나에 해당하는 월령(月齡) 2개월 이상인 개를 말한다.

1. 「주택법」 제2조제1호에 따른 주택 및 같은 조 제4호에 따른 **준주택**에서 기르는 개

2. 제1호에 따른 주택 및 준주택 외의 장소에서 반려(伴侶) 목적으로 기르는 개

제5조(동물실험시행기관의 범위) 법 제2조제13호에서 "대통령령으로 정하는 법인·단체 또는 기관"이란 다음 각 호의 어느 하나에 해당하는 법인·단체 또는 기관으로서 동물을 이용하여 **동물실험**을 시행하는 법인·단체 또는 기관을 말한다.

1. 국가기관

2. 지방자치단체의 기관

3. 「국가연구개발혁신법」 제2조제3호가목부터 바목까지에 따른 연구개발기관

양서류: 물과 육지에서 살아감. 비늘이나 털이 없으며, 심장은 2심방 1심실로 되어 있음. 알을 낳아 번식하는 변온 동물임. 개구리목, 도롱뇽목, 무족목으로 나누어짐. 학명은 Amphibia임

보조견: 신체장애인이 좀 더 독립적으로 활동할 수 있도록 도와줄 목적으로 훈련된 개를 말함

소방청: 중앙 행정 기관의 하나로 행정 안전부 소속으로 소방에 관한 사무를 맡고, 2017년 7월에 신설됨

구조견: 재난 따위를 당하여 어려운 처지에 빠진 사람을 구하도록 훈련받은 개

준주택: 주거의 목적으로 지은 것은 아니지만 주거용으로 사용할 수 있는 건물

동물실험: 의학적인 목적으로 토끼, 원숭이, 개, 쥐, 고양이 따위의 동물에게 행하는 시험

▌ **관련 법조항**

「주택법」 제2조(정의) 이 법에서 사용하는 용어의 뜻은 다음과 같다.

　1. "주택"이란 세대(世帶)의 구성원이 장기간 독립된 주거생활을 할 수 있는 구조로 된 건축물의 전부 또는 일부 및 그 부속토지를 말하며, 단독주택과 공동주택으로 구분한다.

「국가연구개발혁신법」 제2조(정의) 이 법에서 사용하는 용어의 뜻은 다음과 같다.

　3. "연구개발기관"이란 다음 각 목의 기관·단체 중 국가연구개발사업을 수행하는 기관·단체를 말한다.

　　가. 국가 또는 지방자치단체가 직접 설치하여 운영하는 연구기관

　　나. 「고등교육법」 제2조에 따른 학교(이하 "대학"이라 한다)

　　다. 「정부출연연구기관 등의 설립·운영 및 육성에 관한 법률」 제2조에 따른 정부출연연구기관

　　라. 「과학기술분야 정부출연연구기관 등의 설립·운영 및 육성에 관한 법률」 제2조에 따른 과학기술분야 정부출연연구기관

　　마. 「지방자치단체출연 연구원의 설립 및 운영에 관한 법률」 제2조에 따른 지방자치단체출연 연구원

　　바. 「특정연구기관 육성법」 제2조에 따른 특정연구기관

4. 다음 각 목의 어느 하나에 해당하는 법인·단체 또는 기관

　가. 다음의 어느 하나에 해당하는 것의 제조·수입 또는 판매를 업(業)으로 하는 법인·단체 또는 기관

　　1) 「식품위생법」에 따른 식품

　　2) 「건강기능식품에 관한 법률」에 따른 건강기능식품

　　3) 「약사법」에 따른 의약품·의약외품 또는 「첨단재생의료 및 첨단바이오의약품 안전 및 지원에 관한 법률」에 따른 첨단바이오의약품

　　4) 「의료기기법」에 따른 의료기기 또는 「체외진단의료기기법」에 따른 체외진단의료기기

　　5) 「화장품법」에 따른 화장품

　　6) 「마약류 관리에 관한 법률」에 따른 마약

| 관련 법조항

「식품위생법」 제1조(목적) 이 법은 식품으로 인하여 생기는 위생상의 위해(危害)를 방지하고 식품영양의 질적 향상을 도모하며 식품에 관한 올바른 정보를 제공함으로써 국민 건강의 보호·증진에 이바지함을 목적으로 한다.

「건강기능식품에 관한 법률」 제1조(목적) 이 법은 건강기능식품의 안전성 확보 및 품질 향상과 건전한 유통·판매를 도모함으로써 국민의 건강 증진과 소비자 보호에 이바지함을 목적으로 한다.

「약사법」 제1조(목적) 이 법은 약사(藥事)에 관한 일들이 원활하게 이루어질 수 있도록 필요한 사항을 규정하여 국민보건 향상에 기여하는 것을 목적으로 한다.

「첨단재생의료 및 첨단바이오의약품 안전 및 지원에 관한 법률」 제1조(목적) 이 법은 첨단재생의료의 안전성 확보 체계 및 기술 혁신·실용화 방안을 마련하고 첨단바이오의약품의 품질과 안전성·유효성 확보 및 제품화 지원을 위하여 필요한 사항을 규정함으로써 국민 건강 및 삶의 질 향상에 이바지함을 목적으로 한다.

「의료기기법」 제1조(목적) 이 법은 의료기기의 제조·수입 및 판매 등에 관한 사항을 규정함으로써 의료기기의 효율적인 관리를 도모하고 국민보건 향상에 이바지함을 목적으로 한다.

「체외진단의료기기법」 제1조(목적) 이 법은 체외진단의료기기의 제조·수입 등 취급과 관리 및 지원에 필요한 사항을 규정하여 체외진단의료기기의 안전성 확보 및 품질 향상을 도모하고 체외진단의료기기의 국제경쟁력을 강화함으로써 국민보건 향상 및 체외진단의료기기의 발전에 이바지함을 목적으로 한다.

「화장품법」 제1조(목적) 이 법은 화장품의 제조·수입·판매 및 수출 등에 관한 사항을 규정함으로써 국민보건향상과 화장품 산업의 발전에 기여함을 목적으로 한다.

「마약류 관리에 관한 법률」 제1조(목적) 이 법은 마약·향정신성의약품(向精神性醫藥品)·대마(大麻) 및 원료물질의 취급·관리를 적정하게 함으로써 그 오용 또는 남용으로 인한 보건상의 위해(危害)를 방지하여 국민보건 향상에 이바지함을 목적으로 한다.

나. 「의료법」에 따른 의료기관

다. 가목 1)부터 6)까지의 어느 하나에 해당하는 것의 개발, 안전관리 또는 품질관리에 관한 연구업무를 식품의약품안전처장으로부터 위임받거나 위탁받아 수행하는 법인·단체 또는 기관

라. 가목 1)부터 6)까지의 어느 하나에 해당하는 것의 개발, 안전관리 또는 품질관리를 목적으로 하는 법인·단체 또는 기관

5. 다음 각 목의 어느 하나에 해당하는 것의 개발, 안전관리 또는 품질관리를 목적으로 하는 법인·단체 또는 기관

가. 「사료관리법」에 따른 사료

나. 「농약관리법」에 따른 농약

6. 「기초연구진흥 및 기술개발지원에 관한 법률」 제14조제1항 각 호에 따른

▌관련 법조항

「의료법」 제1조(목적) 이 법은 모든 국민이 수준 높은 의료 혜택을 받을 수 있도록 국민의료에 필요한 사항을 규정함으로써 국민의 건강을 보호하고 증진하는 데에 목적이 있다.

「사료관리법」 제1조(목적) 이 법은 사료의 수급안정·품질관리 및 안전성확보에 관한 사항을 규정함으로써 사료의 안정적인 생산과 품질향상을 통하여 축산업의 발전에 이바지하는 것을 목적으로 한다.

「농약관리법」 제1조(목적) 이 법은 농약의 제조·수입·판매 및 사용에 관한 사항을 규정함으로써 농약의 품질향상, 유통질서의 확립 및 농약의 안전한 사용을 도모하고 농업생산과 생활환경 보전에 이바지함을 목적으로 한다.

「기초연구진흥 및 기술개발지원에 관한 법률」 제14조(특정연구개발사업의 추진) ① 과학기술정보통신부장관은 기초연구의 성과 등을 바탕으로 하여 국가 미래 유망기술과 융합기술을 중점적으로 개발하기 위한 연구개발사업(이하 "특정연구개발사업"이라 한다)에 대하여 계획을 수립하고, 연도별로 연구과제를 선정하여 이를 다음 각 호의 기관 또는 단체와 협약을 맺어 연구하게 할 수 있다. 이 경우 제2호의 기관 중 대표권이 없는 기관에 대하여는 그 기관이 속한 법인의 대표자와 협약할 수 있다.

1. 제6조제1항 각 호에 해당하는 기관

2. 제14조의2제1항에 따라 인정받은 기업부설연구소 또는 연구개발전담부서

3. 「산업기술연구조합 육성법」에 따른 산업기술연구조합

3의2. 「협동연구개발촉진법」 제2조제3호에 따른 과학기술인 협동조합

4. 「나노기술개발 촉진법」 제7조에 따른 나노기술연구협의회

5. 「민법」 또는 다른 법률에 따라 설립된 과학기술분야 비영리법인 중 연구 인력·시설 등 대통령령으로 정하는 기준에 해당하는 비영리법인

6. 「의료법」에 따라 설립된 의료법인 중 연구 인력·시설 등 대통령령으로 정하는 기준에 해당하는 의료법인

6의2. 「1인 창조기업 육성에 관한 법률」 제2조에 따른 1인 창조기업으로서 연구 인력 및 시설 등 대통령령으로 정하는 기준을 충족하는 기업

7. 그 밖에 연구 인력·시설 등 대통령령으로 정하는 기준에 해당하는 국내외 연구 기관 또는 단체 및 영리를 목적으로 하는 법인

법인·단체 또는 기관

7. 「화학물질의 등록 및 평가 등에 관한 법률」 제22조에 따라 화학물질의 물리적·화학적 특성 및 유해성에 관한 시험을 수행하기 위하여 지정된 시험기관

8. 「국제백신연구소 설립에 관한 협정」에 따라 설립된 국제백신연구소

제6조(동물보호 민간단체의 범위) 법 제4조제3항에서 "대통령령으로 정하는 민간단체"란 다음 각 호의 어느 하나에 해당하는 법인 또는 단체를 말한다.

1. 「민법」 제32조에 따라 설립된 법인으로서 동물보호를 목적으로 하는 법인

2. 「비영리민간단체 지원법」 제4조에 따라 등록된 **비영리민간단체**로서 동물보호를 목적으로 하는 단체

> **비영리민간단체:** 「비영리민간단체 지원법」에 따라, 공익 활동 수행을 주된 목적으로 하는 민간단체. 사업의 직접 수혜자가 불특정 다수일 것, 구성원 상호 간에 이익 분배를 하지 아니할 것, 사실상 특정 정당 또는 선출직 후보를 지지·지원할 것을 주된 목적으로 하거나 특정 종교의 교리 전파를 주된 목적으로 설립·운영되지 아니할 것 따위의 요건을 갖추어야 함

▌관련 법조항

「화학물질의 등록 및 평가 등에 관한 법률」 제22조(시험기관의 지정 등) ① 환경부장관은 대통령령으로 정하는 연구기관 중에서 화학물질의 물리적·화학적 특성 및 유해성에 관한 시험을 수행할 수 있는 시험기관을 지정하여야 한다. 이 경우 해당 시험기관이 수행할 수 있는 시험분야 또는 시험항목을 함께 지정한다.
② 제1항에 따라 시험기관으로 지정받으려는 연구기관의 장은 환경부장관에게 지정신청을 하여야 한다. 지정받은 사항 중 환경부령으로 정하는 중요한 사항을 변경하려면 변경지정을 신청하여야 한다.
③ 환경부장관은 제1항에 따라 지정한 시험기관이 적절하게 운영되는지를 환경부령으로 정하는 바에 따라 정기적으로 평가하여야 한다.
④ 제1항에 따라 지정된 시험기관의 장은 시험기관의 운영실적 등을 매년 환경부장관에게 보고하여야 한다.
⑤ 제1항부터 제4항까지에서 규정한 사항 외에 시험기관의 지정이나 변경지정의 기준·절차와 시험기관의 관리기준, 보고 등에 관하여 필요한 사항은 환경부령으로 정한다.
「국제백신연구소 설립에 관한 협정」 제1조(설립) "국제백신연구소"라 명명된 독립된 국제기구가 설립되며, 이는 이 협정의 불가결한 부분을 이루는 부속 정관에 따라 운용된다.
「민법」 제32조(비영리법인의 설립과 허가) 학술, 종교, 자선, 기예, 사교 기타 영리아닌 사업을 목적으로 하는 사단 또는 재단은 주무관청의 허가를 얻어 이를 법인으로 할 수 있다.
「비영리민간단체 지원법」 제4조(등록) ① 이 법이 정한 지원을 받고자 하는 비영리민간단체는 그의 주된 공익활동을 주관하는 중앙행정기관의 장, 특별시장·광역시장·특별자치시장·도지사 또는 특별자치도지사(이하 "시·도지사"라 한다)나 「지방자치법」 제198조제2항제1호에 따른 인구 100만 이상 대도시(이하 "특례시"라 한다)의 장에게 등록을 신청하여야 하며, 등록신청을 받은 중앙행정기관의 장, 시·도지사나 특례시의 장은 그 등록을 수리하여야 한다.
② 중앙행정기관의 장, 시·도지사나 특례시의 장은 비영리민간단체가 제1항에 따라 등록된 경우에는 관보 또는 공보에 이를 게재함과 동시에 행정안전부장관에게 통지하여야 한다. 등록을 변경한 경우에도 또한 같다.

제7조(동물복지위원회의 구성) ① 법 제7조제1항에 따른 동물복지위원회(이하 "위원회"라 한다)의 공동위원장(이하 "공동위원장"이라 한다)은 공동으로 위원회를 대표하며, 위원회의 업무를 총괄한다.

② 공동위원장이 모두 부득이한 사유로 직무를 수행할 수 없을 때에는 농림축산식품부차관인 위원장이 미리 지명한 위원의 순으로 그 직무를 대행한다.

③ 위원회의 위원은 다음 각 호의 사람으로 구성한다.

　1. 농림축산식품부, 환경부, 해양수산부 또는 식품의약품안전처 소속 고위공무원단에 속하는 공무원 중에서 각 기관의 장이 지정하는 동물의 보호·복지 관련 직위에 있는 사람으로서 농림축산식품부장관이 임명 또는 위촉하는 사람

　2. 법 제7조제3항 각 호에 해당하는 사람 중에서 성별을 고려하여 농림축산식품부장관이 위촉하는 사람

④ 제3항제2호에 따른 위원의 임기는 2년으로 한다.

⑤ 농림축산식품부장관은 제3항제2호에 따른 위원이 다음 각 호의 어느 하나에 해당하는 경우에는 해당 위원을 **해촉**(解囑)할 수 있다.

　1. **심신장애**로 인하여 직무를 수행할 수 없게 된 경우

　2. 직무와 관련된 **비위**사실이 있는 경우

　3. 직무태만, 품위손상이나 그 밖의 사유로 위원으로 적합하지 않다고 인정되는 경우

　4. 위원 스스로 직무를 수행하는 것이 곤란하다고 의사를 밝히는 경우

제8조(위원회의 운영) ① 위원회의 회의는 공동위원장이 필요하다고 인정하거나 **재적위원** 3분의 1 이상이 요구하는 경우 공동위원장이 소집한다.

② 위원회의 회의는 재적위원 과반수의 출석으로 **개의**(開議)하고, 출석위원 과반수의 찬성으로 의결한다.

③ 위원회는 자문 및 심의사항과 관련하여 필요하다고 인정할 때에는 관계인의 의견을 들을 수 있다.

④ 위원회의 사무를 처리하기 위하여 위원회에 간사를 두며, 간사는 농림축산식품부 소속 공무원 중에서 농림축산식품부장관이 지명한다.

⑤ 제1항부터 제4항까지에서 규정한 사항 외에 위원회의 운영 등에 필요한 사항은 위원회의 의결을 거쳐 공동위원장이 정한다.

해촉: 위촉했던 직책이나 자리에서 물러나게 함

심신장애: 사물을 판별하거나 의사를 결정할 능력이 불완전한 상태

비위: 법에 어긋남. 또는 그런 일

재적위원: 일정한 조직체에 소속을 두고 있는 인원의 수

개의: 안건에 대한 토의를 시작함

제9조(분과위원회의 구성·운영) ① 위원회는 법 제7조제4항에 따라 동물학대분과위원회, 안전관리분과위원회 등 분과위원회를 둘 수 있다.

② 각 분과위원회는 분과위원회의 위원장 1명을 포함하여 10명 이내의 위원으로 구성한다.

③ 분과위원회의 위원장 및 위원은 위원회의 위원 중에서 공동위원장이 지명한다.

④ 분과위원회 회의는 분과위원회의 위원장이 필요하다고 인정하거나 분과위원회 재적위원 3분의1 이상이 요구하는 경우 분과위원회의 위원장이 소집한다.

⑤ 분과위원회 회의는 재적위원 과반수의 출석으로 개의하고, 출석위원 과반수의 찬성으로 의결한다.

⑥ 분과위원회의 구성 및 운영에 필요한 세부 사항은 위원회의 의결을 거쳐 공동위원장이 정한다.

제10조(등록대상동물의 등록사항 및 방법 등) ① 등록대상동물의 소유자는 법 제15조제1항 본문에 따라 등록대상 동물을 등록하려는 경우에는 해당 동물의 소유권을 취득한 날 또는 소유한 동물이 제4조 각 호 외의 부분에 따른 등록대상 월령이 된 날부터 30일 이내에 농림축산식품부령으로 정하는 동물등록 신청서를 특별자치시장·특별자치도지사·시장·군수·구청장에게 제출해야 한다.

② 제1항에 따른 동물등록 신청서를 제출받은 특별자치시장·특별자치도지사·시장·군수·구청장은 「전자정부법」 제36조제1항에 따른 행정정보의 공동이용을 통하여 다음 각 호의 어느 하나에 해당하는 서류를 확인해야 한다. 다만, 신청인이 제2호 및 제3호의 확인에 동의하지 않는 경우에는 해당 서류를 첨부하도록 해야 한다.

　1. 법인 등기사항증명서

　2. 주민등록표 초본

　3. 외국인등록사실증명

┃ 관련 법조항

「전자정부법」 제36조(행정정보의 효율적 관리 및 이용) ① 행정기관등의 장은 수집·보유하고 있는 행정정보를 필요로 하는 다른 행정기관등과 공동으로 이용하여야 하며, 다른 행정기관등으로부터 신뢰할 수 있는 행정정보를 제공받을 수 있는 경우에는 같은 내용의 정보를 따로 수집하여서는 아니 된다.

③ 제1항에 따라 동물등록 신청을 받은 특별자치시장·특별자치도지사·시장·군수·구청장은 별표 1에 따라 동물등록번호를 부여받은 등록대상동물에 무선전자개체식별장치(이하 "**무선식별장치**"라 한다)를 장착한 후 신청인에게 농림축산식품부령으로 정하는 동물등록증(전자적 방식을 포함한다. 이하 같다)을 발급하고, 법 제95조제2항에 따른 국가동물보호정보시스템(이하 "**동물정보시스템**"이라 한다)을 통하여 등록사항을 기록·유지·관리해야 한다.

④ 제3항에 따른 동물등록증을 잃어버리거나 헐어 못 쓰게 되는 등의 이유로 동물등록증의 재발급을 신청하려는 자는 농림축산식품부령으로 정하는 동물등록증 재발급 신청서를 특별자치시장·특별자치도지사·시장·군수·구청장에게 제출해야 한다. 이 경우 특별자치시장·특별자치도지사·시장·군수·구청장은 「전자정부법」 제36조제1항에 따른 행정정보의 공동이용을 통하여 다음 각 호의 어느 하나에 해당하는 서류를 확인해야 한다. 다만, 신청인이 제2호 및 제3호의 확인에 동의하지 않는 경우에는 해당 서류를 첨부하도록 해야 한다.

1. 법인 등기사항증명서

2. 주민등록표 초본

3. 외국인등록사실증명

⑤ 제4조 각 호의 어느 하나에 해당하는 개의 소유자는 같은 조 각 호 외의 부분에 따른 등록대상 월령 미만인 경우에도 등록할 수 있다. 이 경우 그 절차에 관하여는 제1항부터 제4항까지를 준용한다.

제11조(등록사항의 변경신고 등) ① 법 제15조제2항제2호에서 "대통령령으로 정하는 사항이 변경된 경우"란 다음 각 호의 어느 하나에 해당하는 경우를 말한다.

1. 소유자가 변경된 경우

2. 소유자의 성명(법인인 경우에는 법인명을 말한다)이 변경된 경우

3. 소유자의 주민등록번호(외국인의 경우에는 외국인등록번호를 말하고, 법인인 경우에는 법인등록번호를 말한다)가 변경된 경우

무선식별장치: "무선전자개체식별장치(Radio-Frequency Identific-ation, 이하 "무선식별장치"라 한다)"란 동물의 개체식별을 목적으로 동물 체내에 주입(내장형)하거나 동물의 인식표 등에 부착(외장형)하는 무선전자표식장치를 말함

동물정보시스템: 농림축산식품부는 유기동물관리에서 동물등록에 이르기까지 동물보호 업무 전반을 통합적으로 관리하기 위해 각 시도(시군구)의 동물보호업무 담당부서와 연계하여 동물보호정보시스템을 운영하고 있음

┃ 관련 법조항

「전자정부법」 제36조(행정정보의 효율적 관리 및 이용) ① 행정기관등의 장은 수집·보유하고 있는 행정정보를 필요로 하는 다른 행정기관등과 공동으로 이용하여야 하며, 다른 행정기관등으로부터 신뢰할 수 있는 행정정보를 제공받을 수 있는 경우에는 같은 내용의 정보를 따로 수집하여서는 아니 된다.

4. 소유자의 주소(법인인 경우에는 주된 사무소의 소재지를 말한다. 이하 같다)
    가 변경된 경우

5. 소유자의 전화번호(법인인 경우에는 주된 사무소의 전화번호를 말한다. 이
    하 같다)가 변경된 경우

6. 법 제15조제1항에 따라 등록된 **등록대상동물**(이하 "등록동물"이라 한다)
    의 분실신고를 한 후 그 동물을 다시 찾은 경우

7. 등록동물을 더 이상 국내에서 기르지 않게 된 경우

8. 등록동물이 죽은 경우

9. 무선식별장치를 잃어버리거나 헐어 못 쓰게 된 경우

② 법 제15조제2항제1호에 따른 분실신고 및 같은 항 제2호에 따른 변경신고(이하 "변경신고"라 한다)를 하려는 자는 농림축산식품부령으로 정하는 동물등록 변경신고서에 동물등록증을 첨부하여 특별자치시장·특별자치도지사·시장·군수·구청장에게 제출해야 한다. 이 경우 특별자치시장·특별자치도지사·시장·군수·구청장은 「전자정부법」 제36조제1항에 따른 행정정보의 공동이용을 통하여 다음 각 호의 어느 하나에 해당하는 서류를 확인해야 한다. 다만, 신청인이 제2호 및 제3호의 확인에 동의하지 않는 경우에는 해당 서류를 첨부하도록 해야 한다.

1. 법인 등기사항증명서

2. 주민등록표 초본

3. 외국인등록사실증명

③ 제2항에 따라 변경신고를 받은 특별자치시장·특별자치도지사·시장·군수·구청장은 변경신고를 한 자에게 농림축산식품부령으로 정하는 동물등록증을 발급하고, 동물정보시스템을 통하여 등록사항을 기록·유지·관리해야 한다.

④ 특별자치시장·특별자치도지사·시장·군수·구청장은 등록동물의 소유자가 「주민등록법」 제16조제1항에 따른 전입신고를 한 경우 제1항제4호에

등록대상동물: 동물의 보호, 유실 및 유기방지, 질병의 관리, 공중위생상의 위해 방지 등을 위하여 등록이 필요하다고 인정하여 대통령령으로 정하는 동물을 말함

| **관련 법조항**

「전자정부법」 제36조(행정정보의 효율적 관리 및 이용) ① 행정기관등의 장은 수집·보유하고 있는 행정정보를 필요로 하는 다른 행정기관등과 공동으로 이용하여야 하며, 다른 행정기관등으로부터 신뢰할 수 있는 행정정보를 제공받을 수 있는 경우에는 같은 내용의 정보를 따로 수집하여서는 아니 된다.

「주민등록법」 제16조(거주지의 이동) ① 하나의 세대에 속하는 자의 전원 또는 그 일부가 거주지를 이동하면 제11조나 제12조에 따른 신고의무자가 신거주지에 전입한 날부터 14일 이내에 신거주지의 시장·군수 또는 구청장에게 전입신고(전입신고)를 하여야 한다.

관한 변경신고를 한 것으로 보아 동물정보시스템에 등록된 주소를 정정하고 그 등록사항을 기록·유지·관리해야 한다.

⑤ 등록동물의 소유자는 법 제15조제2항제1호 및 이 조 제1항제2호부터 제8호까지의 경우 동물정보시스템을 통하여 해당 사항에 대한 변경신고를 할 수 있다.

⑥ 특별자치시장·특별자치도지사·시장·군수·구청장은 법 제15조제2항제1호의 사유로 변경신고를 받은 후 1년 동안 제1항제6호에 따른 변경신고가 없는 경우에는 그 등록사항을 말소한다.

⑦ 제1항제7호 및 제8호 사유로 변경신고를 받은 특별자치시장·특별자치도지사·시장·군수·구청장은 그 사실을 등록사항에 기록하되, 변경신고를 받은 후 1년이 지나면 그 등록사항을 말소한다.

⑧ 법 제15조제1항 단서에 따라 등록대상동물의 등록이 제외되는 지역의 특별자치시장·특별자치도지사·시장·군수·구청장은 등록대상동물을 등록한 소유자가 변경신고를 하는 경우에는 해당 동물등록 관련 정보를 유지·관리해야 한다.

제12조(등록업무의 대행) ① 법 제15조제4항에서 "대통령령으로 정하는 자"란 다음 각 호의 어느 하나에 해당하는 자 중에서 특별자치시장·특별자치도지사·시장·군수·구청장이 지정하여 고시하는 자(이하 이 조에서 "동물등록대행자"라 한다)를 말한다.

  1. 「수의사법」 제17조에 따라 동물병원을 개설한 자

| 관련 법조항

「수의사법」 제17조(개설) ① 수의사는 이 법에 따른 동물병원을 개설하지 아니하고는 동물진료업을 할 수 없다.

② 동물병원은 다음 각 호의 어느 하나에 해당되는 자가 아니면 개설할 수 없다.
  1. 수의사
  2. 국가 또는 지방자치단체
  3. 동물진료업을 목적으로 설립된 법인(이하 "동물진료법인"이라 한다)
  4. 수의학을 전공하는 대학(수의학과가 설치된 대학을 포함한다)
  5. 「민법」이나 특별법에 따라 설립된 비영리법인

③ 제2항제1호부터 제5호까지의 규정에 해당하는 자가 동물병원을 개설하려면 농림축산식품부령으로 정하는 바에 따라 특별자치도지사·특별자치시장·시장·군수 또는 자치구의 구청장(이하 "시장·군수"라 한다)에게 신고하여야 한다. 신고 사항 중 농림축산식품부령으로 정하는 중요 사항을 변경하려는 경우에도 같다.

④ 시장·군수는 제3항에 따른 신고를 받은 경우 그 내용을 검토하여 이 법에 적합하면 신고를 수리하여야 한다.

⑤ 동물병원의 시설기준은 대통령령으로 정한다.

2. 「비영리민간단체 지원법」 제4조에 따라 등록된 비영리민간단체 중 동물
   보호를 목적으로 하는 단체

3. 「민법」 제32조에 따라 설립된 법인 중 동물보호를 목적으로 하는 법인

4. 법 제36조제1항에 따라 동물보호센터로 지정받은 자

5. 법 제37조제1항에 따라 신고한 민간동물보호시설(이하 "보호시설"이라
   한다)을 운영하는 자

6. 법 제69조제1항제3호에 따라 허가를 받은 동물판매업자

② 동물등록대행 과정에서 등록대상동물의 체내에 무선식별장치를 삽입하
는 등 외과적 시술이 필요한 행위는 수의사에 의하여 시행되어야 한다.

③ 특별자치시장·특별자치도지사·시장·군수·구청장은 동물등록 관련 정
보제공을 위하여 필요한 경우 관할 지역에 있는 모든 동물등록대행자에게
해당 동물등록대행자가 판매하는 무선식별장치의 제품명과 판매가격을 동
물정보시스템에 게재하게 하고 해당 영업소 안의 보기 쉬운 곳에 게시하도
록 할 수 있다.

제13조(책임보험의 가입 등) ① **맹견**의 소유자가 법 제23조제1항에 따라 보
험에 가입해야 할 맹견의 범위는 법 제2조제8호에 따른 등록대상동물인 맹
견으로 한다.

② 맹견의 소유자가 법 제23조제1항에 따라 가입해야 할 보험의 종류는 맹
견배상책임보험 또는 이와 같은 내용이 포함된 보험(이하 "책임보험"이라 한
다)으로 한다.

맹견: 매우 사나운 개. 한
국의 경우 5종류의 개가
맹견으로 분류되어 있음

▌관련 법조항

「비영리민간단체 지원법」 제4조(등록) ① 이 법이 정한 지원을 받고자 하는 비영리민간단체는 그의 주된
공익활동을 주관하는 중앙행정기관의 장, 특별시장·광역시장·특별자치시장·도지사 또는 특별자치도지
사(이하 "시·도지사"라 한다)나 「지방자치법」 제198조제2항제1호에 따른 인구 100만 이상 대도시(이하
"특례시"라 한다)의 장에게 등록을 신청하여야 하며, 등록신청을 받은 중앙행정기관의 장, 시·도지사나
특례시의 장은 그 등록을 수리하여야 한다.

② 중앙행정기관의 장, 시·도지사나 특례시의 장은 비영리민간단체가 제1항에 따라 등록된 경우에는 관
보 또는 공보에 이를 게재함과 동시에 행정안전부장관에게 통지하여야 한다. 등록을 변경한 경우에도 또
한 같다.

「민법」 제32조(비영리법인의 설립과 허가) 학술, 종교, 자선, 기예, 사교 기타 영리아닌 사업을 목적으로
하는 사단 또는 재단은 주무관청의 허가를 얻어 이를 법인으로 할 수 있다.

③ 책임보험의 보상한도액은 다음 각 호의 구분에 따른 기준을 모두 충족해야 한다.

1. 다음 각 목에 해당하는 금액 이상을 보상할 수 있는 보험일 것

   가. 사망의 경우: **피해자** 1명당 8천만원

   나. 부상의 경우: 피해자 1명당 농림축산식품부령으로 정하는 상해등급에 따른 금액

   다. 부상에 대한 치료를 마친 후 더 이상의 치료효과를 기대할 수 없고 그 증상이 고정된 상태에서 그 부상이 원인이 되어 신체의 장애(이하 "**후유장애**"라 한다)가 생긴 경우: 피해자 1명당 농림축산식품부령으로 정하는 후유장애등급에 따른 금액

   라. 다른 사람의 동물이 상해를 입거나 죽은 경우: 사고 1건당 200만원

2. 지급보험금액은 **실손해액**을 초과하지 않을 것. 다만, 사망으로 인한 실**손해액**이 2천만원 미만인 경우의 지급보험금액은 2천만원으로 한다.

3. 하나의 사고로 제1호가목부터 다목까지의 규정 중 둘 이상에 해당하게 된 경우에는 실손해액을 초과하지 않는 범위에서 다음 각 목의 구분에 따라 보험금을 지급할 것

   가. 부상한 사람이 치료 중에 그 부상이 원인이 되어 사망한 경우: 제1호가목 및 나목의 금액을 더한 금액

   나. 부상한 사람에게 후유장애가 생긴 경우: 제1호나목 및 다목의 금액을 더한 금액

   다. 제1호다목의 금액을 지급한 후 그 부상이 원인이 되어 사망한 경우: 제1호가목의 금액에서 같은 호 다목에 따라 지급한 금액 중 사망한 날 이후에 해당하는 손해액을 뺀 금액

제14조(책임보험 가입의 관리) ① 농림축산식품부장관은 법 제23조제3항에 따라 관계 중앙행정기관의 장 또는 지방자치단체의 장에게 다음 각 호의 조치를 요청할 수 있다.

1. 책임보험 가입의무자에 대한 보험 가입 의무의 안내

2. 책임보험 가입의무자의 보험 가입 여부의 확인

3. 책임보험 가입대상에 관한 현황 자료의 제공

피해자: 자신의 생명이나 신체, 재산, 명예 따위에 침해 또는 위협을 받은 사람

후유장애: 어떤 병을 앓고 난 뒤에도 남아 있는 신체적 장애

실손해액: 실질적으로 손해를 본 돈의 액수

손해액: 손해를 본 돈의 액수

② 농림축산식품부장관은 법 제23조제3항에 따라 관계 보험회사, 「보험업법」 제175조제1항에 따라 설립된 보험협회에 책임보험 가입 현황에 관한 자료의 제출을 요청할 수 있다.

제15조(민간동물보호시설의 신고 등) ① 법 제37조제1항에서 "대통령령으로 정하는 규모 이상"이란 보호동물(개 또는 고양이로 한정한다)의 마릿수가 20마리 이상인 경우를 말한다.

② 법 제37조제2항에서 "대통령령으로 정하는 중요한 사항"이란 다음 각 호의 사항을 말한다.

  1. 보호시설 운영자(법인·단체인 경우에는 그 대표자를 말한다)의 성명

  2. 보호시설의 명칭

  3. 보호시설의 주소

  4. 보호시설의 면적 및 수용가능 마릿수

제16조(공고) ① 특별시장·광역시장·특별자치시장·도지사 및 특별자치도지사(이하 "시·도지사"라 한다)와 시장·군수·구청장은 법 제40조에 따라 동물 보호조치 사실을 공고하려면 동물정보시스템에 게시해야 한다. 다만, 동물정보시스템이 정상적으로 운영되지 않는 경우에는 농림축산식품부령으로 정하는 동물보호 공고문을 작성하여 해당 기관의 인터넷 홈페이지에 게시하는 등 다른 방법으로 공고할 수 있다.

② 시·도지사와 시장·군수·구청장은 제1항에 따른 공고를 하는 경우에는 농림축산식품부령으로 정하는 바에 따라 동물정보시스템을 통하여 개체관리카드와 보호동물 **관리대장**을 작성·관리해야 한다.

제17조(보호비용의 징수) 시·도지사와 시장·군수·구청장은 법 제42조제1항 및 제2항에 따라 보호비용을 **징수**하려는 경우에는 농림축산식품부령으로 정하는 비용징수통지서를 해당 동물의 소유자 또는 법 제45조제1항에 따라 분양을 받는 자에게 발급해야 한다.

관리대장: 내역 따위를 관리하기 위한 서류철

징수: 행정 기관이 법에 따라서 조세, 수수료, 벌금 따위를 국민에게서 거두어들이는 일

┃ 관련 법조항

「보험업법」 제175조(보험협회) ① 보험회사는 상호 간의 업무질서를 유지하고 보험업의 발전에 기여하기 위하여 보험협회를 설립할 수 있다.

제18조(동물의 기증 또는 분양 대상 민간단체 등의 범위) 법 제45조제1항에서 "대통령령으로 정하는 민간단체 등"이란 다음 각 호의 어느 하나에 해당하는 법인·단체·기관 또는 시설을 말한다.

1. 제6조 각 호의 어느 하나에 해당하는 법인 또는 단체
2. 「장애인복지법」 제40조제4항에 따라 지정된 장애인 **보조견** 전문훈련기관
3. 「사회복지사업법」 제2조제4호에 따른 사회복지시설
4. 「야생생물 보호 및 관리에 관한 법률」 제8조의4에 따른 유기·방치 야생동물 보호시설

제19조(전임수의사) ① 법 제48조제1항에서 "대통령령으로 정하는 기준 이상의 **실험동물**을 보유한 동물실험시행기관"이란 다음 각 호의 어느 하나에 해당하는 동물실험시행기관을 말한다.

1. 연간 1만 마리 이상의 실험동물을 보유한 동물실험시행기관. 다만, 동물실험시행기관 및 해당 기관이 보유한 실험동물의 특성을 고려하여 농림축산식품부장관 및 해양수산부장관이 공동으로 고시하는 기준에 따른 동물실험시행기관은 제외한다.
2. 다음 각 목의 사항을 고려하여 농림축산식품부장관 및 해양수산부장관이 공동으로 고시하는 기준에 따른 실험동물을 보유한 동물실험시행기관
   가. 실험동물의 감각능력
   나. 실험동물의 지각능력
   다. 실험동물의 고통등급

> 보조견: 신체장애인이 좀 더 독립적으로 활동할 수 있도록 도와줄 목적으로 훈련된 개를 말함

> 실험동물: 의약품의 효과, 작용 따위를 실험하는 데 쓰는 동물. 개, 토끼, 기니피그, 고양이 등이 이용됨

▎ 관련 법조항

「장애인복지법」 제40조(장애인 보조견의 훈련·보급 지원 등) ④ 보건복지부장관은 장애인보조견의 훈련·보급을 위하여 전문훈련기관을 지정할 수 있다.
「사회복지사업법」 제2조(정의) 이 법에서 사용하는 용어의 뜻은 다음과 같다.
　4. "사회복지시설"이란 사회복지사업을 할 목적으로 설치된 시설을 말한다.
「야생생물 보호 및 관리에 관한 법률」 제8조의4(유기·방치 야생동물 보호시설의 설치) ① 환경부장관은 제8조의3에 따른 전시행위 금지 등으로 인하여 유기 또는 방치될 우려가 있는 야생동물의 관리를 위하여 유기·방치 야생동물 보호시설을 설치·운영할 수 있다.
② 제1항에 따른 유기·방치 야생동물 보호시설의 설치·운영 기준 등에 관한 사항은 환경부령으로 정한다.

② 법 제48조제1항에 따라 실험동물을 전담하는 수의사(이하 "전임수의사"라 한다)는 「수의사법」 제2조제1호에 따른 수의사 중 다음 각 호의 어느 하나에 해당하는 사람이 될 수 있다.

1. 「수의사법」 제23조에 따른 대한수의사회에서 인정하는 실험동물 전문 수의사

2. 동물실험시행기관에서 2년 이상 실험동물 관리 또는 동물실험업무에 종사한 사람 중 농림축산식품부령으로 정하는 바에 따라 농림축산식품부장관이 실시하는 교육을 이수한 사람

3. 그 밖에 제1호 또는 제2호에 준하는 자격을 갖추었다고 인정되는 사람으로서 농림축산식품부장관이 고시하는 사람

③ 전임수의사는 다음 각 호의 업무를 수행한다.

1. 실험동물의 질병 예방 등 수의학적 관리에 관한 사항

2. 실험동물의 반입관리 및 사육관리에 관한 사항

3. 그 밖에 실험동물의 건강과 복지에 관한 사항

제20조(동물실험윤리위원회의 지도·감독 등) 법 제51조제1항에 따른 동물실험윤리위원회(같은 조 제2항에 따라 동물실험윤리위원회를 설치하는 것으로 보는 경우를 포함한다)는 법 제54조제1항에 따른 심의(변경심의를 포함한다)·확인·평가 및 지도·감독을 다음 각 호의 방법으로 수행한다.

1. 동물실험의 윤리적·과학적 타당성에 대한 심의

2. 실험동물의 생산·도입·관리·실험 및 이용과 실험이 끝난 뒤 해당 동물의 처리에 관한 확인 및 평가

3. 동물실험시행기관의 종사자에 대한 교육·훈련 등에 대한 지도·감독

❙ 관련 법조항

「수의사법」 제2조(정의) 이 법에서 사용하는 용어의 뜻은 다음과 같다.

1. "수의사"란 수의업무를 담당하는 사람으로서 농림축산식품부장관의 면허를 받은 사람을 말한다.

「수의사법」 제23조(설립) ① 수의사는 수의업무의 적정한 수행과 수의학술의 연구·보급 및 수의사의 윤리 확립을 위하여 대통령령으로 정하는 바에 따라 대한수의사회(이하 "수의사회"라 한다)를 설립하여야 한다.

② 수의사회는 법인으로 한다.

③ 수의사는 제1항에 따라 수의사회가 설립된 때에는 당연히 수의사회의 회원이 된다.

4. 동물실험 및 동물실험시행기관의 동물복지 수준 및 관리실태에 대한 지도·감독

제21조(동물실험윤리위원회의 운영) ① 법 제51조제1항에 따른 동물실험윤리위원회(이하 "윤리위원회"라 한다)의 회의는 다음 각 호의 어느 하나에 해당하는 경우에 위원장이 소집하고, 위원장이 그 의장이 된다.

1. 재적위원 3분의 1 이상이 소집을 요구하는 경우

2. 해당 동물실험시행기관의 장이 소집을 요구하는 경우

3. 그 밖에 윤리위원회 위원장이 필요하다고 인정하는 경우

② 윤리위원회의 회의는 **재적위원** 과반수의 출석으로 **개의**하고, 출석위원 과반수의 찬성으로 의결한다.

③ 동물실험계획을 심의·평가하는 회의에는 다음 각 호의 위원이 각각 1명 이상 참석해야 한다.

1. 법 제53조제2항제1호에 따른 위원

2. 법 제53조제4항에 따른 해당 동물실험시행기관과 이해관계가 없는 위원

④ 회의록 등 윤리위원회의 구성·운영 등과 관련된 기록 및 문서는 3년 이상 보존해야 한다.

⑤ 윤리위원회는 심의사항과 관련하여 필요하다고 인정할 때에는 관계인의 의견을 들을 수 있다.

⑥ 동물실험시행기관의 장은 해당 기관에 설치된 윤리위원회(법 제51조제2항에 따라 동물실험윤리위원회를 설치하는 것으로 보는 경우를 포함한다)의 효율적인 운영을 위하여 다음 각 호의 사항에 대하여 적극 협조해야 한다.

1. 윤리위원회의 독립성 보장

2. 윤리위원회의 결정 및 **권고사항**에 대한 즉각적이고 효과적인 조치 및 시행

3. 윤리위원회의 설치 및 운영에 필요한 인력, 장비, 장소, 비용 등에 관한 적절한 지원

⑦ 동물실험시행기관의 장은 매년 윤리위원회의 운영 및 동물실험의 실태에 관한 사항을 다음 해 1월 31일까지 농림축산식품부령으로 정하는 바에 따라 농림축산식품부장관에게 통지해야 한다.

⑧ 제1항부터 제7항까지에서 규정한 사항 외에 윤리위원회의 효율적인 운영을 위하여 필요한 사항은 농림축산식품부장관이 정하여 고시한다.

재적위원: 일정한 조직체에 소속을 두고 있는 인원의 수

개의: 안건에 대한 토의를 시작함

권고사항: 반드시 해야하는 것은 아니나 하도록 권장하는 사항

제22조(동물실험의 감독 등) ① 동물실험시행기관의 장은 윤리위원회 위원장에게 법 제55조제1항에 따라 다음 각 호의 사항을 연 1회 이상 감독하도록 요청해야 한다. 이 경우 감독 요청시기는 윤리위원회 위원장과 협의하여 정한다.

1. 동물실험이 심의된 내용대로 진행되는지 여부
2. 동물실험에 사용되는 동물의 사육환경
3. 동물실험에 사용되는 동물의 수의학적 관리
4. 동물실험에 사용되는 동물의 고통에 대한 경감조치 여부

② 법 제55조제2항 단서에서 "해당 실험동물의 복지에 중대한 침해가 발생할 것으로 우려되는 경우 등 대통령령으로 정하는 경우"란 다음 각 호의 어느 하나에 해당하는 경우를 말한다.

1. 동물실험의 중지로 해당 실험동물이 죽음에 이르게 되는 경우
2. 동물실험의 중지로 해당 실험동물의 고통이 심해지는 경우

제23조(윤리위원회의 구성·운영 등에 대한 개선명령) ① 농림축산식품부장관은 법 제58조제2항에 따라 해당 동물실험시행기관의 장에게 윤리위원회의 구성·운영 등에 대한 **개선명령**을 하는 경우 그 개선에 필요한 조치 등을 고려하여 3개월의 범위에서 기간을 정하여 개선명령을 해야 한다.

② 농림축산식품부장관은 동물실험시행기관의 장이 천재지변이나 그 밖의 부득이한 사유로 제1항에 따른 개선기간에 개선을 할 수 없는 경우 개선기간의 연장 신청을 하면 그 사유가 끝난 날부터 3개월의 범위에서 그 기간을 연장할 수 있다.

③ 제1항에 따라 개선명령을 받은 동물실험시행기관의 장이 그 명령을 이행하였을 때에는 지체 없이 그 결과를 농림축산식품부장관에게 통지해야 한다.

제24조(과징금의 부과기준) 법 제84조제1항에 따른 과징금의 부과기준은 별표 2와 같다.

제25조(과징금의 부과 및 납부) ① 특별자치시장·특별자치도지사·시장·군수·구청장은 법 제84조제1항에 따라 과징금을 부과할 때에는 그 위반행위의 내용과 과징금의 금액 등을 명시하여 부과 대상자에게 서면으로 통지해야 한다.

② 제1항에 따라 통지를 받은 자는 통지를 받은 날부터 20일 이내에 특별

개선명령: 관련 법률 또는 이에 의거하는 명령 등을 위반하였을 때 기준에 적합한 조치를 취하도록 행정기관에서 명하는 일

자치시장·특별자치도지사·시장·군수·구청장이 정하는 수납기관에 과징금을 납부해야 한다.

③ 제2항에 따라 과징금을 받은 수납기관은 납부자에게 영수증을 발급하고, 과징금이 납부된 사실을 지체 없이 특별자치시장·특별자치도지사·시장·군수·구청장에게 통보해야 한다.

제26조(고정형 영상정보처리기기의 설치 등) 법 제87조제1항에 따른 고정형 영상정보처리기기의 설치 대상, 장소 및 기준은 별표 3과 같다.

제27조(동물보호관의 자격 등) ① 법 제88조제1항에서 "대통령령으로 정하는 소속 기관의 장"이란 농림축산검역본부장(이하 "검역본부장"이라 한다)을 말한다.

② 농림축산식품부장관, 검역본부장, 시·도지사 및 시장·군수·구청장은 법 제88조제1항에 따라 소속 공무원 중 다음 각 호의 어느 하나에 해당하는 사람을 동물보호관으로 지정해야 한다.

1. 「수의사법」 제2조제1호에 따른 수의사 면허가 있는 사람

2. 「국가기술자격법」 제9조에 따른 **축산기술사, 축산기사**, 축산산업기사 또는 축산기능사 자격이 있는 사람

3. 「고등교육법」 제2조에 따른 학교에서 수의학·축산학·동물관리학·애완동물학·반려동물학 등 동물의 관리 및 이용 관련 분야, 동물보호 분야 또는 동물복지 분야를 전공하고 졸업한 사람

4. 그 밖에 동물보호·동물복지·실험동물 분야와 관련된 사무에 종사하고 있거나 종사한 경험이 있는 사람

축산기술사: 가축사육 전문인력 양성을 위해 제정된 제도

축산기사: 축산기사 자격은 기능·기술 분야, 농림어업 직무 분야 기사 등급 국가기술자격으로 자격검정 수탁 기관은 한국산업인력공단이고, 원서 접수는 한국산업인력공단에서 운영하는 웹사이트 큐넷(q-net.or.kr)에서 접수 기간에 할 수 있음. 난이도의 순서는 기능사〈산업기사〈기사〈기술사임

관련 법조항

「수의사법」 제2조(정의) 이 법에서 사용하는 용어의 뜻은 다음과 같다.

　　1. "수의사"란 수의업무를 담당하는 사람으로서 농림축산식품부장관의 면허를 받은 사람을 말한다.

「국가기술자격법」 제9조(국가기술자격의 등급) 국가기술자격의 등급은 다음 각 호의 구분에 따른다.

　　1. 기술·기능 분야: 기술사, 기능장, 기사, 산업기사 및 기능사

　　2. 서비스 분야: 국가기술자격의 종목별로 3등급의 범위에서 대통령령으로 정하는 등급

「고등교육법」 제2조(학교의 종류) 고등교육을 실시하기 위하여 다음 각 호의 학교를 둔다.

　　1. 대학　　　　　　2. 산업대학

　　3. 교육대학　　　　4. 전문대학

　　5. 방송대학·통신대학·방송통신대학 및 사이버대학(이하 "원격대학"이라 한다)

　　6. 기술대학　　　　7. 각종학교

③ 제2항에 따른 동물보호관의 직무는 다음 각 호와 같다.

1. 법 제9조에 따른 동물의 적정한 사육·관리에 대한 교육 및 지도

2. 법 제10조에 따라 금지되는 동물학대 행위의 예방, 중단 또는 재발방지를 위하여 필요한 조치

3. 법 제11조에 따른 동물의 적정한 운송과 법 제12조에 따른 반려동물 전달 방법에 대한 지도·감독

4. 법 제13조에 따른 동물의 **도살**방법에 대한 지도

   도살: 가축을 죽이는 행위

5. 법 제15조에 따른 등록대상동물의 등록 및 법 제16조에 따른 등록대상동물의 관리에 대한 감독

6. 법 제22조에 따른 맹견의 출입금지에 대한 감독

7. 다음 각 목의 센터 또는 시설의 보호동물 관리에 관한 감독

   가. 법 제35조제1항에 따라 설치된 동물보호센터

   나. 법 제36조제1항에 따라 지정된 동물보호센터

   다. 보호시설

8. 법 제58조에 따른 윤리위원회의 구성·운영 등에 관한 지도·감독 및 개선명령의 이행 여부에 대한 확인 및 지도

9. 법 제69조제1항에 따른 영업의 허가를 받거나 법 제73조제1항에 따라 영업의 등록을 한 자(이하 "영업자"라 한다)의 시설·인력 등 허가 또는 등록사항, 준수사항, 교육 이수 여부에 관한 감독

10. 법 제71조제1항에 따른 공설동물**장묘시설**의 설치·운영에 관한 감독

    장묘시설: 장사를 지내고 묘를 쓰는 일과 관련된 시설

11. 법 제86조에 따른 조치, 보고 및 자료제출 명령의 이행 여부에 관한 확인·지도

12. 법 제90조제1항에 따라 위촉된 명예동물보호관에 대한 지도

13. 법률 제18853호 동물보호법 전부개정법률 부칙 제12조에 따라 2024년 4월 26일까지 적용되는 종전의 「동물보호법」(법률 제18853호로 전부개정 되기 전의 것을 말한다) 제13조의2에 따른 **맹견**의 관리에 관한 감독

    맹견: 도사견, 핏불테리어, 로트와일러 등 사람의 생명이나 신체에 위해를 가할 우려가 있는 개로서 농림축산식품부령으로 정하는 개를 말함

14. 그 밖에 동물의 보호 및 복지 증진에 관한 업무

제28조(명예동물보호관의 자격 및 위촉 등) ① 농림축산식품부장관, 시·도지사 및 시장·군수·구청장이 법 제90조제1항에 따라 위촉하는 **명예**동물보호관(이하 "명예동물보호관"이라 한다)은 다음 각 호의 어느 하나에 해당하는 사람

명예: (관직이나 지위를 나타내는 명사 앞에 쓰여) 어떤 사람의 공로나 권위를 높이 기리어 특별히 수여하는 칭호

으로서 농림축산식품부장관이 정하는 관련 교육과정을 마친 사람으로 한다.

1. 제6조에 따른 법인 또는 단체의 장이 추천한 사람

2. 제27조제2항 각 호의 어느 하나에 해당하는 사람

3. 동물보호에 관한 학식과 경험이 풍부한 사람으로서 명예동물보호관의 직무를 성실히 수행할 수 있는 사람

② 농림축산식품부장관, 시·도지사 또는 시장·군수·구청장은 제1항에 따라 **위촉**한 명예동물보호관이 다음 각 호의 어느 하나에 해당하는 경우에는 해촉할 수 있다.

> **위촉**: 특정한 사항의 처리나 심의 따위를 부탁받아 임명함

1. 사망·질병 또는 부상 등의 사유로 직무 수행이 곤란하게 된 경우

2. 제3항에 따른 직무를 성실히 수행하지 않거나 직무와 관련하여 부정한 행위를 한 경우

③ 명예동물보호관의 직무는 다음 각 호와 같다.

1. 동물보호 및 동물복지에 관한 교육·상담·홍보 및 지도

2. 동물학대 행위에 대한 정보 제공

3. 학대받는 동물의 구조·보호 지원

4. 제27조제3항에 따른 동물보호관의 직무 수행을 위한 지원

④ 명예동물보호관의 활동 범위는 다음 각 호의 구분에 따른다.

1. 농림축산식품부장관이 위촉한 경우: 전국

2. 시·도지사가 위촉한 경우: 해당 시·도지사의 관할구역

3. 시장·군수·구청장이 위촉한 경우: 해당 시장·군수·구청장의 관할구역

⑤ 농림축산식품부장관, 시·도지사 또는 시장·군수·구청장은 명예동물보호관에게 예산의 범위에서 **수당**을 지급할 수 있다.

> **수당**: 정해진 봉급 이외에 따로 주는 보수

⑥ 제1항부터 제5항까지에서 규정한 사항 외에 명예동물보호관의 운영에 필요한 사항은 농림축산식품부장관이 정하여 고시한다.

제29조(권한의 위임) ① 농림축산식품부장관은 법 제93조제1항에 따라 다음 각 호의 권한을 검역본부장에게 위임한다.

1. 법 제11조제2항에 따른 동물 운송 차량의 구조·설비기준 설정 및 같은 조 제3항에 따른 동물 운송에 필요한 사항의 권장

2. 법 제13조제2항에 따른 동물의 **도살**방법에 관한 세부기준의 마련

> **도살**: 가축을 죽이는 행위

3. 법 제47조제7항에 따른 동물실험의 원칙과 기준 및 방법에 관한 고시의 제정·개정

4. 법 제51조제5항에 따른 윤리위원회의 운영에 관한 표준지침 고시의 제정·개정

5. 법 제58조제1항에 따른 윤리위원회의 구성·운영 등에 관한 지도·감독 및 같은 조 제2항에 따른 개선명령

6. 법 제86조에 따른 출입·검사 등에 관한 다음 각 목의 권한

   가. 법 제86조제1항 각 호의 조치

   나. 법 제86조제2항에 따른 보고 및 자료제출 명령, 출입 조사 및 서류 검사

   다. 법 제86조제6항에 따른 출입·검사등 계획의 통지

   라. 법 제86조제7항에 따른 시정명령 등의 조치

7. 법 제90조에 따른 명예동물보호관의 **위촉**, **해촉** 및 수당 지급

8. 법 제94조제1항에 따른 결과공표 및 같은 조 제2항에 따른 실태조사(현장조사를 포함한다), 자료·정보의 제공 요청

9. 법 제95조에 따른 동물보호정보의 수집 및 활용과 관련한 다음 각 목의 권한

   가. 법 제95조제1항에 따른 동물보호정보의 수집 및 관리

   나. 동물정보시스템의 구축·운영

   다. 법 제95조제3항에 따른 동물보호정보의 수집을 위한 자료 요청

   라. 법 제95조제6항에 따른 정보의 공개

10. 법 제101조제1항제1호부터 제7호까지, 같은 조 제2항제10호, 같은 조 제3항제1호부터 제3호까지, 제8호·제9호, 제22호부터 제26호까지 및 같은 조 제4항제7호에 따른 과태료의 부과·징수

11. 제19조제2항제2호에 따른 교육 및 같은 항 제3호에 따른 전임수의사 자격에 관한 고시의 제정·개정

12. 제30조제1항에 따른 실태조사의 계획 수립·실시 및 같은 조 제3항에 따른 실태조사에 관한 고시의 제정·개정

② 농림축산식품부장관은 법 제93조제1항에 따라 다음 각 호의 권한을 시·도지사에게 위임한다.

1. 법 제78조제3항제1호에 따른 수입 내역의 신고 접수·관리

2. 법 제101조제2항제18호 및 같은 조 제3항제17호에 따른 과태료의 부과·징수

위촉: 특정한 사항의 처리나 심의 따위를 부탁받아 임명함

해촉: 위촉했던 직책이나 자리에서 물러나게 함

제30조(실태조사의 범위 등) ① 농림축산식품부장관은 법 제94조제2항에 따라 실태조사(현장조사를 포함하며, 이하 "실태조사"라 한다)를 할 때에는 실태조사 계획을 수립하고 그에 따라 실시해야 한다.

② 농림축산식품부장관은 실태조사를 효율적으로 하기 위하여 동물정보시스템, 전자우편 등을 통한 전자적 방법, 서면조사, 현장조사 방법 등을 사용할 수 있으며, 전문연구기관·단체 또는 관계 전문가에게 의뢰하여 실태조사를 할 수 있다.

③ 제1항과 제2항에서 규정한 사항 외에 실태조사에 필요한 사항은 농림축산식품부장관이 정하여 고시한다.

제31조(소속기관의 장) 법 제94조제4항에서 "대통령령으로 정하는 그 소속기관의 장"이란 검역본부장을 말한다.

제32조(공개대상정보 등) ① 농림축산식품부장관은 법 제95조제3항에 따라 관계 중앙행정기관의 장, 시·도지사 또는 시장·군수·구청장, 경찰관서의 장 등(이하 이 조에서 "관계중앙행정기관의장등"이라 한다)에게 필요한 자료를 요청할 때에는 자료의 사용목적 및 사용방법을 알려야 한다.

② 법 제95조제3항에 따라 자료를 요청받은 관계중앙행정기관의장등은 동물정보시스템을 통하여 해당 자료를 제출해야 한다.

③ 농림축산식품부장관은 법 제95조제6항에 따라 다음 각 호의 정보를 동물정보시스템을 통하여 공개해야 한다.

　1. 영업의 허가 및 등록 번호

　2. 업체명

　3. 전화번호

　4. 소재지

제33조(위반사실의 공표) ① 법 제96조제1항에서 "위반행위, 해당 기관·단체 또는 시설의 명칭, 대표자 성명 등 대통령령으로 정하는 사항"이란 다음 각 호의 사항을 말한다.

　1. 「동물보호법」 위반사실의 공표라는 내용의 제목

　2. 동물보호센터 또는 보호시설의 명칭, 소재지 및 대표자 성명

　3. 위반행위(위반행위의 구체적 내용과 근거 법령을 포함한다)

　4. 행정처분의 내용, 처분일 및 기간

② 법 제96조제2항에서 "위반행위, 해당 영업장의 명칭, 대표자 성명 등 대

통령령으로 정하는 사항"이란 다음 각 호의 사항을 말한다.

1. 「동물보호법」위반사실의 공표라는 내용의 제목

2. 영업의 종류

3. 영업장의 명칭, 소재지 및 대표자 성명

4. 위반행위(위반행위의 구체적 내용과 근거 법령을 포함한다)

5. 행정처분의 내용, 처분일 및 기간

③ 시·도지사 또는 시장·군수·구청장은 법 제96조제1항 및 제2항에 따라 위반행위 등을 공표하는 경우에는 해당 특별시·광역시·특별자치시·도·특별자치도 또는 시·군·구의 인터넷 홈페이지에 게시하는 방법으로 한다.

④ 시·도지사 또는 시장·군수·구청장은 법 제96조제1항 및 제2항에 따라 공표를 한 경우에는 시·도지사는 농림축산식품부장관에게 그 사실을 통보해야 하고, 시장·군수·구청장은 시·도지사를 통하여 농림축산식품부장관에게 그 사실을 통보해야 한다.

제34조(고유식별정보의 처리) 농림축산식품부장관(검역본부장을 포함한다), 시·도지사 또는 시장·군수·구청장(해당 권한이 위임·위탁된 경우에는 그 권한을 위임·위탁받은 자를 포함한다)은 다음 각 호의 사무를 수행하기 위하여 불가피한 경우에는 「개인정보 보호법 시행령」제19조에 따른 주민등록번호, 여권번호, 운전면허의 면허번호 또는 외국인등록번호가 포함된 자료를 처리할 수 있다.

1. 법 제15조에 따른 등록대상동물의 등록 및 변경신고에 관한 사무

2. 법 제36조에 따른 동물보호센터의 지정 및 지정 취소에 관한 사무

3. 법 제37조에 따른 보호시설의 신고에 관한 사무

❘ 관련 법조항

「개인정보 보호법 시행령」제19조(고유식별정보의 범위) 법 제24조제1항 각 호 외의 부분에서 "대통령령으로 정하는 정보"란 다음 각 호의 어느 하나에 해당하는 정보를 말한다. 다만, 공공기관이 법 제18조제2항제5호부터 제9호까지의 규정에 따라 다음 각 호의 어느 하나에 해당하는 정보를 처리하는 경우의 해당 정보는 제외한다.

1. 「주민등록법」제7조의2제1항에 따른 주민등록번호
2. 「여권법」제7조제1항제1호에 따른 여권번호
3. 「도로교통법」제80조에 따른 운전면허의 면허번호
4. 「출입국관리법」제31조제5항에 따른 외국인등록번호

4. 법 제38조에 따른 보호시설에 대한 시정명령 및 시설폐쇄 명령에 관한 사무

5. 법 제69조에 따른 영업의 허가, 변경허가 및 변경신고에 관한 사무

6. 법 제73조에 따른 영업의 등록, 변경등록 및 변경신고에 관한 사무

7. 법 제75조에 따른 영업의 승계신고에 관한 사무

8. 법 제76조에 따른 영업의 휴업·폐업 등의 신고에 관한 사무

9. 법 제77조에 따른 영업의 허가 또는 등록사항의 직권말소에 관한 사무

10. 법 제83조에 따른 영업의 허가 또는 등록의 취소 및 정지에 관한 사무

11. 법 제84조에 따른 과징금의 부과·징수에 관한 사무

12. 법 제90조에 따른 명예동물보호관의 위촉에 관한 사무

제35조(과태료의 부과·징수) 법 제101조제1항부터 제4항까지의 규정에 따른 **과태료**의 부과기준은 별표 4와 같다.

제36조(규제의 재검토) 농림축산식품부장관은 다음 각 호의 사항에 대하여 다음 각 호의 기준일을 기준으로 3년마다(매 3년이 되는 해의 기준일과 같은 날 전까지를 말한다) 그 타당성을 검토하여 개선 등의 조치를 해야 한다.

1. 제15조에 따른 보호시설의 신고 기준: 2023년 4월 27일

2. 제19조에 따른 동물실험시행기관의 범위: 2023년 4월 27일

부칙 <제33435호, 2023. 4. 27.>

제1조(시행일) 이 영은 공포한 날부터 시행한다. 다만, 제18조제4호의 개정규정은 2023년 12월 14일부터 시행한다.

제2조(동물등록사항 변경신고에 관한 적용례) 제11조제1항제3호 및 제7호의 개정규정은 이 영 시행 이후 해당 변경신고 사유가 발생하는 경우부터 적용한다.

제3조(민간동물보호시설 신고 대상에 관한 특례) 민간동물보호시설의 신고 대상에 관하여는 제15조제1항의 개정규정에도 불구하고 2026년 4월 26일까지는 다음 각 호의 구분에 따른 기준을 적용한다.

1. 이 영 시행일부터 2025년 4월 26일까지: 보호동물(개 또는 고양이로 한정한다. 이하 이 조에서 같다)의 마릿수가 400마리 이상인 경우

2. 2025년 4월 27일부터 2026년 4월 26일까지: 보호동물의 마릿수가 100마리 이상인 경우

과태료: 공법에서, 의무 이행을 태만히 한 사람에게 벌로 물게 하는 돈. 벌금과 달리 형벌의 성질을 가지지 않는 법령 위반에 대하여 부과함

제4조(일반적 경과조치) 이 영 시행 당시 종전의 「동물보호법 시행령」에 따른 처분·절차 및 그 밖의 행위는 그에 해당하는 이 영의 규정에 따라 행한 것으로 본다.

제5조(전임수의사에 관한 경과조치) ① 이 영 시행 당시 동물실험시행기관에서 2년 이상 실험동물 관리 또는 동물실험업무에 종사한 경력이 있는 수의사는 제19조제2항제2호의 개정규정에도 불구하고 이 영 시행일부터 2년 동안 전임수의사의 자격을 갖춘 것으로 본다.

② 제1항에 따라 전임수의사의 자격을 갖춘 것으로 보는 사람은 이 영 시행일부터 2년 이내에 제19조제2항제2호의 개정규정에 따른 교육을 이수해야 한다.

제6조(고정형 영상정보처리기기의 설치 등에 관한 경과조치) 제26조 및 별표 3의 개정규정에도 불구하고 고정형 영상정보처리기기는 2023년 9월 14일까지는 「개인정보 보호법」 제2조제7호에 따른 영상정보처리기기로 본다.

제7조(종전 부칙의 적용범위에 관한 경과조치) 이 영 시행 전의 「동물보호법 시행령」의 개정에 따른 부칙의 규정은 기간의 경과 등으로 이미 그 효력이 상실된 규정을 제외하고는 이 영 시행 이후에도 계속하여 효력을 가진다.

제8조(다른 법령의 개정) ① 개발제한구역의 지정 및 관리에 관한 특별조치법 시행령 일부를 다음과 같이 개정한다.

별표 1 제3호거목가) 중 "「동물보호법」 제15조"를 "「동물보호법」 제35조 및 제36조"로 한다.

② 건축법 시행령 일부를 다음과 같이 개정한다.

별표 1 제4호차목 중 "「동물보호법」 제32조제1항제6호"를 "「동물보호법」 제73조제1항제2호"로 한다.

③ 동물원 및 수족관의 관리에 관한 법률 시행령 일부를 다음과 같이 개정한다.

제3조의3제3항제5호 중 "「동물보호법 시행령」 제5조제1호 또는 제2호"를 "「동물보호법 시행령」 제6조제1호 또는 제2호"로 한다.

④ 수의사법 시행령 일부를 다음과 같이 개정한다.

제13조제1항제2호 단서 중 "「동물보호법」 제15조제1항"을 "「동물보호법」 제35조제1항"으로 한다.

⑤ 식품산업진흥법 시행령 일부를 다음과 같이 개정한다.

제36조제9호 중 "「동물보호법」 제29조"를 "「동물보호법」 제59조"로 한다.

⑥ 지방세법 시행령 일부를 다음과 같이 개정한다.

별표 1 <제3종> 제29호를 다음과 같이 한다.

    29.「동물보호법」제69조제1항 및 제4항에 따른 동물생산업·동물수입업·동물판매업·동물장묘업의 허가 및 신고, 같은 법 제73조제1항 및 제4항에 따른 동물전시업·동물위탁관리업·동물미용업·동물운송업의 등록 및 신고

⑦ 첨단재생의료 및 첨단바이오의약품 안전 및 지원에 관한 법률 시행령 일부를 다음과 같이 개정한다.

제21조제1항 각 호 외의 부분 중 "「동물보호법」 제2조제5호"를 "「동물보호법」 제2조제13호"로 한다.

제22조제1항제1호나목 중 "「동물보호법」 제2조제5호"를 "「동물보호법」 제2조제13호"로 한다.

제9조(다른 법령과의 관계) 이 영 시행 당시 다른 법령에서 종전의 「동물보호법 시행령」의 규정을 인용한 경우 이 영 가운데 그에 해당하는 규정이 있을 때에는 종전의 규정을 갈음하여 이 영 또는 이 영의 해당 규정을 인용한 것으로 본다.

[별표 1] 동물등록번호의 부여 및 무선식별장치의 규격·장착 방법(제10조제3항 관련)

■ 동물보호법 시행령 [별표 1]

동물등록번호의 부여 및 무선식별장치의 규격·장착 방법(제10조제3항 관련)

1. 동물등록번호의 부여방법

가. 검역본부장은 동물정보시스템을 통하여 등록대상동물의 동물등록번호를 부여한다.

나. 외국에서 등록된 등록대상동물은 해당 국가에서 부여된 동물등록번호를 사용하되, 호환되지 않는 번호체계인 경우 제2호나목의 표준규격에 맞는 동물등록번호를 부여한다.

다. 검역본부장은 무선식별장치 공급업체별로 동물등록번호 영역을 배정·부여한다. 이 경우 동물등록번호 영역의 범위 선정에 관한 세부기준은 검역본부장이 정한다.

라. 동물등록번호 체계에 따라 이미 등록된 동물등록번호는 재사용할 수 없으며, 무선식별장치의 훼손 및 분실 등으로 무선식별장치를 재삽입하거나 재부착하는 경우에는 동물등록번호를 다시 부여받아야 한다.

2. 무선식별장치의 규격

가. 무선식별장치의 동물등록번호 체계는 동물개체식별-코드구조(KS C ISO 11784: 2009)에 따라 다음 각 호와 같이 구성된다.

1) 구성: 총 15자리(국가코드3+개체식별코드 12)

2) 표시

코드종류	기관코드(5-9비트)	국가코드(17-26비트)	개체식별코드(27-64비트)
KS C ISO 11784	1	410	12자리

가) 기관코드(1자리): 농림축산식품부는 "1"로 등록하되, 리더기로 인식(표시)할 때에는 표시에서 제외

나) 국가코드(3자리): 대한민국을 "410"으로 표시

다) 개체식별코드(12자리): 검역본부장이 무선식별장치 공급업체별로 일괄 배정한 번호체계

나. 무선식별장치의 표준규격은 다음에 따라야 한다.

1) 「산업표준화법」제5조에 따른 동물개체식별-코드구조(KS C ISO 11784: 2009)와 동물개체식별 무선통신-기술적개념(KS C ISO 11785: 2007)에 따를 것(국제표준규격 ISO 11784: 1996, ISO 11785: 1996을 포함한다)

2) 내장형 무선식별장치의 경우에는 「의료기기법」제19조에 따른 동물용 의료기기 개체인식장치 기준규격에 따를 것

3) 외장형 무선식별장치의 경우에는 등록동물 및 외부충격 등에 의하여 쉽게 훼손되지 않는 재질로 제작될 것

3. 무선식별장치의 장착 방법

가. 내장형 무선식별장치는 양쪽 어깨뼈 사이의 피하(皮下: 진피의 밑부분부터 근육을 싸는 근막 윗부분까지를 말한다)에 삽입한다.

나. 외장형 무선식별장치는 해당 동물이 기르던 곳에서 벗어나는 경우 반드시 부착하고 있어야 한다.

4. 그 밖에 동물등록번호 체계, 동물등록번호 운영규정 등에 관한 사항은 검역본부장이 정하는 바에 따른다.

[별표 2] **과징금의 부과기준(제24조 관련)**

■ 동물보호법 시행령 [별표 2]

과징금의 부과기준(제24조 관련)

1. 영업정지기간은 농림축산식품부령으로 정하는 영업자 등의 행정처분 기준에 따라 부과되는 기간을 말하며, 영업정지기간의 1개월은 30일을 기준으로 한다.

2. 과징금 부과금액은 다음의 계산식에 따라 산출한다.

$$과징금 \ 부과금액 = 위반사업자 \ 1일 \ 평균매출금액 \times 영업정지 \ 일수 \times 0.1$$

3. 제2호의 계산식 중 '위반사업자 1일 평균매출금액'은 위반행위를 한 영업자에 대한 행정처분일이 속한 연도의 전년도 1년간의 총 매출금액을 해당 연도의 일수로 나눈 금액으로 한다. 다만, 신규 개설 또는 휴업 등으로 전년도 1년간의 총 매출금액을 산출할 수 없거나 1년간의 총 매출금액을 기준으로 하는 것이 타당하지 않다고 인정되는 경우에는 분기별 매출금액, 월별 매출금액 또는 일수별 매출금액을 해당 단위에 포함된 일수로 나누어 1일 평균매출금액을 산정한다.

4. 제2호에 따라 산출한 과징금 부과금액이 1억원을 넘는 경우에는 법 제84조제1항에 따라 과징금 부과금액을 1억원으로 한다.

5. 부과권자는 다음 각 목의 어느 하나에 해당하는 경우에는 제2호에 따라 산출한 과징금 부과금액의 2분의 1 범위에서 그 금액을 줄일 수 있다. 다만, 과징금을 체납하고 있는 위반행위자의 경우에는 그렇지 않다.
   가. 위반행위가 사소한 부주의나 오류로 인한 것으로 인정되는 경우
   나. 위반행위자가 법 위반상태를 시정하거나 해소하기 위한 노력이 인정되는 경우
   다. 그 밖에 위반행위의 정도, 동기와 그 결과 등을 고려하여 과징금을 줄일 필요가 있다고 인정되는 경우

6. 부과권자는 다음 각 목의 어느 하나에 해당하는 경우에는 과징금 금액의 2분의 1 범위에서 그 금액을 늘릴 수 있다. 다만, 과징금 총액은 법 제84조제1항에 따라 1억원을 초과할 수 없다.
   가. 위반의 내용·정도가 중대하여 이용자 등에게 미치는 피해가 크다고 인정되는 경우
   나. 법 위반상태의 기간이 6개월 이상인 경우
   다. 그 밖에 위반행위의 정도, 동기와 그 결과 등을 고려하여 과징금을 늘릴 필요가 있다고 인정되는 경우

[별표 3] 고정형 영상정보처리기기의 설치 대상, 장소 및 관리기준(제26조 관련)

■ 동물보호법 시행령 [별표 3]

고정형 영상정보처리기기의 설치 대상, 장소 및 관리기준(제26조 관련)

1. 설치 대상 및 장소

　가. 법 제35조제1항에 따른 동물보호센터: 보호실 및 격리실

　나. 법 제36조제1항에 따른 동물보호센터: 보호실 및 격리실

　다. 법 제37조에 따른 보호시설: 보호실 및 격리실

　라. 법 제69조제1항에 따른 영업장

　　1) 동물판매업(경매방식을 통한 거래를 알선·중개하는 동물판매업으로 한정한다): 경매실, 준비실

　　2) 동물장묘업: 화장(火葬)시설 등 동물의 사체 또는 유골의 처리시설

　마. 법 제73조제1항에 따른 영업장

　　1) 동물위탁관리업: 위탁관리실

　　2) 동물미용업: 미용작업실

　　3) 동물운송업: 차량 내 동물이 위치하는 공간

2. 관리기준

　가. 고정형 영상정보처리기기의 카메라는 전체 또는 주요 부분이 조망되고 잘 식별될 수 있도록 설치하고, 동물의 상태 등을 확인할 수 있도록 사각지대의 발생을 최소화할 것

　나. 선명한 화질이 유지될 수 있도록 관리할 것

　다. 고정형 영상정보처리기기가 고장난 경우에는 지체 없이 수리할 것

　라. 「개인정보 보호법」제25조제4항에 따른 안내판 설치 등 관계 법령을 준수할 것

　마. 그 밖에 고정형 영상정보처리기기의 설치·운영 현황을 추가적으로 알리기 위한 안내판을 설치하도록 노력할 것

[별표 4] 과태료의 부과기준(제35조 관련)

■ 동물보호법 시행령 [별표 4]

과태료의 부과기준(제35조 관련)

1. 일반기준

가. 위반행위의 횟수에 따른 과태료의 가중된 부과기준은 최근 2년간 같은 위반행위로 과태료 부과처분을 받은 경우에 적용한다. 이 경우 기간의 계산은 위반행위에 대하여 과태료 부과처분을 받은 날과 그 처분 후 다시 같은 위반행위를 하여 적발된 날을 기준으로 한다.

나. 가목에 따라 가중된 부과처분을 하는 경우 가중처분의 적용 차수는 그 위반행위 전 부과처분 차수(가목에 따른 기간 내에 과태료 부과처분이 둘 이상 있었던 경우에는 높은 차수를 말한다)의 다음 차수로 한다.

다. 부과권자는 다음의 어느 하나에 해당하는 경우에는 제2호의 개별기준에 따른 과태료 금액의 2분의 1 범위에서 그 금액을 줄여 부과할 수 있다. 다만, 과태료를 체납하고 있는 위반행위자에 대해서는 그렇지 않다.

 1) 위반행위자가 자연재해·화재 등으로 재산에 현저한 손실이 발생하거나 사업여건의 악화로 사업이 중대한 위기에 처하는 등의 사정이 있는 경우

 2) 위반행위가 사소한 부주의나 오류 등 과실로 인한 것으로 인정되는 경우

 3) 위반행위자가 같은 위반행위로 다른 법률에 따라 과태료·벌금·영업정지 등의 처분을 받은 경우

 4) 위반행위자가 위법행위로 인한 결과를 시정하거나 해소한 경우

 5) 그 밖에 위반행위의 정도, 위반행위의 동기와 그 결과 등을 고려하여 그 금액을 줄일 필요가 있다고 인정되는 경우

2. 개별기준

(단위: 만원)

위반행위	근거 법조문	과태료 금액		
		1차 위반	2차 위반	3차 이상 위반
가. 법 제11조제1항제4호 또는 제5호를 위반하여 동물을 운송한 경우	법 제101조 제3항제1호	20	40	60
나. 법 제11조제1항을 위반하여 법 제69조제1항의 동물을 운송한 경우	법 제101조 제3항제2호	20	40	60
다. 법 제12조를 위반하여 반려동물을 전달한 경우	법 제101조 제3항제3호	20	40	60
라. 소유자가 법 제15조제1항을 위반하여 등록대상동물을 등록하지 않은 경우	법 제101조 제3항제4호	20	40	60
마. 소유자가 법 제15조제2항을 위반하여 정해진 기간 내에 신고를 하지 않은 경우	법 제101조 제4항제1호	10	20	40
바. 법 제15조제3항을 위반하여 소유권을 이전받은 날부터 30일 이내에 신고를 하지 않은 경우	법 제101조 제4항제2호	10	20	40

사. 소유자등이 법 제16조제1항을 위반하여 소유자등이 없이 등록대상동물을 기르는 곳에서 벗어나게 한 경우	법 제101조 제4항제3호	20	30	50
아. 소유자등이 법 제16조제2항제1호에 따른 안전조치를 하지 않은 경우	법 제101조 제4항제4호	20	30	50
자. 소유자등이 법 제16조제2항제2호를 위반하여 인식표를 부착하지 않은 경우	법 제101조 제4항제5호	5	10	20
차. 소유자등이 법 제16조제2항제3호를 위반하여 배설물을 수거하지 않은 경우	법 제101조 제4항제6호	5	7	10
카. 소유자등이 법 제21조제1항제1호[법률 제18853호 동물보호법 전부개정법률 부칙 제12조에 따라 같은 법 제21조의 개정규정이 시행되기 전까지는 종전의 「동물보호법」(법률 제18853호로 개정되기 전의 것을 말한다. 이하 타목부터 하목까지에서 같다) 제13조의2제1항제1호를 말한다]를 위반하여 소유자등이 없이 맹견을 기르는 곳에서 벗어나게 한 경우	법 제101조 제2항제2호	100	200	300
타. 소유자등이 법 제21조제1항제2호(법률 제18853호 동물보호법 전부개정법률 부칙 제12조에 따라 같은 법 제21조의 개정규정이 시행되기 전까지는 종전의 「동물보호법」 제13조의2제1항제2호를 말한다)를 위반하여 월령이 3개월 이상인 맹견을 동반하고 외출할 때 안전장치를 하지 않거나 맹견의 탈출을 방지할 수 있는 적정한 이동장치를 하지 않은 경우	법 제101조 제2항제2호	100	200	300
파. 소유자등이 법 제21조제1항제3호(법률 제18853호 동물보호법 전부개정법률 부칙 제12조에 따라 같은 법 제21조의 개정규정이 시행되기 전까지는 종전의 「동물보호법」 제13조의2제1항제3호를 말한다)를 위반하여 사람에게 신체적 피해를 주지 않도록 관리하지 않은 경우	법 제101조 제2항제2호	100	200	300
하. 법 제21조제3항(법률 제18853호 동물보호법 전부개정법률 부칙 제12조에 따라 같은 법 제21조의 개정규정이 시행되기 전까지는 종전의 「동물보호법」 제13조의2제3항을 말한다)을 위반하여 맹견의 안전한 사육 및 관리에 관한 교육을 받지 않은 경우	법 제101조 제2항제3호	100	200	300
거. 소유자등이 법 제22조를 위반하여 맹견을 출입하게 한 경우	법 제101조 제2항제4호	100	200	300

위반행위	근거 법조문			
너. 소유자가 법 제23조제1항을 위반하여 보험에 가입하지 않은 경우	법 제101조 제2항제5호			
1) 가입하지 않은 기간이 10일 이하인 경우		10		
2) 가입하지 않은 기간이 10일 초과 30일 이하인 경우		10만원에 11일째부터 계산하여 1일마다 1만원을 더한 금액		
3) 가입하지 않은 기간이 30일 초과 60일 이하인 경우		30만원에 31일째부터 계산하여 1일마다 3만원을 더한 금액		
4) 가입하지 않은 기간이 60일 초과인 경우		120만원에 61일째부터 계산하여 1일마다 6만원을 더한 금액. 다만, 과태료의 총액은 300만원을 초과할 수 없다.		
더. 동물보호센터의 장 및 그 종사자가 법 제36조제6항에 따라 준용되는 법 제35조제5항을 위반하여 교육을 받지 않은 경우	법 제101조 제3항제6호	30	50	100
러. 법 제37조제2항에 따른 변경신고를 하지 않거나 같은 조 제5항에 따른 운영재개신고를 하지 않은 경우	법 제101조 제3항제7호	30	50	100
머. 법 제37조제4항을 위반하여 시설 및 운영 기준 등을 준수하지 않거나 시설정비 등의 사후관리를 하지 않은 경우	법 제101조 제2항제7호	100	200	300
버. 법 제37조제5항에 따른 신고를 하지 않고 보호시설의 운영을 중단하거나 보호시설을 폐쇄한 경우	법 제101조 제2항제8호	50	100	200
서. 법 제38조제1항에 따른 중지명령이나 시정명령을 3회 이상 반복하여 이행하지 않은 경우	법 제101조 제2항제9호	100	200	300
어. 동물실험시행기관의 장이 법 제48조제1항을 위반하여 전임수의사를 두지 않은 경우	법 제101조 제2항제10호	50	100	200
저. 법 제50조를 위반하여 미성년자에게 동물 해부실습을 하게 한 경우	법 제101조 제3항제8호	30	50	100
처. 동물실험시행기관의 장이 법 제51조제1항을 위반하여 윤리위원회를 설치·운영하지 않은 경우	법 제101조 제1항제1호	500		
커. 동물실험시행기관의 장이 법 제51조제3항을 위반하여 윤리위원회의 심의를 거치지 않고 동물실험을 한 경우	법 제101조 제1항제2호	100	300	500
터. 동물실험시행기관의 장이 법 제51조제4항을 위반하여 윤리위원회의 변경심의를 거치지 않고 동물실험을 한 경우	법 제101조 제1항제3호	100	300	500
퍼. 동물실험시행기관의 장이 법 제55조제1항을 위반하여 심의 후 감독을 요청하지 않은 경우	법 제101조 제1항제4호	100	300	500

허. 동물실험시행기관의 장이 법 제55조제3항을 위반하여 정당한 사유 없이 실험 중지 요구를 따르지 않고 동물실험을 한 경우	법 제101조 제1항제5호	100	300	500
고. 동물실험시행기관의 장이 법 제55조제4항을 위반하여 윤리위원회의 심의 또는 변경심의를 받지 않고 동물실험을 재개한 경우	법 제101조 제1항제6호	100	300	500
노. 윤리위원회의 위원이 법 제57조제1항을 위반하여 교육을 이수하지 않은 경우	법 제101조 제3항제9호	30	50	100
도. 동물실험시행기관의 장이 법 제58조제2항을 위반하여 개선명령을 이행하지 않은 경우	법 제101조 제1항제7호	100	300	500
로. 영업자가 법 제69조제4항 단서 또는 법 제73조제4항 단서를 위반하여 경미한 사항의 변경을 신고하지 않은 경우	법 제101조 제3항제12호	30	50	100
모. 법 제75조제3항을 위반하여 영업자의 지위를 승계하고 그 사실을 신고하지 않은 경우	법 제101조 제3항제13호	30	50	100
보. 영업자가 법 제76조제1항을 위반하여 휴업·폐업 또는 재개업의 신고를 하지 않은 경우	법 제101조 제2항제13호	50	100	200
소. 영업자가 법 제76조제2항을 위반하여 동물처리계획서를 제출하지 않거나 같은 조 제3항에 따른 처리결과를 보고하지 않은 경우	법 제101조 제2항제14호	50	100	200
오. 영업자가 법 제78조제1항제3호를 위반하여 노화나 질병이 있는 동물을 유기하거나 폐기할 목적으로 거래한 경우	법 제101조 제2항제15호	100	200	300
조. 영업자가 법 제78조제1항제4호를 위반하여 동물의 번식, 반입·반출 등의 기록, 관리 및 보관을 하지 않은 경우	법 제101조 제2항제16호	50	100	200
초. 영업자가 법 제78조제1항제5호를 위반하여 영업허가번호 또는 영업등록번호를 명시하지 않고 거래금액을 표시한 경우	법 제101조 제2항제17호	50	100	200
코. 영업자가 법 제78조제1항제7호를 위반하여 영업별 시설 및 인력 기준을 준수하지 않은 경우	법 제101조 제1항제9호	100	300	500
토. 영업자가 법 제78조제1항제8호를 위반하여 종사자에게 교육을 실시하지 않은 경우	법 제101조 제3항제14호	30	50	100
포. 영업자가 법 제78조제1항제9호를 위반하여 영업실적을 보고하지 않은 경우	법 제101조 제3항제15호	30	50	100
호. 영업자가 법 제78조제1항제10호를 위반하여 등록대상동물의 등록 및 변경신고의무를 고지하지 않은 경우	법 제101조 제3항제16호	30	50	100

구. 영업자가 법 제78조제3항제1호를 위반하여 수입신고를 하지 않거나 거짓이나 그 밖의 부정한 방법으로 수입신고를 한 경우	법 제101조제2항제18호	50	100	200
누. 영업자가 법 제78조제3항제2호를 위반하여 신고한 사항과 다른 용도로 동물을 사용한 경우	법 제101조제3항제17호	30	50	100
두. 영업자가 법 제78조제5항제2호를 위반하여 등록대상동물의 사체를 처리한 후 신고하지 않은 경우	법 제101조제3항제18호	30	50	100
루. 영업자가 법 제78조제6항에 따라 동물의 보호와 공중위생상의 위해 방지를 위하여 농림축산식품부령으로 정하는 준수사항을 지키지 않은 경우	법 제101조제3항제19호	30	50	100
무. 영업자가 법 제79조를 위반하여 등록대상동물의 등록을 신청하지 않고 판매한 경우	법 제101조제3항제20호	30	50	100
부. 영업자가 법 제82조제2항 또는 제3항을 위반하여 교육을 받지 않고 영업을 한 경우	법 제101조제3항제21호	30	50	100
수. 동물의 소유자등이 법 제86조제1항제1호에 따른 자료제출 요구에 응하지 않거나 거짓 자료를 제출한 경우	법 제101조제3항제22호	20	40	60
우. 동물의 소유자등이 법 제86조제1항제2호에 따른 출입·검사를 거부·방해 또는 기피한 경우	법 제101조제3항제23호	20	40	60
주. 법 제86조제1항제3호 또는 같은 조 제7항에 따른 시정명령 등의 조치에 따르지 않은 경우	법 제101조제3항제25호	30	50	100
추. 법 제86조제2항에 따른 보고·자료제출을 하지 않거나 거짓으로 보고·자료제출을 한 경우 또는 같은 항에 따른 출입·조사·검사를 거부·방해·기피한 경우	법 제101조제3항제24호	20	40	60
쿠. 법 제88조제4항을 위반하여 동물보호관의 직무 수행을 거부·방해 또는 기피한 경우	법 제101조제3항제26호	20	40	60
투. 법 제94조제2항을 위반하여 정당한 사유 없이 자료 및 정보의 제공을 하지 않은 경우	법 제101조제4항제7호	10	20	40

III 동물보호법 시행규칙

제1조(목적) 이 규칙은 「동물보호법」 및 같은 법 시행령에서 **위임**된 사항과 그 시행에 필요한 사항을 규정함을 목적으로 한다.

제2조(**맹견의 범위**) 「동물보호법」(이하 "법"이라 한다) 제2조제5호가목에 따른 "농림축산식품부령으로 정하는 개"란 다음 각 호를 말한다.

1. 도사견과 그 잡종의 개

2. 핏불테리어(아메리칸 핏불테리어를 포함한다)와 그 잡종의 개

3. 아메리칸 스태퍼드셔 테리어와 그 잡종의 개

4. 스태퍼드셔 불 테리어와 그 잡종의 개

5. 로트와일러와 그 잡종의 개

제3조(반려동물의 범위) 법 제2조제7호에서 "개, 고양이 등 농림축산식품부령으로 정하는 동물"이란 개, 고양이, 토끼, **페럿**, **기니피그** 및 햄스터를 말한다.

제4조(동물복지위원회 위원 자격) 법 제7조제3항제3호에서 "농림축산식품부령으로 정하는 자격기준에 맞는 사람"이란 다음 각 호의 어느 하나에 해당하는 사람을 말한다.

1. 법 제51조제1항에 따른 동물실험윤리위원회(이하 "윤리위원회"라 한다)의 위원

2. 법 제69조제1항에 따라 영업허가를 받은 자 또는 법 제73조제1항에 따라 영업등록을 한 자(이하 "영업자"라 한다)로서 동물보호·동물복지에 관한 학식과 경험이 풍부한 사람

용어해설

위임: 어떤 일을 책임 지워 맡김. 또는 그 책임

맹견: 사납고 공격성이 강한 개들을 말함. 한국에서는 5종류가 맹견으로 분류됨

페럿: 식육목 족제비과 중에서 유일하게 가축화 된 동물

기니피그: 남미 정글 출신의 설치류. 이들은 천성이 유순하고, 사교성이 뛰어나 전 세계적으로 사랑받는 반려동물임

▎ 관련 법조항

「동물보호법」 제2조(정의) 이 법에서 사용하는 용어의 뜻은 다음과 같다.

　5. "맹견"이란 다음 각 목의 어느 하나에 해당하는 개를 말한다.

　　가. 도사견, 핏불테리어, 로트와일러 등 사람의 생명이나 신체 또는 동물에 위해를 가할 우려가 있는 개로서 농림축산식품부령으로 정하는 개

3. 법 제90조에 따른 명예동물보호관으로서 그 사람을 **위촉**한 농림축산식품부장관(그 소속 기관의 장을 포함한다) 또는 지방자치단체의 장의 추천을 받은 사람

4. 「축산자조금의 조성 및 운용에 관한 법률」 제2조제3호에 따른 축산단체의 대표로서 동물보호·동물복지에 관한 학식과 경험이 풍부한 사람

5. 변호사

6. 「고등교육법」 제2조에 따른 학교에서 법학 또는 동물보호·동물복지를 담당하는 조교수 이상의 직(職)에 있거나 있었던 사람

7. 그 밖에 동물보호·동물복지에 관한 학식과 경험이 풍부하다고 농림축산식품부장관이 인정하는 사람

제5조(적절한 사육·관리 방법 등) 법 제9조제5항에 따른 동물의 적절한 사육·관리 방법 등에 관한 사항은 별표 1과 같다.

제6조(동물학대 등의 금지) ① 법 제10조제1항제4호에서 "사람의 생명·신체에 대한 직접적인 위협이나 재산상의 피해 방지 등 농림축산식품부령으로 정하는 정당한 사유"란 다음 각 호의 어느 하나에 해당하는 경우를 말한다.

1. 사람의 생명·신체에 대한 직접적인 위협이나 재산상의 피해를 방지하기 위하여 다른 방법이 없는 경우

2. 허가, 면허 등에 따른 행위를 하는 경우

3. 동물의 처리에 관한 명령, 처분 등을 이행하기 위한 경우

② 법 제10조제2항제1호 단서에서 "해당 동물의 질병 예방이나 치료 등 농림축산식품부령으로 정하는 경우"란 다음 각 호의 어느 하나에 해당하는 경우를 말한다.

위촉: 특정한 사항의 처리나 심의 따위를 부탁받아 임명함

│ 관련 법조항

「축산자조금의 조성 및 운용에 관한 법률」(정의) 이 법에서 사용하는 용어의 뜻은 다음과 같다.

    3. "축산단체"란 「민법」 제32조에 따라 설립된 비영리법인으로서 축산업자의 전부 또는 일부를 회원으로 하는 전국단위의 단체와 「농업협동조합법」 제121조에 따라 설립된 농업협동조합중앙회(농협경제지주회사를 포함한다. 이하 같다)를 말한다.

「고등교육법」 제2조(학교의 종류) 고등교육을 실시하기 위하여 다음 각 호의 학교를 둔다.

    1. 대학   2. 산업대학

    3. 교육대학   4. 전문대학

    5. 방송대학·통신대학·방송통신대학 및 사이버대학(이하 "원격대학"이라 한다)

    6. 기술대학   7. 각종학교

1. 질병의 예방이나 치료를 위한 행위인 경우

2. 법 제47조에 따라 실시하는 **동물실험**인 경우

3. 긴급 사태가 발생하여 해당 동물을 보호하기 위해 필요한 행위인 경우

③ 법 제10조제2항제2호 단서에서 "해당 동물의 질병 예방 및 동물실험 등 농림축산식품부령으로 정하는 경우"란 제2항 각 호의 어느 하나에 해당하는 경우를 말한다.

④ 법 제10조제2항제3호 단서에서 "민속경기 등 농림축산식품부령으로 정하는 경우"란 「전통 소싸움경기에 관한 법률」에 따른 소싸움으로서 농림축산식품부장관이 정하여 고시하는 것을 말한다.

⑤ 법 제10조제4항제2호에서 "최소한의 사육공간 및 먹이 제공, 적정한 길이의 목줄, 위생·건강 관리를 위한 사항 등 농림축산식품부령으로 정하는 사육·관리 또는 보호의무"란 별표 2에 따른 사육·관리·보호의무를 말한다.

⑥ 법 제10조제5항제1호 단서에서 "동물보호 의식을 **고양**하기 위한 목적이 표시된 홍보 활동 등 농림축산식품부령으로 정하는 경우"란 다음 각 호의 어느 하나에 해당하는 경우를 말한다.

1. 국가기관, 지방자치단체 또는 「동물보호법 시행령」(이하 "영"이라 한다) 제6조 각 호에 따른 법인·단체(이하 "동물보호 민간단체"라 한다)가 동물보호 의식을 고양시키기 위한 목적으로 법 제10조제1항부터 제4항까지(제4항제1호는 제외한다)에 규정된 행위를 촬영한 사진 또는 영상물(이하 이 항에서 "사진 또는 영상물"이라 한다)에 기관 또는 단체의 명칭과 해당 목적을 표시하여 판매·전시·전달·상영하거나 인터넷에 게재하는 경우

2. 언론기관이 보도 목적으로 사진 또는 영상물을 부분 편집하여 전시·전달·상영하거나 인터넷에 게재하는 경우

3. 신고 또는 제보의 목적으로 제1호 및 제2호에 해당하는 법인·기관 또는 단체에 사진 또는 영상물을 전달하는 경우

| 관련 법조항

「동물보호법 시행령」 제6조(동물보호 민간단체의 범위) 법 제4조제3항에서 "대통령령으로 정하는 민간단체"란 다음 각 호의 어느 하나에 해당하는 법인 또는 단체를 말한다.

1. 「민법」 제32조에 따라 설립된 법인으로서 동물보호를 목적으로 하는 법인
2. 「비영리민간단체 지원법」 제4조에 따라 등록된 비영리민간단체로서 동물보호를 목적으로 하는 단체

⑦ 법 제10조제5항제4호 단서에서 "「장애인복지법」 제40조에 따른 장애인 보조견의 대여 등 농림축산식품부령으로 정하는 경우"란 다음 각 호의 어느 하나에 해당하는 경우를 말한다.

1. 「장애인복지법」 제40조에 따른 장애인 보조견을 대여하는 경우

2. 촬영, 체험 또는 교육을 위하여 동물을 대여하는 경우. 이 경우 대여하는 기간 동안 해당 동물을 관리할 수 있는 인력이 제5조에 따른 적절한 사육·관리를 해야 한다.

제7조(동물운송자의 범위) 법 제11조제1항 각 호 외의 부분에서 "농림축산식품부령으로 정하는 자"란 영리를 목적으로 「자동차관리법」 제2조제1호에 따른 자동차를 이용하여 동물을 운송하는 자를 말한다.

제8조(동물의 도살방법) ① 법 제13조제2항에서 "가스법·전살법(電殺法) 등 농림축산식품부령으로 정하는 방법"이란 다음 각 호의 어느 하나의 방법을 말한다.

1. **가스법**, 약물 투여법

2. **전살법**(電殺法), **타격법**(打擊法), **총격법**(銃擊法), **자격법**(刺擊法)

② 농림축산식품부장관은 제1항 각 호의 도살방법 중 「축산물 위생관리법」

가스법: 가스를 이용하는 도살하는 방법

전살법: 전기로 도살하는 방법

타격법: 타격으로 도살하는 방법

총격법: 총으로 도살하는 방법

자격법: 칼을 이용하여 도살하는 방법

▍ 관련 법조항

「장애인복지법」 제40조(장애인 보조견의 훈련·보급 지원 등) ① 국가와 지방자치단체는 장애인의 복지 향상을 위하여 장애인을 보조할 장애인 보조견(補助犬)의 훈련·보급을 지원하는 방안을 강구하여야 한다.
② 보건복지부장관은 장애인 보조견에 대하여 장애인 보조견표지(이하 "보조견표지"라 한다)를 발급할 수 있다.
③ 누구든지 보조견표지를 붙인 장애인 보조견을 동반한 장애인이 대중교통수단을 이용하거나 공공장소, 숙박시설 및 식품접객업소 등 여러 사람이 다니거나 모이는 곳에 출입하려는 때에는 정당한 사유 없이 거부하여서는 아니 된다. 제4항에 따라 지정된 전문훈련기관에 종사하는 장애인 보조견 훈련자 또는 장애인 보조견 훈련 관련 자원봉사자가 보조견표지를 붙인 장애인 보조견을 동반한 경우에도 또한 같다.
④ 보건복지부장관은 장애인보조견의 훈련·보급을 위하여 전문훈련기관을 지정할 수 있다.
⑤ 보조견표지의 발급대상, 발급절차 및 전문훈련기관의 지정에 관하여 필요한 사항은 보건복지부령으로 정한다.
「자동차관리법」 제2조(정의) 이 법에서 사용하는 용어의 뜻은 다음과 같다.

1. "자동차"란 원동기에 의하여 육상에서 이동할 목적으로 제작한 용구 또는 이에 견인되어 육상을 이동할 목적으로 제작한 용구(이하 "피견인자동차"라 한다)를 말한다. 다만, 대통령령으로 정하는 것은 제외한다.

「축산물 위생관리법」 제1조(목적) 이 법은 축산물의 위생적인 관리와 그 품질의 향상을 도모하기 위하여 가축의 사육·도살·처리와 축산물의 가공·유통 및 검사에 필요한 사항을 정함으로써 축산업의 건전한 발전과 공중위생의 향상에 이바지함을 목적으로 한다.

에 따라 도축하는 경우에 대하여 동물의 고통을 최소화하는 방법을 정하여 고시할 수 있다.

제9조(동물등록 제외지역) 법 제15조제1항 단서에 따라 특별시·광역시·특별자치시·도·특별자치도(이하 "시·도"라 한다)의 **조례**로 동물을 등록하지 않을 수 있는 지역으로 정할 수 있는 지역의 범위는 다음 각 호와 같다.

1. 도서[도서, 제주특별자치도 본도(本島) 및 방파제 또는 교량 등으로 육지와 연결된 도서는 제외한다]

2. 영 제12조제1항에 따라 동물등록 업무를 대행하게 할 수 있는 자가 없는 읍·면

제10조(**등록대상동물**의 등록사항 및 방법 등) ① 영 제10조제1항에 따른 동물등록 신청서는 별지 제1호서식과 같다.

② 영 제10조제3항 및 제11조제3항에 따른 동물등록증은 별지 제2호서식과 같다.

③ 영 제10조제4항에 따른 동물등록증 재발급 신청서는 별지 제3호서식과 같다.

④ 영 제11조제2항에 따른 동물등록 변경신고서는 별지 제4호서식과 같다.

제11조(안전조치) 법 제16조제2항제1호에 따른 "농림축산식품부령으로 정하는 기준"이란 다음 각 호의 기준을 말한다.

1. 길이가 2미터 이하인 목줄 또는 가슴줄을 하거나 이동장치(**등록대상동물**이 탈출할 수 없도록 잠금장치를 갖춘 것을 말한다)를 사용할 것. 다만, 소유자등이 월령 3개월 미만인 등록대상동물을 직접 안아서 외출하는 경우에는 목줄, 가슴줄 또는 이동장치를 하지 않을 수 있다.

2. 다음 각 목에 해당하는 공간에서는 등록대상동물을 직접 안거나 목줄의 목덜미 부분 또는 가슴줄의 손잡이 부분을 잡는 등 등록대상동물의 이동을 제한할 것

　　가. 「주택법 시행령」 제2조제2호에 따른 다중주택 및 같은 조 제3호에 따른 다가구주택의 건물 내부의 공용공간

조례: 지방 자치 단체가 법령의 범위 안에서 지방의회의 의결을 거쳐 그 지방의 사무에 관하여 제정하는 법

등록대상동물: 동물의 보호, 유실 및 유기방지, 질병의 관리, 공중위생상의 위해 방지 등을 위하여 등록이 필요하다고 인정하여 대통령령으로 정하는 동물을 말함

│ 관련 법조항

「주택법 시행령」 제2조(단독주택의 종류와 범위) 「주택법」(이하 "법"이라 한다) 제2조제2호에 따른 단독주택의 종류와 범위는 다음 각 호와 같다.

2. 「건축법 시행령」 별표 1 제1호나목에 따른 다중주택

나. 「주택법 시행령」 제3조에 따른 공동주택의 건물 내부의 공용공간

다. 「주택법 시행령」 제4조에 따른 **준주택**의 건물 내부의 공용공간

제12조(인식표의 부착) 법 제16조제2항제2호에서 "농림축산식품부령으로 정하는 사항"이란 동물등록번호(등록한 동물만 해당한다)를 말한다.

제13조(보험금액) ① 영 제13조제3항제1호나목에서 "농림축산식품부령으로 정하는 **상해**등급에 따른 금액"이란 별표 3 제1호의 상해등급에 따른 보험금액을 말한다.

② 영 제13조제3항제1호다목에서 "농림축산식품부령으로 정하는 **후유장애**등급에 따른 금액"이란 별표 3 제2호의 후유장애등급에 따른 보험금액을 말한다.

제14조(구조 · 보호조치 제외 동물) ① 법 제34조제1항 각 호 외의 부분 단서에서 "농림축산식품부령으로 정하는 동물"이란 도심지나 주택가에서 자연적으로 번식하여 자생적으로 살아가는 고양이로서 개체수 조절을 위해 **중성화**(中性化)하여 포획장소에 **방사**(放飼)하는 등의 조치 대상이거나 조치가 된 고양이를 말한다.

② 제1항의 동물에 대한 세부 처리방법은 농림축산식품부장관이 정하여 고시할 수 있다.

제15조(보호조치 기간) 특별시장 · 광역시장 · 특별자치시장 · 도지사 및 특별

준주택(準住宅): 주거의 목적으로 지은 것은 아니지만 주거용으로 사용할 수 있는 건물

상해: 급격하고 우연한 외래의 사고에 의한 신체의 손상

후유장애: 어떤 병을 앓고 난 뒤에도 남아 있는 신체적 장애

중성화: 동물의 생식 기능을 없애는 수술

방사: 가축을 가두거나 매어 두지 않고 놓아서 기름

▌ 관련 법조항

「주택법 시행령」 제3조(공동주택의 종류와 범위) ① 법 제2조제3호에 따른 공동주택의 종류와 범위는 다음 각 호와 같다.
  1. 「건축법 시행령」 별표 1 제2호가목에 따른 아파트(이하 "아파트"라 한다)
  2. 「건축법 시행령」 별표 1 제2호나목에 따른 연립주택(이하 "연립주택"이라 한다)
  3. 「건축법 시행령」 별표 1 제2호다목에 따른 다세대주택(이하 "다세대주택"이라 한다)
② 제1항 각 호의 공동주택은 그 공급기준 및 건설기준 등을 고려하여 국토교통부령으로 종류를 세분할 수 있다.
「주택법 시행령」 제4조(준주택의 종류와 범위) 법 제2조제4호에 따른 준주택의 종류와 범위는 다음 각 호와 같다.
  1. 「건축법 시행령」 별표 1 제2호라목에 따른 기숙사
  2. 「건축법 시행령」 별표 1 제4호거목 및 제15호다목에 따른 다중생활시설
  3. 「건축법 시행령」 별표 1 제11호나목에 따른 노인복지시설 중 「노인복지법」 제32조제1항제3호의 노인복지주택
  4. 「건축법 시행령」 별표 1 제14호나목2)에 따른 오피스텔

자치도지사(이하 "시·도지사"라 한다)와 시장·군수·구청장은 법 제34조제3
항에 따라 소유자등에게 학대받은 동물을 보호할 때에는 「수의사법」 제2조
제1호에 따른 수의사(이하 "수의사"라고 한다)의 진단에 따라 기간을 정하여
보호조치 하되, 5일 이상 소유자등으로부터 격리조치를 해야 한다.

제16조(동물보호센터의 시설 및 인력 기준) 법 제35조제1항 및 제36조제1
항에 따른 동물보호센터의 시설 및 인력 기준은 별표 4와 같다.

제17조(동물보호센터의 장 및 종사자에 대한 교육) ① 법 제35조제5항 및
제36조제6항에 따라 동물보호센터의 장 및 그 종사자는 다음 각 호의 어느 하
나에 해당하는 법인 또는 단체로서 농림축산식품부장관이 고시하는 법인·단
체에서 실시하는 동물의 보호 및 공중위생상의 위해 방지 등에 관한 교육
을 매년 3시간 이상 이수해야 한다.

  1. 동물보호 민간단체

  2. 「농업·농촌 및 식품산업 기본법」 제11조의2에 따른 농림수산식품교육

❙ 관련 법조항

「수의사법」 제2조(정의) 이 법에서 사용하는 용어의 뜻은 다음과 같다.

    1. "수의사"란 수의업무를 담당하는 사람으로서 농림축산식품부장관의 면허를 받은 사람을 말한다.

「농업·농촌 및 식품산업 기본법」 제11조의2(농림수산식품교육문화정보원의 설립) ① 농림축산식품부장
관은 농업 인적자원의 육성, 농식품·농촌 정보화의 촉진, 농촌 문화의 가치 확산 및 홍보, 농업경영체의
역량 제고, 농산물의 안전정보 제공 등을 효율적으로 추진하기 위하여 농림수산식품교육문화정보원(이하
"농정원"이라 한다)을 설립한다.

② 농정원은 법인으로 한다.

③ 농정원은 주된 사무소가 있는 곳에서 설립등기를 함으로써 성립한다.

④ 농정원은 다음 각 호의 사업을 한다.

    1. 농업·농촌 및 식품산업 분야의 정보화 촉진

    2. 농업·농촌에 관한 문화 창달 및 가치 확산·홍보

    3. 농업경영체로의 기술수준 및 경영능력 제고

    4. 농업·농촌 및 식품산업 분야의 전문인력 양성 등 인적자원 육성

    5. 농산물에 관한 안전정보의 제공, 정보교류의 활성화와 지식 및 산업재산권의 보호

    6. 농업·농촌 및 식품산업 분야의 통상정책과 국제협력에 관한 정보 지원

    7. 농림수산식품 분야의 지식 및 정보서비스 제공

    8. 그 밖에 농림축산식품부장관이 지정 또는 위탁하는 사업

⑤ 정부는 예산의 범위에서 농정원의 설립·운영 등에 필요한 경비의 전부 또는 일부를 출연하거나 보조
할 수 있다.

⑥ 농정원에 관하여 이 법 및 「공공기관의 운영에 관한 법률」에서 정한 사항 외에는 「민법」 중 재단법인
에 관한 규정을 준용한다.

문화정보원

② 제1항에 따라 실시하는 교육에는 다음 각 호의 내용이 포함되어야 한다.

1. 동물보호 관련 법령 및 정책에 관한 사항

2. 동물의 보호·복지에 관한 사항

3. 동물의 사육·관리 및 질병 예방에 필요한 사항

4. 공중위생상의 위해 방지에 관한 사항

제18조(동물보호센터 운영위원회의 설치 및 기능 등) ① 법 제35조제6항 본문에서 "농림축산식품부령으로 정하는 일정 규모 이상의 동물보호센터"란 연간 구조·보호되는 동물의 마릿수가 1천마리 이상인 동물보호센터를 말한다.

② 법 제35조제6항에 따라 동물보호센터에 설치하는 운영위원회(이하 "운영위원회"라 한다)는 다음 각 호의 사항을 심의한다.

1. 동물보호센터의 사업계획 및 실행에 관한 사항

2. 동물보호센터의 예산·결산에 관한 사항

3. 그 밖에 이 법의 준수 여부 등에 관한 사항

제19조(운영위원회의 구성·운영 등) ① 운영위원회는 위원장 1명을 포함하여 3명 이상 10명 이하의 위원으로 구성한다.

② 위원장은 위원 중에서 **호선**(互選)하고, 위원은 다음 각 호의 어느 하나에 해당하는 사람 중에서 동물보호센터의 장이 **위촉**한다.

1. 수의사

2. 동물보호 민간단체에서 추천하는 동물보호에 관한 학식과 경험이 풍부한 사람

3. 법 제90조에 따른 명예동물보호관으로서 그 동물보호센터를 설치한 지방자치단체의 장의 위촉을 받은 사람

4. 그 밖에 동물보호에 관한 학식과 경험이 풍부한 사람

③ 운영위원회에는 다음 각 호에 해당하는 위원이 각 1명 이상 포함되어야 한다.

1. 제2항제1호에 해당하는 위원

2. 제2항제2호에 해당하는 위원으로서 해당 동물보호센터와 이해관계가 없는 사람

호선: 어떤 조직의 구성원들이 그 가운데에서 어떠한 사람을 뽑음. 또는 그런 선거

위촉: 특정한 사항의 처리나 심의 따위를 부탁받아 임명함

3. 제2항제3호 또는 제4호에 해당하는 위원으로서 해당 동물보호센터와
   이해관계가 없는 사람

④ 위원의 임기는 2년으로 하며, **중임**(重任)할 수 있다.

⑤ 동물보호센터는 운영위원회의 회의를 매년 1회 이상 소집해야 하고, 그 회의록을 작성하여 3년 이상 보존해야 한다.

⑥ 제1항부터 제5항까지에서 규정한 사항 외에 운영위원회의 구성 및 운영 등에 필요한 사항은 운영위원회의 의결을 거쳐 위원장이 정한다.

제20조(동물보호센터의 준수사항) 법 제35조제7항에 따른 동물보호센터의 준수사항은 별표 5와 같다.

제21조(동물보호센터의 지정 등) ① 법 제36조제1항에 따라 동물보호센터로 지정을 받으려는 자는 별지 제5호서식의 동물보호센터 지정신청서에 다음 각 호의 서류를 첨부하여 시·도지사 또는 시장·군수·구청장이 공고하는 기간 내에 제출해야 한다.

  1. 별표 4의 기준을 충족함을 증명하는 자료
  2. 동물의 구조·보호조치에 필요한 건물 및 시설의 명세서
  3. 동물의 구조·보호조치에 종사하는 인력 현황
  4. 동물의 구조·보호조치 실적(실적이 있는 경우만 해당한다)
  5. 사업계획서

② 제1항에 따라 동물보호센터 지정 신청을 받은 시·도지사 또는 시장·군수·구청장은 별표 4의 기준에 가장 적합한 법인·단체 또는 기관을 동물보호센터로 지정하고, 별지 제6호서식의 동물보호센터 지정서를 발급해야 한다.

③ 제2항에 따라 동물보호센터를 지정한 시·도지사 또는 시장·군수·구청장은 제16조의 시설 및 인력 기준과 제20조의 준수사항 준수 여부를 연 2회 이상 점검해야 한다.

④ 제2항에 따라 동물보호센터를 지정한 시·도지사 또는 시장·군수·구청장은 제3항에 따른 점검 결과를 연 1회 이상 농림축산검역본부장(이하 "**검역본부**장"이라 한다)에게 통지해야 한다.

제22조(동물의 보호비용 지원 등) ① 법 제36조제3항에 따라 동물의 보호비용을 지원받으려는 동물보호센터는 동물의 보호비용을 시·도지사 또는 시장·군수·구청장에게 **청구**해야 한다.

중임: 임기가 끝나거나 임기 중에 개편이 있을 때 거듭 그 자리에 임용함

검역본부: 농림축산검역본부이며 수출입되는 동물·축산물 및 그 가공품의 검역과 검사에 대한 사무를 관장하는 농림축산식품부 소속기관

청구: 상대편에 대하여 일정한 행위나 급부를 요구하는 일

② 시·도지사 또는 시장·군수·구청장은 제1항에 따른 비용을 청구받은 경우 그 명세를 확인하고 금액을 확정하여 지급할 수 있다.

제23조(민간동물보호시설의 운영신고 등) ① 법 제37조제1항에 따른 민간 동물보호시설(이하 "보호시설"이라 한다)을 운영하려는 자는 별지 제7호서식 의 민간동물보호시설 신고서에 다음 각 호의 서류를 첨부하여 특별자치시 장·특별자치도지사·시장·군수·구청장에게 신고해야 한다.

1. 별표 6의 시설 기준에 적합한 시설을 갖추었는지 확인할 수 있는 자료
2. 동물의 보호조치에 필요한 건물 및 시설의 명세서
3. 동물의 보호조치에 종사하는 인력 현황
4. 동물의 보호 현황
5. 보호시설 운영계획서(별표 6 및 별표 7의 시설 기준 및 운영 기준 준수 여 부 및 시설정비 등의 사후관리를 위한 계획을 포함한다)

② 법 제37조제3항에 따라 신고가 수리된 보호시설의 운영자(이하 "보호시 설운영자"라 한다)가 영 제15조제2항 각 호의 어느 하나에 해당하는 사항을 변 경할 경우에는 별지 제8호서식의 민간동물보호시설 변경신고서에 변경내용 을 증명하는 서류를 첨부하여 특별자치시장·특별자치도지사·시장·군수·구 청장에게 신고해야 한다.

③ 특별자치시장·특별자치도지사·시장·군수·구청장은 법 제37조제3항 에 따라 신고를 수리할 경우 별지 제9호서식의 민간동물보호시설 신고증을 발급해야 한다.

④ 법 제37조제4항에서 "농림축산식품부령으로 정하는 시설 및 운영기준" 이란 별표 6의 민간동물보호시설의 시설 기준 및 별표 7의 민간동물보호시 설의 운영 기준을 말한다.

⑤ 보호시설운영자가 법 제37조제5항에 따라 보호시설의 운영을 일시적으 로 중단하거나 영구적으로 폐쇄하거나 그 운영을 재개하려는 경우에는 별 지 제10호서식의 일시운영중단·영구폐쇄·운영재개 신고서에 별지 제11호 서식의 보호동물 관리·처리 계획서를 첨부(운영을 재개하는 경우는 제외한다) 하여 일시운영중단·영구폐쇄·운영재개 30일 전까지 특별자치시장·특별자 치도지사·시장·군수·구청장에게 제출해야 한다. 다만, 일시운영중단의 기 간을 정하여 신고하는 경우 그 기간이 **만료**되어 운영을 재개할 때에는 신고

만료: 기한이 다 차서 끝남

하지 않을 수 있다.

제24조(공고) ① 시·도지사와 시장·군수·구청장이 영 제16조제1항 단서에 따라 공고하는 동물보호 공고문은 별지 제12호서식과 같다.

② 시·도지사와 시장·군수·구청장은 영 제16조제2항에 따라 별지 제13호서식의 보호동물 개체관리카드와 별지 제14호서식의 보호동물 관리대장에 공고내용을 작성하여 법 제95조제2항에 따른 **국가동물보호정보시스템**(이하 "동물정보시스템"이라 한다)을 통하여 관리해야 한다.

국가동물보호정보시스템: https://www.animal.go.kr/

제25조(사육계획서) 법 제41조제2항에 따라 보호조치 중인 동물(이하 이 조 및 제26조에서 "동물"이라 한다)을 반환받으려는 소유자는 별지 제15호서식의 사육계획서를 보호조치 중인 시·도지사 또는 시장·군수·구청장에게 제출해야 한다.

제26조(보호비용의 납부) ① 시·도지사와 시장·군수·구청장은 법 제42조제2항에 따라 동물의 보호비용을 **징수**하려는 경우에는 해당 동물의 소유자에게 별지 제16호서식의 비용징수통지서를 통지해야 한다.

징수: 행정 기관이 법에 따라서 조세, 수수료, 벌금 따위를 국민에게서 거두어들이는 일

② 제1항에 따른 통지를 받은 동물의 소유자는 그 통지를 받은 날부터 7일 이내에 보호비용을 납부해야 한다. 다만, 천재지변이나 그 밖의 부득이한 사유로 보호비용을 낼 수 없을 때에는 그 사유가 없어진 날부터 7일 이내에 내야 한다.

③ 동물의 소유자가 제2항에 따라 보호비용을 납부기한까지 내지 않은 경우에는 고지된 비용에 **이자**를 가산한다. 이 경우 그 이자를 계산할 때에는 납부기한의 다음 날부터 납부일까지 「소송촉진 등에 관한 특례법」 제3조제1항에 따른 **법정이율**을 적용한다.

이자: 돈을 빌려 쓴 대가로 치르는 일정한 비율의 돈

법정이율: 법률의 규정에 따라 정해진 이율. 대차 쌍방 간에 약정이 없을 때 적용됨

④ 법 제42조제1항 및 제2항에 따른 보호비용은 수의사의 진단·진료 비용

┃ 관련 법조항

「소송촉진 등에 관한 특례법」 제3조(법정이율) ① 금전채무의 전부 또는 일부의 이행을 명하는 판결(심판을 포함한다. 이하 같다)을 선고할 경우, 금전채무 불이행으로 인한 손해배상액 산정의 기준이 되는 법정이율은 그 금전채무의 이행을 구하는 소장(訴狀) 또는 이에 준하는 서면(書面)이 채무자에게 송달된 날의 다음 날부터는 연 100분의 40 이내의 범위에서 「은행법」에 따른 은행이 적용하는 연체금리 등 경제 여건을 고려하여 대통령령으로 정하는 이율에 따른다. 다만, 「민사소송법」 제251조에 규정된 소(訴)에 해당하는 경우에는 그러하지 아니하다.

및 동물보호센터의 보호비용을 고려하여 시·도의 **조례**로 정한다.

제27조(사육포기 동물의 인수 등) ① 법 제44조제1항에 따라 자신이 소유하거나 사육·관리 또는 보호하는 동물의 사육을 포기하려는 소유자등은 별지 제17호서식의 동물 인수신청서를 관할 시·도지사 또는 시장·군수·구청장에게 제출해야 한다.

② 법 제44조제3항에 따라 시·도지사 또는 시장·군수·구청장이 동물에 대한 보호비용 등을 청구할 경우 그 청구비용의 납부에 관하여는 제26조를 **준용**한다.

③ 법 제44조제4항에서 "장기입원 또는 요양, 「병역법」에 따른 병역 복무 등 농림축산식품부령으로 정하는 불가피한 사유"란 다음 각 호의 어느 하나에 해당하여 소유자등이 다른 방법으로는 정상적으로 동물을 사육하기 어려운 경우를 말한다.

  1. 소유자등이 6개월 이상의 장기입원 또는 요양을 하는 경우
  2. 소유자등이 「병역법」에 따른 병역 복무를 하는 경우
  3. 태풍, 수해, 지진 등으로 소유자등의 주택 또는 보호시설이 파손되거나 유실되어 동물을 보호하는 것이 불가능한 경우
  4. 소유자등이 「가정폭력방지 및 피해자보호 등에 관한 법률」 제7조에 따른 가정폭력피해자 보호시설에 입소하는 경우
  5. 그 밖에 제1호부터 제4호까지에 준하는 불가피한 사유가 있다고 시·도지사 또는 시장·군수·구청장이 인정하는 경우

제28조(동물의 인도적인 처리 등) ① 법 제46조제1항에서 "질병 등 농림축

조례: 지방 자치 단체가 법령의 범위 안에서 지방 의회의 의결을 거쳐 그 지방의 사무에 관하여 제정하는 법

준용: 어떤 사항에 관한 규정을 그와 유사하지만 본질적으로 다른 사항에 적용하는 일

| 관련 법조항

「병역법」 제1조(목적) 이 법은 대한민국 국민의 병역의무에 관하여 규정함을 목적으로 한다.

「가정폭력방지 및 피해자보호 등에 관한 법률」 제7조(보호시설의 설치) ① 국가나 지방자치단체는 가정폭력피해자 보호시설(이하 "보호시설"이라 한다)을 설치·운영할 수 있다.

② 「사회복지사업법」에 따른 사회복지법인(이하 "사회복지법인"이라 한다)과 그 밖의 비영리법인은 시장·군수·구청장의 인가(認可)를 받아 보호시설을 설치·운영할 수 있다.

③ 보호시설에는 상담원을 두어야 하고, 보호시설의 규모에 따라 생활지도원, 취사원, 관리원 등의 종사자를 둘 수 있다.

④ 보호시설의 설치·운영의 기준, 보호시설에 두는 상담원 등 종사자의 직종(職種)과 수(數) 및 인가기준(認可基準) 등에 필요한 사항은 여성가족부령으로 정한다.

산식품부령으로 정하는 사유가 있는 경우"란 다음 각 호의 어느 하나에 해당하는 경우를 말한다.

1. 동물이 질병 또는 상해로부터 회복될 수 없거나 지속적으로 고통을 받으며 살아야 할 것으로 수의사가 진단한 경우
2. 동물이 사람이나 보호조치 중인 다른 동물에게 질병을 옮기거나 위해를 끼칠 우려가 매우 높은 것으로 수의사가 진단한 경우
3. 법 제45조에 따른 기증 또는 분양이 곤란한 경우 등 시·도지사 또는 시장·군수·구청장이 부득이한 사정이 있다고 인정하는 경우

② 법 제46조제2항 후단에 따라 동물보호센터의 장은 별지 제13호서식의 보호동물 개체관리카드에 인도적 처리 약제 사용기록을 작성하여 3년간 보관해야 한다. 다만, 약제 사용기록은 「수의사법」 제13조에 따른 진료부로 대체할 수 있으며, 진료부로 대체하는 경우에는 그 사본을 보호동물 개체관리카드에 첨부해야 한다.

제29조(전임수의사의 교육) 영 제19조제2항제2호에 따른 전임수의사 교육은 다음 각 호의 사항이 포함되어야 하며, 6시간 이상 실시한다. 이 경우 각 호의 사항에 대한 구체적인 내용, 교육시간은 검역본부장이 정하여 고시한다.

1. 동물보호 관련 법령 및 정책에 관한 사항
2. 실험동물의 보호·복지에 관한 사항
3. 실험동물의 사육·관리 및 질병 예방에 관한 사항
4. 그 밖에 실험동물의 건강 및 복지 증진을 위하여 검역본부장이 필요하다고 인정하는 사항

▎ 관련 법조항

「수의사법」 제13조(진료부 및 검안부) ① 수의사는 진료부나 검안부를 갖추어 두고 진료하거나 검안한 사항을 기록하고 서명하여야 한다.
② 제1항에 따른 진료부 또는 검안부의 기재사항, 보존기간 및 보존방법, 그 밖에 필요한 사항은 농림축산식품부령으로 정한다.
③ 제1항에 따른 진료부 또는 검안부는 「전자서명법」에 따른 전자서명이 기재된 전자문서로 작성·보관할 수 있다.

제30조(미성년자 동물 해부실습 금지의 적용 예외) 법 제50조 단서에서 "「초·중등교육법」 제2조에 따른 학교 또는 동물실험시행기관 등이 시행하는 경우 등 농림축산식품부령으로 정하는 경우"란 「초·중등교육법」 제2조에 따른 학교(「영재교육 진흥법」 제2조제4호에 따른 영재학교를 포함하며, 이하 이 조에서 "학교"라 한다) 또는 동물실험시행기관이 시행하는 **해부실습**으로서 다음 각 호의 어느 하나에 해당하는 경우를 말한다.

> **해부실습**: 해부학 과목에서 이론적으로 익힌 근육이나 뼈, 기타 장기 등의 인체 구성요소를 공부하기 위해 직접 메스와 기타 장비를 이용해서 시체를 해체하며 직접 관찰하는 과정

1. 학교가 동물 해부실습의 시행에 대해 다른 동물실험시행기관의 윤리위원회(법 제51조제2항에 따라 윤리위원회를 설치하는 것으로 보는 경우 같은 조 제2항 각 호에 따른 공용동물실험윤리위원회 또는 실험동물운영위원회를 말한다)의 심의를 거친 경우

2. 학교가 다음 각 목의 요건을 모두 갖추어 동물 해부실습을 시행하는 경우

   가. 동물 해부실습에 관한 사항을 심의하기 위해 학교에 동물 해부실습 심의위원회(이하 "심의위원회"라 한다)를 둘 것

   나. 심의위원회는 위원장 1명을 포함하여 5명 이상 15명 이하의 위원으로 구성하되, 위원장은 위원 중에서 **호선**하고, 위원은 다음의 사람 중에서 학교의 장이 **임명**하거나 **위촉**할 것

   > **호선**: 어떤 조직의 구성원들이 그 가운데에서 어떠한 사람을 뽑음. 또는 그런 선거
   >
   > **임명**: 일정한 지위나 임무를 남에게 맡김
   >
   > **위촉**: 특정한 사항의 처리나 심의 따위를 부탁받아 임명함

   1) 과학 과목과 관련 있는 교원

   2) 시·도 교육청 소속 공무원 및 그 밖의 교육과정 전문가

   3) 학교의 소재지가 속한 시·도에 거주하는 수의사, 「약사법」 제2조

│ 관련 법조항

「초·중등교육법」 제2조(학교의 종류) 초·중등교육을 실시하기 위하여 다음 각 호의 학교를 둔다.

1. 초등학교
2. 중학교·고등공민학교
3. 고등학교·고등기술학교
4. 특수학교
5. 각종학교

「영재교육 진흥법」 제2조(정의) 이 법에서 사용하는 용어의 뜻은 다음과 같다.

4. "영재학교"란 영재교육을 위하여 이 법에 따라 지정되거나 설립되는 고등학교과정 이하의 학교를 말한다.

「약사법」 제2조(정의) 이 법에서 사용하는 용어의 뜻은 다음과 같다.

2. "약사(藥師)"란 한약에 관한 사항 외의 약사(藥事)에 관한 업무(한약제제에 관한 사항을 포함한다)를 담당하는 자로서, "한약사"란 한약과 한약제제에 관한 약사(藥事) 업무를 담당하는 자로서 각각 보건복지부장관의 면허를 받은 자를 말한다.

제2호에 따른 약사 또는 「의료법」 제2조제2항제1호부터 제3호까지의 규정에 따른 의사·치과의사·한의사

    4) 학교의 학부모

  다. 학교의 장이 심의위원회의 심의를 거쳐 동물 해부실습의 시행이 타당하다고 인정할 것

  라. 심의위원회의 심의 및 운영에 관하여 별표 8의 기준을 준수할 것

3. 동물실험시행기관이 동물 해부실습의 시행에 대해 윤리위원회(법 제51조제2항에 따라 윤리위원회를 설치하는 것으로 보는 경우 같은 조 제2항 각 호에 따른 공용동물실험윤리위원회 또는 실험동물운영위원회를 말한다)의 심의를 거친 경우

제31조(윤리위원회의 설치 등) ① 법 제51조제2항제1호에서 "농림축산식품부령으로 정하는 일정 기준 이하의 동물실험시행기관"이란 다음 각 호의 어느 하나에 해당하는 동물실험시행기관을 말한다.

1. 연구인력 5명 이하인 동물실험시행기관

2. 동물실험시행기관의 장이 동물실험계획의 심의 건수 및 관련 연구 실적 등에 비추어 윤리위원회를 따로 두는 것이 적절하지 않은 것으로 판단하는 동물실험시행기관

② 법 제51조제4항 본문에서 "농림축산식품부령으로 정하는 중요사항에 변경이 있는 경우"란 다음 각 호의 어느 하나의 경우를 말한다.

1. 동물실험 연구책임자를 변경하는 경우

2. 실험동물 종(種)을 추가하거나 변경하는 경우

3. 별표 9에 따른 고통등급을 D 또는 E등급으로 상향하는 경우

4. 그 밖에 승인받은 실험동물 사용 마릿수가 증가하는 경우 등 윤리위원회에서 필요하다고 인정하는 경우

│ 관련 법조항

「의료법」 제2조(의료인) ② 의료인은 종별에 따라 다음 각 호의 임무를 수행하여 국민보건 향상을 이루고 국민의 건강한 생활 확보에 이바지할 사명을 가진다.

  1. 의사는 의료와 보건지도를 임무로 한다.

  2. 치과의사는 치과 의료와 구강 보건지도를 임무로 한다.

  3. 한의사는 한방 의료와 한방 보건지도를 임무로 한다.

③ 법 제51조제4항 단서에서 "농림축산식품부령으로 정하는 경미한 변경이 있는 경우"란 제2항 각 호를 제외한 실험계획에 변경사항이 발생한 경우를 말한다.

제32조(윤리위원회 위원 자격) ① 법 제53조제2항제1호에서 "농림축산식품부령으로 정하는 자격기준에 맞는 사람"이란 다음 각 호의 어느 하나에 해당하는 사람을 말한다.

1. 동물실험시행기관에서 **동물실험** 또는 **실험동물**에 관한 업무에 1년 이상 종사한 수의사

2. 법 제48조에 따른 전임수의사

3. 제2항제2호 또는 제4호에 따른 교육을 이수한 수의사

4. 「수의사법」 제23조에 따른 대한수의사회에서 인정하는 실험동물 전문 수의사

② 법 제53조제2항제2호에서 "농림축산식품부령으로 정하는 자격기준에 맞는 사람"이란 다음 각 호의 어느 하나에 해당하는 사람을 말한다.

1. 동물보호 민간단체에서 동물보호나 동물복지에 관한 업무에 1년 이상 종사한 사람

2. 동물보호 민간단체 또는 「고등교육법」 제2조에 따른 학교에서 실시하는 동물보호·동물복지 또는 동물실험과 관련된 교육을 이수한 사람

> **동물실험**: 의학적인 목적으로 토끼, 원숭이, 개, 쥐, 고양이 따위의 동물에게 행하는 시험
>
> **실험동물**: 의약품의 효과나 부작용, 유전, 호르몬 작용, 영양 장애 따위를 검사하고 실험하기 위하여 육성·번식·생산된 동물. 토끼, 모르모트, 개, 원숭이, 고양이, 돼지 등이 이용됨

| 관련 법조항

「수의사법」 제23조(설립) ① 수의사는 수의업무의 적정한 수행과 수의학술의 연구·보급 및 수의사의 윤리 확립을 위하여 대통령령으로 정하는 바에 따라 대한수의사회(이하 "수의사회"라 한다)를 설립하여야 한다.

② 수의사회는 법인으로 한다.

③ 수의사는 제1항에 따라 수의사회가 설립된 때에는 당연히 수의사회의 회원이 된다.

「고등교육법」 제2조(학교의 종류) 고등교육을 실시하기 위하여 다음 각 호의 학교를 둔다.

1. 대학
2. 산업대학
3. 교육대학
4. 전문대학
5. 방송대학·통신대학·방송통신대학 및 사이버대학(이하 "원격대학"이라 한다)
6. 기술대학
7. 각종학교

3. 「생명윤리 및 안전에 관한 법률」 제7조에 따른 국가생명윤리심의위원회의 위원 또는 같은 법 제10조에 따른 기관생명윤리위원회의 위원으로 1년 이상 활동한 사람

4. **검역본부**장이 실시하는 동물보호·동물복지 또는 동물실험에 관련된 교육을 이수한 사람

③ 법 제53조제2항제3호에서 "농림축산식품부령으로 정하는 사람"이란 다음 각 호의 어느 하나에 해당하는 사람을 말한다.

1. 동물실험 분야의 박사학위를 취득한 사람으로서 동물실험 또는 실험동물 관련 업무에 종사한 경력(학위 취득 전의 경력을 포함한다)이 있는 사람

2. 「고등교육법」 제2조에 따른 학교에서 철학·법학 또는 동물보호·동물복지를 담당하는 교수

3. 그 밖에 실험동물의 윤리적 취급과 과학적 이용을 위하여 필요하다고 해당 동물실험시행기관의 장이 인정하는 사람으로서 제2항제2호 또는 제4호에 따른 교육을 이수한 사람

> 검역본부: 농림축산검역본부이며 수출입되는 동물·축산물 및 그 가공품의 검역과 검사에 대한 사무를 관장하는 농림축산식품부 소속기관

❘ 관련 법조항

「생명윤리 및 안전에 관한 법률」 제7조(국가생명윤리심의위원회의 설치 및 기능) ① 생명윤리 및 안전에 관한 다음 각 호의 사항을 심의하기 위하여 대통령 소속으로 국가생명윤리심의위원회(이하 "국가위원회"라 한다)를 둔다.

1. 국가의 생명윤리 및 안전에 관한 기본 정책의 수립에 관한 사항
2. 제12조제1항제3호에 따른 공용기관생명윤리위원회의 업무에 관한 사항
3. 제15조제2항에 따른 인간대상연구의 심의 면제에 관한 사항
4. 제19조제3항에 따른 기록·보관 및 정보 공개에 관한 사항
5. 제29조제1항제3호에 따른 잔여배아를 이용할 수 있는 연구에 관한 사항
6. 제31조제2항에 따른 연구의 종류·대상 및 범위에 관한 사항
7. 제35조제1항제3호에 따른 배아줄기세포주를 이용할 수 있는 연구에 관한 사항
8. 제36조제2항에 따른 인체유래물연구의 심의 면제에 관한 사항
9. 제50조제1항에 따른 유전자검사의 제한에 관한 사항
10. 그 밖에 생명윤리 및 안전에 관하여 사회적으로 심각한 영향을 미칠 수 있다고 판단하여 국가위원회의 위원장이 회의에 부치는 사항

② 국가위원회의 위원장은 제1항제1호부터 제9호까지의 규정에 해당하는 사항으로서 재적위원 3분의 1 이상의 위원이 발의한 사항에 관하여는 국가위원회의 회의에 부쳐야 한다.

「고등교육법」 제2조(학교의 종류) 고등교육을 실시하기 위하여 다음 각 호의 학교를 둔다.

1. 대학
2. 산업대학
3. 교육대학
4. 전문대학
5. 방송대학·통신대학·방송통신대학 및 사이버대학(이하 "원격대학"이라 한다)
6. 기술대학
7. 각종학교

④ 제2항제2호 및 제4호에 따른 동물보호·동물복지 또는 동물실험에 관련된 교육의 내용 및 교육과정의 운영에 필요한 사항은 검역본부장이 정하여 고시할 수 있다.

제33조(윤리위원회의 구성) ① 동물실험시행기관의 장은 윤리위원회를 구성하려는 경우에는 동물보호 민간단체에 법 제53조제2항제2호에 해당하는 위원의 **추천**을 **의뢰**해야 한다.

② 제1항의 추천을 의뢰받은 민간단체는 해당 동물실험시행기관의 윤리위원회 위원으로 적합하다고 판단되는 사람 1명 이상을 해당 동물실험시행기관에 추천할 수 있다.

③ 동물실험시행기관의 장은 제2항에 따라 추천받은 사람 중 적임자를 선택하여 법 제53조제2항제1호 및 제3호에 해당하는 위원과 함께 윤리위원회를 구성해야 한다.

④ 동물실험시행기관의 장은 제3항에 따라 윤리위원회가 구성되거나 구성된 윤리위원회에 변경이 발생한 경우 윤리위원회의 구성 또는 변경이 발생한 날부터 30일 이내에 그 사실을 **검역본부**장에게 통지해야 한다.

제34조(윤리위원회 위원의 이해관계인의 범위) 법 제53조제4항에 따른 해당 동물실험시행기관과 이해관계가 없는 사람은 다음 각 호의 어느 하나에 해당하지 않는 사람으로 한다.

1. 최근 3년 이내 해당 동물실험시행기관에 재직한 경력이 있는 사람과 그 배우자

2. 해당 동물실험시행기관의 임직원 및 그 배우자의 직계혈족, 직계혈족의 배우자 및 형제·자매

3. 해당 동물실험시행기관 총 주식의 100분의 3 이상을 소유한 사람 또는 법인의 임직원

4. 해당 동물실험시행기관에 **실험동물**이나 관련 기자재를 공급하는 등 사업상 거래관계에 있는 사람 또는 법인의 임직원

5. 해당 동물실험시행기관의 계열회사(「독점규제 및 공정거래에 관한 법률」 제2조 제12호에 따른 계열회사를 말한다) 또는 같은 법인에 소속된 임직원

추천: 어떤 조건에 적합한 대상을 책임지고 소개함

의뢰: 남에게 부탁함

검역본부: 농림축산검역본부이며 수출입되는 동물·축산물 및 그 가공품의 검역과 검사에 대한 사무를 관장하는 농림축산식품부 소속기관

실험동물: 의약품의 효과나 부작용, 유전, 호르몬 작용, 영양 장애 따위를 검사하고 실험하기 위하여 육성·번식·생산된 동물. 토끼, 모르모트, 개, 원숭이, 고양이, 돼지 등이 이용됨

▎ 관련 법조항

「독점규제 및 공정거래에 관한 법률」 제2조(정의) 이 법에서 사용하는 용어의 뜻은 다음과 같다.

12. "계열회사"란 둘 이상의 회사가 동일한 기업집단에 속하는 경우에 이들 각각의 회사를 서로 상대방의 계열회사라 한다.

제35조(운영 실적) 동물실험시행기관의 장이 영 제21조제7항에 따라 윤리위원회 운영 및 동물실험의 실태에 관한 사항을 검역본부장에게 통지할 때에는 별지 제18호서식의 동물실험윤리위원회 운영 실적 통보서(전자문서로 된 통보서를 포함한다)에 따른다.

제36조(윤리위원회 위원에 대한 교육) ① 법 제57조제1항에 따라 윤리위원회의 위원은 검역본부장이 실시하거나 다음 각 호의 어느 하나에 해당하는 기관으로서 검역본부장이 고시하는 기관에서 실시하는 교육을 매년 2시간 이상 이수해야 한다.

　1. 동물보호 민간단체

　2. 「고등교육법」 제2조에 따른 학교

　3. 「농업·농촌 및 식품산업 기본법」 제11조의2에 따른 농림수산식품교육

｜ 관련 법조항

「고등교육법」 제2조(학교의 종류) 고등교육을 실시하기 위하여 다음 각 호의 학교를 둔다.

　1. 대학　　　　　　　　　　　2. 산업대학

　3. 교육대학　　　　　　　　　4. 전문대학

　5. 방송대학·통신대학·방송통신대학 및 사이버대학(이하 "원격대학"이라 한다)

　6. 기술대학　　　　　　　　　7. 각종학교

「농업·농촌 및 식품산업 기본법」 제11조의2(농림수산식품교육문화정보원의 설립) ① 농림축산식품부장관은 농업 인적자원의 육성, 농식품·농촌 정보화의 촉진, 농촌 문화의 가치 확산 및 홍보, 농업경영체의 역량 제고, 농산물의 안전정보 제공 등을 효율적으로 추진하기 위하여 농림수산식품교육문화정보원(이하 "농정원"이라 한다)을 설립한다.

② 농정원은 법인으로 한다.

③ 농정원은 주된 사무소가 있는 곳에서 설립등기를 함으로써 성립한다.

④ 농정원은 다음 각 호의 사업을 한다.

　1. 농업·농촌 및 식품산업 분야의 정보화 촉진

　2. 농업·농촌에 관한 문화 창달 및 가치 확산·홍보

　3. 농업경영체로의 기술수준 및 경영능력 제고

　4. 농업·농촌 및 식품산업 분야의 전문인력 양성 등 인적자원 육성

　5. 농산물에 관한 안전정보의 제공, 정보교류의 활성화와 지식 및 산업재산권의 보호

　6. 농업·농촌 및 식품산업 분야의 통상정책과 국제협력에 관한 정보 지원

　7. 농림수산식품 분야의 지식 및 정보서비스 제공

　8. 그 밖에 농림축산식품부장관이 지정 또는 위탁하는 사업

⑤ 정부는 예산의 범위에서 농정원의 설립·운영 등에 필요한 경비의 전부 또는 일부를 출연하거나 보조할 수 있다.

⑥ 농정원에 관하여 이 법 및 「공공기관의 운영에 관한 법률」에서 정한 사항 외에는 「민법」 중 재단법인에 관한 규정을 준용한다.

문화정보원

② 제1항에 따라 실시하는 교육에는 다음 각 호의 내용이 포함되어야 한다.

　1. 동물보호 정책 및 동물실험 윤리 제도

　2. 동물 보호·동물복지 이론 및 국제동향

　3. 실험동물의 윤리적 취급 및 과학적 이용

　4. 윤리위원회의 기능과 역할

③ 그 밖에 제1항 및 제2항에 따른 교육의 내용 및 교육과정의 운영에 필요한 사항은 검역본부장이 정하여 고시한다.

제37조(영업의 허가) ① 법 제69조제1항 각 호의 영업을 하려는 자는 별지 제19호서식의 영업허가신청서(전자문서로 된 신청서를 포함한다)에 다음 각 호의 서류를 첨부하여 관할 특별자치시장·특별자치도지사·시장·군수·구청장에게 제출해야 한다.

　1. 영업장의 시설 명세 및 **배치도**

　2. 인력 현황

　3. 사업계획서

　4. 별표 10의 시설 및 인력 기준을 갖추었음을 증명하는 서류

　5. 동물**사체**의 처리 후 잔재에 대한 처리계획서(동물화장시설, 동물건조장시설 또는 동물수분해장시설을 설치하는 경우만 해당한다)

② 제1항에 따른 신청서를 받은 특별자치시장·특별자치도지사·시장·군수·구청장은 「전자정부법」 제36조제1항에 따른 행정정보의 공동이용을 통하여 다음 각 호의 서류를 확인해야 한다. 다만, 신청인이 주민등록표 초본의 확인에 동의하지 않는 경우에는 해당 서류를 직접 제출하도록 해야 한다.

　1. 주민등록표 초본(법인인 경우에는 법인 등기사항증명서를 말한다)

　2. **건축물대장** 및 **토지이용계획정보**

③ 특별자치시장·특별자치도지사·시장·군수·구청장은 제1항에 따른 신청

배치도: 공장 안에서 여러 기계를 놓아둔 위치를 표시한 도면

사체: 사람 또는 동물 따위의 죽은 몸뚱이

건축물대장: 집의 소재(所在), 구조, 면적 및 소유자의 주소, 성명 따위를 적은 공용 문서

토지이용계획: 계획의 대상이 되는 특정한 토지 공간을 대상으로 하여 계획가들의 전문적인 지식과 경험을 동원하여, 토지의 이용 효율성과 가치를 높이고, 사람들의 삶의 편의를 증진하며, 토지를 합리적으로 이용하는 데 필요한 기본 틀을 구성하는 행위

▌관련 법조항

「전자정부법」 제36조(행정정보의 효율적 관리 및 이용) ① 행정기관등의 장은 수집·보유하고 있는 행정정보를 필요로 하는 다른 행정기관등과 공동으로 이용하여야 하며, 다른 행정기관등으로부터 신뢰할 수 있는 행정정보를 제공받을 수 있는 경우에는 같은 내용의 정보를 따로 수집하여서는 아니 된다.

인이 법 제74조에 해당되는지를 확인할 수 없는 경우에는 그 신청인에게 제1항 및 제2항의 서류 외에 신원확인에 필요한 자료를 제출하게 할 수 있다.

④ 특별자치시장·특별자치도지사·시장·군수·구청장은 제1항에 따른 허가신청이 별표 10의 시설 및 인력 기준에 적합한 경우에는 신청인에게 별지 제20호서식의 허가증을 발급하고, 별지 제21호서식의 허가(변경허가, 변경신고) 관리대장을 각각 작성·관리해야 한다.

⑤ 제4항에 따라 허가를 받은 자가 허가증을 잃어버리거나 헐어 못 쓰게 되어 재발급을 받으려는 경우에는 별지 제22호서식의 허가증 재발급 신청서(전자문서로 된 신청서를 포함한다)에 기존 허가증을 첨부(등록증을 잃어버린 경우는 제외한다)하여 특별자치시장·특별자치도지사·시장·군수·구청장에게 제출해야 한다.

⑥ 제4항의 허가 관리대장은 전자적 처리가 불가능한 특별한 사유가 없으면 전자적 방법으로 작성·관리해야 한다.

제38조(허가영업의 세부 범위) 법 제69조제2항에 따른 허가영업의 세부 범위는 다음 각 호의 구분에 따른다.

1. 동물생산업: 반려동물을 번식시켜 판매하는 영업

2. 동물수입업: 반려동물을 수입하여 판매하는 영업

3. 동물판매업: 반려동물을 구입하여 판매하거나, 판매를 알선 또는 중개하는 영업

4. 동물장묘업: 다음 각 목 중 어느 하나 이상의 시설을 설치·운영하는 영업

　가. 동물 전용의 장례식장: 동물 **사체**의 보관, 안치, 염습 등을 하거나 장례의식을 치르는 시설

　나. 동물화장시설: 동물의 사체 또는 **유골**을 불에 태우는 방법으로 처리하는 시설

　다. 동물건조장시설: 동물의 사체 또는 유골을 건조·멸균분쇄의 방법으로 처리하는 시설

　라. 동물수분해장시설: 동물의 사체를 화학용액을 사용해 녹이고 유골만 수습하는 방법으로 처리하는 시설

　마. 동물 전용의 **봉안시설**: 동물의 유골 등을 안치·보관하는 시설

사체: 사람이나 짐승 따위의 죽은 몸뚱이

유골: 주검을 태우고 남은 뼈. 또는 무덤 속에서 나온 뼈

봉안시설: 봉안 묘·봉안당·봉안탑 따위의 유골을 안치하는 시설. 단, 일반 매장 묘는 제외함

제39조(허가영업의 시설 및 인력 기준) 법 제69조제3항에 따른 허가영업의 시설 및 인력 기준은 별표 10과 같다.

제40조(허가사항의 변경 등) ① 법 제69조제4항 본문에 따라 변경허가를 받으려는 자는 별지 제23호서식의 변경허가 신청서(전자문서로 된 신청서를 포함한다)에 다음 각 호의 서류를 첨부하여 특별자치시장·특별자치도지사·시장·군수·구청장에게 제출해야 한다.

  1. 허가증

  2. 제37조제1항 각 호에 대한 변경사항(제2항 각 호의 사항은 제외한다)

② 법 제69조제4항 단서에서 "농림축산식품부령으로 정하는 경미한 사항"이란 다음 각 호의 사항을 말한다.

  1. 영업장의 명칭 또는 상호

  2. 영업장 전화번호

  3. 오기, 누락 또는 그 밖에 이에 준하는 사유로서 그 변경 사유가 분명한 사항

③ 법 제69조제4항 단서에 따라 경미한 변경사항을 신고하려는 자는 별지 제29호서식의 변경신고서(전자문서로 된 신고서를 포함한다)에 허가증을 첨부하여 특별자치시장·특별자치도지사·시장·군수·구청장에게 제출해야 한다.

④ 제1항에 따른 변경허가신청서 및 제3항에 따른 변경신고서를 받은 특별자치시장·특별자치도지사·시장·군수·구청장은 「전자정부법」 제36조제1항에 따른 행정정보의 공동이용을 통하여 다음 각 호의 서류를 확인해야 한다. 다만, 신고인이 주민등록표 초본의 확인에 동의하지 않는 경우에는 해당 서류를 직접 제출하도록 해야 한다.

  1. 주민등록표 초본(법인인 경우에는 법인 등기사항증명서를 말한다)

  2. **건축물대장** 및 **토지이용계획정보**

제41조(공설동물장묘시설의 특례 등) 법 제71조제1항 후단에 따른 공설동

건축물대장: 집의 소재(所在), 구조, 면적 및 소유자의 주소, 성명 따위를 적은 공용 문서

토지이용계획: 계획의 대상이 되는 특정한 토지 공간을 대상으로 하여 계획가들의 전문적인 지식과 경험을 동원하여, 토지의 이용 효율성과 가치를 높이고, 사람들의 삶의 편의를 증진하며, 토지를 합리적으로 이용하는 데 필요한 기본 틀을 구성하는 행위

| 관련 법조항

「전자정부법」 제36조(행정정보의 효율적 관리 및 이용) ① 행정기관등의 장은 수집·보유하고 있는 행정정보를 필요로 하는 다른 행정기관등과 공동으로 이용하여야 하며, 다른 행정기관등으로부터 신뢰할 수 있는 행정정보를 제공받을 수 있는 경우에는 같은 내용의 정보를 따로 수집하여서는 아니 된다.

물장묘시설의 시설 및 인력 기준은 별표10에 따른 동물장묘업의 기준을 **준용**한다.

제42조(영업의 등록) ① 법 제73조제1항 각 호의 영업을 등록하려는 자는 별지 제24호서식의 영업등록신청서(전자문서로 된 신청서를 포함한다)에 다음 각 호의 서류를 첨부하여 관할 특별자치시장·특별자치도지사·시장·군수·구청장에게 제출해야 한다.

1. 인력 현황

2. 영업장의 시설 명세 및 **배치도**

3. 사업계획서

4. 별표 11의 시설 및 인력 기준을 갖추었음을 증명하는 서류

② 제1항에 따른 신청서를 받은 특별자치시장·특별자치도지사·시장·군수·구청장은 「전자정부법」 제36조제1항에 따른 행정정보의 공동이용을 통하여 다음 각 호의 서류를 확인해야 한다. 다만, 신청인이 주민등록표 초본 및 자동차등록증의 확인에 동의하지 않는 경우에는 해당 서류를 직접 제출하도록 해야 한다.

1. 주민등록표 초본(법인인 경우에는 법인 등기사항증명서를 말한다)

2. 건축물대장 및 토지이용계획정보(자동차를 이용한 동물미용업 또는 동물운송업의 경우는 제외한다)

3. 자동차등록증(자동차를 이용한 동물미용업 또는 동물운송업의 경우에만 해당한다)

③ 특별자치시장·특별자치도지사·시장·군수·구청장은 제1항에 따른 신청인이 법 제74조에 해당되는지를 확인할 수 없는 경우에는 그 신청인에게 제2항 또는 제3항의 서류 외에 신원확인에 필요한 자료를 제출하게 할 수 있다.

④ 특별자치시장·특별자치도지사·시장·군수·구청장은 제1항에 따른 등

준용: 어떤 사항에 관한 규정을 그와 유사하지만 본질적으로 다른 사항에 적용하는 일

배치도: 공장 안에서 여러 기계를 놓아둔 위치를 표시한 도면

❘ 관련 법조항

「전자정부법」 제36조(행정정보의 효율적 관리 및 이용) ① 행정기관등의 장은 수집·보유하고 있는 행정정보를 필요로 하는 다른 행정기관등과 공동으로 이용하여야 하며, 다른 행정기관등으로부터 신뢰할 수 있는 행정정보를 제공받을 수 있는 경우에는 같은 내용의 정보를 따로 수집하여서는 아니 된다.

록 신청이 별표 11의 기준에 맞는 경우에는 신청인에게 별지 제25호서식의 등록증을 발급하고, 별지 제26호서식의 등록(변경등록, 변경신고) 관리대장을 각각 작성·관리해야 한다.

⑤ 제4항에 따라 등록을 한 영업자가 등록증을 잃어버리거나 헐어 못 쓰게 되어 재발급을 받으려는 경우에는 별지 제27호서식의 등록증 재발급신청서 (전자문서로 된 신청서를 포함한다)에 기존 등록증을 첨부(등록증을 잃어버린 경우는 제외한다)하여 특별자치시장·특별자치도지사·시장·군수·구청장에게 제출해야 한다.

⑥ 제4항의 등록 관리대장은 전자적 처리가 불가능한 특별한 사유가 없으면 전자적 방법으로 작성·관리해야 한다.

제43조(등록영업의 세부 범위) 법 제73조제2항에 따른 등록영업의 세부 범위는 다음 각 호의 구분에 따른다.

1. 동물전시업: 반려동물을 보여주거나 접촉하게 할 목적으로 영업자 소유의 동물을 5마리 이상 전시하는 영업. 다만, 「동물원 및 수족관의 관리에 관한 법률」 제2조제1호에 따른 동물원은 제외한다.

2. 동물위탁관리업: 반려동물 소유자의 위탁을 받아 반려동물을 영업장 내에서 일시적으로 사육, 훈련 또는 보호하는 영업

3. 동물미용업: 반려동물의 털, 피부 또는 발톱 등을 손질하거나 위생적으로 관리하는 영업

4. 동물운송업: 「자동차관리법」 제2조제1호의 자동차를 이용하여 반려동물을 운송하는 영업

| 관련 법조항

「동물원 및 수족관의 관리에 관한 법률」 제2조(정의) 이 법에서 사용하는 용어의 뜻은 다음과 같다.

1. "동물원"이란 야생동물 등을 보전·증식하거나 그 생태·습성을 조사·연구함으로써 국민들에게 전시·교육을 통해 야생동물에 대한 다양한 정보를 제공하는 시설로서 대통령령으로 정하는 것을 말한다.

「자동차관리법」 제2조(정의) 이 법에서 사용하는 용어의 뜻은 다음과 같다.

1. "자동차"란 원동기에 의하여 육상에서 이동할 목적으로 제작한 용구 또는 이에 견인되어 육상을 이동할 목적으로 제작한 용구(이하 "피견인자동차"라 한다)를 말한다. 다만, 대통령령으로 정하는 것은 제외한다.

제44조(등록영업의 시설 및 인력 기준) 법 제73조제3항에 따른 동록영업의 시설 및 인력 기준은 별표 11과 같다.

제45조(등록영업의 변경 등) ① 법 제73조제4항 본문에 따라 변경등록을 하려는 자는 별지 제28호서식의 변경등록 신청서(전자문서로 된 신청서를 포함한다)에 다음 각 호의 서류를 첨부하여 특별자치시장·특별자치도지사·시장·군수·구청장에게 제출해야 한다.

  1. 등록증

  2. 제42조제1항 각 호에 대한 변경사항(제2항 각 호의 사항은 제외한다)

② 법 제73조제4항 단서에서 "농림축산식품부령으로 정하는 경미한 사항"이란 다음 각 호의 사항을 말한다.

  1. 영업장의 명칭 또는 상호

  2. 영업장 전화번호

  3. 오기, 누락 또는 그 밖에 이에 준하는 사유로서 그 변경 사유가 분명한 사항

③ 법 제73조제4항 단서에 따라 영업의 등록사항 변경신고를 하려는 자는 별지 제29호서식의 변경신고서(전자문서로 된 신고서를 포함한다)에 등록증을 첨부하여 특별자치시장·특별자치도지사·시장·군수·구청장에게 제출해야 한다.

④ 제1항에 따른 변경등록신청서 및 제3항에 따른 변경신고서를 받은 특별자치시장·특별자치도지사·시장·군수·구청장은 「전자정부법」 제36조제1항에 따른 행정정보의 공동이용을 통하여 다음 각 호의 서류를 확인해야 한다. 다만, 신고인이 주민등록표 초본 및 자동차등록증의 확인에 동의하지 않는 경우에는 해당 서류를 직접 제출하도록 해야 한다.

  1. 주민등록표 초본(법인인 경우에는 법인 등기사항증명서를 말한다)

  2. 건축물대장 및 토지이용계획정보(자동차를 이용한 동물미용업 또는 동물운송업의 경우는 제외한다)

｜ 관련 법조항

「전자정부법」 제36조(행정정보의 효율적 관리 및 이용) ① 행정기관등의 장은 수집·보유하고 있는 행정정보를 필요로 하는 다른 행정기관등과 공동으로 이용하여야 하며, 다른 행정기관등으로부터 신뢰할 수 있는 행정정보를 제공받을 수 있는 경우에는 같은 내용의 정보를 따로 수집하여서는 아니 된다.

3. 자동차등록증(자동차를 이용한 동물미용업 또는 동물운송업의 경우에만 해당한다)

제46조(영업자의 지위승계 신고) ① 법 제75조제3항에 따라 영업자의 지위 **승계** 신고를 하려는 자는 별지 제30호서식의 영업자 지위승계 신고서(전자문서로 된 신고서를 포함한다)에 다음 각 호의 구분에 따른 서류를 첨부하여 등록 또는 허가를 한 특별자치시장·특별자치도지사·시장·군수·구청장에게 제출해야 한다.

1. **양도·양수**의 경우
   가. 양도·양수 계약서 사본 등 양도·양수 사실을 확인할 수 있는 서류
   나. 양도인의 **인감증명서**, 「본인서명사실 확인 등에 관한 법률」 제2조제3호에 따른 본인서명사실확인서 또는 같은 법 제7조제7항에 따른 전자본인서명확인서 발급증(양도인이 방문하여 본인확인을 하는 경우에는 제출하지 않을 수 있다)
2. 상속의 경우: 「가족관계의 등록 등에 관한 법률」 제15조제1항제1호에 따른 가족관계증명서와 상속 사실을 확인할 수 있는 서류
3. 제1호와 제2호 외의 경우: 해당 사유별로 영업자의 지위를 승계하였음을 증명할 수 있는 서류

> 승계: 다른 사람의 권리나 의무를 이어받는 일
>
> 양도: 권리나 재산, 법률에서의 지위 따위를 남에게 넘겨줌. 또는 그런 일
>
> 양수: 타인의 권리, 재산 및 법률상의 지위 따위를 넘겨받는 일
>
> 인감증명서: 인발이 증명청에 신고된 인감과 같다는 것을 증명하는 서류. 동장이나 시·읍·면장이 발행하며, 문서의 작성자가 본인임을 증명하기 위하여 사용됨

관련 법조항

「본인서명사실 확인 등에 관한 법률」 제2조(정의) 이 법에서 사용하는 용어의 뜻은 다음과 같다.
　　3. "본인서명사실확인서"란 본인이 직접 서명한 사실을 제5조에 따른 발급기관이 확인한 종이문서를 말한다.
「본인서명사실 확인 등에 관한 법률」 제7조(전자본인서명확인서의 발급 및 활용) ⑦ 민원인은 제2항에 따라 전자본인서명확인서를 발급하였을 때에는 그 용도에 따라 행정기관등이 전자본인서명확인서를 확인할 수 있도록 발급번호 및 대통령령으로 정하는 사항이 포함된 발급증(이하 "발급증"이라 한다)을 해당 행정기관등에 제출하여야 한다.
「가족관계의 등록 등에 관한 법률」 제15조(증명서의 종류 및 기록사항) ① 등록부등의 기록사항은 다음 각 호의 증명서별로 제2항에 따른 일반증명서와 제3항에 따른 상세증명서로 발급한다. 다만, 외국인의 기록사항에 관하여는 성명·성별·출생연월일·국적 및 외국인등록번호를 기재하여 증명서를 발급하여야 한다.
　　1. 가족관계증명서
　　　가. 삭제 <2016. 5. 29.>
　　　나. 삭제 <2016. 5. 29.>
　　　다. 삭제 <2016. 5. 29.>

② 제1항에 따른 신고서를 받은 특별자치시장·특별자치도지사·시장·군수·구청장은 영업양도의 경우 「전자정부법」 제36조제1항에 따른 행정정보의 공동이용을 통하여 다음 각 호의 서류를 확인해야 한다. 다만, 신고인이 주민등록표 초본의 확인에 동의하지 않는 경우에는 해당 서류를 직접 제출하도록 해야 한다.

  1. 양도·양수를 증명할 수 있는 주민등록표 초본(법인인 경우에는 법인 등기사항증명서를 말한다)

  2. 토지 등기사항증명서, 건물 등기사항증명서 또는 건축물대장

③ 제1항에 따라 지위승계신고를 하려는 자가 「부가가치세법」 제8조제8항에 따른 폐업신고를 같이 하려는 경우에는 제1항에 따른 지위승계 신고서를 제출할 때에 「부가가치세법 시행규칙」 별지 제9호서식의 폐업신고서를 첨부하여 관할 특별자치시장·특별자치도지사·시장·군수·구청장에게 제출해야 한다. 이 경우 관할 특별자치시장·특별자치도지사·시장·군수·구청장은 함께 제출받은 폐업신고서를 지체 없이 관할 세무서장에게 **송부**(정보통신망을 이용한 송부를 포함한다)해야 한다.

송부: 편지나 물품 따위를 부치어 보냄

④ 특별자치시장·특별자치도지사·시장·군수·구청장은 제1항에 따른 신고인이 법 제74조에 해당되는지를 확인할 수 없는 경우에는 그 신고인에게 제1항 및 제2항 각 호의 서류 외에 신원확인에 필요한 자료를 제출하게 할 수 있다.

⑤ 제1항에 따라 영업자의 지위승계를 신고하는 자가 제40조제2항제1호 또는 제45조제2항제1호에 따른 영업장의 명칭 또는 상호를 변경하려는 경우에는 이를 함께 신고할 수 있다.

⑥ 특별자치시장·특별자치도지사·시장·군수·구청장은 제1항의 신고를

받았을 때에는 신고인에게 별지 제20호서식의 허가증 또는 별지 제25호서식의 등록증을 재발급해야 한다.

제47조(휴업 등의 신고) ① 법 제76조제1항에 따라 영업의 휴업·폐업 또는 재개업 신고를 하려는 자는 별지 제31호서식의 휴업(폐업·재개업) 신고서 (전자문서로 된 신고서를 포함한다)에 허가증(등록증) 원본(폐업신고의 경우만 해당하며 분실한 경우는 제외한다)과 동물처리계획서(동물장묘업자는 제외한다)를 첨부하여 관할 특별자치시장·특별자치도지사·시장·군수·구청장에게 제출해야 한다. 다만, 휴업의 기간을 정하여 신고하는 경우 그 기간이 만료되어 재개업을 할 때에는 신고하지 않을 수 있다.

② 제1항에 따라 폐업신고를 하려는 자가 「부가가치세법」 제8조제8항에 따른 폐업신고를 같이 하려는 경우에는 제1항에 따른 폐업신고서에 「부가가치세법 시행규칙」 별지 제9호서식의 폐업신고서를 함께 제출하거나 「민원처리에 관한 법률 시행령」 제12조제10항에 따른 통합 폐업신고서를 제출해야 한다. 이 경우 관할 특별자치시장·특별자치도지사·시장·군수·구청장은 함께 제출받은 폐업신고서 또는 통합 폐업신고서를 지체 없이 관할 세무서장에게 송부(정보통신망을 이용한 송부를 포함한다. 이하 이 조에서 같다)해야 한다.

③ 관할 세무서장이 「부가가치세법 시행령」 제13조제5항에 따라 제1항에

| 관련 법조항

「부가가치세법」 제8조(사업자등록) ⑧ 제7항에 따라 등록한 사업자는 휴업 또는 폐업을 하거나 등록사항이 변경되면 대통령령으로 정하는 바에 따라 지체 없이 사업장 관할 세무서장에게 신고하여야 한다. 제1항 단서에 따라 등록을 신청한 자가 사실상 사업을 시작하지 아니하게 되는 경우에도 또한 같다.

「민원처리에 관한 법률 시행령」 제12조(다른 행정기관 등을 이용한 민원의 접수·교부) ⑩ 법 제14조제1항에 따른 다른 행정기관이나 농협 또는 새마을금고가 제8항에 따라 통합하여 접수·교부할 수 있는 민원의 종류, 접수·교부기관 등 필요한 사항은 행정안전부장관이 정하여 고시한다.

「부가가치세법 시행령」 제13조(휴업·폐업의 신고) ⑤ 법령에 따라 허가를 받거나 등록 또는 신고 등을 하여야 하는 사업의 경우에는 허가, 등록, 신고 등이 필요한 사업의 주무관청에 제1항의 휴업(폐업)신고서를 제출할 수 있으며, 휴업(폐업)신고서를 받은 주무관청은 지체 없이 관할 세무서장에게 그 서류를 송부(정보통신망을 이용한 송부를 포함한다. 이하 이 항에서 같다)하여야 하고, 허가, 등록, 신고 등이 필요한 사업의 주무관청에 제출하여야 하는 해당 법령에 따른 신고서를 관할 세무서장에게 제출한 경우에는 관할 세무서장은 지체 없이 그 서류를 관할 주무관청에 송부하여야 한다.

따른 폐업신고를 받아 이를 관할 특별자치시장·특별자치도지사·시장·군수·구청장에게 송부한 경우에는 제1항에 따른 폐업신고서가 제출된 것으로 본다.

④ 법 제76조제2항에 따라 휴업 또는 폐업의 신고를 하려는 영업자가 특별자치시장·특별자치도지사·시장·군수·구청장에게 제출해야 하는 동물처리계획서는 별지 제32호서식과 같다.

제48조(직권말소) ① 특별자치시장·특별자치도지사·시장·군수·구청장이 법 제77조제1항에 따라 영업 허가 또는 등록사항을 직권으로 말소하려는 경우에는 다음 각 호의 사항을 확인해야 한다.

1. 임대차계약의 종료 여부

2. 영업장의 사육시설·설비 등의 철거 여부

3. 관할 세무서에의 폐업신고 등 영업의 폐지 여부

4. 영업장 내 동물의 보유 여부

② 특별자치시장·특별자치도지사·시장·군수·구청장은 제1항에 따라 직권으로 허가 또는 등록사항을 말소하려는 경우에는 미리 영업자에게 통지해야 하며, 해당 기관 게시판과 인터넷 홈페이지에 20일 이상 예고해야 한다.

제49조(영업자의 준수사항) 법 제78조제6항에 따른 영업자(법인인 경우에는 그 대표자를 포함한다)의 준수사항은 별표 12와 같다.

제50조(거래내역의 신고) 법 제80조제1항에 따라 동물생산업자, 동물수입업자 및 동물판매업자는 매월 1일부터 말일까지 취급한 등록대상동물의 거래내역을 다음 달 10일까지 특별자치시장·특별자치도지사·시장·군수·구청장에게 별지 제33호서식에 따라 신고(동물정보시스템을 통한 방식을 포함한다)해야 한다.

제51조(영업자 교육) ① 법 제82조제1항부터 제3항까지 및 제5항의 규정에 따른 교육의 종류, 교육 시기 및 교육시간은 다음 각 호의 구분에 따른다.

1. 영업 신청 전 교육: 영업허가 신청일 또는 등록 신청일 이전 1년 이내 3시간

2. 영업자 정기교육: 영업 허가 또는 등록을 받은 날부터 기산하여 1년이 되는 날이 속하는 해의 1월 1일부터 12월 31일까지의 기간 중 매년 3시간

3. 영업정지처분에 따른 추가교육: 영업정지처분을 받은 날부터 6개월 이

내 3시간

② 법 제82조에 따른 교육에는 다음 각 호의 내용이 포함되어야 한다. 다만, 교육대상 영업자 중 두 가지 이상의 영업을 하는 자에 대해서는 다음 각 호의 교육내용 중 중복된 사항을 제외할 수 있다.

1. 동물보호 관련 법령 및 정책에 관한 사항

2. 동물의 보호·복지에 관한 사항

3. 동물의 사육·관리 및 질병예방에 관한 사항

4. 영업자 준수사항에 관한 사항

③ 제82조에 따른 교육은 다음 각 호의 어느 하나에 해당하는 법인 또는 단체로서 농림축산식품부장관이 고시하는 법인·단체에서 실시한다.

1. 동물보호 민간단체

2. 「농업·농촌 및 식품산업 기본법」 제11조의2에 따른 농림수산식품교육문화정보원

❙ 관련 법조항

「농업·농촌 및 식품산업 기본법」 제11조의2(농림수산식품교육문화정보원의 설립) ① 농림축산식품부장관은 농업 인적자원의 육성, 농식품·농촌 정보화의 촉진, 농촌 문화의 가치 확산 및 홍보, 농업경영체의 역량 제고, 농산물의 안전정보 제공 등을 효율적으로 추진하기 위하여 농림수산식품교육문화정보원(이하 "농정원"이라 한다)을 설립한다.

② 농정원은 법인으로 한다.

③ 농정원은 주된 사무소가 있는 곳에서 설립등기를 함으로써 성립한다.

④ 농정원은 다음 각 호의 사업을 한다.

1. 농업·농촌 및 식품산업 분야의 정보화 촉진

2. 농업·농촌에 관한 문화 창달 및 가치 확산·홍보

3. 농업경영체로의 기술수준 및 경영능력 제고

4. 농업·농촌 및 식품산업 분야의 전문인력 양성 등 인적자원 육성

5. 농산물에 관한 안전정보의 제공, 정보교류의 활성화와 지식 및 산업재산권의 보호

6. 농업·농촌 및 식품산업 분야의 통상정책과 국제협력에 관한 정보 지원

7. 농림수산식품 분야의 지식 및 정보서비스 제공

8. 그 밖에 농림축산식품부장관이 지정 또는 위탁하는 사업

⑤ 정부는 예산의 범위에서 농정원의 설립·운영 등에 필요한 경비의 전부 또는 일부를 출연하거나 보조할 수 있다.

⑥ 농정원에 관하여 이 법 및 「공공기관의 운영에 관한 법률」에서 정한 사항 외에는 「민법」 중 재단법인에 관한 규정을 준용한다.

제52조(행정처분의 기준) ① 법 제83조에 따른 영업자에 대한 허가 또는 등록의 취소, 영업의 전부 또는 일부의 정지에 관한 **행정처분**기준은 별표 13과 같다.

② 특별자치시장·특별자치도지사·시장·군수·구청장이 제1항에 따른 행정처분을 하였을 때에는 별지 제34호서식의 행정처분 및 **청문** 대장에 그 내용을 기록하고 유지·관리해야 한다.

③ 제2항의 행정처분 및 청문 대장은 전자적 처리가 불가능한 특별한 사유가 없으면 전자적 방법으로 작성·관리해야 한다.

제53조(영업장의 폐쇄) 법 제85조제1항에 따라 영업장을 폐쇄하는 관계 공무원은 그 권한을 표시하는 **증표**를 지니고 이를 관계인에게 보여주어야 한다.

제54조(시정명령) 법 제86조제1항제3호에서 "동물에 대한 위해 방지 조치의 이행 등 농림축산식품부령으로 정하는 시정명령"이란 다음 각 호의 어느 하나에 해당하는 명령을 말한다.

1. 동물에 대한 학대행위의 중지

2. 동물에 대한 위해 방지 조치의 이행

3. 공중위생 및 사람의 신체·생명·재산에 대한 위해 방지 조치의 이행

4. 질병에 걸리거나 부상당한 동물에 대한 신속한 치료

제55조(동물보호관의 증표) 법 제88조제3항에 따른 동물보호관의 증표는 별지 제35호서식과 같다.

제56조(등록 등의 수수료) 법 제91조에 따른 수수료는 별표 14와 같다. 이 경우 수수료는 정부**수입인지**, 해당 지방자치단체의 **수입증지**, 현금, 계좌이체, 신용카드, 직불카드 또는 정보통신망을 이용한 전자화폐·전자결제 등의 방법으로 내야 한다.

제57조(규제의 재검토) ① 농림축산식품부장관은 다음 각 호의 사항에 대하여 2023년 1월 1일을 기준으로 3년마다(매 3년이 되는 해의 기준일과 같은 날 전까지를 말한다) 그 타당성을 검토하여 개선 등의 조치를 해야 한다.

1. 제7조에 따른 동물운송자의 범위

2. 제8조에 따른 동물의 도살방법

3. 제20조 및 별표 5에 따른 동물보호센터의 준수사항

4. 제31조에 따른 윤리위원회의 설치 등

행정처분: 행정 주체가 구체적 사실에 관한 법 집행으로서 행하는 공법 행위 가운데 권력적 단독 행위. 영업 면허, 공기업의 특허, 조세의 부과 따위임

청문: 행정청이 국민의 권리·의무를 제한하거나 침해하는 행정 처분을 발하기 전에 처분의 상대방이나 이해관계인으로 하여금 자기에게 유리한 주장이나 증거를 제출하여 반박할 수 있는 기회를 부여하는 절차

증표: 증명이나 증거가 될 만한 표

수입인지: 세금을 거두어들이는 수단의 하나로 정부가 발행하는 증표. 세금이나 수수료 따위를 낸 것을 증명하기 위하여 서류에 붙임

수입증지: 각 지방자치단체가 증명서등을 발급해 줄 때 받는 일종의 수수료. 부과근거와 금액은 각 지자체 조례에 명시됨

5. 제32조에 따른 윤리위원회 위원 자격

6. 제33조에 따른 윤리위원회의 구성 절차

7. 제35조 및 별지 제18호서식의 동물실험윤리위원회 운영 실적 통보서의 기재사항

8. 제39조, 제44조, 별표 10 및 별표 11에 따른 시설 기준

9. 제40조에 따른 변경허가·변경신고 대상 및 절차

10. 제45조에 따른 변경등록·변경신고 대상 및 절차

11. 제49조 및 별표 12에 따른 영업자의 준수사항

② 농림축산식품부장관은 제9조에 따른 동물등록 제외지역의 기준에 대하여 2023년 1월 1일을 기준으로 5년마다(매 5년이 되는 해의 기준일과 같은 날 전까지를 말한다) 그 타당성을 검토하여 개선 등의 조치를 해야 한다.

부칙 ＜제584호, 2023. 4. 27.＞

제1조(시행일) 이 규칙은 공포한 날부터 시행한다. 다만, 별표 7 제1호사목의 개정규정은 공포 후 2년이 경과한 날부터 시행한다.

제2조(거래내역 신고에 관한 특례) 이 규칙 시행 이후 최초의 거래내역 신고에 관하여는 제50조의 개정규정에도 불구하고 이 규칙 시행일부터 2023년 5월 31일까지의 거래내역을 2023년 6월 10일까지 신고해야 한다.

제3조(동물생산업 일반기준에 관한 특례 등) ① 별표 10 제2호가목1)마)의 개정규정에도 불구하고 2023년 6월 17일까지는 번식이 가능한 12개월 이상이 된 개 또는 고양이 75마리당 1명 이상의 사육·관리 인력을 확보해야 한다.

② 별표 10 제2호가목1)마)의 개정규정은 2023년 6월 18일 이후 동물생산업을 허가하는 경우부터 적용한다.

제4조(동물생산업 영업자 준수사항에 관한 특례) 별표 12 제2호가목4)의 개정규정에도 불구하고 2024년 6월 17일까지는 월령이 12개월 미만인 개·고양이는 교배 및 출산시킬 수 없고, 출산 후 다음 출산 사이에 8개월 이상의 기간을 두어야 한다.

제5조(일반적 경과조치) 이 규칙 시행 당시 종전의 「동물보호법 시행규칙」에 따른 처분·절차 및 그 밖의 행위는 그에 해당하는 이 규칙의 규정에 따

라 행한 것으로 본다.

제6조(맹견의 관리에 관한 경과조치) 법률 제18853호 동물보호법 전부개정법률 부칙 제12조에 따라 같은 법 제21조의 개정규정이 시행되기 전까지 적용되는 종전의 「동물보호법」(법률 제18853호로 개정되기 전의 것을 말한다. 이하 같다) 제13조의2와 관련하여 종전의 제12조의2부터 제12조의4까지 및 별표 3은 2024년 4월 26일까지 효력이 있다.

제7조(동물복지축산농장의 인증에 관한 경과조치) 법률 제18853호 동물보호법 전부개정법률 부칙 제17조에 따라 같은 법 제59조부터 제68조까지의 개정규정이 시행되기 전까지 적용되는 종전의 「동물보호법」 제29조부터 제31조까지와 관련하여 종전의 제29조부터 제34조까지, 별표 6부터 별표 8까지, 별표 12 제2호, 별지 제11호서식부터 별지 제14호서식 및 별지 제28호서식은 2024년 4월 26일까지 효력이 있다.

제8조(고정형 영상정보처리기기의 설치 등에 관한 경과조치) 별표 10, 별표 11, 별표 12 및 별지 제21호서식, 별지 제26호서식의 개정규정에도 불구하고 고정형 영상정보처리기기는 2023년 9월 14일까지 「개인정보 보호법」 제2조제7호에 따른 영상정보처리기기로 본다.

제9조(동물의 보호비용 지원에 관한 경과조치) 농림수산식품부령 제261호 동물보호법 시행규칙 전부개정령의 시행일인 2012년 2월 21일 당시 종전의 「동물보호법 시행규칙」(농림수산식품부령 제261호 동물보호법 시행규칙 전부개정령으로 개정되기 전의 것을 말한다)에 따라 보호시설 계약을 맺은 자에 대하여는 농림축산식품부령 제261호 동물보호법 시행규칙 전부개정령 제16조의 개정규정에도 불구하고 그 계약에 따라 보호비용을 지원한다.

제10조(동물복지축산농장 표시방법에 관한 경과조치) 농림축산식품부령 제15호 동물보호법 시행규칙 일부개정령의 시행일인 2013년 3월 23일 당시 종전의 「동물보호법 시행규칙」(농림축산식품부령 제15호 동물보호법 시행규칙 일부개정령으로 개정되기 전의 것을 말한다)에 따라 설치한 동물복지축산농장 표시간판은 농림축산식품부령 제15호 동물보호법 시행규칙 일부개정령 별표 8의 개정규정에도 불구하고 계속하여 사용할 수 있다.

제11조(동물장묘업의 시설 기준에 관한 경과조치) 농림축산식품부령 제482호 동물보호법 시행규칙 일부개정령의 시행일인 2021년 6월 17일 당시 종

전의 「동물보호법 시행규칙」(농림축산식품부령 제482호 동물보호법 시행규칙 일부개정령으로 개정되기 전의 것을 말한다)에 따라 동물장묘업을 등록한 자는 농림축산식품부령 제482호 동물보호법 시행규칙 일부개정령의 시행일인 2021년 6월 17일부터 2년 이내에 농림축산식품부령 제482호 동물보호법 시행규칙 일부개정령 별표 9 제2호가목2)의 개정규정에 따른 시설 기준을 갖춰야 한다.

제12조(행정처분기준에 관한 경과조치) 농림축산식품부령 제275호 동물보호법 시행규칙 일부개정령의 시행일인 2017년 7월 3일 전의 행위에 대하여 행정처분을 하는 경우에는 농림축산식품부령 제275호 동물보호법 시행규칙 일부개정령 별표 11 제2호의 개정규정에도 불구하고 종전의 「동물보호법 시행규칙」(농림축산식품부령 제275호 동물보호법 시행규칙 일부개정령으로 개정되기 전의 것을 말한다)에 따른다.

제13조(보호조치 기간에 관한 경과조치) 이 규칙 시행 당시 종전의 제14조에 따라 보호조치 중인 경우의 보호조치 기간에 관하여는 제15조의 개정규정에도 불구하고 종전의 규정에 따른다.

제14조(교육내용 및 교육기관 등에 관한 경과조치) ① 이 규칙 시행 당시 종전의 제26조제4항에 따른 고시는 2023년 12월 31일까지 제32조제4항의 개정규정에 따른 고시로 본다.

② 이 규칙 시행 당시 종전의 제44조제4항에 따라 지정받은 교육기관은 2023년 12월 31일까지 제51조제3항의 개정규정에 따라 고시된 교육기관으로 본다.

제15조(종전 부칙의 적용범위에 관한 경과조치) 이 규칙 시행 전의 「동물보호법 시행규칙」의 개정에 따른 부칙의 규정은 기간의 경과 등으로 이미 그 효력이 상실된 규정을 제외하고는 이 규칙 시행 이후에도 계속하여 효력을 가진다.

제16조(다른 법령의 개정) ① 가축 및 축산물 이력관리에 관한 법률 시행규칙 일부를 다음과 같이 개정한다.

별지 제1호의2서식 뒤쪽 유의사항란 제6호 중 "「동물보호법」 시행규칙 별표 6"을 "「동물보호법 시행규칙」(농림축산식품부령 제482호를 말한다) 별표 6"으로 한다.

② 농림축산식품부 소관 친환경농어업 육성 및 유기식품 등의 관리·지원에 관한 법률 시행규칙 일부를 다음과 같이 개정한다.

별표 1 제1호가목1) 사용 가능 조건란 (2) 중 "「동물보호법」 제29조"를 "「동물보호법」 제59조[법률 제18853호 동물보호법 전부개정법률 부칙 제17조에 따라 같은 법 제59조의 개정규정이 시행되기 전까지는 종전의 「동물보호법」(법률 제18853호로 개정되기 전의 것을 말한다) 제29조를 말한다]"로 한다.

별표 4 제2호다목 인증기준란 3) 중 "「동물보호법」 제29조"를 "「동물보호법」 제59조[법률 제18853호 동물보호법 전부개정법률 부칙 제17조에 따라 같은 법 제59조의 개정규정이 시행되기 전까지는 종전의 「동물보호법」(법률 제18853호로 개정되기 전의 것을 말한다) 제29조를 말한다]"로 한다.

③ 수의사법 시행규칙 일부를 다음과 같이 개정한다.

제12조제1항 중 "「동물보호법 시행령」 제4조"를 "「동물보호법 시행령」 제5조"로 하고, 제13조제1호사목 중 "「동물보호법」 제12조"를 "「동물보호법」 제15조"로 하며, 별표 1 비고 제2호 중 "「동물보호법」 제15조"를 "「동물보호법」 제35조"로 한다.

제17조(다른 법령과의 관계) 이 규칙 시행 당시 다른 법령에서 종전의 「동물보호법 시행규칙」의 규정을 인용한 경우 이 규칙 가운데 그에 해당하는 규정이 있을 때에는 종전의 규정을 갈음하여 이 규칙 또는 이 규칙의 해당 규정을 인용한 것으로 본다.

[별표] 동물보호법 시행규칙(QR코드 참조)

■ 목차

별표

서식

[별지 제23호서식] (동물생산업, 동물수입업, 동물판매업, 동물장묘업) 변경허가 신청서
[별지 제24호서식] 영업등록신청서
[별지 제25호서식] (동물전시업, 동물위탁관리업, 동물미용업, 동물운송업) 등록증
[별지 제26호서식] (동물전시업, 동물위탁관리업, 동물미용업, 동물운송업) 등록(변경등록, 변경신고) 관리대장
[별지 제27호서식] (동물전시업, 동물위탁관리업, 동물미용업, 동물운송업) 등록증 재발급 신청서
[별지 제28호서식] (동물전시업, 동물위탁관리업, 동물미용업, 동물운송업) 변경등록신청서
[별지 제29호서식] 변경신고서
[별지 제30호서식] 영업자 지위승계 신고서
[별지 제31호서식] (휴업, 폐업, 재개업) 신고서
[별지 제32호서식] 동물처리계획서
[별지 제33호서식] 등록대상동물 거래내역 신고서
[별지 제34호서식] 행정처분 및 청문 대장
[별지 제35호서식] 동물보호관증
[별지 제36호서식] 동물생산·판매·수입업 개체관리카드
[별지 제37호서식] 동물전시업·위탁관리업 개체관리카드
[별지 제38호서식] 영업자 실적 보고서

Ⅳ 동물보호법 관련 자료집

1. 동물보호관리시스템(www.animal.go.kr/front/index.do)

관련 동물보호법: 동물보호법 제7장 보칙 제95조(동물보호정보의 수집 및 활용)

2. 관련 기사 사례

동물학대로 유죄받으면 사육권 박탈당한다

정부 '동물 보호 강화' 용역 발주

범행 재발 우려있으면 접근 금지

정부가 동물 학대를 일삼은 사람이 동물을 사육할 수 없도록 사육금지 처분을 제도화한다. 올해 4월 동물 학대에 대한

처벌 수위를 강화하도록 법이 개정됐지만, 학대 사례가 계속 나오는 데다 학대를 막기 위해서는 보다 근본적 대책이 필요하다는 지적이 제기된 데 따른 조치다.

농림축산식품부는 최근 '동물 학대 재발 방지를 위한 제도 개선방안 마련 연구'란 제목의 연구용역을 발주했다. 농식품부 관계자는 24일 "계속되는 동물 학대를 방지하기 위해 학대 행위자의 사육금지 처분 도입과 피학대 동물 구조·보호 등 임시조치를 보완할 것"이라며 "해외 사례와 여러 쟁점을 살펴본 뒤 제도화할 것"이라고 말했다.

정부가 사육금지 처분을 추진하는 건 해마다 동물 학대 사건이 증가세를 보이는 것과 무관치 않다. 동물을 고의로 죽게 하거나 상해를 입히는 등의 동물보호법 위반 건수는 2016년 304건에서 2020년 992건으로 3배 넘게 증가했다.

연보별 동물보호법 위반 건수 (단위: 건)

자료: 경찰청

농식품부는 2020년 동물복지종합계획을 통해 동물 학대 유죄 판결을 받은 사람에 대한 소유권 제한을 동물 학대 방지책으로 추진하겠다고 밝혔다. 그러나 올해 초 동물보호법 개정 논의 과정에서 "음주운전을 저질렀다고 자동차 소유권을 박탈하지는 않지 않느냐"며 소유권 박탈에 대한 반발이 제기되면서 소유권 박탈은 개정안에 포함되지 않았다.

대신 동물 학대 행위에 대한 처벌 수위를 최대 징역 3년 혹은 벌금 3000만원으로 강화하고 동물 학대자에게 상담·교육프로그램을 최대 200시간 이수토록 법이 개정됐지만, 최근에도 대구에서 고양이 17마리가 가정집에서 폐사한 채 발견되는 등 동물 학대 사례가 끊이지 않고 있다. 동물보호법에 따라 지자체장이 피학대 동물을 소유자로부터 격리 보호하더라도 소유자가 보호 비용을 내고 반환을 요구하면 반환할 수밖에 없다는 점도 허점으로 꼽힌다.

농식품부는 소유권 박탈 대신 사육금지 처분을 대안으로 들고 나왔다. 음주운전을 저지른 사람의 자동차를 몰수하지는 않지만, 운전대를 잡지 못하도록 하는 것과 비슷한 방식이다. 이미 독일, 영국, 스웨덴 등에서는 동물 학대 유죄 판결을 받은 사람에 대해 사육금지 처분을 시행 중이다.

피학대 동물 보호도 강화될 것으로 보인다. 농식품부는 연구용역 과업지시서에서 영유아, 노인 등을 대상으로 한 학대 범죄나 스토킹 범죄를 예방하기 위한 제도와 동물보호법령을 비교해 시사점을 도출할 것을 주문했다. 아동학대와 스토킹 모두 재발 우려가 있으면 접근금지 등 긴급조치가 이뤄진다. 농식품부는 오는 11월 연구용역이 마무리되는 대로 사육금지 처분의 기한이나 위반 시 처벌 기준 등을 담아 동물보호법 개정안을 다시 발의하는 방안을 검토하고 있다. 조희경 동물자유연대 대표는 "키우지 않는 동물에 대한 학대도 막을 수 있도록 동물학대에 대한 처벌 등을 지속적으로 강화할 필요가 있다"고 말했다.

[출처] - 국민일보 2022년 7월 25일 기사 일부

관련 동물보호법: 동물보호법 제3장 동물의 보호 및 관리 제1절 동물의 보호 등 제10조(동물학대 등의 금지)

'갈비사자' 사방 막힌 25평 시멘트 우리 벗어났다…"포효하길"

나이가 들고 갈비뼈가 도드라질 정도로 삐쩍 마른 채 좁고 열악한 실내 시멘트 우리에서 홀로 지냈던 경남 김해시 부경동물원 숫 사자·부경동물원 사자에게는 좁디좁은 시멘트 우리가 세상 전부였습니다. 이 사자가 사방이 트이고 훨씬 넓은 야외 우리에서 무리와 함께 흙을 밟으면서 남은 생을 지내게 됐습니다. 최근 부경동물원 사자를 구해달라는 여론이 거세지는 등 세간의 관심이 쏠렸습니다. 부경동물원 운영자는 좋은 환경에서 마지막 생을 살도록 해주겠다며 환경이 좋은 동물원에 사자를 넘기는 결정을 했습니다. 이 숫 사자를 돌보겠다고 나선 충북 청주동물원이 오늘(5일) 사자를 청주동물원으로 이송했습니다. 이 사자는 2004년 서울어린이대공원에서 태어났습니다. 2013년 문을 연 부경동물원은 2016년 무렵 이 사자를 넘겨받았습니다. 7년여간 사람이 구경하도록 투명창을 설치한 쪽을 제외한 3면, 천장까지 막힌 비좁은 실내 시멘트 우리가 세상의 전부 인양 살았습니다. 사자가 살아온 우리는 가로 14m, 세로 6m로 겨우 25평 정도입니다. 20살 부경동물원 사자는 인간 나이로는 100살에 가깝다고 합니다.

[출처] - SBS 뉴스 2023년 7월 5일 기사 일부

관련 동물보호법: 동물보호법 제3장 동물의 보호 및 관리 제1절 동물의 보호 등 제9조(적정한 사육·관리)

눈 튀어나올 만큼 처참 … 목줄·입마개 없던 대형견의 습격

목줄과 입마개를 하지 않은 대형견이 산책하던 소형견을 물어 죽이고 이를 말리던 견주까지 다치게 한 사고가 발생했습니다. 경기도 김포에 사는 50대 A 씨는 지난달 18일 낮 몰티즈 종 반려견을 데리고 자신의 아파트 인근에서 산책하던 도중 대형견의 공격을 받았습니다. A 씨와 반려견이 인도

위를 걷고 있던 중 대형견이 갑자기 튀어나와 반려견에게 달려들더니 머리를 물고 마구 흔들었다는 것이 A씨의 설명입니다. 이를 목격한 A 씨와 대형견 견주가 대형견을 저지하려고 애를 썼지만, 소용이 없었습니다. A 씨가 겨우 떼어놓은 반려견의 머리는 이미 피투성이였고 한쪽 눈이 튀어나올 정도로 처참한 상태였습니다. A 씨 역시 대형견을 막으려다 손을 물려 상처를 입었습니다. A 씨와 대형견 견주는 반려견을 급히 인근 동물병원으로 옮겼지만, 수의사로부터 "두개골이 으스러져 더이상 손을 쓸 수 없다"는 말을 들었습니다. 손에 상처를 입은 A 씨는 신장이식 수술 이후 면역억제제를 복용하는 중이어서 보름 넘게 통원 치료를 받아야 했습니다. 반려견을 공격했던 대형견은 동물보호법상 맹견에 속하는 아메리칸 핏불테리어였습니다. 동물보호법에 따르면 도사견, 아메리칸 핏불테리어, 아메리칸 스태퍼드셔 테리어, 스태퍼드셔 불테리어, 로트와일러 등 5개 견종과 그 잡종의 개는 맹견으로 분류돼 외출 시 목줄과 입마개를 반드시 착용해야 하며, 맹견 보험도 가입해야 합니다. 하지만 사고 당시 핏불테리어는 목걸이만 착용한 채 목줄이나 입마개는 하지 않았던 것으로 전해졌습니다. 다만, 맹견 보험에는 가입돼 있어 현재 양측이 피해 보상과 관련한 합의를 진행 중입니다.

[출처] - SBS 뉴스 2023년 3월 9일 기사 일부

관련 동물보호법: 제3장 동물의 보호 및 관리 제2절 맹견의 관리 등 제21조(맹견의 관리)

'무허가' 반려동물 판매 처벌 강화 … 최대 징역 2년

요즘 우리나라도 반려인들이 많아졌는데, 해외 주요 동물복지 선진국처럼 우리나라도 반려동물 판매를 규제하고 동시에 양육자의 의무도 강화됩니다. 오늘(27일)부터 허가 없이 반려동물을 생산하거나 판매, 수입하면 최대 2년 이하의 징역 또는 2천만 원 이하의 벌금을 받게 됩니다. 정부는 '동물보호법'과 '동물보호법 시행령·시행규칙'을 개정해서 등록제로 운영되던 반려동물 수입, 판매, 장묘업은 허가제로 바꾸고 처벌 기준도 강화했습니다. 이에 따라 반려동물을 생산·수입·판매하는 영업자는 매달 취급한 내역을 관할 시·군·구에 신고해야 하고 등록대상동물을 판매할 경우에는 해당 구매자 명의로 동물등록을 한 뒤에 판매해야 합니다.

[출처] - SBS 뉴스 2023년 4월 27일 기사 일부

관련 동물보호법: 동물보호법 제6장 반려동물 영업 제69조(영업의 허가)

"죽일 것 알면서 …" 개농장에 노령견 팔아넘긴 업자 32명 송치

경기 양평군의 한 주택에서 개와 고양이 등 반려동물 사체 1천250여 마리가 발견된 사건과 관련해 동물번식업자들이 무더기로 검거됐습니다. 오늘(17일) 경기 양평경찰서는 동물보호법 위반 혐의

로 50대 A씨 등 동물번식업자 32명을 불구속 입건해 검찰에 넘겼다고 밝혔습니다. 이 번식업자들은 지난 1년여 동안 번식 능력이 떨어진 노령견 등을 양평의 처리업자인 60대 B씨에게 팔아넘겨 죽음에 이르게 한 혐의를 받고 있습니다. B씨는 이렇게 사들인 반려동물 1천250여 마리를 방치해 숨지게 한 뒤 고무통과 물탱크 등 자신의 주택 곳곳에 방치한 혐의로 구속기소돼 징역 3년을 선고 받았습니다.

[출처] – SBS 뉴스 2023년 5월 17일 기사 일부

관련 동물보호법: 동물보호법 제8장 벌칙 제97조(벌칙)

제2장

수의사법

I 수의사법

제1장 총칙

제1조(목적) 이 법은 수의사(獸醫師)의 기능과 수의(獸醫)업무에 관하여 필요한 사항을 규정함으로써 동물의 건강증진, 축산업의 발전과 공중위생의 향상에 기여함을 목적으로 한다.

제2조(정의) 이 법에서 사용하는 용어의 뜻은 다음과 같다.

1. "수의사"란 수의업무를 담당하는 사람으로서 농림축산식품부장관의 면허를 받은 사람을 말한다.

2. "동물"이란 소, 말, 돼지, 양, 개, 토끼, 고양이, 조류(鳥類), 꿀벌, **수생동물**(水生動物), 그 밖에 대통령령으로 정하는 동물을 말한다.

3. "동물진료업"이란 동물을 진료[동물의 사체 **검안**(檢案)을 포함한다. 이하 같다]하거나 동물의 질병을 예방하는 업(業)을 말한다.

3의2. "동물보건사"란 동물병원 내에서 수의사의 지도 아래 동물의 간호 또는 진료 보조 업무에 종사하는 사람으로서 농림축산식품부장관의 자격인정을 받은 사람을 말한다.

4. "동물병원"이란 동물진료업을 하는 장소로서 제17조에 따른 신고를 한 진료기관을 말한다.

제3조(직무) 수의사는 동물의 진료 및 보건과 축산물의 위생 검사에 종사하는 것을 그 직무로 한다.

제2장 수의사

제4조(면허) 수의사가 되려는 사람은 제8조에 따른 수의사 국가시험에 합격한 후 농림축산식품부령으로 정하는 바에 따라 농림축산식품부장관의 면허를 받아야 한다.

용어해설

수생동물: 물 속에서 생활하는 동물의 총칭

검안: 수사 기관이 사고나 재난 따위로 갑자기 죽은 사람의 시체를 조사한 것에 대한 기록

피성년후견인: 질병, 장애, 노령, 그 밖의 사유로 인한 정신적 제약으로 사무를 처리할 능력이 지속적으로 결여된 자로서 일정한 자의 청구에 의하여 법원으로부터 성년후견개시의 심판을 받은 자

피한정후견인: 질병, 장애, 노령, 그 밖의 사유로 인한 정신적 제약으로 사무를 처리할 능력이 부족하여 일정한 자의 청구에 의하여 법원으로부터 한정후견개시의 심판을 받은 자

마약: 양귀비·아편·코카 잎 및 이들에서 추출되는 모든 알칼로이드로서 대통령령으로 정하는 것

제5조(결격사유) 다음 각 호의 어느 하나에 해당하는 사람은 수의사가 될 수 없다.

1. 「정신건강증진 및 정신질환자 복지서비스 지원에 관한 법률」 제3조제1호에 따른 정신질환자. 다만, 정신건강의학과전문의가 수의사로서 직무를 수행할 수 있다고 인정하는 사람은 그러하지 아니하다.

2. **피성년후견인** 또는 **피한정후견인**

3. **마약, 대마**(大麻), 그 밖의 **향정신성의약품**(向精神性醫藥品) 중독자. 다만, 정신건강의학과전문의가 수의사로서 직무를 수행할 수 있다고 인정하는 사람은 그러하지 아니하다.

4. 이 법, 「가축전염병예방법」, 「축산물위생관리법」, 「동물보호법」, 「의료법」, 「약사법」, 「식품위생법」 또는 「마약류관리에 관한 법률」을 위반하여 **금고** 이상의 실형을 선고받고 그 집행이 끝나지(집행이 끝난 것으로 보는 경우를 포함한다) 아니하거나 면제되지 아니한 사람

대마: 대마초(칸나비스 사티바 엘와 그 수지 및 대마초 또는 그 수지를 원료로 하여 제조된 모든 제품

향정신성의약품: LSD 및 이와 유사한 환각작용이 있는 물질, 암페타민 및 이와 유사한 각성작용이 있는 물질, 바르비탈, 메프로바메이트 및 이와 유사한 습관성 또는 중독성이 있는 물질, 푸로폭시펜 및 이와 유사한 습관성 또는 중독성이 있는 물질 등

금고: 강제노동을 과하지 아니하고 수형자를 형무소에 구치하는 것

▎관련 법조항

「정신건강증진 및 정신질환자 복지서비스 지원에 관한 법률」 제3조(정의) 이 법에서 사용하는 용어의 뜻은 다음과 같다.

1. "정신질환자"란 망상, 환각, 사고(思考)나 기분의 장애 등으로 인하여 독립적으로 일상생활을 영위하는 데 중대한 제약이 있는 사람을 말한다.

「가축전염병예방법」 제1조(목적) 이 법은 가축의 전염성 질병이 발생하거나 퍼지는 것을 막음으로써 축산업의 발전과 공중위생의 향상에 이바지함을 목적으로 한다.

「축산물위생관리법」 제1조(목적) 이 법은 축산물의 위생적인 관리와 그 품질의 향상을 도모하기 위하여 가축의 사육·도살·처리와 축산물의 가공·유통 및 검사에 필요한 사항을 정함으로써 축산업의 건전한 발전과 공중위생의 향상에 이바지함을 목적으로 한다.

「동물보호법」 제1조(목적) 이 법은 동물의 생명보호, 안전 보장 및 복지 증진을 꾀하고 건전하고 책임 있는 사육문화를 조성함으로써, 생명 존중의 국민 정서를 기르고 사람과 동물의 조화로운 공존에 이바지함을 목적으로 한다.

「의료법」 제1조(목적) 이 법은 모든 국민이 수준 높은 의료 혜택을 받을 수 있도록 국민의료에 필요한 사항을 규정함으로써 국민의 건강을 보호하고 증진하는 데에 목적이 있다.

「약사법」 제1조(목적) 이 법은 약사(藥事)에 관한 일들이 원활하게 이루어질 수 있도록 필요한 사항을 규정하여 국민보건 향상에 기여하는 것을 목적으로 한다.

「식품위생법」 제1조(목적) 이 법은 식품으로 인하여 생기는 위생상의 위해(危害)를 방지하고 식품영양의 질적 향상을 도모하며 식품에 관한 올바른 정보를 제공함으로써 국민 건강의 보호·증진에 이바지함을 목적으로 한다.

「마약류관리에 관한 법률」 제1조(목적) 이 법은 마약·향정신성의약품(向精神性醫藥品)·대마(大麻) 및 원료물질의 취급·관리를 적정하게 함으로써 그 오용 또는 남용으로 인한 보건상의 위해(危害)를 방지하여 국민보건 향상에 이바지함을 목적으로 한다.

제6조(면허의 등록) ① 농림축산식품부장관은 제4조에 따라 면허를 내줄 때에는 면허에 관한 사항을 면허대장에 등록하고 그 면허증을 발급하여야 한다.

② 제1항에 따른 면허증은 다른 사람에게 빌려주거나 빌려서는 아니 되며, 이를 알선하여서도 아니 된다.

③ 면허의 등록과 면허증 발급에 필요한 사항은 농림축산식품부령으로 정한다.

제7조 삭제

제8조(수의사 국가시험) ① 수의사 국가시험은 매년 농림축산식품부장관이 시행한다.

② 수의사 국가시험은 동물의 진료에 필요한 수의학과 수의사로서 갖추어야 할 공중위생에 관한 지식 및 기능에 대하여 실시한다.

③ 농림축산식품부장관은 제1항에 따른 수의사 국가시험의 관리를 대통령령으로 정하는 바에 따라 시험 관리 능력이 있다고 인정되는 관계 전문기관에 맡길 수 있다.

④ 수의사 국가시험 실시에 필요한 사항은 대통령령으로 정한다.

제9조(응시자격) ① 수의사 국가시험에 응시할 수 있는 사람은 제5조 각 호의 어느 하나에 해당되지 아니하는 사람으로서 다음 각 호의 어느 하나에 해당하는 사람으로 한다.

  1. 수의학을 전공하는 대학(수의학과가 설치된 대학의 수의학과를 포함한다)을 졸업하고 수의학사 학위를 받은 사람. 이 경우 6개월 이내에 졸업하여 수의학사 학위를 받을 사람을 포함한다.

  2. 외국에서 제1호 전단에 해당하는 학교(농림축산식품부장관이 정하여 고시하는 인정기준에 해당하는 학교를 말한다)를 졸업하고 그 국가의 수의사 면

| 관련 법조항

농림축산식품부장관이 정하여 고시하는 수의사국가시험 응시자격 관련 외국대학 인정기준 제2조(외국대학 인정기준) 외국의 수의과대학(수의학과가 설치된 대학의 수의학과를 포함하며, 이하 "외국대학"이라 한다)을 졸업하고 그 국가의 수의사면허를 받은 자는 그 대학이 다음 각 호의 어느 하나에 해당하는 경우에 한하여 수의사국가시험에 응시할 수 있다.

  1. 국제적인 수의과대학 인증기구로부터 인증을 받은 대학. 이 경우 국제적인 수의과대학 인증기구는 다음 각목과 같다.

    가. AVMA(American Veterinary Medical Association)

    나. EAEVE(European Association of Establishments for Veterinary Education)

    다. RCVS(Royal College of Veterinary Surgeons)

  2. 수업 연한이 5년 이상인 대학으로서 졸업에 필요한 전공과목 최저 이수학점이 160학점 이상인 대학

허를 받은 사람

② 제1항제1호 후단에 해당하는 사람이 해당 기간에 수의학사 학위를 받지 못하면 처음부터 응시자격이 없는 것으로 본다.

제9조의2(수험자의 부정행위) ① 부정한 방법으로 제8조에 따른 수의사 국가시험에 응시한 사람 또는 수의사 국가시험에서 부정행위를 한 사람에 대하여는 그 시험을 정지시키거나 그 합격을 무효로 한다.

② 제1항에 따라 시험이 정지되거나 합격이 무효가 된 사람은 그 후 두 번까지는 제8조에 따른 수의사 국가시험에 응시할 수 없다.

제10조(무면허 진료행위의 금지) 수의사가 아니면 동물을 진료할 수 없다. 다만, 「수산생물질병 관리법」 제37조의2에 따라 수산질병관리사 면허를 받은 사람이 같은 법에 따라 수산생물을 진료하는 경우와 그 밖에 대통령령으로 정하는 진료는 예외로 한다.

제11조(진료의 거부 금지) 동물진료업을 하는 수의사가 동물의 진료를 요구받았을 때에는 정당한 사유 없이 거부하여서는 아니 된다.

제12조(진단서 등) ① 수의사는 자기가 직접 진료하거나 검안하지 아니하고는 진단서, 검안서, 증명서 또는 처방전(「전자서명법」에 따른 전자서명이 기재된 전자문서 형태로 작성한 처방전을 포함한다. 이하 같다)을 발급하지 못하며, 「약사법」 제85조제6항에 따른 동물용 의약품(이하 "처방대상 동물용 의약품"이

┃ 관련 법조항

「수산생물질병 관리법」 제37조의2(수산질병관리사면허) 수산질병관리사가 되려는 사람은 제37조의5에 따른 수산질병관리사 국가시험에 합격한 후 해양수산부령으로 정하는 바에 따라 해양수산부장관의 면허를 받아야 한다.

「전자서명법」 제1조(목적) 이 법은 전자문서의 안전성과 신뢰성을 확보하고 그 이용을 활성화하기 위하여 전자서명에 관한 기본적인 사항을 정함으로써 국가와 사회의 정보화를 촉진하고 국민생활의 편익을 증진함을 목적으로 한다.

「약사법」 제85조(동물용 의약품 등에 대한 특례) ⑥ 이 법에 따라 동물용 의약품 도매상의 허가를 받은 자는 농림축산식품부장관 또는 해양수산부장관이 정하여 고시하는 다음 각 호의 어느 하나에 해당하는 동물용 의약품을 수의사 또는 수산질병관리사의 처방전 없이 판매하여서는 아니 된다. 다만, 동물병원 개설자, 수산질병관리원 개설자, 약국개설자 또는 동물용 의약품 도매상 간에 판매하는 경우에는 그러하지 아니하다.

  1. 오용·남용으로 사람 및 동물의 건강에 위해를 끼칠 우려가 있는 동물용 의약품

  2. 수의사 또는 수산질병관리사의 전문지식을 필요로 하는 동물용 의약품

  3. 제형과 약리작용상 장애를 일으킬 우려가 있다고 인정되는 동물용 의약품

라 한다)을 처방·투약하지 못한다. 다만, 직접 진료하거나 검안한 수의사가 부득이한 사유로 진단서, 검안서 또는 증명서를 발급할 수 없을 때에는 같은 동물병원에 종사하는 다른 수의사가 진료부 등에 의하여 발급할 수 있다.

② 제1항에 따른 진료 중 폐사(斃死)한 경우에 발급하는 폐사 진단서는 다른 수의사에게서 발급받을 수 있다.

③ 수의사는 직접 진료하거나 검안한 동물에 대한 진단서, 검안서, 증명서 또는 처방전의 발급을 요구받았을 때에는 정당한 사유 없이 이를 거부하여서는 아니 된다.

④ 제1항부터 제3항까지의 규정에 따른 진단서, 검안서, 증명서 또는 처방전의 서식, 기재사항, 그 밖에 필요한 사항은 농림축산식품부령으로 정한다.

⑤ 제1항에도 불구하고 농림축산식품부장관에게 신고한 축산농장에 **상시고용**된 수의사와 「동물원 및 수족관의 관리에 관한 법률」 제8조에 따라 허가받은 동물원 또는 수족관에 상시고용된 수의사는 해당 농장, 동물원 또는 수

> 상시고용: 근로자는 매일 출근하여 일정한 시간 동안 노무를 제공할 것을 약정하고, 사용자는 이에 대하여 보수를 지급할 것을 약정함으로써 성립하는 계약

❘ 관련 법조항

「동물원 및 수족관의 관리에 관한 법률」 제8조(허가 등) ① 동물원 또는 수족관을 운영하려는 자는 다음 각 호의 사항에 대하여 대통령령으로 정하는 요건을 갖추어 동물원 또는 수족관의 소재지를 관할하는 시·도지사에게 허가를 받아야 한다.

1. 보유동물 종별 서식환경 기준 및 동물원 또는 수족관의 규모별 전문인력 기준
2. 보유동물 질병관리계획
3. 동물원 또는 수족관 안전관리계획
4. 동물원의 휴·폐원 또는 수족관의 휴·폐관(이하 "휴·폐원"이라 한다) 시 보유동물 관리계획
5. 그 밖에 보유동물의 적정 관리를 위하여 필요한 사항으로서 대통령령으로 정하는 사항

② 제1항에도 불구하고 지방자치단체, 「공공기관의 운영에 관한 법률」 제4조에 따른 공공기관 또는 「지방공기업법」에 따라 설립된 지방공기업이 동물원을 운영하려면 환경부장관에게, 수족관을 운영하려면 해양수산부장관에게 제1항에 따른 요건을 갖추어 허가를 받아야 한다.

③ 환경부장관, 해양수산부장관 또는 시·도지사(이하 "허가권자"라 한다)가 제1항 또는 제2항에 따라 허가를 하는 경우에는 신청인에게 허가증을 발급하여야 한다.

④ 제1항 또는 제2항에 따라 허가를 받은 자가 허가받은 사항 중 대통령령으로 정하는 중요한 사항을 변경하려는 경우에는 변경허가를 받아야 한다.

⑤ 허가권자는 제1항 또는 제2항에 따른 허가요건 충족여부 검토 등을 위하여 필요한 경우 대통령령으로 정하는 바에 따라 현장조사를 실시할 수 있다.

⑥ 제1항부터 제5항까지에서 규정한 사항 외에 허가 및 변경허가의 방법·절차에 관하여 필요한 사항은 대통령령으로 정한다.

족관의 동물에게 투여할 목적으로 처방대상 동물용 의약품에 대한 처방전을 발급할 수 있다. 이 경우 상시고용된 수의사의 범위, 신고방법, 처방전 발급 및 보존 방법, 진료부 작성 및 보고, 교육, 준수사항 등 그 밖에 필요한 사항은 농림축산식품부령으로 정한다.

제12조의2(처방대상 동물용 의약품에 대한 처방전의 발급 등) ① 수의사(제12조제5항에 따른 축산농장, 동물원 또는 수족관에 상시고용된 수의사를 포함한다. 이하 제2항에서 같다)는 동물에게 처방대상 동물용 의약품을 투약할 필요가 있을 때에는 처방전을 발급하여야 한다.

② 수의사는 제1항에 따라 처방전을 발급할 때에는 제12조의3제1항에 따른 수의사처방관리시스템(이하 "**수의사처방관리시스템**"이라 한다)을 통하여 처방전을 발급하여야 한다. 다만, 전산장애, 출장 진료 그 밖에 대통령령으로 정하는 부득이한 사유로 수의사처방관리시스템을 통하여 처방전을 발급하지 못할 때에는 농림축산식품부령으로 정하는 방법에 따라 처방전을 발급하고 부득이한 사유가 종료된 날부터 3일 이내에 처방전을 수의사처방관리시스템에 등록하여야 한다.

③ 제1항에도 불구하고 수의사는 본인이 직접 처방대상 동물용 의약품을 처방·조제·투약하는 경우에는 제1항에 따른 처방전을 발급하지 아니할 수 있다. 이 경우 해당 수의사는 수의사처방 관리시스템에 처방대상 동물용 의약품의 명칭, 용법 및 용량 등 농림축산식품부령으로 정하는 사항을 입력하여야 한다.

④ 제1항에 따른 처방전의 서식, 기재사항, 그 밖에 필요한 사항은 농림축산식품부령으로 정한다.

⑤ 제1항에 따라 처방전을 발급한 수의사는 처방대상 동물용 의약품을 조제하여 판매하는 자가 처방전에 표시된 명칭·용법 및 용량 등에 대하여 문의한 때에는 즉시 이에 응답하여야 한다. 다만, 다음 각 호의 어느 하나에 해당하는 경우에는 그러하지 아니하다.

　1. 응급한 동물을 진료 중인 경우

　2. 동물을 수술 또는 처치 중인 경우

　3. 그 밖에 문의에 응답할 수 없는 정당한 사유가 있는 경우

제12조의3(수의사처방관리시스템의 구축·운영) ① 농림축산식품부장관은

수의사처방관리시스템: 2013년 8월부터 개정된 「수의사법」에 따라 시행된 수의사 처방제도를 위한 시스템. "수의사 처방대상 동물용의약품" 처방전 발행 방법에 따라 크게 두 가지 유형으로 지원

1. "전자처방전 발행"(원외처방전): 동물병원에서(왕진 포함) 진료를 받은 축주 및 동물 보호자가 "수의사 처방대상 동물용의약품"을 병원에서 직접 조제 및 투약받지 아니하고 외부 동물약품 도매상이나 동물약국에서 구매를 요청하는 경우 임상수의사가 원외처방전을 발행할 수 있도록 지원하는 시스템

2. "진료기록부"(원내처방전): 임상수의사가 처방대상 동물용의약품을 직접 조제 및 투약한 내용에 대하여 국가에 "수의사 처방대상 동물용의약품" 사용량을 보고할 수 있도록 지원하는 시스템

처방대상 동물용 의약품을 효율적으로 관리하기 위하여 수의사처방관리시스템을 구축하여 운영하여야 한다.

② 수의사처방관리시스템의 구축·운영에 필요한 사항은 농림축산식품부령으로 정한다.

제13조(진료부 및 검안부) ① 수의사는 진료부나 검안부를 갖추어 두고 진료하거나 검안한 사항을 기록하고 서명하여야 한다.

② 제1항에 따른 진료부 또는 검안부의 기재사항, 보존기간 및 보존방법, 그 밖에 필요한 사항은 농림축산식품부령으로 정한다.

③ 제1항에 따른 진료부 또는 검안부는 「전자서명법」에 따른 전자서명이 기재된 전자문서로 작성·보관할 수 있다.

제13조의2(수술등중대진료에 관한 설명) ① 수의사는 동물의 생명 또는 신체에 중대한 위해를 발생하게 할 우려가 있는 수술, 수혈 등 농림축산식품부령으로 정하는 진료(이하 "수술등중대진료"라 한다)를 하는 경우에는 수술등중대진료 전에 동물의 소유자 또는 관리자(이하 "동물소유자등"이라 한다)에게 제2항 각 호의 사항을 설명하고, 서면(전자문서를 포함한다)으로 동의를 받아야 한다. 다만, 설명 및 동의 절차로 수술등중대진료가 지체되면 동물의 생명이 위험해지거나 동물의 신체에 중대한 장애를 가져올 우려가 있는 경우에는 수술등중대진료 이후에 설명하고 동의를 받을 수 있다.

② 수의사가 제1항에 따라 동물소유자등에게 설명하고 동의를 받아야 할 사항은 다음 각 호와 같다.

  1. 동물에게 발생하거나 발생 가능한 증상의 진단명

  2. 수술등중대진료의 필요성, 방법 및 내용

  3. 수술등중대진료에 따라 전형적으로 발생이 예상되는 후유증 또는 부작용

  4. 수술등중대진료 전후에 동물소유자등이 준수하여야 할 사항

③ 제1항 및 제2항에 따른 설명 및 동의의 방법·절차 등에 관하여 필요한 사항은 농림축산식품부령으로 정한다.

제14조(신고) 수의사는 농림축산식품부령으로 정하는 바에 따라 그 실태와 취업상황(근무지가 변경된 경우를 포함한다) 등을 제23조에 따라 설립된 대한수의사회에 신고하여야 한다.

제15조(진료기술의 보호) 수의사의 진료행위에 대하여는 이 법 또는 다른 법령에 규정된 것을 제외하고는 누구든지 간섭하여서는 아니 된다.

제16조(기구 등의 우선 공급) 수의사는 진료행위에 필요한 기구, 약품, 그 밖의 시설 및 재료를 우선적으로 공급받을 권리를 가진다.

제2장의2 동물보건사

제16조의2(동물보건사의 자격) 동물보건사가 되려는 사람은 다음 각 호의 어느 하나에 해당하는 사람으로서 동물보건사 자격시험에 합격한 후 농림축산식품부령으로 정하는 바에 따라 농림축산식품부장관의 자격인정을 받아야 한다.

  1. 농림축산식품부장관의 평가인증(제16조의4제1항에 따른 평가인증을 말한다. 이하 이 조에서 같다)을 받은 「고등교육법」 제2조제4호에 따른 전문대학 또는 이와 같은 수준 이상의 학교의 동물 간호 관련 학과를 졸업한 사람(동물보건사 자격시험 응시일부터 6개월 이내에 졸업이 예정된 사람을 포함한다)

  2. 「초·중등교육법」 제2조에 따른 고등학교 졸업자 또는 초·중등교육법령에 따라 같은 수준의 학력이 있다고 인정되는 사람(이하 "고등학교 졸업학력 인정자"라 한다)으로서 농림축산식품부장관의 평가인증을 받은 「평생교육법」 제2조제2호에 따른 평생 교육기관의 고등학교 교과

❙ 관련 법조항

「고등교육법」 제2조(학교의 종류) 고등교육을 실시하기 위하여 다음 각 호의 학교를 둔다.

  4. 전문대학

「초·중등교육법」 제2조(학교의 종류) 초·중등교육을 실시하기 위하여 다음 각 호의 학교를 둔다.

  1. 초등학교   2. 중학교·고등공민학교
  3. 고등학교·고등기술학교   4. 특수학교
  5. 각종학교

「평생교육법」 제2조(정의) 이 법에서 사용하는 용어의 정의는 다음과 같다.

  2. "평생교육기관"이란 다음 각 목의 어느 하나에 해당하는 시설·법인 또는 단체를 말한다.

    가. 이 법에 따라 인가·등록·신고된 시설·법인 또는 단체

    나. 「학원의 설립·운영 및 과외교습에 관한 법률」에 따른 학원 중 학교교과교습학원을 제외한 평생직업교육을 실시하는 학원

    다. 그 밖에 다른 법령에 따라 평생교육을 주된 목적으로 하는 시설 ·법인 또는 단체

과정에 상응하는 동물 간호에 관한 교육과정을 이수한 후 농림축산식품부령으로 정하는 동물 간호 관련 업무에 1년 이상 종사한 사람

　3. 농림축산식품부장관이 인정하는 외국의 동물 간호 관련 면허나 자격을 가진 사람

제16조의3(동물보건사의 자격시험) ① 동물보건사 자격시험은 매년 농림축산식품부장관이 시행한다.

② 농림축산식품부장관은 제1항에 따른 동물보건사 자격시험의 관리를 대통령령으로 정하는 바에 따라 시험 관리 능력이 있다고 인정되는 관계 전문기관에 위탁할 수 있다.

③ 농림축산식품부장관은 제2항에 따라 자격시험의 관리를 **위탁**한 때에는 그 관리에 필요한 예산을 보조할 수 있다.

④ 제1항부터 제3항까지에서 규정한 사항 외에 동물보건사 자격시험의 실시 등에 필요한 사항은 농림축산식품부령으로 정한다.

제16조의4(양성기관의 평가인증) ① 동물보건사 양성과정을 운영하려는 학교 또는 교육기관(이하 "양성기관"이라 한다)은 농림축산식품부령으로 정하는 기준과 절차에 따라 농림축산식품부장관의 평가인증을 받을 수 있다.

② 농림축산식품부장관은 제1항에 따라 평가인증을 받은 양성기관이 다음 각 호의 어느 하나에 해당하는 경우에는 농림축산식품부령으로 정하는 바에 따라 평가인증을 취소할 수 있다. 다만, 제1호에 해당하는 경우에는 평가인증을 취소하여야 한다.

　1. 거짓이나 그 밖의 부정한 방법으로 평가인증을 받은 경우

　2. 제1항에 따른 양성기관 평가인증 기준에 미치지 못하게 된 경우

제16조의5(동물보건사의 업무) ① 동물보건사는 제10조에도 불구하고 동물병원 내에서 수의사의 지도 아래 동물의 간호 또는 진료 보조 업무를 수행할 수 있다.

② 제1항에 따른 구체적인 업무의 범위와 한계 등에 관한 사항은 농림축산식품부령으로 정한다.

제16조의6(준용규정) 동물보건사에 대해서는 제5조, 제6조, 제9조의2, 제14조, 제32조제1항제1호·제3호, 같은 조 제3항, 제34조, 제36조제3호를 **준용**한다. 이 경우 "수의사"는 "동물보건사"로, "면허"는 "자격"으로, "면허증"

위탁: 타인이나 타기관에게 법률행위를 의뢰해 대신하게 하는 것

준용: 어떤 사항에 관한 규정을 그와 유사하지만 본질적으로 다른 사항에 적용하는 것을 의미함. 같은 종류의 규정을 되풀이하는 번잡을 피하기 위한 입법기술의 하나임

은 "자격증"으로 본다.

제3장 동물병원

제17조(개설) ① 수의사는 이 법에 따른 동물병원을 개설하지 아니하고는 동물진료업을 할 수 없다.

② 동물병원은 다음 각 호의 어느 하나에 해당되는 자가 아니면 개설할 수 없다.

1. 수의사

2. 국가 또는 지방자치단체

3. 동물진료업을 목적으로 설립된 **법인**(이하 "동물진료법인"이라 한다)

4. 수의학을 전공하는 대학(수의학과가 설치된 대학을 포함한다)

5. 「**민법**」이나 **특별법**에 따라 설립된 비영리법인

③ 제2항제1호부터 제5호까지의 규정에 해당하는 자가 동물병원을 개설하려면 농림축산식품부령으로 정하는 바에 따라 특별자치도지사·특별자치시장·시장·군수 또는 자치구의 구청장(이하 "시장·군수"라 한다)에게 신고하여야 한다. 신고 사항 중 농림축산식품부령으로 정하는 중요 사항을 변경하려는 경우에도 같다.

④ 시장·군수는 제3항에 따른 신고를 받은 경우 그 내용을 검토하여 이 법에 적합하면 신고를 수리하여야 한다.

⑤ 동물병원의 시설기준은 대통령령으로 정한다.

제17조의2(동물병원의 관리의무) 동물병원 개설자는 자신이 그 동물병원을 관리하여야 한다. 다만, 동물병원 개설자가 부득이한 사유로 그 동물병원을 관리할 수 없을 때에는 그 동물병원에 종사하는 수의사 중에서 관리자를 지정하여 관리하게 할 수 있다.

제17조의3(동물 진단용 방사선발생장치의 설치·운영) ① 동물을 진단하기 위하여 방사선발생장치(이하 "동물 진단용 방사선발생장치"라 한다)를 설치·운영하려는 동물병원 개설자는 농림축산식품부령으로 정하는 바에 따라 시장·군수에게 신고하여야 한다. 이 경우 시장·군수는 그 내용을 검토하여 이 법에 적합하면 신고를 수리하여야 한다.

② 동물병원 개설자는 동물 진단용 방사선발생장치를 설치·운영하는 경우

법인: 일정한 사람의 집합(사단) 또는 일정한 목적을 위하여 바쳐진 재산의 집합체(재단)에 마치 살아있는 자연인과 같은 법인격을 부여하여 법률상 권리·의무의 주체가 될 수 있도록 한 것을 말함(법인의 권리능력). 법인은 권리·의무의 귀속 주체가 될 뿐만 아니라 그 기관(이사, 주주총회 등)을 통하여 자기의 이름으로 법률행위를 할 능력도 가짐(행위능력)

민법: 개인 간의 법적 관계를 규율함에 있어 일반적으로 적용되는 법

특별법: 법의 효력이 특정한 사람이나 사항 및 특정지역에 한하여 적용되는 법

에는 다음 각 호의 사항을 준수하여야 한다.

  1. 농림축산식품부령으로 정하는 바에 따라 안전관리 책임자를 선임할 것

  2. 제1호에 따른 안전관리 책임자가 그 직무수행에 필요한 사항을 요청하면 동물병원 개설자는 정당한 사유가 없으면 지체 없이 조치할 것

  3. 안전관리 책임자가 안전관리업무를 성실히 수행하지 아니하면 지체 없이 그 직으로부터 해임하고 다른 직원을 안전관리 책임자로 선임할 것

  4. 그 밖에 안전관리에 필요한 사항으로서 농림축산식품부령으로 정하는 사항

③ 동물병원 개설자는 동물 진단용 방사선발생장치를 설치한 경우에는 제17조의5제1항에 따라 농림축산식품부장관이 지정하는 검사기관 또는 측정기관으로부터 정기적으로 검사와 측정을 받아야 하며, 방사선 관계 종사자에 대한 **피폭**(被曝)관리를 하여야 한다.

피폭: 방사선원으로부터 방출된 방사선에 노출되는 일. 방사선의 에너지가 물체에 흡수되는 현상을 말함

④ 제1항과 제3항에 따른 동물 진단용 방사선발생장치의 범위, 신고, 검사, 측정 및 피폭관리 등에 필요한 사항은 농림축산식품부령으로 정한다.

제17조의4(동물 진단용 특수의료장비의 설치 · 운영) ① 동물을 진단하기 위하여 농림축산식품부장관이 고시하는 의료장비(이하 "동물 진단용 특수의료장비"라 한다)를 설치 · 운영하려는 동물병원 개설자는 농림축산식품부령으로 정하는 바에 따라 그 장비를 농림축산식품부장관에게 등록하여야 한다.

② 동물병원 개설자는 동물 진단용 특수의료장비를 농림축산식품부령으로 정하는 설치 인정기준에 맞게 설치 · 운영하여야 한다.

③ 동물병원 개설자는 동물 진단용 특수의료장비를 설치한 후에는 농림축산식품부령으로 정하는 바에 따라 농림축산식품부장관이 실시하는 정기적인 품질관리검사를 받아야 한다.

④ 동물병원 개설자는 제3항에 따른 품질관리검사 결과 부적합 판정을 받은 동물 진단용 특수의료장비를 사용하여서는 아니 된다.

제17조의5(검사 · 측정기관의 지정 등) ① 농림축산식품부장관은 검사용 장비를 갖추는 등 농림축산식품부령으로 정하는 일정한 요건을 갖춘 기관을 동물 진단용 방사선발생장치의 검사기관 또는 측정기관(이하 "검사 · 측정기관"이라 한다)으로 지정할 수 있다.

② 농림축산식품부장관은 제1항에 따른 검사 · 측정기관이 다음 각 호의 어느 하나에 해당하는 경우에는 지정을 취소하거나 6개월 이내의 기간을 정

하여 업무의 정지를 명할 수 있다. 다만, 제1호부터 제3호까지의 어느 하나에 해당하는 경우에는 그 지정을 취소하여야 한다.

1. 거짓이나 그 밖의 부정한 방법으로 지정을 받은 경우

2. 고의 또는 중대한 과실로 거짓의 동물 진단용 방사선발생장치 등의 검사에 관한 성적서를 발급한 경우

3. 업무의 정지 기간에 검사·측정업무를 한 경우

4. 농림축산식품부령으로 정하는 검사·측정기관의 지정기준에 미치지 못하게 된 경우

5. 그 밖에 **농림축산식품부장관이 고시하는 검사·측정업무에 관한 규정**을 위반한 경우

③ 제1항에 따른 검사·측정기관의 지정절차 및 제2항에 따른 지정 취소, 업무 정지에 필요한 사항은 농림축산식품부령으로 정한다.

④ 검사·측정기관의 장은 검사·측정업무를 휴업하거나 폐업하려는 경우에는 농림축산식품부령으로 정하는 바에 따라 농림축산식품부장관에게 신고하여야 한다.

제18조(휴업·폐업의 신고) 동물병원 개설자가 동물진료업을 휴업하거나 폐업한 경우에는 지체 없이 관할 시장·군수에게 신고하여야 한다. 다만, 30일 이내의 휴업인 경우에는 그러하지 아니하다.

제19조(수술 등의 진료비용 고지) ① 동물병원 개설자는 수술등중대진료 전에 수술등중대진료에 대한 예상 진료비용을 동물소유자등에게 고지하여야 한다. 다만, 수술등중대진료가 지체되면 동물의 생명 또는 신체에 중대한 장애를 가져올 우려가 있거나 수술등중대진료 과정에서 진료비용이 추가되는 경우에는 수술등중대진료 이후에 진료비용을 고지하거나 변경하여 고지할 수 있다.

② 제1항에 따른 고지 방법 등에 관하여 필요한 사항은 농림축산식품부령으로 정한다.

제20조(진찰 등의 진료비용 게시) ① 동물병원 개설자는 진찰, 입원, 예방접종, 검사 등 농림축산식품부령으로 정하는 동물진료업의 행위에 대한 진료비용을 동물소유자등이 쉽게 알 수 있도록 농림축산식품부령으로 정하는 방법으로 게시하여야 한다.

농림축산식품부장관이 고시하는 검사·측정업무에 관한 규정: 동물 진단용 방사선 안전관리 규정

② 동물병원 개설자는 제1항에 따라 게시한 금액을 초과하여 진료비용을 받아서는 아니 된다.

제20조의2(발급수수료) ① 제12조 및 제12조의2에 따른 진단서 등 발급수수료 **상한액**은 농림축산식품부령으로 정한다.

② 동물병원 개설자는 의료기관이 동물소유자등으로부터 징수하는 진단서 등 발급수수료를 농림축산식품부령으로 정하는 바에 따라 고지·게시하여야 한다.

③ 동물병원 개설자는 제2항에서 고지·게시한 금액을 초과하여 징수할 수 없다.

제20조의3(동물 진료의 분류체계 표준화) 농림축산식품부장관은 동물 진료의 체계적인 발전을 위하여 동물의 질병명, 진료항목 등 동물 진료에 관한 표준화된 분류체계를 작성하여 고시하여야 한다.

제20조의4(진료비용 등에 관한 현황의 조사·분석 등) ① 농림축산식품부장관은 동물병원에 대하여 제20조제1항에 따라 동물병원 개설자가 게시한 진료비용 및 그 산정기준 등에 관한 현황을 조사·분석하여 그 결과를 공개할 수 있다.

② 농림축산식품부장관은 제1항에 따른 조사·분석을 위하여 필요한 때에는 동물병원 개설자에게 관련 자료의 제출을 요구할 수 있다. 이 경우 자료의 제출을 요구받은 동물병원 개설자는 정당한 사유가 없으면 이에 따라야 한다.

③ 제1항에 따른 조사·분석 및 결과 공개의 범위·방법·절차에 관하여 필요한 사항은 농림축산식품부령으로 정한다.

제21조(공수의) ① 시장·군수는 동물진료 업무의 적정을 도모하기 위하여 동물병원을 개설하고 있는 수의사, 동물병원에서 근무하는 수의사 또는 농림축산식품부령으로 정하는 축산 관련 비영리법인에서 근무하는 수의사에게 다음 각 호의 업무를 **위촉**할 수 있다. 다만, 농림축산식품부령으로 정하는 축산 관련 비영리법인에서 근무하는 수의사에게는 제3호와 제6호의 업무만 위촉할 수 있다.

1. 동물의 진료
2. 동물 질병의 조사·연구
3. 동물 전염병의 **예찰** 및 예방
4. 동물의 건강진단
5. 동물의 건강증진과 환경위생 관리

상한액: 최고 한도의 액수

위촉: 어떤 일을 남에게 부탁하여 맡게 함

예찰: 가축전염병의 발생 및 역학에 관한 정보수집·분석을 위한 조사·탐문·임상검사·검진·혈청검사 및 병성감정 등의 방역활동

6. 그 밖에 동물의 진료에 관하여 시장·군수가 지시하는 사항

② 제1항에 따라 동물진료 업무를 위촉받은 수의사[이하 "공수의(公獸醫)"라 한다]는 시장·군수의 지휘·감독을 받아 위촉받은 업무를 수행한다.

제22조(공수의의 수당 및 여비) ① 시장·군수는 공수의에게 수당과 **여비**를 지급한다.

② 특별시장·광역시장·도지사 또는 특별자치도지사·특별자치시장(이하 "시·도지사"라 한다)은 제1항에 따른 수당과 여비의 일부를 부담할 수 있다.

제3장의2 동물진료법인

제22조의2(동물진료법인의 설립 허가 등) ① 제17조제2항에 따른 동물진료 법인을 설립하려는 자는 대통령령으로 정하는 바에 따라 **정관**과 그 밖의 서류를 갖추어 그 법인의 주된 사무소의 소재지를 관할하는 시·도지사의 허가를 받아야 한다.

② 동물진료법인은 그 법인이 개설하는 동물병원에 필요한 시설이나 시설을 갖추는 데에 필요한 자금을 보유하여야 한다.

③ 동물진료법인이 재산을 처분하거나 정관을 변경하려면 시·도지사의 허가를 받아야 한다.

④ 이 법에 따른 동물진료법인이 아니면 동물진료법인이나 이와 비슷한 명칭을 사용할 수 없다.

제22조의3(동물진료법인의 부대사업) ① 동물진료법인은 그 법인이 개설하는 동물병원에서 동물진료업무 외에 다음 각 호의 부대사업을 할 수 있다. 이 경우 **부대사업**으로 얻은 수익에 관한 **회계**는 동물진료법인의 다른 회계와 구분하여 처리하여야 한다.

1. 동물진료나 수의학에 관한 조사·연구
2. 「주차장법」 제19조제1항에 따른 부설주차장의 설치·운영

여비: 국가공무원이 공무(公務)로 여행을 하는 경우에 지급하는 비용

정관: 사단법인인 회사의 조직, 목적(활동), 사원의 지위에 관한 근본규칙(실질적 의의) 또는 이것을 기재한 서면(형식적 의의)을 말함

부대사업: 주장이 되는 사업에 덧붙여서 하는 사업

회계: 개인이나 기업 따위의 금전 출납에 관한 사무를 일정한 방법으로 기록하고 관리하는 것

| 관련 법조항

「주차장법」 제19조(부설주차장의 설치·지정) ① 「국토의 계획 및 이용에 관한 법률」에 따른 도시지역, 같은 법 제51조제3항에 따른 지구단위계획구역 및 지방자치단체의 조례로 정하는 관리지역에서 건축물, 골프연습장, 그 밖에 주차수요를 유발하는 시설(이하 "시설물"이라 한다)을 건축하거나 설치하려는 자는 그 시설물의 내부 또는 그 부지에 부설주차장(화물의 하역과 그 밖의 사업 수행을 위한 주차장을 포함한다. 이하 같다)을 설치하여야 한다.

3. 동물진료업 수행에 수반되는 동물진료정보시스템 개발·운영 사업 중 대통령령으로 정하는 사업

② 제1항제2호의 부대사업을 하려는 동물진료법인은 타인에게 **임대** 또는 위탁하여 운영할 수 있다.

③ 제1항 및 제2항에 따라 부대사업을 하려는 동물진료법인은 농림축산식품부령으로 정하는 바에 따라 미리 동물병원의 소재지를 관할하는 시·도지사에게 신고하여야 한다. 신고사항을 변경하려는 경우에도 또한 같다.

④ 시·도지사는 제3항에 따른 신고를 받은 경우 그 내용을 검토하여 이 법에 적합하면 신고를 **수리**하여야 한다.

제22조의4(「민법」의 준용) 동물진료법인에 대하여 이 법에 규정된 것 외에는 「민법」 중 **재단법인**에 관한 규정을 준용한다.

제22조의5(동물진료법인의 설립 허가 취소) 농림축산식품부장관 또는 시·도지사는 동물진료법인이 다음 각 호의 어느 하나에 해당하면 그 설립 허가를 취소할 수 있다.

1. 정관으로 정하지 아니한 사업을 한 때
2. 설립된 날부터 2년 내에 동물병원을 개설하지 아니한 때
3. 동물진료법인이 개설한 동물병원을 폐업하고 2년 내에 동물병원을 개설하지 아니한 때
4. 농림축산식품부장관 또는 시·도지사가 감독을 위하여 내린 명령을 위반한 때
5. 제22조의3제1항에 따른 부대사업 외의 사업을 한 때

제4장 대한수의사회

제23조(설립) ① 수의사는 수의업무의 적정한 수행과 수의**학술**의 연구·보급 및 수의사의 윤리 확립을 위하여 대통령령으로 정하는 바에 따라 대한수의사회(이하 "수의사회"라 한다)를 설립하여야 한다.

② 수의사회는 법인으로 한다.

③ 수의사는 제1항에 따라 수의사회가 설립된 때에는 당연히 수의사회의 회원이 된다.

제24조(설립인가) 수의사회를 설립하려는 경우 그 대표자는 대통령령으로 정하는 바에 따라 **정관**과 그 밖에 필요한 서류를 농림축산식품부장관에게

임대: 일정한 금액의 돈을 받고 자기 물건을 다른 사람에게 빌려줌

수리: 서류나 문서 따위를 받아서 처리함

재단법인: 일정한 목적을 위하여 출연한 재산에 법인격을 인정한 단체

학술: 학문과 관계되는 기술이나 방법, 또는 그 이론

정관: 사단법인인 회사의 조직, 목적(활동), 사원의 지위에 관한 근본규칙(실질적 의의) 또는 이것을 기재한 서면(형식적 의의)

제출하여 그 설립인가를 받아야 한다.

제25조(지부) 수의사회는 대통령령으로 정하는 바에 따라 특별시·광역시·도 또는 특별자치도·특별자치시에 **지부**(支部)를 설치할 수 있다.

제26조(「민법」의 준용) 수의사회에 관하여 이 법에 규정되지 아니한 사항은 「민법」 중 사단법인에 관한 규정을 준용한다.

제27조 삭제 ＜2010. 1. 25.＞

제28조 삭제 ＜1999. 3. 31.＞

제29조(경비 보조) 국가나 지방자치단체는 동물의 건강증진 및 공중위생을 위하여 필요하다고 인정하는 경우 또는 제37조제3항에 따라 업무를 위탁한 경우에는 수의사회의 운영 또는 업무 수행에 필요한 경비의 전부 또는 일부를 보조할 수 있다.

제5장 감독

제30조(지도와 명령) ① 농림축산식품부장관, 시·도지사 또는 시장·군수는 동물진료 시책을 위하여 필요하다고 인정할 때 또는 공중위생상 중대한 위해가 발생하거나 발생할 우려가 있다고 인정할 때에는 대통령령으로 정하는 바에 따라 수의사 또는 동물병원에 대하여 필요한 지도와 명령을 할 수 있다. 이 경우 수의사 또는 동물병원의 시설·장비 등이 필요한 때에는 농림축산식품부령으로 정하는 바에 따라 그 비용을 지급하여야 한다.

② 농림축산식품부장관 또는 시장·군수는 동물병원이 제17조의3제1항부터 제3항까지 및 제17조의4제1항부터 제3항까지의 규정을 위반하였을 때에는 농림축산식품부령으로 정하는 바에 따라 기간을 정하여 그 시설·장비 등의 전부 또는 일부의 사용을 제한 또는 금지하거나 위반한 사항을 시정하도록 명할 수 있다.

③ 농림축산식품부장관 또는 시장·군수는 동물병원이 정당한 사유 없이 제20조제1항 또는 제2항을 위반하였을 때에는 농림축산식품부령으로 정하는 바에 따라 기간을 정하여 위반한 사항을 시정하도록 명할 수 있다.

④ 농림축산식품부장관은 **인수공통감염병**의 **방역**(防疫)과 진료를 위하여 질병관리청장이 협조를 요청하면 특별한 사정이 없으면 이에 따라야 한다.

제31조(보고 및 업무 감독) ① 농림축산식품부장관은 수의사회로 하여금 회

지부: 본부의 관리 아래 본부와 분리되어 해당 지역의 일을 맡아보는 곳

인수공통감염병: 사람과 척추동물에서 공통으로 나타나는 질병의 총칭

방역: 전염병 따위를 퍼지지 않도록 예방함

원의 실태와 취업상황 등 농림축산식품부령으로 정하는 사항에 대하여 보고를 하게 하거나 소속 공무원에게 업무 상황과 그 밖의 관계 서류를 검사하게 할 수 있다.

② 시·도지사 또는 시장·군수는 수의사 또는 동물병원에 대하여 질병 진료 상황과 가축 방역 및 수의업무에 관한 보고를 하게 하거나 소속 공무원에게 그 업무 상황, 시설 또는 진료부 및 검안부를 검사하게 할 수 있다.

③ 제1항이나 제2항에 따라 검사를 하는 공무원은 그 권한을 표시하는 증표를 지니고 이를 관계인에게 보여 주어야 한다.

제32조(면허의 취소 및 면허효력의 정지) ① 농림축산식품부장관은 수의사가 다음 각 호의 어느 하나에 해당하면 그 면허를 취소할 수 있다. 다만, 제1호에 해당하면 그 면허를 취소하여야 한다.

　1. 제5조 각 호의 어느 하나에 해당하게 되었을 때

　2. 제2항에 따른 면허효력 정지기간에 수의업무를 하거나 농림축산식품
　　부령으로 정하는 기간에 3회 이상 면허효력 정지처분을 받았을 때

　3. 제6조제2항을 위반하여 면허증을 다른 사람에게 대여하였을 때

② 농림축산식품부장관은 수의사가 다음 각 호의 어느 하나에 해당하면 1년 이내의 기간을 정하여 농림축산식품부령으로 정하는 바에 따라 면허의 효력을 정지시킬 수 있다. 이 경우 진료기술상의 판단이 필요한 사항에 관하여는 관계 전문가의 의견을 들어 결정하여야 한다.

　1. 거짓이나 그 밖의 부정한 방법으로 진단서, 검안서, 증명서 또는 처방
　　전을 발급하였을 때

　2. 관련 서류를 위조하거나 변조하는 등 부정한 방법으로 진료비를 청구
　　하였을 때

　3. 정당한 사유 없이 제30조제1항에 따른 명령을 위반하였을 때

　4. **임상수의학**적(臨床獸醫學的)으로 인정되지 아니하는 진료행위를 하였을 때

　5. 학위 수여 사실을 거짓으로 **공표**하였을 때

　6. 과잉진료행위나 그 밖에 동물병원 운영과 관련된 행위로서 대통령령
　　으로 정하는 행위를 하였을 때

③ 농림축산식품부장관은 제1항에 따라 면허가 취소된 사람이 다음 각 호의 어느 하나에 해당하면 그 면허를 다시 내줄 수 있다.

임상수의학: 동물의 병에 대한 진료 및 치료에 중점을 둔 분야

공표: 여러 사람들에게 공개되어 널리 알려짐

1. 제1항제1호의 사유로 면허가 취소된 경우에는 그 취소의 원인이 된 사유가 소멸되었을 때

2. 제1항제2호 및 제3호의 사유로 면허가 취소된 경우에는 면허가 취소된 후 2년이 지났을 때

④ 동물병원은 해당 동물병원 개설자가 제2항제1호 또는 제2호에 따라 면허효력 정지처분을 받았을 때에는 그 면허효력 정지기간에 동물진료업을 할 수 없다.

제33조(동물진료업의 정지) 시장·군수는 동물병원이 다음 각 호의 어느 하나에 해당하면 농림축산식품부령으로 정하는 바에 따라 1년 이내의 기간을 정하여 그 동물진료업의 정지를 명할 수 있다.

1. 개설신고를 한 날부터 3개월 이내에 정당한 사유 없이 업무를 시작하지 아니할 때

2. 무자격자에게 진료행위를 하도록 한 사실이 있을 때

3. 제17조제3항 후단에 따른 변경신고 또는 제18조 본문에 따른 휴업의 신고를 하지 아니하였을 때

4. 시설기준에 맞지 아니할 때

5. 제17조의2를 위반하여 동물병원 개설자 자신이 그 동물병원을 관리하지 아니하거나 관리자를 지정하지 아니하였을 때

6. 동물병원이 제30조제1항에 따른 명령을 위반하였을 때

7. 동물병원이 제30조제2항에 따른 사용 제한 또는 금지 명령을 위반하거나 시정 명령을 이행하지 아니하였을 때

7의2. 동물병원이 제30조제3항에 따른 시정 명령을 이행하지 아니하였을 때

8. 동물병원이 제31조제2항에 따른 관계 공무원의 검사를 거부·방해 또는 기피하였을 때

제33조의2(과징금 처분) ① 시장·군수는 동물병원이 제33조 각호의 어느 하나에 해당하는 때에는 대통령령으로 정하는 바에 따라 동물진료업 정지처분을 **갈음**하여 5천만원 이하의 **과징금**을 부과할 수 있다.

② 제1항에 따른 과징금을 부과하는 위반행위의 종류와 위반정도 등에 따른 과징금의 금액과 그 밖에 필요한 사항은 대통령령으로 정한다.

③ 시장·군수는 제1항에 따른 과징금을 **부과**받은 자가 기한 안에 과징금을

갈음: 바꾸어 대신함

과징금: 행정청이 일정한 행정법상의 의무를 위반한 자에게 부과하는 금전적 제재조치

부과: 세금이나 부담금 따위를 매기어 물게 함

내지 아니한 때에는 「지방행정제재·**부과금**의 징수 등에 관한 법률」에 따라 징수한다.

> 부과금: 세금이나 비용 따위를 매겨서 부담하도록 한 금액

제6장 보칙

제34조(연수교육) ① 농림축산식품부장관은 수의사에게 자질 향상을 위하여 필요한 연수교육을 받게 할 수 있다.

② 국가나 지방자치단체는 제1항에 따른 연수교육에 필요한 경비를 부담할 수 있다.

③ 제1항에 따른 연수교육에 필요한 사항은 농림축산식품부령으로 정한다.

제35조 삭제

제36조(청문) 농림축산식품부장관 또는 시장·군수는 다음 각 호의 어느 하나에 해당하는 처분을 하려면 **청문**을 실시하여야 한다.

1. 제17조의5제2항에 따른 검사·측정기관의 지정취소
2. 제30조제2항에 따른 시설·장비 등의 사용금지 명령
3. 제32조제1항에 따른 수의사 면허의 취소

제37조(권한의 위임 및 위탁) ① 이 법에 따른 농림축산식품부장관의 권한은 대통령령으로 정하는 바에 따라 그 일부를 시·도지사에게 위임할 수 있다.

② 농림축산식품부장관은 대통령령으로 정하는 바에 따라 제17조의4제1항에 따른 등록 업무, 제17조의4제3항에 따른 품질관리검사 업무, 제17조의5제1항에 따른 검사·측정기관의 지정 업무, 제17조의5제2항에 따른 지정취소 업무 및 제17조의5제4항에 따른 휴업 또는 폐업 신고에 관한 업무를 수의업무를 전문적으로 수행하는 행정기관에 **위임**할 수 있다.

③ 농림축산식품부장관 및 시·도지사는 대통령령으로 정하는 바에 따라 수의(동물의 간호 또는 진료 보조를 포함한다) 및 공중위생에 관한 업무의 일부를 제23조에 따라 설립된 수의사회에 위탁할 수 있다.

> 보칙: 법령의 기본 규정을 보충하기 위하여 만든 규칙

> 청문: 행정기관이 규칙의 제정, 쟁송의 재결, 결정 처분 등의 행위를 행할 때에 미리 이해관계인의 의견을 듣는 절차

> 위임: 당사자 일방(위임인)이 상대방(수임인)에 대하여 사무의 처리를 위탁하고 상대방이 이를 승낙함으로써 성립하는 계약

❙ 관련 법조항

「지방행정제재·부과금의 징수 등에 관한 법률」 제1조(목적) 이 법은 지방행정제재·부과금의 체납처분 절차를 명확하게 하고 지방행정제재·부과금의 효율적 징수 및 관리 등에 필요한 사항을 규정함으로써 지방자치단체의 재정 확충 및 재정건전성 제고에 이바지함을 목적으로 한다.

④ 농림축산식품부장관은 대통령령으로 정하는 바에 따라 제20조의3에 따른 동물 진료의 분류체계 표준화 및 제20조의4제1항에 따른 진료비용 등의 현황에 관한 조사·분석 업무의 일부를 관계 전문기관 또는 단체에 위탁할 수 있다.

제38조(수수료) 다음 각 호의 어느 하나에 해당하는 자는 농림축산식품부령으로 정하는 바에 따라 **수수료**를 내야 한다.

1. 제6조(제16조의6에서 준용하는 경우를 포함한다)에 따른 수의사 면허증 또는 동물보건사 자격증을 재발급받으려는 사람

2. 제8조에 따른 수의사 국가시험에 응시하려는 사람

2의2. 제16조의3에 따른 동물보건사 자격시험에 응시하려는 사람

3. 제17조제3항에 따라 동물병원 개설의 신고를 하려는 자

4. 제32조제3항(제16조의6에서 준용하는 경우를 포함한다)에 따라 수의사 면허 또는 동물보건사 자격을 다시 부여받으려는 사람

제7장 벌칙

제39조(**벌칙**) ① 다음 각 호의 어느 하나에 해당하는 사람은 2년 이하의 징역 또는 2천만원 이하의 벌금에 처하거나 이를 **병과**(併科)할 수 있다.

1. 제6조제2항(제16조의6에 따라 준용되는 경우를 포함한다)을 위반하여 수의사 면허증 또는 동물보건사 자격증을 다른 사람에게 빌려주거나 빌린 사람 또는 이를 알선한 사람

2. 제10조를 위반하여 동물을 진료한 사람

3. 제17조제2항을 위반하여 동물병원을 개설한 자

② 다음 각 호의 어느 하나에 해당하는 자는 300만원 이하의 벌금에 처한다.

1. 제22조의2제3항을 위반하여 허가를 받지 아니하고 재산을 처분하거나 정관을 변경한 동물진료법인

2. 제22조의2제4항을 위반하여 동물진료법인이나 이와 비슷한 명칭을 사용한 자

제40조 삭제

제41조(과태료) ① 다음 각 호의 어느 하나에 해당하는 자에게는 500만원 이하의 **과태료**를 부과한다.

수수료: 행정·사법 행위를 이용해 이익을 얻은 사람에게 특별보상으로 과징하는 공과

벌칙: 법규위반 행위에 대한 제재로서 형벌이나 행정벌을 과할 것을 정한 규정

병과: 동시에 두 가지 이상의 형벌을 내림

과태료: 국가 또는 공공단체가 국민에게 과하는 금전벌을 말하는데, 형벌이 아니고 일종의 행정처분임

1. 제11조를 위반하여 정당한 사유 없이 동물의 진료 요구를 거부한 사람

2. 제17조제1항을 위반하여 동물병원을 개설하지 아니하고 동물진료업을 한 자

3. 제17조의4제4항을 위반하여 부적합 판정을 받은 동물 진단용 특수의 료장비를 사용한 자

② 다음 각 호의 어느 하나에 해당하는 자에게는 100만원 이하의 과태료를 부과한다.

1. 제12조제1항을 위반하여 거짓이나 그 밖의 부정한 방법으로 진단서, 검안서, 증명서 또는 처방전을 발급한 사람

1의2. 제12조제1항을 위반하여 처방대상 동물용 의약품을 직접 진료하지 아니하고 처방·투약한 자

1의3. 제12조제3항을 위반하여 정당한 사유 없이 진단서, 검안서, 증명서 또는 처방전의 발급을 거부한 자

1의4. 제12조제5항을 위반하여 신고하지 아니하고 처방전을 발급한 수의사

1의5. 제12조의2제1항을 위반하여 처방전을 발급하지 아니한 자

1의6. 제12조의2제2항 본문을 위반하여 수의사처방관리시스템을 통하지 아니하고 처방전을 발급한 자

1의7. 제12조의2제2항 단서를 위반하여 부득이한 사유가 종료된 후 3일 이내에 처방전을 수의사처방관리시스템에 등록하지 아니한 자

1의8. 제12조의2제3항 후단을 위반하여 처방대상 동물용 의약품의 명칭, 용법 및 용량 등 수의사처방관리시스템에 입력하여야 하는 사항을 입력하지 아니하거나 거짓으로 입력한 자

2. 제13조를 위반하여 진료부 또는 검안부를 갖추어 두지 아니하거나 진료 또는 검안한 사항을 기록하지 아니하거나 거짓으로 기록한 사람

2의2. 제13조의2를 위반하여 동물소유자등에게 설명을 하지 아니하거나 서면으로 동의를 받지 아니한 자

2의3. 제14조(제16조의6에 따라 준용되는 경우를 포함한다)에 따른 신고를 하지 아니한 자

3. 제17조의2를 위반하여 동물병원 개설자 자신이 그 동물병원을 관리하지 아니하거나 관리자를 지정하지 아니한 자

4. 제17조의3제1항 전단에 따른 신고를 하지 아니하고 동물 진단용 방사선발생장치를 설치·운영한 자

4의2. 제17조의3제2항에 따른 준수사항을 위반한 자

5. 제17조의3제3항에 따라 정기적으로 검사와 측정을 받지 아니하거나 방사선 관계 종사자에 대한 피폭관리를 하지 아니한 자

6. 제18조를 위반하여 동물병원의 휴업·폐업의 신고를 하지 아니한 자

6의2. 제19조를 위반하여 수술등중대진료에 대한 예상 진료비용 등을 고지하지 아니한 자

6의3. 제20조의2제3항을 위반하여 고지·게시한 금액을 초과하여 징수한 자

6의4. 제20조의4제2항에 따른 자료제출 요구에 정당한 사유 없이 따르지 아니하거나 거짓으로 자료를 제출한 자

6의5. 제22조의3제3항을 위반하여 신고하지 아니한 자

7. 제30조제2항에 따른 사용 제한 또는 금지 명령을 위반하거나 시정 명령을 이행하지 아니한 자

7의2. 제30조제3항에 따른 시정 명령을 이행하지 아니한 자

8. 제31조제2항에 따른 보고를 하지 아니하거나 거짓 보고를 한 자 또는 관계 공무원의 검사를 거부·방해 또는 기피한 자

9. 정당한 사유 없이 제34조(제16조의6에 따라 준용되는 경우를 포함한다)에 따른 연수교육을 받지 아니한 사람

③ 제1항이나 제2항에 따른 과태료는 대통령령으로 정하는 바에 따라 농림축산식품부장관, 시·도지사 또는 시장·군수가 부과·징수한다.

부칙 <법률 제18691호, 2022. 1. 4.>

제1조(시행일) 이 법은 **공포** 후 6개월이 경과한 날부터 시행한다. 다만, 다음 각 호의 개정규정은 각 호의 구분에 따른 날부터 시행한다.

1. 제19조, 제20조, 제20조의4, 제30조제3항, 제33조제7호의2, 제41조제2항제6호의4 및 제7호의2의 개정규정: 공포 후 1년이 경과한 날

2. 제20조의3 및 제41조제2항제6호의2의 개정규정: 공포 후 2년이 경과한 날

제2조(수술등중대진료에 관한 설명 및 진료비용 고지에 대한 적용례) 제13조

부칙: 본칙의 시행일, 경과 규정, 관계 법령의 개폐와 같은 내용을 보충하기 위해 법률이나 규칙 끝에 덧붙이는 규정

공포: 이미 확정된 법률, 조약, 명령 따위를 일반 국민에게 널리 알림

의2 및 제19조의 개정규정은 각각의 개정규정 시행일 이후 수술등중대진료를 하는 경우부터 적용한다.

제3조(진찰 등의 진료비용 게시에 대한 **특례**) 부칙 제1조제1호에도 불구하고 그 시행일 당시 1명의 수의사가 동물 진료를 하는 동물병원에 대하여는 같은 호의 시행일 이후 1년이 경과한 날(1년이 경과하기 전에 수의사의 수가 1명에서 2명 이상으로 변경된 경우 변경된 날)부터 제20조, 제30조제3항, 제33조제7호의2 및 제41조제2항제7호의2의 개정규정을 적용한다.

특례: 특별한 예

II 수의사법 시행령

제1조(목적) 이 영은 「수의사법」에서 **위임**된 사항과 그 **시행**에 필요한 사항을 규정함을 목적으로 한다.

제2조(정의) 「수의사법」(이하 "법"이라 한다) 제2조제2호에서 "**대통령령**으로 정하는 동물"이란 다음 각 호의 동물을 말한다.

1. 노새·당나귀
2. 친칠라·밍크·사슴·메추리·꿩·비둘기
3. 시험용 동물
4. 그 밖에 제1호부터 제3호까지에서 규정하지 아니한 동물로서 포유류·조류·파충류 및 양서류

제3조(수의사 국가시험위원회) 법 제8조에 따른 수의사 국가시험(이하 "국가시험"이라 한다)의 시험문제 출제 및 합격자 **사정**(査定) 등 국가시험의 원활한 시행을 위하여 농림축산식품부에 수의사 국가시험위원회(이하 "위원회"라 한다)를 둔다.

용어해설

위임: 당사자 중 한쪽이 상대편에게 사무 처리를 맡기고 상대편은 이를 승낙함으로써 성립하는 계약

시행: 법령을 공포한 뒤에 그 효력을 실제로 발생시키는 일. 시행기일에 대한 규정이 없으면 원칙적으로 공포 후 20일이 지나서 시행함

대통령령: 대통령이 내리는 명령. 법률과 동일한 효력을 가지는 긴급명령과 법률에서 위임받은 사항에 대하여 내리는 명령, 법률을 집행하기 위하여 내리는 집행 명령 따위가 있음

사정: 조사하거나 심사하여 결정함

┃ 관련 법조항

「수의사법」 제2조(정의) 이 법에서 사용하는 용어의 뜻은 다음과 같다.

　2. "동물"이란 소, 말, 돼지, 양, 개, 토끼, 고양이, 조류(鳥類), 꿀벌, 수생동물(水生動物), 그 밖에 대통령령으로 정하는 동물을 말한다.

「수의사법」 제8조(수의사 국가시험) ① 수의사 국가시험은 매년 농림축산식품부장관이 시행한다.

② 수의사 국가시험은 동물의 진료에 필요한 수의학과 수의사로서 갖추어야 할 공중위생에 관한 지식 및 기능에 대하여 실시한다.

③ 농림축산식품부장관은 제1항에 따른 수의사 국가시험의 관리를 대통령령으로 정하는 바에 따라 시험관리 능력이 있다고 인정되는 관계 전문기관에 맡길 수 있다.

④ 수의사 국가시험 실시에 필요한 사항은 대통령령으로 정한다.

제4조(위원회의 구성 및 기능) ① 위원회는 위원장 1명, 부위원장 1명과 13명 이내의 위원으로 구성한다.

② 위원장은 농림축산식품부차관이 되고, 부위원장은 농림축산식품부의 수의(獸醫)업무를 담당하는 3급 공무원 또는 고위공무원단에 속하는 일반직공무원이 된다.

③ 위원은 수의학 및 공중위생에 관한 전문지식과 경험이 풍부한 사람 중에서 농림축산식품부장관이 위촉한다.

④ 제3항에 따라 위촉된 위원의 **임기**는 **위촉**된 날부터 2년으로 한다.

⑤ 위원회의 **서무**를 처리하기 위하여 **간사** 1명과 **서기** 몇 명을 두며, 농림축산식품부 소속 공무원 중에서 위원장이 지정한다.

⑥ 위원회는 다음 각 호의 사항에 관하여 **심의**한다.

   1. 국가시험 제도의 개선 및 운영에 관한 사항

   2. 제9조의2에 따른 출제위원의 선정에 관한 사항

   3. 국가시험의 시험문제 출제, 과목별 배점 및 합격자 사정에 관한 사항

   4. 그 밖에 국가시험과 관련하여 위원장이 회의에 부치는 사항

⑦ 이 영에서 규정한 사항 외에 위원회의 운영에 필요한 사항은 위원장이 정한다.

제4조의2(위원의 해촉) 농림축산식품부장관은 제4조제3항에 따른 위원이 다음 각 호의 어느 하나에 해당하는 경우에는 해당 위원을 **해촉**(解囑)할 수 있다.

   1. 심신장애로 인하여 직무를 수행할 수 없게 된 경우

   2. 직무와 관련된 **비위**사실이 있는 경우

   3. 직무태만, 품위손상이나 그 밖의 사유로 인하여 위원으로 적합하지 아니하다고 인정되는 경우

   4. 위원 스스로 직무를 수행하는 것이 곤란하다고 의사를 밝히는 경우

제5조(위원장의 직무 등) ① 위원장은 위원회의 업무를 총괄하고, 위원회를 대표한다.

② 부위원장은 위원장을 **보좌**하며, 위원장이 부득이한 사유로 직무를 수행할 수 없을 때에는 위원장의 직무를 대행한다.

제6조(위원회의 회의) ① 위원장은 위원회의 회의를 소집하고, 그 의장이 된다.

임기: 임무를 맡아보는 일정한 기간

위촉: 어떤 일을 남에게 부탁하여 맡게 함

서무: 특별한 명목이 없는 여러 가지 일반적인 사무, 또는 그런 일을 맡은 사람

간사: 단체나 기관의 사무를 담당하여 처리하는 직무 또는 그런 일을 하는 사람

서기: 단체나 회의에서 문서나 기록 따위를 맡아보는 사람

심의: 심사하고 토의함

해촉: 위촉했던 직책이나 자리에서 물러나게 함

비위: 법에 어긋남. 또는 그런 일

보좌: 상관을 도와 일을 처리함

② 위원장은 회의를 소집하려면 회의의 일시·장소 및 안건을 회의 개최 3일 전까지 각 위원에게 서면으로 통지하여야 한다. 다만, 긴급한 안건의 경우에는 그러하지 아니한다.

③ 위원회의 회의는 위원장 및 부위원장을 포함한 위원 과반수의 출석으로 **개의**(開議)하고, 출석위원 과반수의 찬성으로 **의결**한다.

제7조(수당 등) 위원회에 출석한 위원에게는 예산의 범위에서 **수당**과 **여비**를 지급한다.

제8조(공고) 농림축산식품부장관(제11조에 따른 행정기관에 국가시험의 관리업무를 맡기는 경우에는 해당 행정기관의 장을 말한다. 이하 제9조, 제9조의2 및 제10조에서 같다)은 국가시험을 실시하려면 시험 실시 90일 전까지 시험과목, 시험장소, 시험일시, **응시**원서 제출기간, 그 밖에 시험의 시행에 필요한 사항을 **공고**하여야 한다.

제9조(시험과목 등) ① 국가시험의 시험과목은 다음 각 호와 같다.

1. 기초수의학
2. 예방수의학
3. 임상수의학
4. 수의법규·축산학

② 제1항에 따른 시험과목별 시험내용 및 출제범위는 농림축산식품부장관이 위원회의 심의를 거쳐 정한다.

③ 국가시험은 필기시험으로 하되, 필요하다고 인정할 때에는 실기시험 또는 **구술**시험을 병행할 수 있다.

④ 국가시험은 전 과목 총점의 60퍼센트 이상, 매 과목 40퍼센트 이상 득점한 사람을 합격자로 한다.

제9조의2(출제위원 등) ① 농림축산식품부장관은 국가시험을 실시할 때마다 수의학 및 공중위생에 관한 전문지식과 경험이 풍부한 사람 중에서 시험과목별로 시험문제의 출제 및 채점을 담당할 사람(이하 "출제위원"이라 한다) 2명 이상을 위촉한다.

② 제1항에 따라 위촉된 출제위원의 임기는 위촉된 날부터 해당 국가시험의 합격자 발표일까지로 한다. 이 경우 농림축산식품부장관은 필요하다고 인정할 때에는 그 임기를 연장할 수 있다.

개의: 안건에 대한 토의를 시작함

의결: 의논하여 결정함 또는 그런 결정

수당: 정해진 봉급 이외에 따로 주는 보수

여비: 여행하는 데에 드는 비용

응시: 시험에 응함(*응하다: 물음이나 요구, 필요에 맞추어 대답하거나 행동하다)

공고: 국가기관이나 공공단체에서 일정한 사항을 일반 대중에게 광고, 게시 또는 다른 공개적 방법으로 널리 알림

구술: 입으로 말함.

③ 제1항에 따라 위촉된 출제위원에게는 예산의 범위에서 수당과 여비를 지급하며, 국가시험의 관리·감독 업무에 종사하는 사람(**소관** 업무와 직접 관련된 공무원은 제외한다)에게는 예산의 범위에서 수당을 지급한다.

제10조(응시 절차) 국가시험에 응시하려는 사람은 농림축산식품부장관이 정하는 응시원서를 농림축산식품부장관에게 제출하여야 한다. 이 경우 법 제9조제1항 각 호에 해당하는지의 확인을 위하여 농림축산식품부령으로 정하는 서류를 응시원서에 첨부하여야 한다.

제11조(관계 전문기관의 국가시험 관리 등) ① 농림축산식품부장관이 법 제8조제3항에 따라 국가시험의 관리를 맡길 수 있는 관계 전문기관은 수의업무를 전문적으로 수행하는 행정기관으로 한다.

② 농림축산식품부장관이 제1항에 따른 행정기관에 국가시험의 관리업무를 맡기는 경우에는 제3조에도 불구하고 위원회를 해당 행정기관(이하 이 항에서 "시험관리기관"이라 한다)에 둔다. 이 경우 제4조를 적용할 때 "농림축산식품부장관" 및 "농림축산식품부차관"은 각각 "시험관리기관의 장"으로 보고, "농림축산식품부의 수의업무를 담당하는 3급 공무원 또는 고위공무원단에 속하는 일반직공무원"은 "시험관리기관의 장이 지정하는 사람"으로 보며, "농림축산식품부 소속 공무원"은"시험관리기관 소속 공무원"으로 본다.

제12조(수의사 외의 사람이 할 수 있는 진료의 범위) 법 제10조 단서에서 "대통령령으로 정하는 진료"란 다음 각 호의 행위를 말한다.

소관: 맡아 관리하는 바. 또는 그 범위

| 관련 법조항

「수의사법」 제9조(응시자격) ① 수의사 국가시험에 응시할 수 있는 사람은 제5조 각 호의 어느 하나에 해당되지 아니하는 사람으로서 다음 각 호의 어느 하나에 해당하는 사람으로 한다.

1. 수의학을 전공하는 대학(수의학과가 설치된 대학의 수의학과를 포함한다)을 졸업하고 수의학사 학위를 받은 사람. 이 경우 6개월 이내에 졸업하여 수의학사 학위를 받을 사람을 포함한다.
2. 외국에서 제1호 전단에 해당하는 학교(농림축산식품부장관이 정하여 고시하는 인정기준에 해당하는 학교를 말한다)를 졸업하고 그 국가의 수의사 면허를 받은 사람

「수의사법」 제8조(수의사 국가시험) ③ 농림축산식품부장관은 제1항에 따른 수의사 국가시험의 관리를 대통령령으로 정하는 바에 따라 시험 관리 능력이 있다고 인정되는 관계 전문기관에 맡길 수 있다.

「수의사법」 제10조(무면허 진료행위의 금지) 수의사가 아니면 동물을 진료할 수 없다. 다만, 「수산생물질병 관리법」 제37조의2에 따라 수산질병관리사 면허를 받은 사람이 같은 법에 따라 수산생물을 진료하는 경우와 그 밖에 대통령령으로 정하는 진료는 예외로 한다.

1. 수의학을 전공하는 대학(수의학과가 설치된 대학의 수의학과를 포함한다)에서 수의학을 전공하는 학생이 수의사의 자격을 가진 지도교수의 지시·감독을 받아 전공 분야와 관련된 실습을 하기 위하여 하는 진료행위

2. 제1호에 따른 학생이 수의사의 자격을 가진 지도교수의 지도·감독을 받아 양축 농가에 대한 봉사활동을 위하여 하는 진료행위

3. 축산 농가에서 자기가 사육하는 다음 각 목의 가축에 대한 진료행위

　가. 「축산법」 제22조제1항제4호에 따른 허가 대상인 가축사육업의 가축

　나. 「축산법」 제22조제3항에 따른 등록 대상인 가축사육업의 가축

　다. 그 밖에 농림축산식품부장관이 정하여 **고시**하는 가축

4. 농림축산식품부령으로 정하는 비업무로 수행하는 무상 진료행위

고시: 글로 써서 게시하여 널리 알림. 주로 행정 기관에서 일반 국민들을 대상으로 어떤 내용을 알리는 경우를 이름

│ 관련 법조항

「축산법」 제22조(축산업의 허가 등) ① 다음 각 호의 어느 하나에 해당하는 축산업을 경영하려는 자는 대통령령으로 정하는 바에 따라 해당 영업장을 관할하는 시장·군수 또는 구청장에게 허가를 받아야 한다. 허가받은 사항 중 가축의 종류 등 농림축산식품부령으로 정하는 중요한 사항을 변경할 때에도 또한 같다.

　4. 가축 종류 및 사육시설 면적이 대통령령으로 정하는 기준에 해당하는 가축사육업

③ 제1항제4호에 해당하지 아니하는 가축사육업을 경영하려는 자는 대통령령으로 정하는 바에 따라 해당 영업장을 관할하는 시장·군수 또는 구청장에게 등록하여야 한다.

「수의사법 시행규칙」 제8조(수의사 외의 사람이 할 수 있는 진료의 범위) 영 제12조제4호에서 "농림축산식품부령으로 정하는 비업무로 수행하는 무상 진료행위"란 다음 각 호의 행위를 말한다.

　1. 광역시장·특별자치시장·도지사·특별자치도지사가 고시하는 도서·벽지(僻地)에서 이웃의 양축 농가가 사육하는 동물에 대하여 비업무로 수행하는 다른 양축 농가의 무상 진료행위

　2. 사고 등으로 부상당한 동물의 구조를 위하여 수행하는 응급처치행위

❚ 반려동물 보호자의 자가처치 허용 범위 기준 제시(보도자료 2017.6.26. 농림축산식품부)

① 약을 먹이거나 연고 등을 바르는 수준의 투약 행위는 가능

② 동물의 건강상태가 양호하고, 질병이 없는 상황에서 수의사처방대상이 아닌 예방목적의 동물약품 투약 행위는 가능

　－ 다만, 동물이 건강하지 않거나 질병이 우려되는 상황에서 예방목적이 아닌 동물약품을 투약하는 경우는 사회상규에 위배된다고 볼 수 있음

③ 수의사의 진료 후 처방과 지도에 따라 행하는 투약행위는 가능

④ 그 밖에 동물에 대한 수의학적 전문지식 없이 행하여도 동물에게 위해가 없다고 인정되는 처치나 돌봄 등의 행위는 인정됨

Ⅰ. 배경

□ 최근 동물은 과거와 달리 더 이상 물건이나 인형이 아니고 생명으로 자리매김하고 있으며, "모든 종류의 동물은 학대 받지 않고 생명으로서 그 가치가 존중받아야 한다." 라고 사회적·국민적 인식 도 변화하고 있음

□ 특히, 개나 고양이 같은 반려동물은 사람과 함께 살아가는 가족이며 생명으로서 그 가치가 재조명 되고 있으며, 반려동물을 기르는 동물보호자에게 있어서는 하나의 가족 구성원이며 사람의 아이 와도 같이 사랑받고 길러지고 있음

□ 하지만, 지난 '16년 5월부터 여러 언론 등을 통해 동물보호자의 무분별한 수술, 주사 등 진료행위 로 인한 동물학대(일명, 강아지공장 사건)가 보도된 이후 동물보호단체, 시민단체 등으로부터 무자 격자의 수술 금지 등 '자기가 사육하는 동물에 대한 진료행위(일명, 자가진료) 제한'에 대한 제도 개선 요구가 있음

□ 이에 따라, 농림축산식품부는 지난 '16년 12월 30일에 자가진료를 예외로 허용해 놓은 수의사법 시행령을 개정하였으며, 앞으로 반려동물을 기르는 보호자라할지라도 동물에 위해가 되는 처치행 위는 할 수 없고, 일정 수준 이상의 처치행위를 할 경우 그 정도에 따라 사회상규에 위배되어 처 벌이 될 수 있음

□ 농림축산식품부는 수의사법 시행령 개정에 따라 '동물보호자가 어느 정도까지 처치가 가능한지에 대한' 혼선을 최소화하기 위해 본 '사례집'을 작성하여 기본적인 가이드라인을 제시하고자 함

Ⅱ. 범위와 기준

□ 본 '사례집'은 동물복지 선진국가인 미국, 유럽 등 외국사례에서의 동물보호자 처치수준, 전문가 의견, 국내 동물보호자 등 일반국민의 정서와 공감대, 변호사 자문 등을 참고하여 사회적 상규에 반하지 않는 범위와 수준으로 검토하였음

□ 본 '사례집'이 유사한 유형의 다양한 사례들에 대한 참고가 되고, 사례마다 구체적 조건 및 사실관계에 따라 결론이 달라질 수 있으므로, 앞으로 실제 사건에서의 판례 등을 통해 합리적 기준으로 정착 될 것임

□ 본 '사례집'이 전문가를 통한 적정 진료로 동물을 질병으로부터 보호하고, 동물을 생명으로서 인식하고 대우하는 선진 동물복지 문화 조성에 기여하길 기대함

Ⅲ. 사례집

◇ 동물에 대한 진료는 사례별로 위험도가 다를 수 있기에 해외사례

* 변호사 자문 등을 고려하여 국민이나 동물보호자가 공감하는 범위에서 허용

* 해외사례는 자가진료를 제한하고 있는 동물복지 선진국가인 미국, 영국 등에서 허용되는 수준을 검토함

1 원칙

□ 기본적으로 동물보호자는 수의사법 시행령이 개정됨에 따라 앞으로는 동물에 위해가 되는 처치행위는 할 수 없으나, 자신이 기르는 동물의 생존권과 건강을 우선적으로 보호하려는 '선의의 목적'을 가지고 동물에 대한 약의 사용 등 일정수준의 처치는 할 수 있음

□ '동물보호자'는 동물에 대한 소유권을 가지고 있는 자로서 제한되며, 동물보호자의 자격이나 권리를 제3자 등 타인에게 양도하거나 위임할 수 없음

2 사례

Q 1. 동물보호자가 약을 먹이거나 연고 등을 바르는 수준의 투약 행위는 가능한가요?

□ 처방 대상이 아닌 동물약품은 수의사의 진료 후에 약을 받아서 투약 또는 동물약품판매업소 등에서 직접 구입하여 투약할 수 있음

□ 처방대상 동물약품은 수의사의 진료 후에 약을 받아서 투약하거나 해당 동물병원으로부터 처방전을 발급받아 동물약품판매업소 등을 통해 구입 후에 사용할 수 있음

  * cf) 처방대상 동물약품 중 일부제제는 구입 시 처방전을 반드시 필요로 하지 않음

Q 2. 동물보호자가 처방대상이 아닌 약을 구입하여 행하는 투약행위는 가능한가요?

□ 동물의 건강상태가 양호하고, 질병이 없는 상황에서 처방대상이 아닌 예방목적의 동물약품을 동물
  약품판매업소 등에서 구입하여 행하는 투약행위는 인정되나, 동물약품의 종류에 따라 부작용등이
  나타날 수 있으므로 수의사가 하거나 수의사의 처방을 따르는 것을 권고 함

〈의료법 참고판례〉
* 행위의 위험성 정도, 일반인들의 시각, 행위자의 동기·목적·방법·횟수, 행위자의 지식수준, 시술행위
  로 인한 위험발생 가능성 등을 종합적으로 고려하여 판단 사회상규에 위배되는 지 여부를 판단(대법원
  2002.12.26. 선고 2002도5077 판결, 대법원 2004.10.28. 선고 2004도3405 판결 등)

□ 동물이 건강하지 않은 상황이나 질병이 우려되는 상황에서 예방목적이 아닌 동물약품을 수의사의
  처방이나 지도 없이 일시적으로 혹은 지속적으로 투약하는 경우는 사회상규에 위배된다고 볼 수
  있음

Q 3. 동물보호자가 수의사의 진료 후 처방과 지도에 따라 행하는 투약행위는 가능한가요?

□ 수의사의 처방과 지도에 따라 동물약품판매업소 등에서 동물약품을 구입하여 투약하는 경우에 인
  정될 수 있음
  ☞ 다만, 기본적으로 약물의 주사투약은 먹이는 방법에 비해 약물을 체내에 직접 주입하는 방식으
    로 약제의 흡수속도가 빠르고, 잘못된 접종에 의한 쇼크, 폐사, 부종 등 부작용이 있으며, 시술
    후 의료폐기물을 적정하게 처리하지 못하면 공중보건학적인 문제는 물론 사회적인 문제도 야기
    될 수 있음으로 수의사의 진료 후에 수의사에 의해 직접 행하는 것을 권고함

Q 4. 동물보호자는 그 밖에 어떤 처치행위가 가능할까요?

□ 그 밖에 동물에 대한 수의학적 전문지식 없이 행하여도 동물에게 위해가 없다고 인정되는 처치나
  돌봄 등의 행위는 인정됨
  * (예시) 통상적인 외부 기생충 구제, 단순 귀 청소·세척 등

제12조의2(처방전을 발급하지 못하는 부득이한 사유) 법 제12조의2제2항 단서에서 "대통령령으로 정하는 부득이한 사유"란 응급을 **요하는** 동물의 수술 또는 처치를 말한다.

요하다: 필요로 함

제12조의3(동물보건사 자격시험의 관리업무 위탁) ① 농림축산식품부장관은 법 제16조의3제2항에 따라 동물보건사 자격시험의 관리업무를 다음 각 호의 어느 하나에 해당하는 자에게 **위탁**할 수 있다.

1. 「민법」 제32조에 따라 농림축산식품부장관의 허가를 받아 설립된 비**영리**법인

2. 「공공기관의 운영에 관한 법률」 제4조에 따른 공공기관

3. 그 밖에 동물보건사 자격시험의 관리업무를 수행하기에 적합하다고 농림축산식품부장관이 인정하는 관계 전문기관

② 농림축산식품부장관은 제1항에 따라 업무를 위탁하는 경우에는 위탁받는 자와 위탁업무의 내용을 고시해야 한다.

위탁: 법률 행위나 사무의 처리를 다른 사람에게 맡겨 부탁하는 일

영리: 재산상의 이익을 꾀함. 또는 그 이익

제13조(동물병원의 시설기준) ① 법 제17조제5항에 따른 동물병원의 시설기준은 다음 각 호와 같다.

1. 개설자가 수의사인 동물병원: **진료**실 · **처치**실 · **조제**실, 그 밖에 청결유

진료: 의사가 환자를 진료하고 치료하는 일

처치: 상처나 헌데 따위를 치료함

조제: 여러 가지 약품을 적절히 조합하여 약을 지음

▌ 관련 법조항

「수의사법」 제12조의2(처방대상 동물용 의약품에 대한 처방전의 발급 등) ② 수의사는 제1항에 따라 처방전을 발급할 때에는 제12조의3제1항에 따른 수의사처방관리시스템(이하 "수의사처방관리시스템"이라 한다)을 통하여 처방전을 발급하여야 한다. 다만, 전산장애, 출장 진료 그 밖에 대통령령으로 정하는 부득이한 사유로 수의사처방관리시스템을 통하여 처방전을 발급하지 못할 때에는 농림축산식품부령으로 정하는 방법에 따라 처방전을 발급하고 부득이한 사유가 종료된 날부터 3일 이내에 처방전을 수의사처방관리시스템에 등록하여야 한다.

「수의사법」 제16조의3(동물보건사의 자격시험) ① 동물보건사 자격시험은 매년 농림축산식품부장관이 시행한다.

② 농림축산식품부장관은 제1항에 따른 동물보건사 자격시험의 관리를 대통령령으로 정하는 바에 따라 시험 관리 능력이 있다고 인정되는 관계 전문기관에 위탁할 수 있다.

③ 농림축산식품부장관은 제2항에 따라 자격시험의 관리를 위탁한 때에는 그 관리에 필요한 예산을 보조할 수 있다.

④ 제1항부터 제3항까지에서 규정한 사항 외에 동물보건사 자격시험의 실시 등에 필요한 사항은 농림축산식품부령으로 정한다.

「수의사법」 제17조(개설) ⑤ 동물병원의 시설기준은 대통령령으로 정한다.

지와 위생관리에 필요한 시설을 갖출 것. 다만, 축산 농가가 사육하는 가축(소·말·돼지·염소·사슴·닭·오리를 말한다)에 대한 출장진료만을 하는 동물병원은 진료실과 처치실을 갖추지 아니할 수 있다.

2. 개설자가 수의사가 아닌 동물병원: 진료실·처치실·조제실·임상병리 검사실, 그 밖에 청결유지와 위생관리에 필요한 시설을 갖출 것. 다만, 지방자치단체가 「동물보호법」 제35조제1항에 따라 설치·운영하는 동 물보호센터의 동물만을 진료·처치하기 위하여 직접 설치하는 동물병 원의 경우에는 임상병리검사실을 갖추지 아니할 수 있다.

② 제1항에 따른 시설의 세부 기준은 농림축산식품부령으로 정한다.

제13조의2(동물진료법인의 설립 허가 신청) 법 제22조의2제1항에 따라 같은 법 제17조제2항제3호에 따른 동물진료법인(이하 "동물진료법인"이라 한다)을 설립하려는 자는 동물진료법인 설립허가신청서에 농림축산식품부령으로 정하는 서류를 첨부하여 그 법인의 주된 사무소의 소재지를 **관할**하는 특별시장·광역시장·도지사 또는 특별자치도지사·특별자치시장(이하 "시·도지사"라 한다)에게 제출하여야 한다.

제13조의3(동물진료법인의 재산 처분 또는 정관 변경의 허가 신청) 법 제22조의2제3항에 따라 재산 처분이나 **정관** 변경에 대한 **허가**를 받으려는 동물진료법인은 재산처분허가신청서 또는 정관변경허가신청서에 농림축산식품부령으로 정하는 서류를 첨부하여 그 법인의 주된 사무소의 소재지를 관할하는 시·도지사에게 제출하여야 한다.

관할: 일정한 권한을 가지고 통제하거나 지배함. 또는 그런 지배가 미치는 범위

정관: 법인의 목적, 조직, 업무 집행 따위에 관한 근본 규칙. 또는 그것을 적은 문서

허가: 법령에 의하여 일반적으로 금지되어 있는 행위를 행정 기관이 특정한 경우에 해제하고 적법하게 이를 행할 수 있게 하는 일. 권리를 설정하는 특허나 법률의 효력을 보완하는 인가와 구별됨

┃ 관련 법조항

「동물보호법」 제35조(동물보호센터의 설치 등) ① 시·도지사와 시장·군수·구청장은 제34조에 따른 동물의 구조·보호 등을 위하여 농림축산식품부령으로 정하는 시설 및 인력 기준에 맞는 동물보호센터를 설치·운영할 수 있다. (시행 2023.4.27. 제15조 → 제35조)

「수의사법」 제22조의2(동물진료법인의 설립 허가 등) ① 제17조제2항에 따른 동물진료법인을 설립하려는 자는 대통령령으로 정하는 바에 따라 정관과 그 밖의 서류를 갖추어 그 법인의 주된 사무소의 소재지를 관할하는 시·도지사의 허가를 받아야 한다.

「수의사법」 제17조(개설) ② 동물병원은 다음 각 호의 어느 하나에 해당되는 자가 아니면 개설할 수 없다.

　　3. 동물진료업을 목적으로 설립된 법인

「수의사법」 제22조의2(동물진료법인의 설립 허가 등) ③ 동물진료법인이 재산을 처분하거나 정관을 변경하려면 시·도지사의 허가를 받아야 한다.

제13조의4(동물진료정보시스템 개발·운영 사업) 법 제22조의3제1항제3호에서 "대통령령으로 정하는 사업"이란 다음 각 호의 사업을 말한다.

1. 진료부(진단서 및 증명서를 포함한다)를 전산으로 작성·관리하기 위한 시스템의 개발·운영 사업
2. 동물의 진단 등을 위하여 의료기기로 촬영한 영상기록을 저장·전송하기 위한 시스템의 개발·운영 사업

제14조(수의사회의 설립인가) 법 제24조에 따라 수의사회의 설립인가를 받으려는 자는 다음 각 호의 서류를 농림축산식품부장관에게 제출하여야 한다.

1. 정관
2. 자산 명세서
3. 사업계획서 및 **수지예산서**
4. 설립 **결의서**
5. 설립 대표자의 **선출** 경위에 관한 서류
6. 임원의 **취임 승낙**서와 이력서

제15조 삭제 <2014. 12. 9.>

제16조 삭제 <2014. 12. 9.>

제17조 삭제 <1999. 2. 26.>

제18조(지부의 설치) 수의사회는 법 제25조에 따라 지부를 설치하려는 경우에는 그 설립등기를 완료한 날부터 3개월 이내에 특별시·광역시·도 또는 특별자치도·특별자치시에 지부를 설치하여야 한다.

수지: 수입과 지출을 아울러 이르는 말

예산서: 필요한 비용을 미리 헤아려 계산함. 또는 그 비용/국가나 단체에서 한 회계 연도의 수입과 지출을 미리 셈하여 정한 계획

결의서: 의논하고 합의하여 결정한 사항을 정리한 글이나 문서

선출: 여럿 가운데서 골라냄

취임: 새로운 직무를 수행하기 위하여 맡은 자리에 처음으로 나아감

승낙: 청하는 바를 들어줌. 청약의 상대편이 계약을 성립시키기 위하여 청약자에 대하여 하는 의사 표시

│ 관련 법조항

「수의사법」제22조의3(동물진료법인의 부대사업) ① 동물진료법인은 그 법인이 개설하는 동물병원에서 동물진료업무 외에 다음 각 호의 부대사업을 할 수 있다. 이 경우 부대사업으로 얻은 수익에 관한 회계는 동물진료법인의 다른 회계와 구분하여 처리하여야 한다.

    3. 동물진료업 수행에 수반되는 동물진료정보시스템 개발·운영 사업 중 대통령령으로 정하는 사업

「수의사법」제24조(설립인가) 수의사회를 설립하려는 경우 그 대표자는 대통령령으로 정하는 바에 따라 정관과 그 밖에 필요한 서류를 농림축산식품부장관에게 제출하여 그 설립인가를 받아야 한다.

「수의사법」제25조(지부) 수의사회는 대통령령으로 정하는 바에 따라 특별시·광역시·도 또는 특별자치도·특별자치시에 지부(支部)를 설치할 수 있다.

제18조의2(윤리위원회의 설치) 수의사회는 법 제23조제1항에 따라 수의업무의 적정한 수행과 수의사의 윤리 확립을 도모하고, 법 제32조제2항 각 호 외의 부분 **후단**에 따른 의견의 제시 등을 위하여 정관에서 정하는 바에 따라 윤리위원회를 설치·운영할 수 있다.

후단: 뒤쪽의 끝

제19조 [종전 제19조는 제21조로 이동 <2011. 1. 24.>]

제20조(지도와 명령) 법 제30조제1항에 따라 농림축산식품부장관, 시·도지사 또는 시장·군수·구청장(자치구의 구청장을 말한다. 이하 같다)이 수의사 또는 동물병원에 할 수 있는 지도와 명령은 다음 각 호와 같다.

1. 수의사 또는 동물병원 기구·장비의 대(對)국민 지원 지도와 동원 명령

2. 공중위생상 **위해**(危害) 발생의 방지 및 동물 질병의 예방과 적정한 진료 등을 위하여 필요한 시설·업무개선의 **지도**와 명령

위해: 위험과 재해를 아울러 이르는 말

지도: 어떤 목적이나 방향으로 남을 가르쳐 이끎

3. 그 밖에 가축전염병의 확산이나 인수공통감염병으로 인한 공중위생상의 중대한 위해 발생의 방지 등을 위하여 필요하다고 인정하여 하는

| 관련 법조항

「수의사법」 제23조(설립) ① 수의사는 수의업무의 적정한 수행과 수의학술의 연구·보급 및 수의사의 윤리 확립을 위하여 대통령령으로 정하는 바에 따라 대한수의사회(이하 "수의사회"라 한다)를 설립하여야 한다.

「수의사법」 제32조(면허의 취소 및 면허효력의 정지) ② 농림축산식품부장관은 수의사가 다음 각 호의 어느 하나에 해당하면 1년 이내의 기간을 정하여 농림축산식품부령으로 정하는 바에 따라 면허의 효력을 정지시킬 수 있다. 이 경우 진료기술상의 판단이 필요한 사항에 관하여는 관계 전문가의 의견을 들어 결정하여야 한다.

   1. 거짓이나 그 밖의 부정한 방법으로 진단서, 검안서, 증명서 또는 처방전을 발급하였을 때

   2. 관련 서류를 위조하거나 변조하는 등 부정한 방법으로 진료비를 청구하였을 때

   3. 정당한 사유 없이 제30조제1항에 따른 명령을 위반하였을 때

   4. 임상수의학적(臨床獸醫學的)으로 인정되지 아니하는 진료행위를 하였을 때

   5. 학위 수여 사실을 거짓으로 공표하였을 때

   6. 과잉진료행위나 그 밖에 동물병원 운영과 관련된 행위로서 대통령령으로 정하는 행위를 하였을 때

「수의사법」 제30조(지도와 명령) ① 농림축산식품부장관, 시·도지사 또는 시장·군수는 동물진료 시책을 위하여 필요하다고 인정할 때 또는 공중위생상 중대한 위해가 발생하거나 발생할 우려가 있다고 인정할 때에는 대통령령으로 정하는 바에 따라 수의사 또는 동물병원에 대하여 필요한 지도와 명령을 할 수 있다. 이 경우 수의사 또는 동물병원의 시설·장비 등이 필요한 때에는 농림축산식품부령으로 정하는 바에 따라 그 비용을 지급하여야 한다

지도와 명령

제20조의2(과잉진료행위 등) 법 제32조제2항제6호에서 "과잉진료행위나 그 밖에 동물병원 운영과 관련된 행위로서 대통령령으로 정하는 행위"란 다음 각 호의 행위를 말한다.

1. 불필요한 검사·투약 또는 수술 등 과잉진료행위를 하거나 부당하게 많은 진료비를 요구하는 행위

2. 정당한 사유 없이 동물의 고통을 줄이기 위한 조치를 하지 아니하고 **시술**하는 행위나 그 밖에 이에 준하는 행위로서 농림축산식품부령으로 정하는 행위

3. 허위광고 또는 과대광고 행위

4. 동물병원의 개설자격이 없는 자에게 고용되어 동물을 진료하는 행위

5. 다른 동물병원을 이용하려는 동물의 소유자 또는 관리자를 자신이 종사하거나 개설한 동물병원으로 유인하거나 유인하게 하는 행위

6. 법 제11조, 제12조제1항·제3항, 제13조제1항·제2항 또는 제17조제1항을 위반하는 행위

> 시술: 의술이나 최면술 따위의 술법을 베풂. 또는 그런 일

관련 법조항

「수의사법」 제32조(면허의 취소 및 면허효력의 정지) ② 농림축산식품부장관은 수의사가 다음 각 호의 어느 하나에 해당하면 1년 이내의 기간을 정하여 농림축산식품부령으로 정하는 바에 따라 면허의 효력을 정지시킬 수 있다. 이 경우 진료기술상의 판단이 필요한 사항에 관하여는 관계 전문가의 의견을 들어 결정하여야 한다.

  6. 과잉진료행위나 그 밖에 동물병원 운영과 관련된 행위로서 대통령령으로 정하는 행위를 하였을 때

「수의사법」 제11조(진료의 거부 금지) 동물진료업을 하는 수의사가 동물의 진료를 요구받았을 때에는 정당한 사유 없이 거부하여서는 아니 된다.

「수의사법」 제12조(진단서 등) ① 수의사는 자기가 직접 진료하거나 검안하지 아니하고는 진단서, 검안서, 증명서 또는 처방전(「전자서명법」에 따른 전자서명이 기재된 전자문서 형태로 작성한 처방전을 포함한다)을 발급하지 못하며, 「약사법」 제85조제6항에 따른 동물용 의약품을 처방·투약하지 못한다. 다만, 직접 진료하거나 검안한 수의사가 부득이한 사유로 진단서, 검안서 또는 증명서를 발급할 수 없을 때에는 같은 동물병원에 종사하는 다른 수의사가 진료부 등에 의하여 발급할 수 있다.

③ 수의사는 직접 진료하거나 검안한 동물에 대한 진단서, 검안서, 증명서 또는 처방전의 발급을 요구받았을 때에는 정당한 사유 없이 이를 거부하여서는 아니 된다.

「수의사법」 제13조(진료부 및 검안부) ① 수의사는 진료부나 검안부를 갖추어 두고 진료하거나 검안한 사항을 기록하고 서명하여야 한다.

② 제1항에 따른 진료부 또는 검안부의 기재사항, 보존기간 및 보존방법, 그 밖에 필요한 사항은 농림축산식품부령으로 정한다.

제20조의3(과징금의 부과 등) ① 법 제33조의2제1항에 따라 **과징금**을 부과하는 위반행위의 종류와 위반 정도 등에 따른 과징금의 금액은 별표 1과 같다.

② 특별자치도지사·특별자치시장·시장·군수 또는 구청장(이하 "시장·군수"라 한다)은 법 제33조의2제1항에 따라 과징금을 부과하려면 그 위반행위의 종류와 과징금의 금액을 **서면**으로 자세히 밝혀 과징금을 낼 것을 과징금 **부과** 대상자에게 알려야 한다.

③ 제2항에 따른 **통지**를 받은 자는 통지를 받은 날부터 30일 이내에 과징금을 시장·군수가 정하는 **수납**기관에 내야 한다. 다만, **천재지변**이나 그 밖의 부득이한 사유로 그 기간 내에 과징금을 낼 수 없는 경우에는 그 사유가 없어진 날부터 7일 이내에 내야 한다.

④ 제3항에 따라 과징금을 받은 수납기관은 과징금을 낸 자에게 영수증을 발급하고, 과징금을 받은 사실을 지체없이 시장·군수에게 통보해야 한다.

⑤ 과징금의 징수절차는 농림축산식품부령으로 정한다.

제20조의4(권한의 위임) ① 농림축산식품부장관은 법 제37조제1항에 따라 다음 각 호의 권한을 시·도지사에게 위임한다.

　1. 법 제12조제5항 전단에 따른 축산농장, 동물원 또는 수족관에 상시고

과징금: 규약 위반에 대한 제재로 징수하는 돈

서면: 글씨를 쓴 지면, 일정한 내용을 적은 문서

부과: 세금이나 부담금 따위를 매기어 부담하게 함

통지: 기별을 보내어 알게 함

수납: 돈이나 물품따위를 받아 거두어 들임

천재지변: 지진, 홍수, 태풍 따위의 잔연 현상으로 인한 재앙

처분: 행정, 사법 관청이 특별한 사건에 대하여 해당 법규를 적용하는 행위

갈음: 다른 것으로 바꾸어 대신함

준용: 표준으로 삼아 적용함. 어떤 사항에 관한 규정을 그와 유사하지만 본질적으로 다른 사항에 적용하는 일

❙ 관련 법조항

「수의사법」 제33조의2(과징금 처분) ① 시장·군수는 동물병원이 제33조 각 호의 어느 하나에 해당하는 때에는 대통령령으로 정하는 바에 따라 동물진료업 정지 **처분**을 **갈음**하여 5천만원 이하의 과징금을 부과할 수 있다.

「수의사법 시행규칙」 제25조의2(과징금의 징수절차) 영 제20조의3제5항에 따른 과징금의 징수절차에 관하여는 「국고금 관리법 시행규칙」을 **준용**한다. 이 경우 납입고지서에는 이의신청의 방법 및 기간을 함께 적어야 한다.

「수의사법」 제37조(권한의 위임 및 위탁) ① 이 법에 따른 농림축산식품부장관의 권한은 대통령령으로 정하는 바에 따라 그 일부를 시·도지사에게 위임할 수 있다.

② 농림축산식품부장관은 대통령령으로 정하는 바에 따라 제17조의4제1항에 따른 등록 업무, 제17조의4제3항에 따른 품질관리검사 업무, 제17조의5제1항에 따른 검사·측정기관의 지정 업무, 제17조의5제2항에 따른 지정 취소 업무 및 제17조의5제4항에 따른 휴업 또는 폐업 신고에 관한 업무를 수의업무를 전문적으로 수행하는 행정기관에 위임할 수 있다.

「수의사법」 제12조(진단서 등) ⑤ 제1항에도 불구하고 농림축산식품부장관에게 신고한 축산농장에 상시고용된 수의사와 「동물원 및 수족관의 관리에 관한 법률」 제3조제1항에 따라 등록한 동물원 또는 수족관에 상시고용된 수의사는 해당 농장, 동물원 또는 수족관의 동물에게 투여할 목적으로 처방대상 동물용 의약품에 대한 처방전을 발급할 수 있다. 이 경우 상시고용된 수의사의 범위, 신고방법, 처방전 발급 및 보존 방법, 진료부 작성 및 보고, 교육, 준수사항 등 그 밖에 필요한 사항은 농림축산식품부령으로 정한다.

용된 수의사의 상시고용 신고의 접수

2. 법 제12조제5항 후단에 따른 축산농장, 동물원 또는 수족관에 상시고
   용된 수의사의 진료부 보고

② 농림축산식품부장관은 법 제37조제2항에 따라 다음 각 호의 업무를 농
림축산검역본부장에게 위임한다.

1. 법 제17조의4제1항에 따른 등록 업무

2. 법 제17조의4제3항에 따른 품질관리검사 업무

3. 법 제17조의5제1항에 따른 검사·측정기관의 지정 업무

4. 법 제17조의5제2항에 따른 지정 취소 업무

5. 법 제17조의5제4항에 따른 휴업 또는 폐업 신고의 수리 업무

③ 시·도지사는 제1항에 따라 농림축산식품부장관으로부터 위임받은 권한
의 일부를 농림축산식품부장관의 승인을 받아 시장·군수 또는 구청장에게
다시 위임할 수 있다.

▌관련 법조항

「수의사법」제17조의4(동물 진단용 특수의료장비의 설치·운영) ① 동물을 진단하기 위하여 농림축산식
품부장관이 고시하는 의료장비("동물 진단용 특수의료장비")를 설치·운영하려는 동물병원 개설자는 농림
축산식품부령으로 정하는 바에 따라 그 장비를 농림축산식품부장관에게 등록하여야 한다.

③ 동물병원 개설자는 동물 진단용 특수의료장비를 설치한 후에는 농림축산식품부령으로 정하는 바에 따
라 농림축산식품부장관이 실시하는 정기적인 품질관리검사를 받아야 한다

「수의사법」제17조의5(검사·측정기관의 지정 등) ① 농림축산식품부장관은 검사용 장비를 갖추는 등
농림축산식품부령으로 정하는 일정한 요건을 갖춘 기관을 동물 진단용 방사선발생장치의 검사기관 또는
측정기관("검사·측정기관")으로 지정할 수 있다.

② 농림축산식품부장관은 제1항에 따른 검사·측정기관이 다음 각 호의 어느 하나에 해당하는 경우에는
지정을 취소하거나 6개월 이내의 기간을 정하여 업무의 정지를 명할 수 있다. 다만, 제1호부터 제3호까지
의 어느 하나에 해당하는 경우에는 그 지정을 취소하여야 한다.

1. 거짓이나 그 밖의 부정한 방법으로 지정을 받은 경우

2. 고의 또는 중대한 과실로 거짓의 동물 진단용 방사선발생장치 등의 검사에 관한 성적서를 발급한
   경우

3. 업무의 정지 기간에 검사·측정업무를 한 경우

4. 농림축산식품부령으로 정하는 검사·측정기관의 지정기준에 미치지 못하게 된 경우

5. 그 밖에 농림축산식품부장관이 고시하는 검사·측정업무에 관한 규정을 위반한 경우

④ 검사·측정기관의 장은 검사·측정업무를 휴업하거나 폐업하려는 경우에는 농림축산식품부령으로 정하
는 바에 따라 농림축산식품부장관에게 신고하여야 한다.

제21조(업무의 위탁) ① 농림축산식품부장관은 법 제37조제3항에 따라 법 제34조에 따른 수의사의 연수교육에 관한 업무를 수의사회에 위탁한다.

② 농림축산식품부장관은 법 제37조제4항에 따라 법 제20조의3에 따른 동물 진료의 분류체계 표준화에 관한 업무를 수의사회에 위탁한다.

③ 농림축산식품부장관은 법 제37조제4항에 따라 법 제20조의4제1항에 따른 진료비용 등의 현황에 관한 조사·분석 업무를 다음 각 호의 어느 하나에 해당하는 자에게 위탁할 수 있다.

1. 「민법」 제32조에 따라 농림축산식품부장관의 허가를 받아 설립된 비영리법인

┃ 관련 법조항

「수의사법」 제37조(권한의 위임 및 위탁) ③ 농림축산식품부장관 및 시·도지사는 대통령령으로 정하는 바에 따라 수의(동물의 간호 또는 진료 보조를 포함한다) 및 공중위생에 관한 업무의 일부를 제23조에 따라 설립된 수의사회에 위탁할 수 있다.

「수의사법」 제34조(연수교육) ① 농림축산식품부장관은 수의사에게 자질 향상을 위하여 필요한 연수교육을 받게 할 수 있다.

② 국가나 지방자치단체는 제1항에 따른 연수교육에 필요한 경비를 부담할 수 있다.

③ 제1항에 따른 연수교육에 필요한 사항은 농림축산식품부령으로 정한다.

④ 농림축산식품부장관은 대통령령으로 정하는 바에 따라 제20조의3에 따른 동물 진료의 분류체계 표준화 및 제20조의4제1항에 따른 진료비용 등의 현황에 관한 조사·분석 업무의 일부를 관계 전문기관 또는 단체에 위탁할 수 있다.

「수의사법」 제20조의3(동물 진료의 분류체계 표준화) 농림축산식품부장관은 동물 진료의 체계적인 발전을 위하여 동물의 질병명, 진료항목 등 동물 진료에 관한 표준화된 분류체계를 작성하여 고시하여야 한다.

「수의사법」 제20조의4(진료비용 등에 관한 현황의 조사·분석 등) ① 농림축산식품부장관은 동물병원에 대하여 제20조제1항에 따라 동물병원 개설자가 게시한 진료비용 및 그 산정기준 등에 관한 현황을 조사·분석하여 그 결과를 공개할 수 있다.

「민법」 제32조(비영리법인의 설립과 허가) 학술, 종교, 자선, 기예, 사교 기타 영리아닌 사업을 목적으로 하는 사단 또는 재단은 주무관청의 허가를 얻어 이를 법인으로 할 수 있다.

2. 「소비자기본법」 제29조제1항 및 같은 법 시행령 제23조제2항에 따라 공
    정거래위원회에 등록한 소비자단체
  3. 「공공기관의 운영에 관한 법률」 제4조에 따른 공공기관

▌관련 법조항

「소비자기본법」 제29조(소비자단체의 등록) ① 다음 각 호의 요건을 모두 갖춘 소비자단체는 대통령령이 정하는 바에 따라 공정거래위원회 또는 지방자치단체에 등록할 수 있다.
  1. 제28조제1항제2호 및 제5호의 업무를 수행할 것
  2. 물품 및 용역에 대하여 전반적인 소비자문제를 취급할 것
  3. 대통령령이 정하는 설비와 인력을 갖출 것
  4. 「비영리민간단체 지원법」 제2조 각 호의 요건을 모두 갖출 것

「소비자기본법 시행령」 제23조(소비자단체의 등록) ②법 제29조제1항에 따라 다음 각 호의 어느 하나에 해당하는 소비자단체는 공정거래위원회에 등록할 수 있고, 그 밖의 소비자단체는 주된 사무소가 위치한 시·도에 등록할 수 있다.
  1. 전국적 규모의 소비자단체로 구성된 협의체
  2. 3개 이상의 시·도에 지부를 설치하고 있는 소비자단체

「공공기관의 운영에 관한 법률」 제4조(공공기관) ① 기획재정부장관은 국가·지방자치단체가 아닌 법인·단체 또는 기관으로서 다음 각 호의 어느 하나에 해당하는 기관을 공공기관으로 지정할 수 있다.
  1. 다른 법률에 따라 직접 설립되고 정부가 출연한 기관
  2. 정부지원액(법령에 따라 직접 정부의 업무를 위탁받거나 독점적 사업권을 부여받은 기관의 경우에는 그 위탁업무나 독점적 사업으로 인한 수입액을 포함한다)이 총수입액의 2분의 1을 초과하는 기관
  3. 정부가 100분의 50 이상의 지분을 가지고 있거나 100분의 30 이상의 지분을 가지고 임원 임명권한 행사 등을 통하여 해당 기관의 정책 결정에 사실상 지배력을 확보하고 있는 기관
  4. 정부와 제1호부터 제3호까지의 어느 하나에 해당하는 기관이 합하여 100분의 50 이상의 지분을 가지고 있거나 100분의 30 이상의 지분을 가지고 임원 임명권한 행사 등을 통하여 해당 기관의 정책 결정에 사실상 지배력을 확보하고 있는 기관
  5. 제1호부터 제4호까지의 어느 하나에 해당하는 기관이 단독으로 또는 두개 이상의 기관이 합하여 100분의 50 이상의 지분을 가지고 있거나 100분의 30 이상의 지분을 가지고 임원 임명권한 행사 등을 통하여 해당 기관의 정책 결정에 사실상 지배력을 확보하고 있는 기관
  6. 제1호부터 제4호까지의 어느 하나에 해당하는 기관이 설립하고, 정부 또는 설립 기관이 출연한 기관
② 제1항에도 불구하고 기획재정부장관은 다음 각 호의 어느 하나에 해당하는 기관을 공공기관으로 지정할 수 없다.
  1. 구성원 상호 간의 상호부조·복리증진·권익향상 또는 영업질서 유지 등을 목적으로 설립된 기관
  2. 지방자치단체가 설립하고, 그 운영에 관여하는 기관
  3. 「방송법」에 따른 한국방송공사와 「한국교육방송공사법」에 따른 한국교육방송공사
③ 제1항제2호의 규정에 따른 정부지원액과 총수입액의 산정 기준·방법 및 같은 항 제3호부터 제5호까지의 규정에 따른 사실상 지배력 확보의 기준에 관하여 필요한 사항은 대통령령으로 정한다

4. 「정부출연연구기관 등의 설립·운영 및 육성에 관한 법률」에 따른 정부출연연구기관

5. 그 밖에 진료비용 등의 현황에 관한 조사·분석에 업무를 수행하기에 적합하다고 농림축산식품부장관이 인정하는 관계 전문기관 또는 단체

④ 농림축산식품부장관은 제3항에 따라 업무를 위탁하는 경우에는 위탁받는 자와 위탁업무의 내용을 고시해야 한다. [제19조에서 이동 <2011. 1. 24.>]

제21조의2(고유식별정보의 처리) 농림축산식품부장관(제20조의4에 따라 농림축산식품부장관의 권한을 위임받은 자를 포함한다) 및 시장·군수(해당 권한이 위임·위탁된 경우에는 그 권한을 위임·위탁받은 자를 포함한다)는 다음 각 호의 어느 하나에 해당하는 사무를 수행하기 위하여 불가피한 경우 「개인정보 보호법 시행령」 제19조제1호, 제2호 또는 제4호에 따른 **주민등록번호**, **여권**번호 또는 **외국인등록번호**가 포함된 자료를 처리할 수 있다.

> **주민등록번호**: 주민 등록을 할 때에 국가에서 국민에게 부여하는 고유 번호
>
> **여권**: 외국을 여행하는 사람의 신분이나 국적을 증명하고 상대국에 그 보호를 의뢰하는 문서
>
> **외국인등록번호**: 입국일로부터 90일을 초과하여 국내에 체류하는 외국인에게 부여하는 번호

▌관련 법조항

「정부출연연구기관 등의 설립 운영 및 육성에 관한 법률」에 따라 설립되는 연구기관

1. 한국개발연구원	2. 한국조세재정연구원
3. 대외경제정책연구원	4. 통일연구원
5. 한국형사·법무정책연구원	6. 한국행정연구원
7. 한국교육과정평가원	8. 산업연구원
9. 에너지경제연구원	10. 정보통신정책연구원
11. 한국보건사회연구원	12. 한국노동연구원
13. 한국직업능력연구원	14. 한국해양수산개발원
15. 한국법제연구원	16. 한국여성정책연구원
17. 한국청소년정책연구원	18. 한국교통연구원
19. 한국환경연구원	20. 한국교육개발원
21. 한국농촌경제연구원	22. 국토연구원
23. 과학기술정책연구원	24. 건축공간연구원

「개인정보 보호법 시행령」 제19조(고유식별정보의 범위) 법 제24조제1항 각 호 외의 부분에서 "대통령령으로 정하는 정보"란 다음 각 호의 어느 하나에 해당하는 정보를 말한다. 다만, 공공기관이 법 제18조제2항제5호부터 제9호까지의 규정에 따라 다음 각 호의 어느 하나에 해당하는 정보를 처리하는 경우의 해당 정보는 제외한다.

1. 「주민등록법」 제7조의2제1항에 따른 주민등록번호
2. 「여권법」 제7조제1항제1호에 따른 여권번호

1. 법 제4조에 따른 수의사 면허 발급에 관한 사무
  2. 법 제16조의2에 따른 동물보건사 자격인정에 관한 사무
  3. 법 제17조에 따른 동물병원의 개설신고 및 변경신고에 관한 사무
  4. 법 제17조의3에 따른 동물 진단용 방사선발생장치의 설치 · 운영 신고
     에 관한 사무
  5. 법 제17조의5에 따른 검사 · 측정기관의 지정에 관한 사무

▌관련 법조항

「수의사법」제4조(면허) 수의사가 되려는 사람은 제8조에 따른 수의사 국가시험에 합격한 후 농림축산식품부령으로 정하는 바에 따라 농림축산식품부장관의 면허를 받아야 한다.

「수의사법」제17조(개설) ① 수의사는 이 법에 따른 동물병원을 개설하지 아니하고는 동물진료업을 할 수 없다.
② 동물병원은 다음 각 호의 어느 하나에 해당되는 자가 아니면 개설할 수 없다.
  1. 수의사
  2. 국가 또는 지방자치단체
  3. 동물진료업을 목적으로 설립된 법인("동물진료법인")
  4. 수의학을 전공하는 대학(수의학과가 설치된 대학을 포함한다)
  5. 「민법」이나 특별법에 따라 설립된 비영리법인
③ 제2항제1호부터 제5호까지의 규정에 해당하는 자가 동물병원을 개설하려면 농림축산식품부령으로 정하는 바에 따라 특별자치도지사 · 특별자치시장 · 시장 · 군수 또는 자치구의 구청장("시장 · 군수")에게 신고하여야 한다. 신고 사항 중 농림축산식품부령으로 정하는 중요 사항을 변경하려는 경우에도 같다.
④ 시장 · 군수는 제3항에 따른 신고를 받은 경우 그 내용을 검토하여 이 법에 적합하면 신고를 수리하여야 한다.
⑤ 동물병원의 시설기준은 대통령령으로 정한다.

「수의사법」제17조의5(검사 · 측정기관의 지정 등) ① 농림축산식품부장관은 검사용 장비를 갖추는 등 농림축산식품부령으로 정하는 일정한 요건을 갖춘 기관을 동물 진단용 방사선발생장치의 검사기관 또는 측정기관("검사 · 측정기관")으로 지정할 수 있다.
② 농림축산식품부장관은 제1항에 따른 검사 · 측정기관이 다음 각 호의 어느 하나에 해당하는 경우에는 지정을 취소하거나 6개월 이내의 기간을 정하여 업무의 정지를 명할 수 있다. 다만, 제1호부터 제3호까지의 어느 하나에 해당하는 경우에는 그 지정을 취소하여야 한다.
  1. 거짓이나 그 밖의 부정한 방법으로 지정을 받은 경우
  2. 고의 또는 중대한 과실로 거짓의 동물 진단용 방사선발생장치 등의 검사에 관한 성적서를 발급한 경우
  3. 업무의 정지 기간에 검사 · 측정업무를 한 경우
  4. 농림축산식품부령으로 정하는 검사 · 측정기관의 지정기준에 미치지 못하게 된 경우
  5. 그 밖에 농림축산식품부장관이 고시하는 검사 · 측정업무에 관한 규정을 위반한 경우
③ 제1항에 따른 검사 · 측정기관의 지정절차 및 제2항에 따른 지정 취소, 업무 정지에 필요한 사항은 농림축산식품부령으로 정한다.
④ 검사 · 측정기관의 장은 검사 · 측정업무를 휴업하거나 폐업하려는 경우에는 농림축산식품부령으로 정하는 바에 따라 농림축산식품부장관에게 신고하여야 한다.

6. 법 제18조에 따른 동물병원 휴업·폐업의 신고에 관한 사무

제22조(규제의 재검토) 농림축산식품부장관은 제13조에 따른 동물병원의 시설기준에 대하여 2017년 1월 1일을 기준으로 3년마다(매 3년이 되는 해의 1월 1일 전까지를 말한다) 그 타당성을 검토하여 개선 등의 조치를 해야 한다.

제23조(과태료의 부과기준) 법 제41조제1항 및 제2항에 따른 과태료의 부과기준은 별표 2와 같다.

부칙 <제33435호, 2023. 4. 27.>

제1조(시행일) 이 영은 공포한 날부터 시행한다. <단서 생략>

제2조부터 제7조까지 생략

제8조(다른 법령의 개정) ①부터 ③까지 생략

④ 수의사법 시행령 일부를 다음과 같이 개정한다.

제13조제1항제2호 단서 중 "「동물보호법」 제15조제1항"을 "「동물보호법」 제35조제1항"으로 한다.

⑤부터 ⑦까지 생략

제9조 생략

┃ 관련 법조항

「수의사법」 제18조(휴업·폐업의 신고) 동물병원 개설자가 동물진료업을 휴업하거나 폐업한 경우에는 지체 없이 관할 시장·군수에게 신고하여야 한다. 다만, 30일 이내의 휴업인 경우에는 그러하지 아니하다.

[별표 1] 위반행위별 과징금의 금액(제20조의3 제1항 관련)

■ 수의사법 시행령 [별표 1]

위반행위별 과징금의 금액(제20조의3제1항 관련)

1. 일반기준

  가. 업무정지 1개월은 30일을 기준으로 한다.

  나. 위반행위의 종류에 따른 과징금의 금액은 업무정지 기간에 제2호에 따라 산정한 업무정지 1일당 과징금의 금액을 곱하여 얻은 금액으로 한다. 다만, 과징금 산정금액이 5천만원을 넘는 경우에는 5천만원으로 한다.

  다. 나목의 업무정지 기간은 법 제33조에 따라 정한 기간(가중 또는 감경을 한 경우에는 그에 따라 가중 또는 감경된 기간을 말한다)을 말한다.

  라. 1일당 과징금의 금액은 위반행위를 한 동물병원의 연간 총수입금액을 기준으로 제2호에 따라 산정한다.

  마. 동물병원의 총수입금액은 처분일이 속하는 연도의 직전년도 동물병원에서 발생하는 「소득세법」 제24조에 따른 총수입금액 또는 「법인세법 시행령」 제11조제1호에 따른 동물병원에서 발생하는 사업수입금액의 총액으로 한다. 다만, 동물병원의 신규 개설, 휴업 또는 재개업 등으로 1년간의 총수입금액을 산출할 수 없거나 1년간의 총수입금액을 기준으로 하는 것이 현저히 불합리하다고 인정되는 경우에는 분기별·월별 또는 일별 수입금액을 기준으로 연 단위로 환산하여 산출한 금액으로 한다.

2. 과징금의 산정방법

등급	연간 총수입금액(단위: 백만원)	1일당 과징금의 금액(단위: 원)
1	50 이하	43,000
2	50 초과 ~ 100 이하	65,000
3	100 초과 ~ 150 이하	110,000
4	150 초과 ~ 200 이하	160,000
5	200 초과 ~ 250 이하	200,000
6	250 초과 ~ 300 이하	240,000
7	300 초과 ~ 350 이하	280,000
8	350 초과 ~ 400 이하	330,000
9	400 초과 ~ 450 이하	370,000
10	450 초과 ~ 500 이하	410,000
11	500 초과 ~ 600 이하	480,000
12	600 초과 ~ 700 이하	560,000
13	700 초과 ~ 800 이하	650,000
14	800 초과 ~ 900 이하	740,000
15	900 초과 ~ 1,000 이하	820,000
16	1,000 초과 ~ 2,000 이하	1,300,000
17	2,000 초과 ~ 3,000 이하	2,160,000
18	3,000 초과 ~ 4,000 이하	3,020,000
19	4,000 초과	3,450,000

[별표 2] 과태료의 부과기준(제23조 관련)

■ 수의사법 시행령 [별표 2]

과태료의 부과기준(제23조 관련)

1. 일반기준

가. 위반행위의 횟수에 따른 과태료의 가중된 부과기준은 최근 3년간 같은 위반행위로 과태료 부과처분을 받은 경우에 적용한다. 이 경우 기간의 계산은 위반행위에 대하여 과태료 부과처분을 받은 날과 그 처분 후 다시 같은 위반행위를 하여 적발된 날을 기준으로 한다.

나. 가목에 따라 가중된 부과처분을 하는 경우 가중처분의 적용 차수는 그 위반행위 전 부과처분 차수(가목에 따른 기간 내에 과태료 부과처분이 둘 이상 있었던 경우에는 높은 차수를 말한다)의 다음 차수로 한다.

다. 부과권자는 다음의 어느 하나에 해당하는 경우에는 제2호의 개별기준에 따른 과태료 금액의 2분의 1 범위에서 그 금액을 줄일 수 있다. 다만, 과태료를 체납하고 있는 위반행위자의 경우에는 그렇지 않다.

　1) 위반행위자가 「질서위반행위규제법 시행령」 제2조의2제1항 각 호의 어느 하나에 해당하는 경우

　2) 위반행위가 사소한 부주의나 오류로 인한 것으로 인정되는 경우

　3) 위반행위자가 법 위반상태를 시정하거나 해소하기 위한 노력이 인정되는 경우

　4) 그 밖에 위반행위의 정도, 위반행위의 동기와 그 결과 등을 고려하여 과태료 금액을 줄일 필요가 있다고 인정되는 경우

라. 부과권자는 다음의 어느 하나에 해당하는 경우에는 제2호의 개별기준에 따른 과태료 금액의 2분의 1 범위에서 그 금액을 늘릴 수 있다. 다만, 법 제41조제1항 및 제2항에 따른 과태료 금액의 상한을 넘을 수 없다.

　1) 위반행위가 고의나 중대한 과실로 인한 것으로 인정되는 경우

　2) 위반의 내용·정도가 중대하여 이로 인한 피해가 크다고 인정되는 경우

　3) 법 위반상태의 기간이 6개월 이상인 경우

　4) 그 밖에 위반행위의 정도, 위반행위의 동기와 그 결과 등을 고려하여 과태료를 늘릴 필요가 있다고 인정되는 경우

2. 개별기준

위반행위	근거 법조문	과태료(단위: 만원)		
		1회 위반	2회 위반	3회 이상 위반
가. 법 제11조를 위반하여 정당한 사유 없이 동물의 진료 요구를 거부한 경우	법 제41조제1항제1호	150	200	250
나. 법 제12조제1항을 위반하여 거짓이나 그 밖의 부정한 방법으로 진단서, 검안서, 증명서 또는 처방전을 발급한 경우	법 제41조제2항제1호	50	75	100
다. 법 제12조제1항을 위반하여 「약사법」 제85조제6항에 따른 동물용 의약품(이하 "처방대상 동물용 의약품"이라 한	법 제41조제2항 제1호의2	50	75	100

위반행위	근거 법조문			
다)을 직접 진료하지 않고 처방·투약한 경우				
라. 법 제12조제3항을 위반하여 정당한 사유 없이 진단서, 검안서, 증명서 또는 처방전의 발급을 거부한 경우	법 제41조제2항제1호의3	50	75	100
마. 법 제12조제5항을 위반하여 신고하지 않고 처방전을 발급한 경우	법 제41조제2항제1호의4	50	75	100
바. 법 제12조의2제1항을 위반하여 처방전을 발급하지 않은 경우	법 제41조제2항제1호의5	50	75	100
사. 법 제12조의2제2항 본문을 위반하여 수의사처방관리시스템을 통하지 않고 처방전을 발급한 경우	법 제41조제2항제1호의6	30	60	90
아. 법 제12조의2제2항 단서를 위반하여 부득이한 사유가 종료된 후 3일 이내에 처방전을 수의사처방관리시스템에 등록하지 않은 경우	법 제41조제2항제1호의7	30	60	90
자. 법 제12조의2제3항 후단을 위반하여 처방대상 동물용 의약품의 명칭, 용법 및 용량 등 수의사처방관리시스템에 입력해야 하는 사항을 입력하지 않거나 거짓으로 입력한 경우	법 제41조제2항제1호의8			
1) 입력해야 하는 사항을 입력하지 않은 경우		30	60	90
2) 입력해야 하는 사항을 거짓으로 입력한 경우		50	75	100
차. 법 제13조를 위반하여 진료부 또는 검안부를 갖추어 두지 않거나 진료 또는 검안한 사항을 기록하지 않거나 거짓으로 기록한 경우	법 제41조제2항제2호	50	75	100
카. 법 제13조의2를 위반하여 동물소유자 등에게 설명을 하지 않거나 서면으로 동의를 받지 않은 경우	법 제41조제2항제2호의2	30	60	90

위반행위	근거 법조문			
타. 법 제14조(법 제16조의6에 따라 준용되는 경우를 포함한다)에 따른 신고를 하지 않은 경우	법 제41조제2항제2호의3	7	14	28
파. 법 제17조제1항을 위반하여 동물병원을 개설하지 않고 동물진료업을 한 경우	법 제41조제1항제2호	300	400	500
하. 법 제17조의2를 위반하여 동물병원 개설자 자신이 그 동물병원을 관리하지 않거나 관리자를 지정하지 않은 경우	법 제41조제2항제3호	60	80	100
거. 법 제17조의3제1항 전단에 따른 신고를 하지 않고 동물 진단용 방사선발생장치를 설치·운영한 경우로서	법 제41조제2항제4호			
1) 동물 진단용 방사선발생장치의 안전관리기준에 맞지 않게 설치·운영한 경우		50	75	100
2) 동물 진단용 방사선발생장치의 안전관리기준에 맞게 설치·운영한 경우		30	60	90
너. 법 제17조의3제2항에 따른 준수사항을 위반한 자	법 제41조제2항제4호의2	30	60	90
더. 법 제17조의3제3항을 위반하여	법 제41조제2항제5호			
1) 검사기관으로부터 정기적으로 검사를 받지 않은 경우		30	60	90
2) 측정기관으로부터 정기적으로 측정을 받지 않은 경우		30	60	90
3) 방사선 관계 종사자에 대한 피폭관리를 하지 않은 경우		50	75	100
러. 법 제17조의4제4항을 위반하여 부적합 판정을 받은 동물 진단용 특수의료장비를 사용한 경우	법 제41조제1항제3호	150	200	250
머. 법 제18조를 위반하여 동물병원의 휴업·폐업의 신고를 하지 않은 경우	법 제41조제2항제6호	10	20	40
버. 법 제19조를 위반하여 수술등중대진료에 대한 예상 진료비용 등을 고지하지 않은 경우	법 제41조제2항제6호의2	30	60	90

서. 법 제20조의2제3항을 위반하여 고지 · 게시한 금액을 초과하여 징수한 경우	법 제41조제2항 제6호의3	30	60	90
어. 법 제20조의4제2항에 따른 자료제출 요구에 정당한 사유 없이 따르지 않거나 거짓으로 자료를 제출한 경우	법 제41조제2항 제6호의4	30	60	90
저. 법 제22조의3제3항을 위반하여 신고하지 않은 경우	법 제41조제2항 제6호의5	30	60	90
처. 법 제30조제2항에 따른 사용 제한 또는 금지 명령을 위반하거나 시정 명령을 이행하지 않은 경우	법 제41조제2항 제7호	60	80	100
커. 법 제30조제3항에 따른 시정 명령을 이행하지 않은 경우	법 제41조제2항 제7호의2	30	60	90
터. 법 제31조제2항을 위반하여	법 제41조제2항제8호			
1) 보고를 하지 않거나 거짓 보고를 한 경우		50	75	100
2) 관계 공무원의 검사를 거부 · 방해 또는 기피한 경우		60	80	100
퍼. 정당한 사유 없이 법 제34조(법 제16조의6에 따라 준용되는 경우를 포함한다)에 따른 연수교육을 받지 않은 경우	법 제41조제2항제9호	50	75	100

III 수의사법 시행규칙

제1조(목적) 이 규칙은 「수의사법」 및 같은 법 시행령에서 **위임**된 사항과 그 **시행**에 필요한 사항을 **규정**함을 목적으로 한다.

제1조의2(응시원서에 첨부하는 서류) 「**수의사법시행령**」(이하 "영"이라 한다) 제10조 **후단**에서 "농림축산식품부령으로 정하는 서류"란 다음 각 호의 서류를 말한다.

    1. 「수의사법」(이하 "법"이라 한다) 제9조제1항제1호에 해당하는 사람은 수의학사 학위증 사본 또는 졸업 예정 증명서

    2. 법 제9조제1항제2호에 해당하는 사람은 다음 각 목의 서류. 다만, 법률 제5953호 수의사법 중 개정법률 부칙 제4항에 해당하는 자는 나목 및

용어해설

위임(委任): (법률)당사자 중 한쪽이 상대편에게 사무 처리를 맡기고 상대편은 이를 승낙함으로써 성립하는 계약

시행(施行): 법령을 공포한 후 그 효력을 실제로 발생시킴

규정(規定): 규칙으로 정함. 또는 그 정하여 놓은 것. [법률] 양이나 범위 따위를 제한하여 정함

▌관련 법조항

「수의사법 시행령」 제10조(응시 절차) 국가시험에 응시하려는 사람은 농림축산식품부장관이 정하는 응시원서를 농림축산식품부장관에게 제출하여야 한다. 이 경우 법 제9조제1항 각 호에 해당하는지의 확인을 위하여 농림축산식품부령으로 정하는 서류를 응시원서에 첨부하여야 한다.

「수의사법」 제9조(응시자격) ① 수의사 국가시험에 응시할 수 있는 사람은 제5조(**결격**사유) 각 호의 어느 하나에 해당되지 아니하는 사람으로서 다음 각 호의 어느 하나에 해당하는 사람으로 한다.

    1. 수의학을 전공하는 대학(수의학과가 설치된 대학의 수의학과를 포함한다 – 서울대, 건국대, 강원대, 충북대, 충남대, 경북대, 경상대, 전북대, 전남대, 제주대)을 졸업하고 수의학사 학위를 받은 사람. 이 경우 6개월 이내에 졸업하여 수의학사 학위를 받을 사람을 포함한다.

「수의사법」 제9조(응시자격) ① 수의사 국가시험에 응시할 수 있는 사람은 제5조 각 호의 어느 하나에 해당되지 아니하는 사람으로서 다음 각 호의 어느 하나에 해당하는 사람으로 한다.

    2. 외국에서 제1호 전단에 해당하는 학교(농림축산식품부장관이 정하여 고시하는 인정기준에 해당하는 학교를 말한다)를 졸업하고 그 국가의 수의사 **면허**를 받은 사람

부칙 〈법률 제5953호, 1999. 3. 31.〉 ④ (수의사국가시험의 응시자격에 관한 경과조치) 종전의 제9조제2호에 따라 농림부장관이 인정한 외국의 대학에서 2001년 12월 31일 이전에 수의학 학사학위를 받은 사람 또는 2001년 12월 31일 당시 해당 대학에서 수의학을 전공으로 재적(在籍) 중인 사람에 대한 수의사 국가시험 응시자격은 종전의 규정에 따른다.

다목의 서류를 제출하지 아니하며, 법률 제7546호 수의사법 일부개정법률 부칙 제2항에 해당하는 자는 다목의 서류를 제출하지 아니한다.

가. 외국 대학의 수의학사 학위증 사본

나. 외국의 수의사 면허증 사본 또는 수의사 면허를 받았음을 증명하는 서류

다. 외국 대학이 법 제9조제1항제2호에 따른 인정기준에 적합한지를 확인하기 위하여 영 제8조에 따른 수의사 국가시험 관리기관(이하 "시험관리기관"이라 한다)의 장이 정하는 서류

제2조(면허증의 발급) ① 법 제4조에 따라 수의사의 면허를 받으려는 사람은 법 제8조에 따른 수의사 국가시험에 합격한 후 시험관리기관의 장에게 다음 각 호의 서류를 제출하여야 한다.

1. 법 제5조제1호 본문에 해당하는 사람이 아님을 증명하는 의사의 진단

수의사법시행령: 대통령령

후단: 뒤쪽의 끝

결격: 필요한 자격이 모자라거나 빠져있음

수의사법은 국회에서 만들고, 일부세부사항은 대통령령으로 제정(수의사법시행령), 또한 더 자세한 사항은 업무담당자인 농림축산식품부장관(수의사법시행규칙)이 제정함

수의사법시행규칙: 농림축산부장관

면허: 일반인에게는 허가되지 않는 특수한 행위를 특정한 사람에게만 허가하는 행정 처분

▌관련 법조항

부칙 〈법률 제7546호, 2005. 5. 31.〉 ② (수의사국가시험의 응시자격에 관한 경과조치) 이 법 시행 당시 다음 각호의 어느 하나에 해당하는 자의 수의사국가시험 응시자격은 종전의 규정에 의한다.

1. 종전의 제9조제2호의 규정에 의하여 수의사국가시험 응시자격이 있는 자

2. 외국의 대학(수의학과가 설치된 대학의 수의학과를 포함한다)에서 수의학을 전공하고 졸업하여 수의학사학위를 받은 자

3. 외국의 대학에서 수의학을 전공으로 재학 중인 자

「수의사법」 제4조(면허) 수의사가 되려는 사람은 제8조에 따른 수의사 국가시험에 합격한 후 농림축산식품부령으로 정하는 바에 따라 농림축산식품부장관의 면허를 받아야 한다.

「수의사법」 제8조(수의사 국가시험) ① 수의사 국가시험은 매년 농림축산식품부장관이 시행한다.

② 수의사 국가시험은 동물의 진료에 필요한 수의학과 수의사로서 갖추어야 할 공중위생에 관한 지식 및 기능에 대하여 실시한다.

③ 농림축산식품부장관은 제1항에 따른 수의사 국가시험의 관리를 대통령령으로 정하는 바에 따라 시험관리 능력이 있다고 인정되는 관계 전문기관에 맡길 수 있다.

④ 수의사 국가시험 실시에 필요한 사항은 대통령령으로 정한다.

「수의사법」 제5조(결격사유) 1. 「정신건강증진 및 정신질환자 복지서비스 지원에 관한 법률」 제3조제1호에 따른 정신질환자. 다만, 정신건강의학과전문의가 수의사로서 직무를 수행할 수 있다고 인정하는 사람은 그러하지 아니하다.

「정신건강증진 및 정신질환자 복지서비스 지원에 관한 법률」 제3조(정의) 이 법에서 사용하는 용어의 뜻은 다음과 같다.

1. "정신질환자"란 망상, 환각, 사고(思考)나 기분의 장애 등으로 인하여 독립적으로 일상생활을 영위하는 데 중대한 제약이 있는 사람을 말한다.

서 또는 같은 호 단서에 해당하는 사람임을 증명하는 정신과전문의의
진단서

2. 법 제5조제3호 본문에 해당하는 사람이 아님을 증명하는 의사의 진단
서 또는 같은 호 단서에 해당하는 사람임을 증명하는 정신과전문의의
진단서

3. 사진(응시원서와 같은 원판으로서 가로 3센티미터 세로 4센티미터의 모자를
쓰지 않은 정면 상반신) 2장

② 시험관리기관의 장은 **영** 제10조 및 제1항에 따라 제출받은 서류를 검토
하여 법 제5조 및 제9조에 따른 결격사유 및 응시**자격** 해당 여부를 확인한
후 다음 각 호의 사항을 적은 수의사 면허증 발급 대상자 명단을 농림축산

영: 법령

자격: 일정한 신분이나 지
위를 가지거나 일정한 일
을 하는데 필요한 조건이
나 능력

| 관련 법조항

「수의사법 시행령」 제10조(응시 절차) 국가시험에 응시하려는 사람은 농림축산식품부장관이 정하는 응시
원서를 농림축산식품부장관에게 제출하여야 한다. 이 경우 법 제9조제1항 각 호에 해당하는지의 확인을
위하여 농림축산식품부령으로 정하는 서류를 응시원서에 첨부하여야 한다.

「수의사법」 제5조(결격사유) 다음 각 호의 어느 하나에 해당하는 사람은 수의사가 될 수 없다.

1. 「정신건강증진 및 정신질환자 복지서비스 지원에 관한 법률」 제3조제1호에 따른 정신질환자. 다
만, 정신건강의학과전문의가 수의사로서 직무를 수행할 수 있다고 인정하는 사람은 그러하지 아니
하다.

2. 피성년후견인 또는 피한정후견인

3. 마약, 대마(大麻), 그 밖의 향정신성의약품(向精神性醫藥品) 중독자. 다만, 정신건강의학과전문의가
수의사로서 직무를 수행할 수 있다고 인정하는 사람은 그러하지 아니하다.

4. 이 법, 「가축전염병예방법」, 「축산물위생관리법」, 「동물보호법」, 「의료법」, 「약사법」, 「식품위생법」
또는 「마약류관리에 관한 법률」을 위반하여 금고 이상의 실형을 선고받고 그 집행이 끝나지(집행
이 끝난 것으로 보는 경우를 포함한다) 아니하거나 면제되지 아니한 사람

「수의사법」 제9조(응시자격) ① 수의사 국가시험에 응시할 수 있는 사람은 제5조 각 호의 어느 하나에 해
당되지 아니하는 사람으로서 다음 각 호의 어느 하나에 해당하는 사람으로 한다.

1. 수의학을 전공하는 대학(수의학과가 설치된 대학의 수의학과를 포함한다)을 졸업하고 수의학사 학위
를 받은 사람. 이 경우 6개월 이내에 졸업하여 수의학사 학위를 받을 사람을 포함한다.

2. 외국에서 제1호 전단에 해당하는 학교(농림축산식품부장관이 정하여 고시하는 인정기준에 해당하는
학교를 말한다)를 졸업하고 그 국가의 수의사 면허를 받은 사람

② 제1항제1호 후단에 해당하는 사람이 해당 기간에 수의학사 학위를 받지 못하면 처음부터 응시자격이
없는 것으로 본다.

식품부장관에게 제출하여야 한다.

　1. 성명(한글·영문 및 한문)

　2. 주소

　3. 주민등록번호(외국인인 경우에는 국적·생년월일 및 성별)

　4. 출신학교 및 졸업 연월일

③ 농림축산식품부장관은 합격자 발표일부터 50일 이내(법 제9조제1항제2호에 해당하는 사람의 경우에는 외국에서 수의학사 학위를 받은 사실과 수의사 면허를 받은 사실 등에 대한 **조회**가 끝난 날부터 50일 이내)에 수의사 면허증을 발급하여야 한다.

제3조(면허증 및 면허대장 등록사항) ① 법 제6조에 따른 수의사 면허증은 별지 제1호서식에 따른다.

조회: 어떤 사람의 인적 사항이나 어떠한 사항이나 내용이 맞는지 관계 기관에 알아보는 일 또는 행위

발급: 증명서 따위를 발행하여 줌

알선: 남의 일이 잘되도록 주선하는 일

주선: 일이 잘되도록 여러 가지 방법으로 힘씀

| 관련 법조항

「수의사법」 제9조(응시자격) ① 수의사 국가시험에 응시할 수 있는 사람은 제5조 각 호의 어느 하나에 해당되지 아니하는 사람으로서 다음 각 호의 어느 하나에 해당하는 사람으로 한다.

　2. 외국에서 제1호 전단에 해당하는 학교(농림축산식품부장관이 정하여 고시하는 인정기준에 해당하는 학교를 말한다)를 졸업하고 그 국가의 수의사 면허를 받은 사람

「수의사법」 제6조(면허의 등록) ① 농림축산식품부장관은 제4조에 따라 면허를 내줄 때에는 면허에 관한 사항을 면허대장에 등록하고 그 면허증을 **발급**하여야 한다.

② 제1항에 따른 면허증은 다른 사람에게 빌려주거나 빌려서는 아니 되며, 이를 **알선**하여서도 아니 된다.

③ 면허의 등록과 면허증 발급에 필요한 사항은 농림축산식품부령으로 정한다.

별지1호. 수의사 면허증

② 법 제6조에 따른 면허대장에 등록하여야 할 사항은 다음 각 호와 같다.

1. 면허번호 및 면허 연월일

2. 성명 및 주민등록번호(외국인은 성명·국적·생년월일·여권번호 및 성별)

3. 출신학교 및 졸업 연월일

4. 면허취소 또는 면허효력 정지 등 행정처분에 관한 사항

5. 제4조에 따라 면허증을 재발급하거나 면허를 재**부여**하였을 때에는 그 사유

6. 제5조에 따라 면허증을 **갱신**하였을 때에는 그 사유

제4조(면허증의 재발급 등) 제2조제3항에 따라 면허증을 발급받은 사람이 다음 각 호의 어느 하나에 해당하는 **사유**로 면허증을 재발급받거나 법 제32조

부여: 사람에게 권리, 명예, 임무 따위를 지니도록 해주거나, 사물이나 일에 가치, 의의 따위를 붙여줌

갱신: 기존의 내용을 변동된 사실에 따라 변경·추가·삭제하는 일

사유: 일의 까닭

▌관련 법조항

「수의사법」 제32조(면허의 취소 및 면허효력의 정지) ① 농림축산식품부장관은 수의사가 다음 각 호의 어느 하나에 해당하면 그 면허를 취소할 수 있다. 다만, 제1호에 해당하면 그 면허를 취소하여야 한다.

1. 제5조 각 호의 어느 하나에 해당하게 되었을 때

2. 제2항에 따른 면허효력 정지기간에 수의업무를 하거나 농림축산식품부령으로 정하는 기간에 3회 이상 면허효력 정지처분을 받았을 때

3. 제6조제2항을 위반하여 면허증을 다른 사람에게 대여하였을 때

② 농림축산식품부장관은 수의사가 다음 각 호의 어느 하나에 해당하면 1년 이내의 기간을 정하여 농림축산식품부령으로 정하는 바에 따라 면허의 효력을 정지시킬 수 있다. 이 경우 진료기술상의 판단이 필요한 사항에 관하여는 관계 전문가의 의견을 들어 결정하여야 한다.

1. 거짓이나 그 밖의 부정한 방법으로 진단서, 검안서, 증명서 또는 처방전을 발급하였을 때

2. 관련 서류를 위조하거나 변조하는 등 부정한 방법으로 진료비를 청구하였을 때

3. 정당한 사유 없이 제30조제1항에 따른 명령을 위반하였을 때

4. 임상수의학적(臨床獸醫學的)으로 인정되지 아니하는 진료행위를 하였을 때

5. 학위 수여 사실을 거짓으로 공표하였을 때

6. 과잉진료행위나 그 밖에 동물병원 운영과 관련된 행위로서 대통령령으로 정하는 행위를 하였을 때

③ 농림축산식품부장관은 제1항에 따라 면허가 취소된 사람이 다음 각 호의 어느 하나에 해당하면 그 면허를 다시 내줄 수 있다.

1. 제1항제1호의 사유로 면허가 취소된 경우에는 그 취소의 원인이 된 사유가 소멸되었을 때

2. 제1항제2호 및 제3호의 사유로 면허가 취소된 경우에는 면허가 취소된 후 2년이 지났을 때

④ 동물병원은 해당 동물병원 개설자가 제2항제1호 또는 제2호에 따라 면허효력 정지처분을 받았을 때에는 그 면허효력 정지기간에 동물진료업을 할 수 없다.

에 따라 취소된 면허를 재부여받으려는 때에는 별지 제2호서식의 신청서에 다음 각 호의 구분에 따른 해당 서류를 첨부하여 농림축산식품부장관에게 제출하여야 한다.

1. 잃어버린 경우: 별지 제3호서식의 분실 **경위서**와 사진(신청 전 6개월 이내에 촬영한 가로 3센티미터 세로 4센티미터의 모자를 쓰지 않은 정면 **상반신**. 이하 이 조 및 제5조제3항에서 같다) 1장

2. 헐어 못 쓰게 된 경우: 해당 면허증과 사진 1장

3. 기재사항 변경 등의 경우: 해당 면허증과 그 변경에 관한 증명 서류 및 사진 1장

4. 취소된 면허를 재부여받으려는 경우: 면허취소의 원인이 된 사유가 **소멸**되었음을 증명할 수 있는 서류와 사진 1장

제5조(면허증의 **갱신**) ① 농림축산식품부장관은 필요하다고 인정하는 경우에는 수의사 면허증을 갱신할 수 있다.

② 농림축산식품부장관은 제1항에 따라 수의사 면허증을 갱신하려는 경우에는 갱신 절차, 기간, 그 밖에 필요한 사항을 정하여 갱신발급 신청 개시일 20일 전까지 그 내용을 **공고**하여야 한다.

③ 제2항에 따라 수의사 면허증을 갱신하여 발급받으려는 사람은 별지 제2호서식의 신청서에 면허증(잃어버린 경우에는 별지 제3호서식의 분실 경위서)과 사진 1장을 첨부하여 농림축산식품부장관에게 제출하여야 한다.

제6조 삭제 <1999. 2. 9.>

> **경위서**: 일이 진행되어온 과정을 적은 문서
>
> **상반신**: 사람의 몸에서 허리 위의 부분
>
> **소멸**: 사라져 없어짐
>
> **갱신**: 법률관계의 존속 기간이 끝났을 때 그 기간을 연장하거나 새로 바꾸는 일
>
> **공고**: 국가 기관이나 공공단체에서 일정한 사항을 일반대중에게 광고, 게시 또는 다른 공개적 방법으로 널리 알림

▌관련 법조항

별지2호. 수의사 면허증
(재발급, 재부여, 갱신) 신청서

별지3호. 분실경위서

제7조 삭제 <2006. 3. 14.>

제8조(수의사 외의 사람이 할 수 있는 진료의 범위) 영 제12조제4호에서 "농림축산식품부령으로 정하는 비업무로 수행하는 무상 진료행위"란 다음 각 호의 행위를 말한다.

1. 광역시장·특별자치시장·도지사·특별자치도지사가 고시하는 도서·벽지(僻地)에서 이웃의 양축 농가가 사육하는 동물에 대하여 비업무로 수행하는 다른 양축 농가의 무상 진료행위

2. 사고 등으로 부상당한 동물의 구조를 위하여 수행하는 응급처치행위

제8조의2(동물병원의 세부 시설기준) 영 제13조제2항에 따른 동물병원의 세부 시설기준은 별표 1과 같다.

제9조(진단서의 발급 등) ① 법 제12조제1항에 따라 수의사가 발급하는 진단서는 별지 제4호의2서식에 따른다.

② 법 제12조제2항에 따른 폐사 진단서는 별지 제5호서식에 따른다.

개설자: 설비나 제도 따위를 새로 마련하고 그에 관한 일을 시작하는 사람

법인: 전형적인 권리능력의 주체인 자연인 이외의 것으로 법인격(권리능력)이 인정된 것(단체, 재단, 조합 등)

진단서: 의사, 수의사, 한의사, 치과의사가 병의 진단결과를 적은 증명서

검안서: 의사·수의사가 사람·동물의 사망사실을 의학적으로 확인한 후 그 결과를 기록한 문서. 사체 해부의 결과와 사망원인을 기재한 것도 이에 속함

| 관련 법조항

「수의사법 시행령」 제13조(동물병원의 시설기준) ② 제1항에 따른 시설의 세부 기준은 농림축산식품부령으로 정한다.

「수의사법」 제12조(진단서 등) ① 수의사는 자기가 직접 진료하거나 검안하지 아니하고는 **진단서, 검안서,** 증명서 또는 처방전(「전자서명법」에 따른 전자서명이 기재된 전자문서 형태로 작성한 처방전을 포함한다. 이하 같다)을 발급하지 못하며, 「약사법」 제85조제6항에 따른 동물용 의약품(이하 "처방대상 동물용 의약품"이라 한다)을 처방·투약하지 못한다. 다만, 직접 진료하거나 검안한 수의사가 부득이한 사유로 진단서, 검안서 또는 증명서를 발급할 수 없을 때에는 같은 동물병원에 종사하는 다른 수의사가 진료부 등에 의하여 발급할 수 있다.

② 제1항에 따른 진료 중 폐사(斃死)한 경우에 발급하는 폐사 진단서는 다른 수의사에게서 발급받을 수 있다.

별지4호의2. 진단서

별지5호. 폐사진단서

③ 제1항 및 제2항에 따른 진단서 및 폐사 진단서에는 연도별로 일련번호를 붙이고, 그 **부본**(副本)을 3년간 갖추어 두어야 한다.

제10조(증명서 등의 발급) 법 제12조에 따라 수의사가 발급하는 증명서 및 검안서의 서식은 다음 각 호와 같다.

1. 출산 증명서: 별지 제6호서식

2. 사산 증명서: 별지 제7호서식

3. 예방접종 증명서: 별지 제8호서식

4. 검안서: 별지 제9호서식

> **부본**: 원본과 동일한 사항을 기재한 문서. 원본의 훼손에 대비하여 예비로 보관하거나 사무에 사용하기 위하여 만듦
>
> **폐사**: 짐승이나 어패류가 갑자기 죽음

▌ 관련 법조항

「수의사법」 제12조(진단서 등) ① 수의사는 자기가 직접 진료하거나 검안하지 아니하고는 진단서, 검안서, 증명서 또는 처방전(「전자서명법」에 따른 전자서명이 기재된 전자문서 형태로 작성한 처방전을 포함한다. 이하 같다)을 발급하지 못하며, 「약사법」 제85조제6항에 따른 동물용 의약품(이하 "처방대상 동물용 의약품"이라 한다)을 처방·투약하지 못한다. 다만, 직접 진료하거나 검안한 수의사가 부득이한 사유로 진단서, 검안서 또는 증명서를 발급할 수 없을 때에는 같은 동물병원에 종사하는 다른 수의사가 진료부 등에 의하여 발급할 수 있다.

② 제1항에 따른 진료 중 폐사(斃死)한 경우에 발급하는 폐사 진단서는 다른 수의사에게서 발급받을 수 있다.

③ 수의사는 직접 진료하거나 검안한 동물에 대한 진단서, 검안서, 증명서 또는 처방전의 발급을 요구받았을 때에는 정당한 사유 없이 이를 거부하여서는 아니 된다.

④ 제1항부터 제3항까지의 규정에 따른 진단서, 검안서, 증명서 또는 처방전의 서식, 기재사항, 그 밖에 필요한 사항은 농림축산식품부령으로 정한다.

⑤ 제1항에도 불구하고 농림축산식품부장관에게 신고한 축산농장에 상시고용된 수의사와 「동물원 및 수족관의 관리에 관한 법률」 제3조제1항에 따라 등록한 동물원 또는 수족관에 상시고용된 수의사는 해당 농장, 동물원 또는 수족관의 동물에게 투여할 목적으로 처방대상 동물용 의약품에 대한 처방전을 발급할 수 있다. 이 경우 상시고용된 수의사의 범위, 신고방법, 처방전 발급 및 보존 방법, 진료부 작성 및 보고, 교육, 준수사항 등 그 밖에 필요한 사항은 농림축산식품부령으로 정한다.

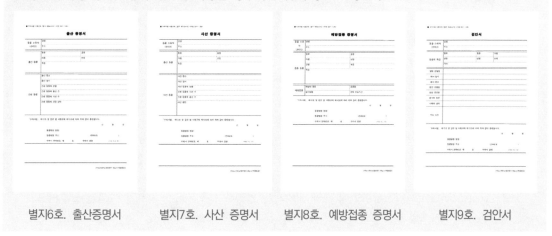

별지6호. 출산증명서   별지7호. 사산 증명서   별지8호. 예방접종 증명서   별지9호. 검안서

제11조(처방전의 서식 및 기재사항 등) ① 법 제12조제1항 및 제12조의2제1항·제2항에 따라 수의사가 발급하는 처방전은 별지 제10호서식과 같다.

② **처방전**은 동물 개체별로 발급하여야 한다. 다만, 다음 각 호의 요건을 모두 갖춘 경우에는 같은 **축사**(지붕을 같이 사용하거나 지붕에 준하는 인공구조물을 같이 또는 연이어 사용하는 경우를 말한다)에서 동거하고 있는 동물들에 대하여 하나의 처방전으로 같이 처방(이하 "군별 처방"이라 한다)할 수 있다.

1. 질병 확산을 막거나 질병을 예방하기 위하여 필요한 경우일 것

2. 처방 대상 동물의 종류가 같을 것

3. 처방하는 동물용 의약품이 같을 것

③ 수의사는 처방전을 발급하는 경우에는 다음 각 호의 사항을 적은 후 서명(「전자서명법」에 따른 전자서명을 포함한다. 이하 같다)하거나 도장을 찍어야 한다. 이 경우 처방전 부본(副本)을 처방전 발급일부터 3년간 보관해야 한다.

1. 처방전의 발급 연월일 및 유효기간(7일을 넘으면 안 된다)

2. 처방 대상 동물의 이름(없거나 모르는 경우에는 그 동물의 소유자 또는 관리자(이하 "동물소유자등"이라 한다)가 임의로 정한 것), 종류, 성별, 연령(명확하지 않은 경우에는 추정연령), 체중 및 임신 여부. 다만, 군별 처방인 경우에는 처방 대상 동물들의 축사번호, 종류 및 총 마릿수를 적는다.

3. 동물소유자등의 성명·생년월일·전화번호. 농장에 있는 동물에 대한 처방전인 경우에는 농장명도 적는다.

처방: 병을 치료하기 위하여 증상에 따라 약을 짓는 방법

처방전: 처방의 내용을 적은 종이

축사: 가축을 수용하여 사양하는 건축물

❙ 관련 법조항

「수의사법」 제12조(진단서 등) ① 수의사는 자기가 직접 진료하거나 검안하지 아니하고는 진단서, 검안서, 증명서 또는 처방전(「전자서명법」에 따른 전자서명이 기재된 전자문서 형태로 작성한 처방전을 포함한다. 이하 같다)을 발급하지 못하며, 「약사법」 제85조제6항에 따른 동물용 의약품(이하 "처방대상 동물용 의약품"이라 한다)을 처방·투약하지 못한다. 다만, 직접 진료하거나 검안한 수의사가 부득이한 사유로 진단서, 검안서 또는 증명서를 발급할 수 없을 때에는 같은 동물병원에 종사하는 다른 수의사가 진료부 등에 의하여 발급할 수 있다.

「수의사법」 제12조의2(처방대상 동물용 의약품에 대한 처방전의 발급 등) ① 수의사(제12조제5항에 따른 축산농장, 동물원 또는 수족관에 상시고용된 수의사를 포함한다. 이하 제2항에서 같다)는 동물에게 처방대상 동물용 의약품을 투약할 필요가 있을 때에는 처방전을 발급하여야 한다.

② 수의사는 제1항에 따라 처방전을 발급할 때에는 제12조의3제1항에 따른 수의사처방관리시스템(이하 "수의사처방관리시스템"이라 한다)을 통하여 처방전을 발급하여야 한다. 다만, 전산장애, 출장 진료 그 밖에 대통령령으로 정하는 부득이한 사유로 수의사처방관리시스템을 통하여 처방전을 발급하지 못할 때에는 농림축산식품부령으로 정하는 방법에 따라 처방전을 발급하고 부득이한 사유가 종료된 날부터 3일 이내에 처방전을 수의사처방관리시스템에 등록하여야 한다.

4. 동물병원 또는 축산농장의 명칭, 전화번호 및 사업자등록번호

5. 다음 각 목의 구분에 따른 동물용 의약품 처방 내용

　　가. 「약사법」 제85조제6항에 따른 동물용 의약품(이하 "처방대상 동물용 의약품"이라 한다): 처방대상 동물용 의약품의 성분명, 용량, 용법, 처방일수(30일을 넘으면 안 된다) 및 판매 수량(동물용 의약품의 포장 단위로 적는다)

　　나. 처방대상 동물용 의약품이 아닌 동물용 의약품인 경우: 가목의 사항. 다만, 동물용 의약품의 성분명 대신 제품명을 적을 수 있다.

6. 처방전을 작성하는 수의사의 성명 및 면허번호

④ 제3항제1호 및 제5호에도 불구하고 수의사는 다음 각 호의 어느 하나에 해당하는 경우에는 농림축산식품부장관이 정하는 기간을 넘지 아니하는 범위에서 처방전의 유효기간 및 처방일수를 달리 정할 수 있다.

1. 질병예방을 위하여 정해진 연령에 같은 동물용 의약품을 반복 투약하여야 하는 경우

2. 그 밖에 농림축산식품부장관이 정하는 경우

⑤ 제3항제5호가목에도 불구하고 효과적이거나 안정적인 치료를 위하여 필요하다고 수의사가 판단하는 경우에는 제품명을 성분명과 함께 쓸 수 있다. 이 경우 성분별로 제품명을 3개 이상 적어야 한다.

제11조의2 삭제 <2020. 2. 28.>

제12조(축산농장 등의 상시고용 수의사의 신고 등) ① 법 제12조제5항 **전단**　　전단: 앞쪽의 끝

❘ 관련 법조항

「약사법」 제85조(동물용 의약품 등에 대한 특례) ⑥ 이 법에 따라 동물용 의약품 도매상의 허가를 받은 자는 농림축산식품부장관 또는 해양수산부장관이 정하여 고시하는 다음 각 호의 어느 하나에 해당하는 동물용 의약품을 수의사 또는 수산질병관리사의 처방전 없이 판매하여서는 아니 된다. 다만, 동물병원 개설자, 수산질병관리원 개설자, 약국개설자 또는 동물용 의약품 도매상 간에 판매하는 경우에는 그러하지 아니하다.

1. 오용·남용으로 사람 및 동물의 건강에 위해를 끼칠 우려가 있는 동물용 의약품
2. 수의사 또는 수산질병관리사의 전문지식을 필요로 하는 동물용 의약품
3. 제형과 약리작용상 장애를 일으킬 우려가 있다고 인정되는 동물용 의약품

「수의사법」 제12조(진단서 등) ⑤ 제1항에도 불구하고 농림축산식품부장관에게 신고한 축산농장에 상시 고용된 수의사와 「동물원 및 수족관의 관리에 관한 법률」 제3조제1항에 따라 등록한 동물원 또는 수족관에 상시고용된 수의사는 해당 농장, 동물원 또는 수족관의 동물에게 투여할 목적으로 처방대상 동물용 의약품에 대한 처방전을 발급할 수 있다. 이 경우 상시 고용된 수의사의 범위, 신고방법, 처방전 발급 및 보존 방법, 진료부 작성 및 보고, 교육, 준수사항 등 그 밖에 필요한 사항은 농림축산식품부령으로 정한다.

에 따라 축산농장(「동물보호법 시행령」 제4조에 따른 동물실험시행기관을 포함한

관련 법조항

「동물보호법 시행령」 제4조(동물실험시행기관의 범위) 법 제2조제5호에서 "대통령령으로 정하는 법인·단체 또는 기관"이란 다음 각 호의 어느 하나에 해당하는 법인·단체 또는 기관으로서 동물을 이용하여 동물실험을 시행하는 법인·단체 또는 기관을 말한다.

1. 국가기관
2. 지방자치단체의 기관
3. 「정부출연연구기관 등의 설립·운영 및 육성에 관한 법률」 제8조제1항에 따른 연구기관
4. 「과학기술분야 정부출연연구기관 등의 설립·운영 및 육성에 관한 법률」 제8조제1항에 따른 연구기관
5. 「특정연구기관 육성법」 제2조에 따른 연구기관
6. 「약사법」 제31조제10항에 따른 의약품의 안전성·유효성에 관한 시험성적서 등의 자료를 발급하는 법인·단체 또는 기관
7. 「화장품법」 제4조제3항에 따른 화장품 등의 안전성·유효성에 관한 심사에 필요한 자료를 발급하는 법인·단체 또는 기관
8. 「고등교육법」 제2조에 따른 학교
9. 「의료법」 제3조에 따른 의료기관
10. 「의료기기법」 제6조·제15조 또는 「체외진단의료기기법」 제5조·제11조에 따라 의료기기 또는 체외진단의료기기를 제조하거나 수입하는 법인·단체 또는 기관
11. 「기초연구진흥 및 기술개발지원에 관한 법률」 제14조제1항에 따른 기관 또는 단체
12. 「농업·농촌 및 식품산업 기본법」 제3조제4호에 따른 생산자단체와 같은 법 제28조에 따른 영농조합법인(營農組合法人) 및 농업회사법인(農業會社法人)
12의2. 「수산업·어촌 발전 기본법」 제3조제5호에 따른 생산자단체와 같은 법 제19조에 따른 영어조합법인(營漁組合法人) 및 어업회사법인(漁業會社法人)
13. 「화학물질의 등록 및 평가 등에 관한 법률」 제22조에 따라 화학물질의 물리적·화학적 특성 및 유해성에 관한 시험을 수행하기 위하여 지정된 시험기관
14. 「농약관리법」 제17조의4에 따라 지정된 시험연구기관
15. 「사료관리법」 제2조제7호 또는 제8호에 따른 제조업자 또는 수입업자 중 법인·단체 또는 기관
16. 「식품위생법」 제37조에 따라 식품 또는 식품첨가물의 제조업·가공업 허가를 받은 법인·단체 또는 기관
17. 「건강기능식품에 관한 법률」 제5조에 따른 건강기능식품제조업 허가를 받은 법인·단체 또는 기관
18. 「국제백신연구소설립에관한협정」에 따라 설립된 국제백신연구소

다. 이하 같다), 「동물원 및 수족관의 관리에 관한 법률」 제3조제1항에 따라 등록한 동물원 또는 수족관(이하 이 조에서 "축산농장등"이라 한다)에 상시**고용**된 수의사로 **신고**(이하 "상시고용 신고"라 한다)를 하려는 경우에는 별지 제10호의2서식의 신고서에 다음 각 호의 서류를 첨부하여 특별시장·광역시장·특별자치시장·도지사·특별자치도지사(이하 "시·도지사"라 한다)나 시장·군수

> 고용: 삯을 주고 사람을 부림
>
> 신고: 국민이 법령의 규정에 따라 행정 관청에 일정한 사실을 진술·보고함

▌ 관련 법조항

「동물원 및 수족관의 관리에 관한 법률」 제3조(등록 등) ① 동물원 또는 수족관을 운영하려는 자는 동물원 또는 수족관의 소재지를 관할하는 시·도지사에게 다음 각 호의 사항을 등록하여야 한다. 다만, 제3호 및 제5호에 대하여는 대통령령으로 정하는 요건을 갖추어 등록하여야 한다.

1. 시설의 명칭
2. 시설의 소재지
3. 시설의 명세
4. 시설 대표자의 성명·주소
5. 전문인력의 현황
6. 동물원 및 수족관이 보유하고 있는 생물종 및 그 개체 수의 목록
7. 동물원 및 수족관이 보유하고 있는 멸종위기종(「야생생물 보호 및 관리에 관한 법률」 제2조제2호에 따른 멸종위기 야생생물 및 제2조제3호에 따른 국제적 멸종위기종을 말한다) 및 해양보호생물종(「해양생태계의 보전 및 관리에 관한 법률」 제2조제11호에 따른 해양보호생물을 말한다) 및 그 개체 수의 목록

「야생생물 보호 및 관리에 관한 법률」 제2조(정의) 이 법에서 사용하는 용어의 뜻은 다음과 같다.

2. "멸종위기 야생생물"이란 다음 각 목의 어느 하나에 해당하는 생물의 종으로서 관계 중앙행정기관의 장과 협의하여 환경부령으로 정하는 종을 말한다.
   가. 멸종위기 야생생물 Ⅰ급: 자연적 또는 인위적 위협요인으로 개체수가 크게 줄어들어 멸종위기에 처한 야생생물로서 대통령령으로 정하는 기준에 해당하는 종
   나. 멸종위기 야생생물 Ⅱ급: 자연적 또는 인위적 위협요인으로 개체수가 크게 줄어들고 있어 현재의 위협요인이 제거되거나 완화되지 아니할 경우 가까운 장래에 멸종위기에 처할 우려가 있는 야생생물로서 대통령령으로 정하는 기준에 해당하는 종

「해양생태계의 보전 및 관리에 관한 법률」 제2조(정의) 이 법에서 사용하는 용어의 뜻은 다음과 같다.

11. "해양보호생물"이라 함은 다음 각 목의 어느 하나에 해당하는 해양생물종으로서 해양수산부령으로 정하는 종을 말한다.
    가. 우리나라의 고유한 종
    나. 개체수가 현저하게 감소하고 있는 종
    다. 학술적·경제적 가치가 높은 종
    라. 국제적으로 보호가치가 높은 종

8. 보유 생물의 질병 및 인수공통 질병 관리계획, 적정한 서식환경 제공계획, 안전관리계획, 휴·폐원 시의 보유 생물 관리계획

또는 자치구의 구청장에게 제출해야 한다.

　1. 해당 축산농장등에서 1년 이상 일하고 있거나 일할 것임을 증명할 수
　　있는 다음 각 목의 어느 하나에 해당하는 서류
　　　가. 「근로기준법」에 따라 체결한 근로계약서 사본
　　　나. 「소득세법」에 따른 **근로소득 원천징수영수증**
　　　다. 「국민연금법」에 따른 국민연금 사업장가입자 자격취득 신고서
　　　라. 그 밖에 고용관계를 증명할 수 있는 서류
　2. 수의사 면허증 사본

② 수의사가 상시고용된 축산농장등이 두 곳 이상인 경우에는 그 중 한 곳에 대해서만 상시고용 신고를 할 수 있으며, 신고를 한 해당 축산농장등의 동물에 대해서만 처방전을 발급할 수 있다.

③ 법 제12조제5항 후단에 따른 상시고용된 수의사의 범위는 해당 축산농장등에 1년 이상 상시고용되어 일하는 수의사로서 1개월당 60시간 이상 해당 업무에 종사하는 사람으로 한다.

④ 상시고용 신고를 한 수의사(이하 "신고 수의사"라 한다)가 발급하는 처방전에 관하여는 제11조를 **준용**한다. 다만, 처방대상 동물용 의약품의 처방일수는 7일을 넘지 아니하도록 한다.

⑤ 신고 수의사는 처방전을 발급하는 진료를 한 경우에는 제13조에 따라 진료부를 작성하여야 하며, 해당 연도의 진료부를 다음 해 2월 말까지 시·도지사나 시장·군수 또는 자치구의 구청장에게 보고하여야 한다.

⑥ 신고 수의사는 제26조에 따라 매년 수의사 연수교육을 받아야 한다.

⑦ 신고 수의사는 처방대상 동물용 의약품의 구입 명세를 작성하여 그 구입일부터 3년간 보관해야 하며, 처방대상 동물용 의약품이 해당 축산농장등 밖으로 유출되지 않도록 관리하고 농장주 또는 운영자를 지도해야 한다.

근로소득: 고용계약 또는 이와 유사한 계약에 의하여 근로를 제공하고 받는 대가

원천징수영수증: 일기업이나 은행에서 임금이나 이자를 지급할 때, 지급받은 사람이 내야하는 세액을 국가를 대신해서 미리 징수하는 것을 증명하는 서류

준용: 표준으로 삼아 적용함

▌관련 법조항

「수의사법」 제12조(축산농장 등의 상시고용 수의사의 신고 등) ⑤ 신고 수의사는 처방전을 발급하는 진료를 한 경우에는 제13조에 따라 진료부를 작성하여야 하며, 해당 연도의 진료부를 다음 해 2월 말까지 시·도지사나 시장·군수 또는 자치구의 구청장에게 보고하여야 한다.

제12조의2(처방전의 발급 등) ① 법 제12조의2제2항 단서에서 "농림축산식품부령으로 정하는 방법"이란 처방전을 **수기**로 작성하여 발급하는 방법을 말한다.

수기: 글이나 글씨를 자기 손으로 직접 씀

② 법 제12조의2제3항 후단에서 "농림축산식품부령으로 정하는 사항"이란 다음 각 호의 사항을 말한다.

1. 입력 연월일 및 유효기간(7일을 넘으면 안 된다)

2. 제11조제3항제2호·제4호 및 제5호의 사항

3. 동물소유자등의 성명·생년월일·전화번호. 농장에 있는 동물에 대한 처방인 경우에는 농장명도 적는다.

4. 입력하는 수의사의 성명 및 면허번호

제12조의3(수의사처방관리시스템의 구축·운영) ① 농림축산식품부장관은 법 제12조의3제1항에 따른 **수의사처방관리시스템**(이하 "수의사처방관리시스템"이라 한다)을 통해 다음 각 호의 업무를 처리하도록 한다.

수의사처방관리시스템: www.evet.or.kr

1. 처방대상 동물용 의약품에 대한 정보의 제공

2. 법 제12조의2제2항에 따른 처방전의 발급 및 등록

3. 법 제12조의2제3항에 따른 처방대상 동물용 의약품에 관한 사항의 입력 관리

4. 처방대상 동물용 의약품의 처방·조제·투약 등 관련 현황 및 통계 관리

② 농림축산식품부장관은 수의사처방관리시스템의 개인별 접속 및 보안을

❙ 관련 법조항

「수의사법」 제12조의2(처방대상 동물용 의약품에 대한 처방전의 발급 등) ② 수의사는 제1항에 따라 처방전을 발급할 때에는 제12조의3제1항에 따른 수의사처방관리시스템(이하 "수의사처방관리시스템"이라 한다)을 통하여 처방전을 발급하여야 한다. 다만, 전산장애, 출장 진료 그 밖에 대통령령으로 정하는 부득이한 사유로 수의사처방관리시스템을 통하여 처방전을 발급하지 못할 때에는 농림축산식품부령으로 정하는 방법에 따라 처방전을 발급하고 부득이한 사유가 종료된 날부터 3일 이내에 처방전을 수의사처방관리시스템에 등록하여야 한다.

③ 제1항에도 불구하고 수의사는 본인이 직접 처방대상 동물용 의약품을 처방·조제·투약하는 경우에는 제1항에 따른 처방전을 발급하지 아니할 수 있다. 이 경우 해당 수의사는 수의사처방관리시스템에 처방대상 동물용 의약품의 명칭, 용법 및 용량 등 농림축산식품부령으로 정하는 사항을 입력하여야 한다.

「수의사법」 제12조의3(수의사처방관리시스템의 구축·운영) ① 농림축산식품부장관은 처방대상 동물용 의약품을 효율적으로 관리하기 위하여 수의사처방관리시스템을 구축하여 운영하여야 한다.

위한 시스템 관리 방안을 마련해야 한다.

③ 제1항 및 제2항에서 규정한 사항 외에 수의사처방관리시스템의 구축·운영에 필요한 사항은 농림축산식품부장관이 정하여 고시한다.

제13조(진료부 및 검안부의 기재사항) 법 제13조제1항에 따른 진료부 또는 검안부에는 각각 다음 사항을 적어야 하며, 1년간 보존하여야 한다.

1. 진료부

    가. 동물의 품종·성별·특징 및 연령

    나. 진료 연월일

    다. 동물소유자등의 성명과 주소

    라. 병명과 주요 증상

    마. 치료방법(처방과 처치)

    바. 사용한 **마약** 또는 **향정신성의약품**의 품명과 수량

    사. 동물등록번호(「동물보호법」 제12조에 따라 등록한 동물만 해당한다)

> **마약**: 강한 진정작용과 마취작용을 지니고 있으며 습관성이 있어 오래 사용하면 중독되는 물질(양귀비, 아편, 몰핀, 코카인 등)
>
> **향정신성의약품**: 인간의 중추신경계에 작용하는 것으로 오용하거나 남용할 경우 인체에 심각한 위해를 일으키는 약품
>
> **조례**: 지방자치단체가 그 권한에 속하는 사무에 관하여 법령의 범위 내에서 지방의회의 의결을 통해 제정하는 자치 규범

┃ 관련 법조항

「수의사법」 제13조(진료부 및 검안부) ① 수의사는 진료부나 검안부를 갖추어 두고 진료하거나 검안한 사항을 기록하고 서명하여야 한다.

「동물보호법」 제12조(등록대상동물의 등록 등) ① 등록대상동물의 소유자는 동물의 보호와 유실·유기방지 등을 위하여 시장·군수·구청장(자치구의 구청장을 말한다. 이하 같다)·특별자치시장(이하 "시장·군수·구청장"이라 한다)에게 등록대상동물을 등록하여야 한다. 다만, 등록대상동물이 맹견이 아닌 경우로서 농림축산식품부령으로 정하는 바에 따라 시·도의 조례로 정하는 지역에서는 그러하지 아니하다.

② 제1항에 따라 등록된 등록대상동물의 소유자는 다음 각 호의 어느 하나에 해당하는 경우에는 해당 각 호의 구분에 따른 기간에 시장·군수·구청장에게 신고하여야 한다.

1. 등록대상동물을 잃어버린 경우에는 등록대상동물을 잃어버린 날부터 10일 이내

2. 등록대상동물에 대하여 농림축산식품부령으로 정하는 사항이 변경된 경우에는 변경 사유 발생일부터 30일 이내

③ 제1항에 따른 등록대상동물의 소유권을 이전받은 자 중 제1항에 따른 등록을 실시하는 지역에 거주하는 자는 그 사실을 소유권을 이전받은 날부터 30일 이내에 자신의 주소지를 관할하는 시장·군수·구청장에게 신고하여야 한다.

④ 시장·군수·구청장은 농림축산식품부령으로 정하는 자(이하 이 조에서 "동물등록대행자"라 한다)로 하여금 제1항부터 제3항까지의 규정에 따른 업무를 대행하게 할 수 있다. 이 경우 그에 따른 수수료를 지급할 수 있다.

⑤ 등록대상동물의 등록 사항 및 방법·절차, 변경신고 절차, 동물등록대행자 준수사항 등에 관한 사항은 농림축산식품부령으로 정하며, 그 밖에 등록에 필요한 사항은 시·도의 **조례**로 정한다.

2. 검안부

   가. 동물의 품종·성별·특징 및 연령

   나. 검안 연월일

   다. 동물소유자등의 성명과 주소

   라. 폐사 연월일(명확하지 않을 때에는 추정 연월일) 또는 **살처분** 연월일

   마. 폐사 또는 살처분의 원인과 장소

   바. **사체**의 상태

   사. 주요 소견

제13조의2(수술등중대진료의 범위 등) ① 법 제13조의2제1항 본문에서 "동물의 생명 또는 신체에 중대한 위해를 발생하게 할 우려가 있는 수술, 수혈 등 농림축산식품부령으로 정하는 진료"란 다음 각 호의 진료(이하 "수술등중대진료"라 한다)를 말한다.

   1. 전신마취를 동반하는 내부장기(內部臟器)·뼈·관절(關節)에 대한 수술

   2. 전신마취를 동반하는 수혈

② 법 제13조의2제1항에 따라 같은 조 제2항 각 호의 사항을 설명할 때에는 **구두**로 하고, 동의를 받을 때에는 별지 제11호서식의 동의서에 동물소유자등의 서명이나 **기명날인**을 받아야 한다.

③ 수의사는 제2항에 따라 받은 동의서를 동의를 받은 날부터 1년간 보존해야 한다.

> **살처분**: 감염동물 및 접촉한 동물, 동일축사의 동물 등을 죽여서 처분하는 것(감염동물, 동일축사 내 동물, 발병농가와 가까운 곳에 위치한 농가의 동물을 죽여 땅에 묻는 행위)
>
> **사체**: 사람 또는 동물 따위의 죽은 몸뚱이
>
> **구두**: 마주대하여 입으로 하는 말
>
> **기명날인**: 자기 이름을 쓰고 도장을 찍음
>
> **후유증**: 어떤 병을 앓고 난 뒤에도 남아있는 병적인 증상
>
> **부작용**: 약이 지닌 그 본래의 작용이외에 부수적으로 일어나는 작용

│ 관련 법조항

「수의사법」 제13조의2(수술등중대진료에 관한 설명) ① 수의사는 동물의 생명 또는 신체에 중대한 위해를 발생하게 할 우려가 있는 수술, 수혈 등 농림축산식품부령으로 정하는 진료(이하 "수술등중대진료"라 한다)를 하는 경우에는 수술등중대진료 전에 동물의 소유자 또는 관리자(이하 "동물소유자등"이라 한다)에게 제2항 각 호의 사항을 설명하고, 서면(전자문서를 포함한다)으로 동의를 받아야 한다. 다만, 설명 및 동의 절차로 수술등중대진료가 지체되면 동물의 생명이 위험해지거나 동물의 신체에 중대한 장애를 가져올 우려가 있는 경우에는 수술등중대진료 이후에 설명하고 동의를 받을 수 있다.

② 수의사가 제1항에 따라 동물소유자등에게 설명하고 동의를 받아야 할 사항은 다음 각 호와 같다.

   1. 동물에게 발생하거나 발생 가능한 증상의 진단명

   2. 수술등중대진료의 필요성, 방법 및 내용

   3. 수술등중대진료에 따라 전형적으로 발생이 예상되는 **후유증** 또는 **부작용**

   4. 수술등중대진료 전후에 동물소유자등이 준수하여야 할 사항

③ 제1항 및 제2항에 따른 설명 및 동의의 방법·절차 등에 관하여 필요한 사항은 농림축산식품부령으로 정한다.

제14조(수의사의 실태 등의 신고 및 보고) ① 법 제14조에 따른 수의사의 실태와 취업 상황 등에 관한 신고는 법 제23조에 따라 설립된 수의사회의 장(이하 "수의사회장"이라 한다)이 수의사의 **수급**상황을 파악하거나 그 밖의 동물의 진료**시책**에 필요하다고 인정하여 신고하도록 공고하는 경우에 하여야 한다.
② 수의사회장은 제1항에 따른 공고를 할 때에는 신고의 내용·방법·절차와 신고기간 그 밖의 신고에 필요한 사항을 정하여 신고개시일 60일 전까지 하여야 한다.

제14조의2(동물보건사의 자격인정) ① 법 제16조의2에 따라 동물보건사 자

수급: 수요와 공급

시책: 어떤 정책을 시행함 또는 그 정책

┃ 관련 법조항

「수의사법」 제14조(신고) 수의사는 농림축산식품부령으로 정하는 바에 따라 그 실태와 취업상황(근무지가 변경된 경우를 포함한다) 등을 제23조에 따라 설립된 대한수의사회에 신고하여야 한다.
「수의사법」 제23조(설립) 수의사는 수의업무의 적정한 수행과 수의학술의 연구·보급 및 수의사의 윤리 확립을 위하여 대통령령으로 정하는 바에 따라 대한수의사회(이하 "수의사회"라 한다)를 설립하여야 한다.
「수의사법」 제16조의2(동물보건사의 자격) 동물보건사가 되려는 사람은 다음 각 호의 어느 하나에 해당하는 사람으로서 동물보건사 자격시험에 합격한 후 농림축산식품부령으로 정하는 바에 따라 농림축산식품부장관의 자격인정을 받아야 한다.
    1. 농림축산식품부장관의 평가인증(제16조의4제1항에 따른 평가인증을 말한다. 이하 이 조에서 같다)을 받은 「고등교육법」 제2조제4호에 따른 전문대학 또는 이와 같은 수준 이상의 학교의 동물 간호 관련 학과를 졸업한 사람(동물보건사 자격시험 응시일부터 6개월 이내에 졸업이 예정된 사람을 포함한다)
    2. 「초·중등교육법」 제2조에 따른 고등학교 졸업자 또는 초·중등교육법령에 따라 같은 수준의 학력이 있다고 인정되는 사람(이하 "고등학교 졸업학력 인정자"라 한다)으로서 농림축산식품부장관의 평가인증을 받은 「평생교육법」 제2조제2호에 따른 평생교육기관의 고등학교 교과 과정에 상응하는 동물 간호에 관한 교육과정을 이수한 후 농림축산식품부령으로 정하는 동물 간호 관련 업무에 1년 이상 종사한 사람
    3. 농림축산식품부장관이 인정하는 외국의 동물 간호 관련 면허나 자격을 가진 사람

> 「고등교육법」 제2조(학교의 종류) 고등교육을 실시하기 위하여 다음 각 호의 학교를 둔다.
>   4. 전문대학
> 「초·중등교육법」 제2조(학교의 종류) 초·중등교육을 실시하기 위하여 다음 각 호의 학교를 둔다.
>   1. 초등학교   2. 중학교·고등공민학교
>   3. 고등학교·고등기술학교   4. 특수학교
>   5. 각종학교
> 「평생교육법」 제2조(정의) 이 법에서 사용하는 용어의 뜻은 다음과 같다.
>   2. "평생교육기관"이란 다음 각 목의 어느 하나에 해당하는 시설·법인 또는 단체를 말한다.
>   가. 이 법에 따라 인가·등록·신고된 시설·법인 또는 단체
>   나. 「학원의 설립·운영 및 과외교습에 관한 법률」에 따른 학원 중 학교교과교습학원을 제외한 평생직업교육을 실시하는 학원
>   다. 그 밖에 다른 법령에 따라 평생교육을 주된 목적으로 하는 시설·법인 또는 단체

격인정을 받으려는 사람은 법 제16조의3에 따른 동물보건사 자격시험(이하 "동물보건사자격시험"이라 한다)에 합격한 후 농림축산식품부장관에게 다음 각 호의 서류를 제출해야 한다.

1. 법 제5조제1호 본문에 해당하는 사람이 아님을 증명하는 의사의 진단서 또는 같은 호 단서에 해당하는 사람임을 증명하는 정신건강의학과 전문의의 진단서

2. 법 제5조제3호 본문에 해당하는 사람이 아님을 증명하는 의사의 진단서 또는 같은 호 단서에 해당하는 사람임을 증명하는 정신건강의학과 전문의의 진단서

3. 법 제16조의2 또는 법률 제16546호 수의사법 일부개정법률 부칙 제2조 각 호의 어느 하나에 해당하는지를 증명할 수 있는 서류

4. 사진(규격은 가로 3.5센티미터, 세로 4.5센티미터로 하며, 이하 같다) 2장

② 농림축산식품부장관은 제1항에 따라 제출받은 서류를 검토하여 다음 각

▌관련 법조항

「수의사법」 제16조의3(동물보건사의 자격시험) ① 동물보건사 자격시험은 매년 농림축산식품부장관이 시행한다.

② 농림축산식품부장관은 제1항에 따른 동물보건사 자격시험의 관리를 대통령령으로 정하는 바에 따라 시험 관리 능력이 있다고 인정되는 관계 전문기관에 위탁할 수 있다.

③ 농림축산식품부장관은 제2항에 따라 자격시험의 관리를 위탁한 때에는 그 관리에 필요한 예산을 보조할 수 있다.

④ 제1항부터 제3항까지에서 규정한 사항 외에 동물보건사 자격시험의 실시 등에 필요한 사항은 농림축산식품부령으로 정한다.

「수의사법」 제5조(결격사유) 다음 각 호의 어느 하나에 해당하는 사람은 수의사가 될 수 없다.

1. 「정신건강증진 및 정신질환자 복지서비스 지원에 관한 법률」 제3조제1호에 따른 정신질환자. 다만, 정신건강의학과전문의가 수의사로서 직무를 수행할 수 있다고 인정하는 사람은 그러하지 아니하다.

3. 마약, 대마(大麻), 그 밖의 향정신성의약품(向精神性醫藥品) 중독자. 다만, 정신건강의학과전문의가 수의사로서 직무를 수행할 수 있다고 인정하는 사람은 그러하지 아니하다.

「정신건강증진 및 정신질환자 복지서비스 지원에 관한 법률」 제3조(정의) 이 법에서 사용하는 용어의 뜻은 다음과 같다.

1. "정신질환자"란 망상, 환각, 사고(思考)나 기분의 장애 등으로 인하여 독립적으로 일상생활을 영위하는 데 중대한 제약이 있는 사람을 말한다.

호에 해당하는지 여부를 확인해야 한다.

1. 법 제16조의2 또는 법률 제16546호 수의사법 일부개정법률 부칙 제2조 각 호에 따른 자격

2. 법 제16조의6에서 준용하는 법 제5조에 따른 결격사유

③ 농림축산식품부장관은 법 제16조의2에 따른 자격인정을 한 경우에는 동물보건사자격시험의 합격자 발표일부터 50일 이내(법 제16조의2제3호에 해당하는 사람의 경우에는 외국에서 동물 간호 관련 면허나 자격을 받은 사실 등에 대한 조회가 끝난 날부터 50일 이내)에 동물보건사 자격증을 발급해야 한다.

제14조의3(동물 간호 관련 업무) 법 제16조의2제2호에서 "농림축산식품부령으로 정하는 동물 간호 관련 업무"란 제14조의7 각 호의 업무를 말한다.

제14조의4(동물보건사 자격시험의 실시 등) ① 농림축산식품부장관은 동물보건사자격시험을 실시하려는 경우에는 시험일 90일 전까지 시험일시, 시험장소, 응시원서 제출기간 및 그 밖에 시험에 필요한 사항을 농림축산식품

| 관련 법조항

「수의사법」 제16조의2(동물보건사의 자격) 동물보건사가 되려는 사람은 다음 각 호의 어느 하나에 해당하는 사람으로서 동물보건사 자격시험에 합격한 후 농림축산식품부령으로 정하는 바에 따라 농림축산식품부장관의 자격인정을 받아야 한다.

1. 농림축산식품부장관의 평가인증(제16조의4제1항에 따른 평가인증을 말한다. 이하 이 조에서 같다)을 받은 「고등교육법」 제2조제4호에 따른 전문대학 또는 이와 같은 수준 이상의 학교의 동물 간호 관련 학과를 졸업한 사람(동물보건사 자격시험 응시일부터 6개월 이내에 졸업이 예정된 사람을 포함한다)

2. 「초·중등교육법」 제2조에 따른 고등학교 졸업자 또는 초·중등교육법령에 따라 같은 수준의 학력이 있다고 인정되는 사람(이하 "고등학교 졸업학력 인정자"라 한다)으로서 농림축산식품부장관의 평가인증을 받은 「평생교육법」 제2조제2호에 따른 평생교육기관의 고등학교 교과 과정에 상응하는 동물 간호에 관한 교육과정을 이수한 후 농림축산식품부령으로 정하는 동물 간호 관련 업무에 1년 이상 종사한 사람

3. 농림축산식품부장관이 인정하는 외국의 동물 간호 관련 면허나 자격을 가진 사람

「수의사법」 제16조의6(준용규정) 동물보건사에 대해서는 제5조, 제6조, 제9조의2, 제14조, 제32조제1항제1호·제3호, 같은 조 제3항, 제34조, 제36조제3호를 준용한다. 이 경우 "수의사"는 "동물보건사"로, "면허"는 "자격"으로, "면허증"은 "자격증"으로 본다.

「수의사법」 제16조의5(동물보건사의 업무) ① 동물보건사는 제10조에도 불구하고 동물병원 내에서 수의사의 지도 아래 동물의 간호 또는 진료 보조 업무를 수행할 수 있다.

② 제1항에 따른 구체적인 업무의 범위와 한계 등에 관한 사항은 농림축산식품부령으로 정한다.

부의 인터넷 홈페이지 등에 공고해야 한다.

② 동물보건사자격시험의 시험과목은 다음 각 호와 같다.

1. 기초 동물보건학

2. 예방 동물보건학

3. 임상 동물보건학

4. 동물 보건·윤리 및 복지 관련 법규

③ 동물보건사자격시험은 필기시험의 방법으로 실시한다.

④ 동물보건사자격시험에 응시하려는 사람은 제1항에 따른 응시원서 제출기간에 별지 제11호의2서식의 동물보건사 자격시험 응시원서(전자문서로 된 응시원서를 포함)를 농림축산식품부장관에게 제출해야 한다.

⑤ 동물보건사자격시험의 합격자는 제2항에 따른 시험과목에서 각 과목당 시험점수가 100점을 만점으로 하여 40점 이상이고, 전 과목의 평균 점수가 60점 이상인 사람으로 한다.

⑥ 제1항부터 제5항까지에서 규정한 사항 외에 동물보건사자격시험에 필요한 사항은 농림축산식품부장관이 정해 고시한다.

제14조의5(동물보건사 양성기관의 평가인증) ① 법 제16조의4제1항에 따른 평가인증(이하 "평가인증"이라 한다)을 받으려는 동물보건사 양성과정을 운영하려는 학교 또는 교육기관(이하 "양성기관"이라 한다)은 다음 각 호의 기준을 충족해야 한다.

1. 교육과정 및 교육내용이 양성기관의 업무 수행에 적합할 것

2. 교육과정의 운영에 필요한 교수 및 운영 인력을 갖출 것

3. 교육시설·장비 등 교육여건과 교육환경이 양성기관의 업무 수행에 적합할 것

▌관련 법조항

「수의사법」 제16조의4(양성기관의 평가인증) ① 동물보건사 양성과정을 운영하려는 학교 또는 교육기관(이하 "양성기관"이라 한다)은 농림축산식품부령으로 정하는 기준과 절차에 따라 농림축산식품부장관의 평가인증을 받을 수 있다.

② 법 제16조의4제1항에 따라 평가인증을 받으려는 양성기관은 별지 제11호의3서식의 양성기관 평가인증 신청서에 다음 각 호의 서류 및 자료를 첨부하여 농림축산식품부장관에게 제출해야 한다.

　1. 해당 양성기관의 설립 및 운영 현황 자료

　2. 제1항 각 호의 평가인증 기준을 충족함을 증명하는 서류 및 자료

③ 농림축산식품부장관은 평가인증을 위해 필요한 경우에는 양성기관에게 필요한 자료의 제출이나 의견의 진술을 요청할 수 있다.

④ 농림축산식품부장관은 제2항에 따른 신청 내용이 제1항에 따른 기준을 충족한 경우에는 신청인에게 별지 제11호의4서식의 양성기관 평가인증서를 발급해야 한다.

⑤ 제1항부터 제4항까지에서 규정한 사항 외에 평가인증의 기준 및 절차에 필요한 사항은 농림축산식품부장관이 정해 고시한다.

제14조의6(양성기관의 평가인증 취소) ① 농림축산식품부장관은 법 제16조의4제2항에 따라 양성기관의 평가인증을 취소하려는 경우에는 미리 평가인증의 취소 사유와 10일 이상의 기간을 두어 소명자료를 제출할 것을 통보해야 한다.

② 농림축산식품부장관은 제1항에 따른 소명자료 제출 기간 내에 소명자료를 제출하지 아니하거나 제출된 소명자료가 이유 없다고 인정되면 평가인증을 취소한다.

소명: 당사자가 그 주장하는 사실에 관하여 법관(법률적으로 해결·조정하는 판단을 내리는 권한을 가진 자)에게 일단 진실한 것 같다는 추측이 생기도록 하는 것

┃ 관련 법조항

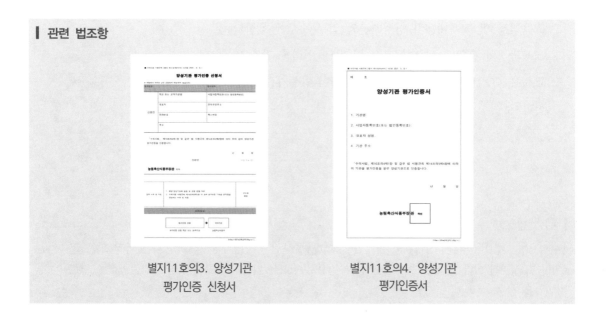

별지11호의3. 양성기관 평가인증 신청서　　　별지11호의4. 양성기관 평가인증서

제14조의7(동물보건사의 업무 범위와 한계) 법 제16조의5제1항에 따른 동물보건사의 동물의 간호 또는 진료 보조 업무의 구체적인 범위와 한계는 다음 각 호와 같다.

　1. 동물의 간호 업무: 동물에 대한 관찰, 체온·심박수 등 기초 검진 자료의 수집, 간호판단 및 요양을 위한 간호

　2. 동물의 진료 보조 업무: 약물 도포, 경구 투여, 마취·수술의 보조 등 수의사의 지도 아래 수행하는 진료의 보조

제14조의8(자격증 및 자격대장 등록사항) ① 법 제16조의6에서 준용하는 법 제6조에 따른 동물보건사 자격증은 별지 제11호의5서식에 따른다.

② 법 제16조의6에서 준용하는 법 제6조에 따른 동물보건사 자격대장에 등록해야 할 사항은 다음 각 호와 같다.

　1. 자격번호 및 자격 연월일

　2. 성명 및 주민등록번호(외국인은 성명·국적·생년월일·여권번호 및 성별)

　3. 출신학교 및 졸업 연월일

　4. 자격취소 등 행정처분에 관한 사항

　5. 제14조의9에 따라 자격증을 재발급하거나 자격을 재부여했을 때에는 그 사유

▌관련 법조항

「수의사법」 제16조의5(동물보건사의 업무) ① 동물보건사는 제10조에도 불구하고 동물병원 내에서 수의사의 지도 아래 동물의 간호 또는 진료 보조 업무를 수행할 수 있다.

별지11호의5. 동물보건사 자격증

제14조의9(자격증의 재발급 등) ① 법 제16조의6에서 준용하는 법 제6조에 따라 동물보건사 자격증을 발급받은 사람이 다음 각 호의 어느 하나에 해당하는 사유로 자격증을 재발급받으려는 때에는 별지 제11호의6서식의 동물보건사 자격증 재발급 신청서에 다음 각 호의 구분에 따른 해당 서류를 첨부하여 농림축산식품부장관에게 제출해야 한다.

1. 잃어버린 경우: 별지 제11호의7서식의 동물보건사 자격증 분실 **경위서**와 사진 1장

2. 헐어 못 쓰게 된 경우: 자격증 원본과 사진 1장

3. 자격증의 기재사항이 변경된 경우: 자격증 원본과 기재사항의 변경내용을 증명하는 서류 및 사진 1장

② 법 제16조의6에서 준용하는 법 제6조에 따라 동물보건사 자격증을 발급받은 사람이 법 제32조제3항에 따라 자격을 다시 받게 되는 경우에는 별지 제11호의6서식의 동물보건사 자격증 재부여 신청서에 자격취소의 원인이 된 사유가 소멸됐음을 증명하는 서류를 첨부(법 제32조제3항제1호에 해당하는 경우로 한정한다)하여 농림축산식품부장관에게 제출해야 한다.

제15조(동물병원의 개설신고) ① 법 제17조제2항제1호에 해당하는 사람은

경위서: 어떤 사건사고가 발생했을 때 그 시작에서부터 끝까지 일이 벌어진 경위를 작성한 문서

| 관련 법조항

별지11호의6. 동물보건사 자격증 재발급·재부여 신청서

별지11호의7. 동물보건사 자격증 분실 경위서

「수의사법」 제17조(개설) ② 동물병원은 다음 각 호의 어느 하나에 해당되는 자가 아니면 개설할 수 없다.

1. 수의사

동물병원을 개설하려는 경우에는 별지 제12호서식의 신고서에 다음 각 호의 서류를 첨부하여 그 개설하려는 장소를 관할하는 특별자치시장·특별자치도지사·시장·군수 또는 자치구의 구청장(이하 "시장·군수"라 한다)에게 제출(정보통신망에 의한 제출을 포함한다)하여야 한다. 이 경우 개설신고자 외에 그 동물병원에서 진료업무에 종사하는 수의사가 있을 때에는 그 수의사에 대한 제2호의 서류를 함께 제출(정보통신망에 의한 제출을 포함한다)해야 한다.

1. 동물병원의 구조를 표시한 평면도·장비 및 시설의 명세서 각 1부

2. 수의사 면허증 사본 1부

3. 별지 제12호의2서식의 확인서 1부[영 제13조제1항제1호 단서에 따른 출장진료만을 하는 동물병원(이하 "출장진료전문병원"이라 한다)을 개설하려는 경우만 해당한다]

② 법 제17조제2항제2호부터 제5호까지의 규정에 해당하는 자는 동물병원을 개설하려는 경우에는 별지 제13호서식의 신고서에 다음 각 호의 서류를 첨부하여 그 개설하려는 장소를 관할하는 시장·군수에게 제출(정보통신망에 의한 제출을 포함한다)해야 한다.

1. 동물병원의 구조를 표시한 평면도·장비 및 시설의 명세서 각 1부

2. 동물병원에 종사하려는 수의사의 면허증 사본

3. 법인의 설립 허가증 또는 인가증 사본 및 정관 각 1부(비영리법인인 경우만 해당한다)

▌관련 법조항

별지12호. 동물병원 개설신고서

별지12호의2. 확인서

별지13호. 동물병원 개설신고서

③ 제2항에 따른 신고서를 제출받은 시장·군수는 「전자정부법」 제36조제1항에 따른 행정정보의 공동이용을 통하여 법인 등기사항증명서(법인인 경우만 해당한다)를 확인하여야 한다.

④ 시장·군수는 제1항 또는 제2항에 따른 개설신고를 수리한 경우에는 별지 제14호서식의 신고확인증을 발급(정보통신망에 의한 발급을 포함한다)하고, 그 사본을 법 제23조에 따른 수의사회에 송부해야 한다. 이 경우 출장진료 전문병원에 대하여 발급하는 신고확인증에는 출장진료만을 전문으로 한다는 문구를 명시해야 한다.

⑤ 동물병원의 개설신고자는 법 제17조제3항 후단에 따라 다음 각 호의 어느 하나에 해당하는 변경신고를 하려면 별지 제15호서식의 변경신고서에 신고확인증과 변경 사항을 확인할 수 있는 서류를 첨부하여 시장·군수에게 제출하여야 한다. 다만, 제4호에 해당하는 변경신고를 하려는 자는 영 제13조제1항제1호

❙ 관련 법조항

「전자정부법」 제36조(행정정보의 효율적 관리 및 이용) ① 행정기관등의 장은 수집·보유하고 있는 행정정보를 필요로 하는 다른 행정기관등과 공동으로 이용하여야 하며, 다른 행정기관등으로부터 신뢰할 수 있는 행정정보를 제공받을 수 있는 경우에는 같은 내용의 정보를 따로 수집하여서는 아니 된다.

별지14호. 동물병원 개설 신고확인증

「수의사법」 제17조(개설) ③ 제2항제1호부터 제5호까지의 규정에 해당하는 자가 동물병원을 개설하려면 농림축산식품부령으로 정하는 바에 따라 특별자치도지사·특별자치시장·시장·군수 또는 자치구의 구청장에게 신고하여야 한다. 신고 사항 중 농림축산식품부령으로 정하는 중요 사항을 변경하려는 경우에도 같다.

「수의사법 시행령」 제13조(동물병원의 시설기준) ① 법 제17조제5항에 따른 동물병원의 시설기준은 다음 각 호와 같다.

  1. 개설자가 수의사인 동물병원: 진료실·처치실·조제실, 그 밖에 청결유지와 위생관리에 필요한 시설을 갖출 것. 다만, 축산 농가가 사육하는 가축(소·말·돼지·염소·사슴·닭·오리를 말한다)에 대한 출장진료만을 하는 동물병원은 진료실과 처치실을 갖추지 아니할 수 있다.

본문에 따른 진료실과 처치실을 갖추었음을 확인할 수 있는 동물병원 평면도를, 제5호에 해당하는 변경신고를 하려는 자는 별지 제12호의2서식의 확인서를 함께 첨부해야 한다.

1. 개설 장소의 이전
2. 동물병원의 명칭 변경
3. 진료 수의사의 변경
4. 출장진료전문병원에서 출장진료전문병원이 아닌 동물병원으로의 변경
5. 출장진료전문병원이 아닌 동물병원에서 출장진료전문병원으로의 변경
6. 동물병원 개설자의 변경

⑥ 시장·군수는 제5항에 따른 변경신고를 수리하였을 때에는 신고대장 및 신고확인증의 뒤쪽에 그 변경내용을 적은 후 신고확인증을 내주어야 한다.

제16조 삭제 <1999. 8. 10.>

제17조 삭제 <1999. 8. 10.>

제18조(휴업·폐업의 신고) ① 법 제18조에 따라 동물병원 개설자가 동물진료업을 휴업하거나 폐업한 경우에는 별지 제17호서식의 신고서에 신고확인증을 첨부하여 동물병원의 개설 장소를 관할하는 시장·군수에게 제출하여야 하며, 시장·군수는 그 사본을 수의사회에 송부해야 한다.

▎ 관련 법조항

별지15호. 동물병원 개설신고
사항 변경신고서

별지17호. 동물병원
휴업·폐업 신고서

② 제1항에 따라 폐업신고를 하려는 자가 「부가가치세법」 제8조제7항에 따른 폐업신고를 같이 하려는 경우에는 별지 제17호서식의 신고서와 같은 법 시행규칙 별지 제9호서식의 폐업신고서를 함께 제출하거나 「민원처리에 관한 법률 시행령」 제12조제10항에 따른 통합 폐업신고서를 제출해야 한다. 이 경우 관할 시장·군수는 함께 제출받은 폐업신고서 또는 통합 폐업신고서를 지체 없이 관할 세무서장에게 송부(정보통신망을 이용한 송부를 포함한다. 이하 이 조에서 같다)해야 한다.

③ 관할 세무서장이 「부가가치세법 시행령」 제13조제5항에 따라 제1항에 따른 폐업신고서를 받아 이를 관할 시장·군수에게 송부한 경우에는 제1항에 따른 폐업신고서가 제출된 것으로 본다.

제18조의2(수술 등의 진료비용 고지 방법) 법 제19조제1항에 따라 수술등중대진료 전에 예상 진료비용을 고지하거나 수술등중대진료 이후에 진료비용을 고지하거나 변경하여 고지할 때에는 구두로 설명하는 방법으로 한다.

▌관련 법조항

「부가가치세법」 제8조(사업자등록) ⑦ 제1항부터 제6항까지의 규정에 따라 신청을 받은 사업장 관할 세무서장(제3항부터 제5항까지의 규정에서는 본점 또는 주사무소 관할 세무서장을 말한다. 이하 이 조에서 같다)은 사업자등록을 하고, 대통령령으로 정하는 바에 따라 등록된 사업자에게 등록번호가 부여된 등록증(이하 "사업자등록증"이라 한다)을 발급하여야 한다.

「민원처리에 관한 법률 시행령」 제12조(다른 행정기관 등을 이용한 민원의 접수·교부) ⑩ 법 제14조제1항에 따른 다른 행정기관이나 농협 또는 새마을금고가 제8항에 따라 통합하여 접수·교부할 수 있는 민원의 종류, 접수·교부기관 등 필요한 사항은 행정안전부장관이 정하여 고시한다.

「부가가치세법 시행령」 제13조(휴업·폐업의 신고) ⑤ 법령에 따라 허가를 받거나 등록 또는 신고 등을 하여야 하는 사업의 경우에는 허가, 등록, 신고 등이 필요한 사업의 주무관청에 제1항의 휴업(폐업)신고서를 제출할 수 있으며, 휴업(폐업)신고서를 받은 주무관청은 지체 없이 관할 세무서장에게 그 서류를 송부(정보통신망을 이용한 송부를 포함한다. 이하 이 항에서 같다)하여야 하고, 허가, 등록, 신고 등이 필요한 사업의 주무관청에 제출하여야 하는 해당 법령에 따른 신고서를 관할 세무서장에게 제출한 경우에는 관할 세무서장은 지체 없이 그 서류를 관할 주무관청에 송부하여야 한다.

「수의사법」 제19조(수술 등의 진료비용 고지) ① 동물병원 개설자는 수술등중대진료 전에 수술등중대진료에 대한 예상 진료비용을 동물소유자등에게 고지하여야 한다. 다만, 수술등중대진료가 지체되면 동물의 생명 또는 신체에 중대한 장애를 가져올 우려가 있거나 수술등중대진료 과정에서 진료비용이 추가되는 경우에는 수술등중대진료 이후에 진료비용을 고지하거나 변경하여 고지할 수 있다.

제18조의3(진찰 등의 진료비용 게시 대상 및 방법) ① 법 제20조제1항에서 "진찰, 입원, 예방**접종**, 검사 등 농림축산식품부령으로 정하는 동물진료업의 행위에 대한 진료비용"이란 다음 각 호의 진료비용을 말한다. 다만, 해당 동물병원에서 진료하지 않는 동물진료업의 행위에 대한 진료비용 및 제15조제1항제3호에 따른 출장진료전문병원의 동물진료업의 행위에 대한 진료비용은 제외한다.

> 접종: 병원균이나 항독소, 항체 따위를 사람이나 동물의 몸에 주입함 또는 그렇게 하는 일

1. 초진·재진 진찰료, 진찰에 대한 상담료
2. 입원비
3. 개 종합백신, 고양이 종합백신, 광견병백신, 켄넬코프백신 및 인플루엔자백신의 접종비
4. 전혈구 검사비와 그 검사 판독료 및 엑스선 촬영비와 그 촬영 **판독**료

> 판독: 뜻을 헤아려 읽음

5. 그 밖에 동물소유자등에게 알릴 필요가 있다고 농림축산식품부장관이 인정하여 고시하는 동물진료업의 행위에 대한 진료비용

② 법 제20조제1항에 따라 진료비용을 게시할 때에는 다음 각 호의 어느 하나에 해당하는 방법으로 한다.

1. 해당 동물병원 내부 접수창구 또는 진료실 등 동물소유자등이 알아보기 쉬운 장소에 책자나 인쇄물을 비치하거나 벽보 등을 부착하는 방법
2. 해당 동물병원의 인터넷 홈페이지에 게시하는 방법. 이 경우 인터넷 홈페이지의 초기화면에 게시하거나 배너를 이용하는 경우에는 진료비용을 게시하는 화면으로 직접 연결되도록 해야 한다.

제19조(발급수수료) ① 법 제20조의2제1항에 따른 처방전 발급수수료의 상한액은 5천원으로 한다.

┃ 관련 법조항

「수의사법」 제20조(진찰 등의 진료비용 게시) ① 동물병원 개설자는 진찰, 입원, 예방접종, 검사 등 농림축산식품부령으로 정하는 동물진료업의 행위에 대한 진료비용을 동물소유자등이 쉽게 알 수 있도록 농림축산식품부령으로 정하는 방법으로 게시하여야 한다.

「수의사법」 제15조(진료기술의 보호) 수의사의 진료행위에 대하여는 이 법 또는 다른 법령에 규정된 것을 제외하고는 누구든지 간섭하여서는 아니 된다.

「수의사법」 제20조의2(발급수수료) ① 제12조 및 제12조의2에 따른 진단서 등 발급수수료 상한액은 농림축산식품부령으로 정한다.

② 법 제20조의2제2항에 따라 동물병원 개설자는 진단서, 검안서, 증명서 및 처방전의 발급수수료의 금액을 정하여 접수창구나 대기실에 동물소유자 등이 쉽게 볼 수 있도록 게시하여야 한다.

제20조(진료비용 등에 관한 현황의 조사 · 분석 및 결과 공개의 범위 등) ① 법 제20조의4제1항에 따른 결과 공개의 범위는 다음 각 호와 같다.

1. 법 제20조제1항에 따라 동물병원 개설자가 게시한 각 동물진료업의 행위에 대한 진료비용의 전국 단위, 특별시 · 광역시 · 특별자치시 · 도 · 특별자치도 단위 및 시 · 군 · 자치구 단위별 최저 · 최고 · 평균 · 중간 비용

2. 그 밖에 동물소유자등에게 공개할 필요가 있다고 농림축산식품부장관이 인정하여 고시하는 사항

② 법 제20조의4제1항에 따라 제1항 각 호의 사항을 공개할 때에는 농림축산식품부의 인터넷 홈페이지에 게시하는 방법으로 한다.

③ 제1항 및 제2항에서 규정한 사항 외에 법 제20조제1항에 따른 조사 · 분석 및 결과 공개의 범위 · 방법 · 절차에 관하여 필요한 세부 사항은 농림축산식품부장관이 정하여 고시한다.

제21조(축산 관련 비영리법인) 법 제21조제1항 각 호 외의 부분 본문 및 단서에서 "농림축산식품부령으로 정하는 축산 관련 비영리법인"이란 다음 각호의 법인을 말한다.

1. 「농업협동조합법」에 따라 설립된 농업협동조합중앙회(농협경제지주회사를 포함한다) 및 **조합**

> 조합: 2인 이상이 상호 출자하여 공동사업을 경영하기로 약정하는 계약

2. 「가축전염병예방법」 제9조에 따라 설립된 가축위생방역 지원본부

┃ 관련 법조항

「수의사법」 제20조의2(발급수수료) ② 동물병원 개설자는 의료기관이 동물소유자등으로부터 징수하는 진단서 등 발급수수료를 농림축산식품부령으로 정하는 바에 따라 고지 · 게시하여야 한다.

「수의사법」 제20조의4(진료비용 등에 관한 현황의 조사 · 분석 등) ① 농림축산식품부장관은 동물병원에 대하여 제20조제1항에 따라 동물병원 개설자가 게시한 진료비용 및 그 산정기준 등에 관한 현황을 조사 · 분석하여 그 결과를 공개할 수 있다.

「수의사법」 제21조(공수의) ① 시장 · 군수는 동물진료 업무의 적정을 도모하기 위하여 동물병원을 개설하고 있는 수의사, 동물병원에서 근무하는 수의사 또는 농림축산식품부령으로 정하는 축산 관련 비영리법인에서 근무하는 수의사에게 다음 각 호의 업무를 위촉할 수 있다. 다만, 농림축산식품부령으로 정하는 <u>축산 관련 비영리법인</u>에서 근무하는 수의사에게는 제3호와 제6호의 업무만 위촉할 수 있다.

제22조(공수의의 업무 보고) 공수의는 법 제21조제1항 각 호의 업무에 관하여 매월 그 추진결과를 다음 달 10일까지 배치지역을 관할하는 시장·군수에게 보고하여야 하며, 시장·군수(특별자치시장과 특별자치도지사는 제외한다)는 그 내용을 종합하여 매 분기가 끝나는 달의 다음 달 10일까지 특별시장·광역시장 또는 도지사에게 보고하여야 한다. 다만, 전염병 발생 및 공중위생상 긴급한 사항은 즉시 보고하여야 한다.

제22조의2(동물진료법인 설립허가절차) ① 영 제13조의2에 따라 동물진료법인 설립허가신청서에 첨부해야 하는 서류는 다음 각 호와 같다.

  1. 법 제17조제2항제3호에 따른 동물진료법인(이하 "동물진료법인"이라 한다) 설립허가를 받으려는 자(이하 "설립발기인"이라 한다)의 성명·주소 및 약력을 적은 서류. 설립발기인이 법인인 경우에는 그 법인의 명칭·소재지·정관 및 최근 사업활동 내용과 그 대표자의 성명 및 주소를 적은 서류를 말한다.

  2. 삭제 <2017. 1. 2.>

  3. **정관**

> 정관: 기업의 설립절차 가운데 핵심사항 중 하나로 회사의 설립, 조직, 업무 활동 등에 관한 기본규칙을 정한 문서

┃ 관련 법조항

「수의사법」 제21조(공수의) ① 시장·군수는 동물진료 업무의 적정을 도모하기 위하여 동물병원을 개설하고 있는 수의사, 동물병원에서 근무하는 수의사 또는 농림축산식품부령으로 정하는 축산 관련 비영리법인에서 근무하는 수의사에게 다음 각 호의 업무를 위촉할 수 있다. 다만, 농림축산식품부령으로 정하는 축산 관련 비영리법인에서 근무하는 수의사에게는 제3호와 제6호의 업무만 위촉할 수 있다.

  1. 동물의 진료
  2. 동물 질병의 조사·연구
  3. 동물 전염병의 예찰 및 예방
  4. 동물의 건강진단
  5. 동물의 건강증진과 환경위생 관리
  6. 그 밖에 동물의 진료에 관하여 시장·군수가 지시하는 사항

「수의사법 시행령」 제13조의2(동물진료법인의 설립 허가 신청) 법 제22조의2제1항에 따라 같은 법 제17조제2항제3호에 따른 동물진료법인(이하 "동물진료법인"이라 한다)을 설립하려는 자는 동물진료법인 설립허가신청서에 농림축산식품부령으로 정하는 서류를 첨부하여 그 법인의 주된 사무소의 소재지를 관할하는 특별시장·광역시장·도지사 또는 특별자치도지사·특별자치시장에게 제출하여야 한다.

「수의사법」 제17조(개설) ② 동물병원은 다음 각 호의 어느 하나에 해당되는 자가 아니면 개설할 수 없다.

  3. 동물진료업을 목적으로 설립된 법인

4. 재산의 종류·수량·금액 및 권리관계를 적은 재산 목록(기본재산과 보통재산으로 구분하여 적어야 한다) 및 기부신청서[기부자의 인감증명서 또는 「본인서명사실 확인 등에 관한 법률」 제2조제3호에 따른 본인서명사실확인서 및 재산을 확인할 수 있는 서류(**부동산·예금·유가증권** 등 주된 재산에 관한 등기소·금융기관 등의 증명서를 말한다)를 첨부하되, 제2항에 따른 서류는 제외한다]

부동산: 토지 및 그 정착물

예금: 은행 등 금융기관이 불특정다수인으로부터 그 보관 과 운용을 위탁받은 자금

유가증권: 재산적 가치를 가지는 사권을 표시하는 증권(상품증권, 어음, 수표, 주식, 채권 등)

5. 사업 시작 예정 연월일과 사업 시작 연도 분(分)의 사업계획서 및 수입·지출예산서

6. 임원 취임 예정자의 이력서(신청 전 6개월 이내에 모자를 쓰지 않고 찍은 상반신 반명함판 사진을 첨부한다), 취임승낙서(인감증명서 또는 「본인서명사실 확인 등에 관한 법률」 제2조제3호에 따른 본인서명사실확인서를 첨부한다) 및 「가족관계의 등록 등에 관한 법률」 제15조제1항제2호에 따른 기본증명서

7. 설립**발기인**이 둘 이상인 경우 대표자를 선정하여 허가신청을 할 때에는 나머지 설립발기인의 위임장

발기인: 주식회사의 설립에 관하여 정관에 서명한 사람

② 동물진료법인 설립허가신청을 받은 담당공무원은 「전자정부법」 제36조제1항에 따른 행정정보의 공동이용을 통하여 건물 등기사항증명서와 토지 등기사항증명서를 확인해야 한다.

③ 시·도지사는 특별한 사유가 없으면 동물진료법인 설립허가신청을 받은 날부터 1개월 이내에 허가 또는 불허가 처분을 해야 하며, 허가처분을 할 때에는 동물진료법인 설립허가증을 발급해 주어야 한다.

┃ 관련 법조항

「본인서명사실 확인 등에 관한 법률」 제2조(정의) 이 법에서 사용하는 용어의 뜻은 다음과 같다.

    3. "본인서명사실확인서"란 본인이 직접 서명한 사실을 제5조에 따른 발급기관이 확인한 종이문서를 말한다.

「가족관계의 등록 등에 관한 법률」 제15조(증명서의 종류 및 기록사항) ① 등록부등의 기록사항은 다음 각 호의 증명서별로 제2항에 따른 일반증명서와 제3항에 따른 상세증명서로 발급한다. 다만, 외국인의 기록사항에 관하여는 성명·성별·출생연월일·국적 및 외국인등록번호를 기재하여 증명서를 발급하여야 한다.

    2. 기본증명서

「전자정부법」 제36조(행정정보의 효율적 관리 및 이용) ① 행정기관등의 장은 수집·보유하고 있는 행정정보를 필요로 하는 다른 행정기관등과 공동으로 이용하여야 하며, 다른 행정기관등으로부터 신뢰할 수 있는 행정정보를 제공받을 수 있는 경우에는 같은 내용의 정보를 따로 수집하여서는 아니 된다.

④ 시·도지사는 제3항에 따른 허가 또는 불허가 처분을 하기 위하여 필요하다고 인정하면 신청인에게 기간을 정하여 필요한 자료를 제출하게 하거나 설명을 요구할 수 있다. 이 경우 그에 걸리는 기간은 제3항의 기간에 산입하지 않는다.

제22조의3(임원 선임의 보고) 동물진료법인은 임원을 **선임**(選任)한 경우에는 선임한 날부터 7일 이내에 임원선임 보고서에 다음 각 호의 서류를 첨부하여 시·도지사에게 제출하여야 한다.

1. 임원 선임을 의결한 이사회의 회의록

2. 선임된 임원의 이력서(제출 전 6개월 이내에 모자를 쓰지 않고 찍은 상반신 반명함판 사진을 첨부하여야 한다). 다만, 종전 임원이 연임된 경우는 제외한다.

3. 취임승낙서

제22조의4(재산 처분의 허가절차) ① 영 제13조의3에 따라 재산처분허가신청서에 첨부하여야 하는 서류는 다음 각 호와 같다.

1. 재산 처분 사유서

2. 처분하려는 재산의 목록 및 감정평가서(교환인 경우에는 쌍방의 재산에 관한 것이어야 한다)

3. 재산 처분에 관한 이사회의 회의록

4. 처분의 목적, 용도, 예정금액, 방법과 처분으로 인하여 감소될 재산의 보충 방법 등을 적은 서류

5. 처분하려는 재산과 전체 재산의 대비표

② 제1항에 따른 허가신청은 재산을 처분(**매도**, **증여**, **임대** 또는 교환, **담보** 제공 등을 말한다)하기 1개월 전까지 하여야 한다.

③ 시·도지사는 특별한 사유가 없으면 재산처분 허가신청을 받은 날부터 1개월 이내에 허가 또는 불허가 처분을 하여야 하며, 허가처분을 할 때에는 필요한 조건을 붙일 수 있다.

④ 시·도지사는 제3항에 따른 허가 또는 불허가 처분을 하기 위하여 필요하다고 인정하면 신청인에게 기간을 정하여 필요한 자료를 제출하게 하거나 설명을 요구할 수 있다. 이 경우 그에 걸리는 기간은 제3항의 기간에 **산입**하지 아니한다.

선임: 여러 사람 가운데서 어떤 직무나 임무를 맡을 사람을 임명(지명)함

매도: 팔아넘김

증여: 당사자의 일방이 무상으로 재산을 준다는 의사표시를 하고, 상대방이 승낙함으로써 성립하는 계약

임대: 어떤 물건을 사용료를 받고 타인에게 빌려주는 일

담보: 채무자의 채무불이행에 대비해 채권자에게 채권의 확보를 위하여 제공되는수단

산입: 셈하여 넣는 것

제22조의5(재산의 증가 보고) ① 동물진료법인은 매수(買受)·**기부채납**(寄附採納)이나 그 밖의 방법으로 재산을 취득한 경우에는 재산을 취득한 날부터 7일 이내에 그 법인의 재산에 편입시키고 재산증가 보고서에 다음 각 호의 서류를 첨부하여 시·도지사에게 제출하여야 한다.

1. 취득 사유서

2. 취득한 재산의 종류·수량 및 금액을 적은 서류

3. 재산 취득을 확인할 수 있는 서류(제2항에 따른 서류는 제외한다)

② 재산증가 보고를 받은 담당공무원은 증가된 재산이 부동산일 때에는 「전자정부법」 제36조제1항에 따른 행정정보의 공동이용을 통하여 건물 등기사항증명서와 토지 등기사항증명서를 확인하여야 한다.

제22조의6(정관 변경의 허가신청) 영 제13조의3에 따라 정관변경허가신청서에 첨부하여야 하는 서류는 다음 각 호와 같다.

1. 정관 변경 사유서

2. 정관 개정안(신·구 정관의 조문대비표를 첨부하여야 한다)

3. 정관 변경에 관한 이사회의 회의록

4. 정관 변경에 따라 사업계획 및 수입·지출예산이 변동되는 경우에는 그 변동된 사업계획서 및 수입·지출예산서(신·구 대비표를 첨부하여야 한다)

제22조의7(부대사업의 신고 등) ① 동물진료법인은 법 제22조의3제3항 전단에 따라 **부대사업**을 신고하려는 경우 별지 제20호서식의 신고서에 다음 각

기부채납: 개인 또는 기업이 부동산을 비롯한 재산의 소유권을 무상으로 국가 또는 지방자체단체에 이전하는 행위

부대사업: 주가 되는 사업에 덧붙여서 하는 사업

| 관련 법조항

별지20호. 부대사업
신고서·변경신고서

호의 서류를 첨부하여 제출하여야 한다.

　1. 동물병원 개설 신고확인증 사본

　2. 부대사업의 내용을 적은 서류

　3. 부대사업을 하려는 건물의 평면도 및 구조설명서

② 시·도지사는 부대사업 신고를 받은 경우에는 별지 제21호서식의 부대사업 신고증명서를 발급하여야 한다.

③ 동물진료법인은 법 제22조의3제3항 후단에 따라 부대사업 신고사항을 변경하려는 경우 별지 제20호서식의 변경신고서에 다음 각 호의 서류를 첨부하여 제출하여야 한다.

　1. 부대사업 신고증명서 원본

　2. 변경사항을 증명하는 서류

④ 시·도지사는 부대사업 변경신고를 받은 경우에는 부대사업 신고증명서 원본에 변경 내용을 적은 후 돌려주어야 한다.

제22조의8(법인사무의 검사·감독) ① 시·도지사는 법 제22조의4에서 준용하는 「민법」 제37조에 따라 동물진료법인 사무의 검사 및 감독을 위하여 필요하다고 인정되는 경우에는 다음 각 호의 서류를 제출할 것을 동물진료법인에 요구할 수 있다. 이 경우 제1호부터 제6호까지의 서류는 최근 5년까지의 것을 대상으로, 제7호 및 제8호의 서류는 최근 3년까지의 것을 그 대상으로 할 수 있다.

　1. 정관

　2. 임원의 명부와 이력서

　3. 이사회 회의록

　4. 재산대장 및 부채대장

　5. **보조금**을 받은 경우에는 보조금 관리대장

　6. 수입·지출에 관한 장부 및 증명서류

　7. 업무일지

　8. **주무관청** 및 관계 기관과 주고받은 서류

② 시·도지사는 필요한 최소한의 범위를 정하여 소속 공무원으로 하여금

보조금: 국가 또는 지방자치단체가 행정상의 목적을 달성하기 위하여 공공단체, 경제단체 또는 개인에 대하여 교부하는 돈

주무관청: 어떤 사무를 주장하여 맡아보는 행정관청

| 관련 법조항

「민법」 제37조(법인의 사무의 검사, 감독) 법인의 사무는 주무관청이 검사, 감독한다.

동물진료법인을 방문하여 그 사무를 검사하게 할 수 있다. 이 경우 소속 공무원은 그 권한을 증명하는 증표를 지니고 관계인에게 보여주어야 한다.

제22조의9(설립등기 등의 보고) 동물진료법인은 법 제22조의4에서 준용하는 「민법」 제49조부터 제52조까지 및 제52조의2에 따라 동물진료법인 설립등기, 분사무소 설치등기, 사무소 이전등기, 변경등기 또는 직무집행정지 등 가처분의 등기를 한 경우에는 해당 등기를 한 날부터 7일 이내에 그 사실을 시·도지사에게 보고하여야 한다. 이 경우 담당공무원은 「전자정부법」 제36조제1항에 따른 행정정보의 공동이용을 통하여 법인 등기사항증명서를 확인하여야 한다.

제22조의10(잔여재산 처분의 허가) 동물진료법인의 대표자 또는 **청산인**은 법 제22조의4에서 준용하는 「민법」 제80조제2항에 따라 잔여재산의 처분에 대한 허가를 받으려면 다음 각 호의 사항을 적은 잔여재산처분허가신청서를 시·도지사에게 제출하여야 한다.

  1. 처분 사유

> 청산: 서로 간에 채무·채권 관계를 셈하여 깨끗이 해결함
>
> 청산인: 해산한 법인의 청산 사무를 맡아서 처리하는 사람

❙ 관련 법조항

「민법」 제49조(법인의 등기사항) ① 법인설립의 허가가 있는 때에는 3주간내에 주된 사무소소재지에서 설립등기를 하여야 한다.

② 전항의 등기사항은 다음과 같다.

  1. 목적   2. 명칭

  3. 사무소   4. 설립허가의 연월일

  5. 존립시기나 해산이유를 정한 때에는 그 시기 또는 사유

  6. 자산의 총액   7. 출자의 방법을 정한 때에는 그 방법

  8. 이사의 성명, 주소   9. 이사의 대표권을 제한한 때에는 그 제한

「민법」 제50조(분사무소설치의 등기) ① 법인이 분사무소를 설치한 때에는 주사무소소재지에서는 3주간내에 분사무소를 설치한 것을 등기하고 그 분사무소소재지에서는 동기간내에 전조제2항의 사항을 등기하고 다른 분사무소소재지에서는 동기간내에 그 분사무소를 설치한 것을 등기하여야 한다.

② 주사무소 또는 분사무소의 소재지를 관할하는 등기소의 관할구역내에 분사무소를 설치한 때에는 전항의 기간내에 그 사무소를 설치한 것을 등기하면 된다.

「민법」 제51조(사무소이전의 등기) ① 법인이 그 사무소를 이전하는 때에는 구소재지에서는 3주간내에 이전등기를 하고 신소재지에서는 동기간내에 제49조제2항에 게기한 사항을 등기하여야 한다.

② 동일한 등기소의 관할구역내에서 사무소를 이전한 때에는 그 이전한 것을 등기하면 된다.

「민법」 제52조(변경등기) 제49조제2항의 사항 중에 변경이 있는 때에는 3주간내에 변경등기를 하여야 한다.

「민법」 제80조(잔여재산의 귀속) ② 정관으로 귀속권리자를 지정하지 아니하거나 이를 지정하는 방법을 정하지 아니한 때에는 이사 또는 청산인은 주무관청의 허가를 얻어 그 법인의 목적에 유사한 목적을 위하여 그 재산을 처분할 수 있다. 그러나 사단법인에 있어서는 총회의 결의가 있어야 한다.

2. 처분하려는 재산의 종류·수량 및 금액

3. 재산의 처분 방법 및 처분계획서

제22조의11(해산신고 등) ① 동물진료법인이 해산(파산의 경우는 제외한다)한 경우 그 청산인은 법 제22조의4에서 준용하는 「민법」 제86조에 따라 다음 각 호의 사항을 시·도지사에게 신고해야 한다.

1. **해산** 연월일

2. 해산 사유

3. 청산인의 성명 및 주소

4. 청산인의 대표권을 제한한 경우에는 그 제한 사항

② 청산인이 제1항의 신고를 하는 경우에는 해산신고서에 다음 각 호의 서류를 첨부하여 제출해야 한다. 이 경우 담당공무원은 「전자정부법」 제36조제1항에 따른 행정정보의 공동이용을 통하여 법인 등기사항증명서를 확인해야 한다.

1. 해산 당시 동물진료법인의 재산목록

2. 잔여재산 처분 방법의 개요를 적은 서류

3. 해산 당시의 정관

4. 해산을 의결한 이사회의 회의록

③ 동물진료법인이 정관에서 정하는 바에 따라 그 해산에 관하여 주무관청의 허가를 받아야 하는 경우에는 해산 예정 연월일, 해산의 원인과 청산인이 될 자의 성명 및 주소를 적은 해산허가신청서에 다음 각 호의 서류를 첨부하여 시·도지사에게 제출해야 한다.

1. 신청 당시 동물진료법인의 재산목록 및 그 감정평가서

2. 잔여재산 처분 방법의 개요를 적은 서류

3. 신청 당시의 정관

제22조의12(청산 종결의 신고) 동물진료법인의 청산인은 그 청산을 종결한 경우에는 법 제22조의4에서 준용하는 「민법」 제94조에 따라 그 취지를 등

해산: 집단, 조직, 단체 따위가 해체하여 없어짐. 또는 없어지게 함

| 관련 법조항

「민법」 제86조(해산신고) ① 청산인은 파산의 경우를 제하고는 그 취임후 3주간내에 전조제1항의 사항을 주무관청에 신고하여야 한다.

② 청산중에 취임한 청산인은 그 성명 및 주소를 신고하면 된다.

「민법」 제94조(청산종결의 등기와 신고) 청산이 종결한 때에는 청산인은 3주간내에 이를 등기하고 주무관청에 신고하여야 한다.

기하고 청산종결신고서(전자문서로 된 신고서를 포함한다)를 시·도지사에게 제출하여야 한다. 이 경우 담당공무원은 「전자정부법」 제36조제1항에 따른 행정정보의 공동이용을 통하여 법인 등기사항증명서를 확인하여야 한다.

제22조의13(동물진료법인 관련 서식) 다음 각 호의 서식은 농림축산식품 부장관이 정하여 농림축산식품부 인터넷 홈페이지에 공고하는 바에 따른다.

1. 제22조의2제1항에 따른 동물진료법인 설립허가신청서

2. 제22조의2제3항에 따른 설립허가증

3. 제22조의3에 따른 임원선임 보고서

4. 제22조의4제1항에 따른 재산처분허가신청서

5. 제22조의5제1항에 따른 재산증가 보고서

6. 제22조의6에 따른 정관변경허가신청서

7. 제22조의10에 따른 잔여재산처분허가신청서

8. 제22조의11제2항 전단에 따른 해산신고서

9. 제22조의11제3항에 따른 해산허가신청서

10. 제22조의12 전단에 따른 청산종결신고서

제22조의14(수의사 등에 대한 비용 지급 기준) 법 제30조제1항 후단에 따라 수의사 또는 동물병원의 시설·장비 등이 필요한 경우의 비용 지급기준은 별표 1의2와 같다.

제22조의15(진료비용 미게시 등에 따른 시정명령) ① 농림축산식품부장관 또는 시장·군수는 법 제30조제3항에 따라 동물병원 개설자가 법 제20조제 1항에 따른 진료비용을 게시하지 않았거나, 동물소유자등이 확인하기 어려

┃ 관련 법조항

「수의사법」 제30조(지도와 명령) ① 농림축산식품부장관, 시·도지사 또는 시장·군수는 동물진료 시책을 위하여 필요하다고 인정할 때 또는 공중위생상 중대한 위해가 발생하거나 발생할 우려가 있다고 인정할 때에는 대통령령으로 정하는 바에 따라 수의사 또는 동물병원에 대하여 필요한 지도와 명령을 할 수 있다. 이 경우 수의사 또는 동물병원의 시설·장비 등이 필요한 때에는 농림축산식품부령으로 정하는 바에 따라 그 비용을 지급하여야 한다.

「수의사법」 제20조(진찰 등의 진료비용 게시) ① 동물병원 개설자는 진찰, 입원, 예방접종, 검사 등 농림 축산식품부령으로 정하는 동물진료업의 행위에 대한 진료비용을 동물소유자등이 쉽게 알 수 있도록 농림 축산식품부령으로 정하는 방법으로 게시하여야 한다.

운 장소에 게시한 경우 30일 이내의 범위에서 기간을 정하여 진료비용 게시, 진료비용 게시 장소 및 그 밖에 필요한 명령을 할 수 있다.

② 농림축산식품부장관 또는 시장·군수는 법 제30조제3항에 따라 동물병원 개설자가 법 제20조제2항을 위반하여 정당한 사유 없이 게시한 진료비용 이상으로 진료비용을 받은 경우 30일 이내의 범위에서 기간을 정하여 향후 재발방지, 위반행위의 중지 및 그 밖에 필요한 명령을 할 수 있다.

제22조의16(보고 및 업무감독) 법 제31조제1항에서 "농림축산식품부령으로 정하는 사항"이란 회원의 실태와 취업상황, 그 밖의 수의사회의 운영 또는 업무에 관한 것으로서 농림축산식품부장관이 필요하다고 인정하는 사항을 말한다.

제23조(과잉진료행위 등) 영 제20조의2제2호에서 "농림축산식품부령으로 정하는 행위"란 다음 각 호의 행위를 말한다.

1. 소독 등 병원 내 감염을 막기 위한 조치를 취하지 아니하고 시술하여 질병이 악화되게 하는 행위

2. **예후**가 불명확한 수술 및 처치 등을 할 때 그 위험성 및 비용을 알리지 아니하고 이를 하는 행위

    예후: 병의 경과 및 결말을 미리 아는 것

3. 유효기간이 지난 약제를 사용하거나 정당한 사유 없이 응급진료가 필요한 동물을 방치하여 질병이 악화되게 하는 행위

❙ 관련 법조항

「수의사법」 제20조(진찰 등의 진료비용 게시) ② 동물병원 개설자는 제1항에 따라 게시한 금액을 초과하여 진료비용을 받아서는 아니 된다.

「수의사법」 제31조(보고 및 업무 감독) ① 농림축산식품부장관은 수의사회로 하여금 회원의 실태와 취업 상황 등 농림축산식품부령으로 정하는 사항에 대하여 보고를 하게 하거나 소속 공무원에게 업무 상황과 그 밖의 관계 서류를 검사하게 할 수 있다.

「수의사법 시행령」 제20조의2(과잉진료행위 등) 법 제32조제2항제6호에서 "과잉진료행위나 그 밖에 동물병원 운영과 관련된 행위로서 대통령령으로 정하는 행위"란 다음 각 호의 행위를 말한다.

2. 정당한 사유 없이 동물의 고통을 줄이기 위한 조치를 하지 아니하고 시술하는 행위나 그 밖에 이에 준하는 행위로서 농림축산식품부령으로 정하는 행위

제24조(행정처분의 기준) 법 제32조 및 제33조에 따른 행정처분의 세부 기준은 별표 2와 같다. (별첨)

제25조(신고확인증의 제출 등) ① 동물병원 개설자가 법 제33조에 따라 동물진료업의 정지처분을 받았을 때에는 지체 없이 그 신고확인증을 시장·군수에게 제출하여야 한다.

② 시장·군수는 법 제33조에 따라 동물진료업의 정지처분을 하였을 때에

관련 법조항

「수의사법」제32조(면허의 취소 및 면허효력의 정지) ① 농림축산식품부장관은 수의사가 다음 각 호의 어느 하나에 해당하면 그 면허를 취소할 수 있다. 다만, 제1호에 해당하면 그 면허를 취소하여야 한다.
  1. 제5조 각 호의 어느 하나에 해당하게 되었을 때
  2. 제2항에 따른 면허효력 정지기간에 수의업무를 하거나 농림축산식품부령으로 정하는 기간에 3회 이상 면허효력 정지처분을 받았을 때
  3. 제6조제2항을 위반하여 면허증을 다른 사람에게 대여하였을 때
② 농림축산식품부장관은 수의사가 다음 각 호의 어느 하나에 해당하면 1년 이내의 기간을 정하여 농림축산식품부령으로 정하는 바에 따라 면허의 효력을 정지시킬 수 있다. 이 경우 진료기술상의 판단이 필요한 사항에 관하여는 관계 전문가의 의견을 들어 결정하여야 한다.
  1. 거짓이나 그 밖의 부정한 방법으로 진단서, 검안서, 증명서 또는 처방전을 발급하였을 때
  2. 관련 서류를 위조하거나 변조하는 등 부정한 방법으로 진료비를 청구하였을 때
  3. 정당한 사유 없이 제30조제1항에 따른 명령을 위반하였을 때
  4. 임상수의학적(臨床獸醫學的)으로 인정되지 아니하는 진료행위를 하였을 때
  5. 학위 수여 사실을 거짓으로 공표하였을 때
  6. 과잉진료행위나 그 밖에 동물병원 운영과 관련된 행위로서 대통령령으로 정하는 행위를 하였을 때
③ 농림축산식품부장관은 제1항에 따라 면허가 취소된 사람이 다음 각 호의 어느 하나에 해당하면 그 면허를 다시 내줄 수 있다.
  1. 제1항제1호의 사유로 면허가 취소된 경우에는 그 취소의 원인이 된 사유가 소멸되었을 때
  2. 제1항제2호 및 제3호의 사유로 면허가 취소된 경우에는 면허가 취소된 후 2년이 지났을 때
④ 동물병원은 해당 동물병원 개설자가 제2항제1호 또는 제2호에 따라 면허효력 정지처분을 받았을 때에는 그 면허효력 정지기간에 동물진료업을 할 수 없다.
「수의사법」제33조(동물진료업의 정지) 시장·군수는 동물병원이 다음 각 호의 어느 하나에 해당하면 농림축산식품부령으로 정하는 바에 따라 1년 이내의 기간을 정하여 그 동물진료업의 정지를 명할 수 있다.
  1. 개설신고를 한 날부터 3개월 이내에 정당한 사유 없이 업무를 시작하지 아니할 때
  2. 무자격자에게 진료행위를 하도록 한 사실이 있을 때
  3. 제17조제3항 후단에 따른 변경신고 또는 제18조 본문에 따른 휴업의 신고를 하지 아니하였을 때
  4. 시설기준에 맞지 아니할 때
  5. 제17조의2를 위반하여 동물병원 개설자 자신이 그 동물병원을 관리하지 아니하거나 관리자를 지정하지 아니하였을 때
  6. 동물병원이 제30조제1항에 따른 명령을 위반하였을 때
  7. 동물병원이 제30조제2항에 따른 사용 제한 또는 금지 명령을 위반하거나 시정 명령을 이행하지 아니하였을 때
  7의2. 동물병원이 제30조제3항에 따른 시정 명령을 이행하지 아니하였을 때
  8. 동물병원이 제31조제2항에 따른 관계 공무원의 검사를 거부·방해 또는 기피하였을 때

는 해당 신고대장에 처분에 관한 사항을 적어야 하며, 제출된 신고확인증의 뒤쪽에 처분의 요지와 업무정지 기간을 적고 그 정지기간이 만료된 때에 돌려주어야 한다.

제25조의2(과징금의 징수절차) 영 제20조의3제5항에 따른 과징금의 징수절차에 관하여는 「국고금 관리법 시행규칙」을 준용한다. 이 경우 납입고지서에는 이의신청의 방법 및 기간을 함께 적어야 한다.

제26조(수의사 연수교육) ① 수의사회장은 법 제34조제3항 및 영 제21조에 따라 연수교육을 매년 1회 이상 실시하여야 한다.

관련 법조항

「수의사법 시행령」 제20조의3(과징금의 부과 등) ⑤ 과징금의 징수절차는 농림축산식품부령으로 정한다.

「수의사법」 제34조(연수교육) ③ 제1항에 따른 연수교육에 필요한 사항은 농림축산식품부령으로 정한다.

「수의사법 시행령」 제21조(업무의 위탁) ① 농림축산식품부장관은 법 제37조제3항에 따라 법 제34조에 따른 수의사의 연수교육에 관한 업무를 수의사회에 위탁한다.

② 농림축산식품부장관은 법 제37조제4항에 따라 법 제20조의3에 따른 동물 진료의 분류체계 표준화에 관한 업무를 수의사회에 위탁한다.

③ 농림축산식품부장관은 법 제37조제4항에 따라 법 제20조의4제1항에 따른 진료비용 등의 현황에 관한 조사·분석 업무를 다음 각 호의 어느 하나에 해당하는 자에게 위탁할 수 있다.

    1. 「민법」 제32조에 따라 농림축산식품부장관의 허가를 받아 설립된 비영리법인

    2. 「소비자기본법」 제29조제1항 및 같은 법 시행령 제23조제2항에 따라 공정거래위원회에 등록한 소비자단체

「소비자기본법」 제29조(소비자단체의 등록) ① 다음 각 호의 요건을 모두 갖춘 소비자단체는 대통령령이 정하는 바에 따라 공정거래위원회 또는 지방자치단체에 등록할 수 있다.

    1. 제28조제1항제2호 및 제5호의 업무를 수행할 것

    2. 물품 및 용역에 대하여 전반적인 소비자문제를 취급할 것

    3. 대통령령이 정하는 설비와 인력을 갖출 것

    4. 「비영리민간단체 지원법」 제2조 각 호의 요건을 모두 갖출 것

「소비자기본법 시행령」 제23조(소비자단체의 등록) ② 법 제29조제1항에 따라 다음 각 호의 어느 하나에 해당하는 소비자단체는 공정거래위원회에 등록할 수 있고, 그 밖의 소비자단체는 주된 사무소가 위치한 시·도에 등록할 수 있다.

    1. 전국적 규모의 소비자단체로 구성된 협의체

    2. 3개 이상의 시·도에 지부를 설치하고 있는 소비자단체

   3. 「공공기관의 운영에 관한 법률」 제4조에 따른 공공기관

   4. 「정부출연연구기관 등의 설립·운영 및 육성에 관한 법률」에 따른 정부출연연구기관

   5. 그 밖에 진료비용 등의 현황에 관한 조사·분석에 업무를 수행하기에 적합하다고 농림축산식품부장관이 인정하는 관계 전문기관 또는 단체

④ 농림축산식품부장관은 제3항에 따라 업무를 위탁하는 경우에는 위탁받는 자와 위탁업무의 내용을 고시해야 한다.

② 제1항에 따른 연수교육의 대상자는 동물진료업에 종사하는 수의사로 하고, 그 대상자는 매년 10시간 이상의 연수교육을 받아야 한다. 이 경우 10시간 이상의 연수교육에는 수의사회장이 지정하는 교육과목에 대해 5시간 이상의 연수교육을 포함하여야 한다.

③ 연수교육의 교과내용·실시방법, 그 밖에 연수교육의 실시에 필요한 사항은 수의사회장이 정한다.

④ 수의사회장은 연수교육을 수료한 사람에게는 수료증을 발급하여야 하며, 해당 연도의 연수교육의 실적을 다음 해 2월 말까지 농림축산식품부장관에게 보고하여야 한다.

⑤ 수의사회장은 매년 12월 31일까지 다음 해의 연수교육 계획을 농림축산식품부장관에게 제출하여 승인을 받아야 한다.

제27조 삭제 <2002. 7. 5.>

제28조(수수료) ① 법 제38조에 따라 내야 하는 수수료의 금액은 다음 각 호의 구분과 같다.

1. 법 제6조(법 제16조의6에서 준용하는 경우를 포함)에 따른 수의사 면허증 또는 동물보건사 자격증을 재발급받으려는 사람: 2천원

2. 법 제8조에 따른 수의사 국가시험에 응시하려는 사람: 2만원

2의2. 법 제16조의3에 따른 동물보건사자격시험에 응시하려는 사람: 2만원

3. 법 제17조제3항에 따라 동물병원 개설의 신고를 하려는 자: 5천원

4. 법 제32조제3항(법 제16조의6에서 준용하는 경우를 포함한다)에 따라 수의사 면허 또는 동물보건사 자격을 다시 부여받으려는 사람: 2천원

| 관련 법조항

「수의사법」제38조(수수료) 다음 각 호의 어느 하나에 해당하는 자는 농림축산식품부령으로 정하는 바에 따라 수수료를 내야 한다.

1. 제6조(제16조의6에서 준용하는 경우를 포함한다)에 따른 수의사 면허증 또는 동물보건사 자격증을 재발급받으려는 사람

2. 제8조에 따른 수의사 국가시험에 응시하려는 사람

2의2. 제16조의3에 따른 동물보건사 자격시험에 응시하려는 사람

3. 제17조제3항에 따라 동물병원 개설의 신고를 하려는 자

4. 제32조제3항(제16조의6에서 준용하는 경우를 포함한다)에 따라 수의사 면허 또는 동물보건사 자격을 다시 부여받으려는 사람

② 제1항제1호, 제2호, 제2호의2 및 제4호의 수수료는 **수입인지**로 내야하며, 같은 항 제3호의 수수료는 해당 지방자치단체의 수입증지로 내야 한다. 다만, 수의사 국가시험 또는 동물보건사자격시험 응시원서를 인터넷으로 제출하는 경우에는 제1항제2호 및 제2호의2에 따른 수수료를 정보통신망을 이용한 전자결제 등의 방법(정보통신망 이용료 등은 이용자가 부담한다)으로 납부해야 한다.

③ 제1항제2호 및 제2호의2의 응시수수료를 납부한 사람이 다음 각 호의 어느 하나에 해당하는 경우에는 다음 각 호의 구분에 따라 응시 수수료의 전부 또는 일부를 반환해야 한다.

1. 응시수수료를 **과오납**한 경우: 그 과오납한 금액의 전부

2. 접수마감일부터 7일 이내에 접수를 취소하는 경우: 납부한 응시수수료의 전부

3. 시험관리기관의 귀책사유로 시험에 응시하지 못하는 경우: 납부한 응시수수료의 전부

4. 다음 각 목에 해당하는 사유로 시험에 응시하지 못한 사람이 시험일 이후 30일 전까지 응시수수료의 반환을 신청한 경우: 납부한 응시수수료의 100분의 50

    가. 본인 또는 배우자의 부모·조부모·형제·자매, 배우자 및 자녀가 사망한 경우(시험일부터 거꾸로 계산하여 7일 이내에 사망한 경우로 한정한다)

    나. 본인의 사고 및 질병으로 입원한 경우

    다. 「감염병의 예방 및 관리에 관한 법률」에 따라 진찰·치료·입원 또는 격리 처분을 받은 경우

제29조(규제의 재검토) 농림축산식품부장관은 다음 각 호의 사항에 대하여 다음 각 호의 기준일을 기준으로 3년마다(매 3년이 되는 해의 기준일과 같은 날 전까지를 말한다) 그 타당성을 검토하여 개선 등의 조치를 해야 한다.

1. 제2조에 따른 면허증의 발급 절차: 2017년 1월 1일

2. 삭제 <2020. 11. 24.>

3. 제8조에 따른 수의사 외의 사람이 할 수 있는 진료의 범위: 2017년 1월 1일

수입인지: 국고 수입이 되는 조세·수수료·벌금·과료 등의 수납금의 징수를 위하여 기획재정부가 발행하고 있는 증지

과오납: 과납과 오납을 아울러 이르는 말
과납: 정하여진 액수보다 세금·요금·대금따위를 더 많이 냄
오납: 잘못 납부

4. 제8조의2 및 별표 1에 따른 동물병원의 세부 시설기준: 2017년 1월 1일

5. 제11조 및 별지 제10호서식에 따른 처방전의 서식 및 기재사항 등: 2017년 1월 1일

6. 제13조에 따른 진료부 및 검안부의 기재사항: 2017년 1월 1일

7. 제14조에 따른 수의사의 실태 등의 신고 및 보고: 2017년 1월 1일

8. 삭제 <2020. 11. 24.>

9. 제22조의2에 따른 동물진료법인 설립허가절차: 2017년 1월 1일

10. 제22조의3에 따른 임원 선임의 보고: 2017년 1월 1일

11. 제22조의4에 따른 재산 처분의 허가절차: 2017년 1월 1일

12. 제22조의5에 따른 재산의 증가 보고: 2017년 1월 1일

13. 삭제 <2020. 11. 24.>

14. 제22조의8에 따른 법인사무의 검사·감독: 2017년 1월 1일

15. 제22조의9에 따른 설립등기 등의 보고: 2017년 1월 1일

16. 제22조의10에 따른 잔여재산 처분의 허가신청 절차: 2017년 1월 1일

17. 제22조의11에 따른 해산신고 절차 등: 2017년 1월 1일

18. 제22조의12에 따른 청산 종결의 신고 절차: 2017년 1월 1일

19. 제26조에 따른 수의사 **연수**교육: 2017년 1월 1일

연수: 학문 따위를 연구하고 닦음

[별표 1] 동물병원의 세부 시설기준(제8조의2 관련)

■ 수의사법 시행규칙 [별표 1]

동물병원의 세부 시설기준(제8조의2 관련)

개설자	시설기준
수의사	1. 진료실: 진료대 등 동물의 진료에 필요한 기구·장비를 갖출 것 2. 처치실: 동물에 대한 치료 또는 수술을 하는 데 필요한 진료용 무영조명등, 소독장비 등 기구·장비를 갖출 것 3. 조제실: 약제기구 등을 갖추고, 다른 장소와 구획되도록 할 것 4. 그 밖의 시설: 동물병원의 청결유지와 위생관리에 필요한 수도시설 및 장비를 갖출 것
▶ 국가 또는 지방자치단체 ▶ 동물진료업을 목적으로 설립한 법인 ▶ 수의학을 전공하는 대학(수의학과가 설치된 대학을 포함) ▶ 「민법」이나 특별법에 따라 설립된 비영리법인	1. 진료실: 진료대 등 동물의 진료에 필요한 기구·장비를 갖출 것 2. 처치실: 동물에 대한 치료 또는 수술을 하는 데 필요한 진료용 무영조명등, 소독장비 등 기구·장비를 갖출 것. 3. 조제실: 약제기구 등을 갖추고, 다른 장소와 구획되도록 할 것 4. 임상병리검사실: 현미경·세균배양기·원심분리기 및 멸균기를 갖추고, 다른 장소와 구획되도록 할 것 5. 그 밖의 시설: 동물병원의 청결유지와 위생관리에 필요한 수도시설 및 장비를 갖추고, 동물병원의 건물 총면적은 100제곱미터 이상이어야 하며, 진료실(임상병리검사실을 포함한다)의 면적은 30제곱미터 이상일 것

비고: 1. 위 표의 시설기준 중 진료실과 처치실은 함께 쓰일 수 있으며, 국가 또는 지방자치단체 등이 개설하는 동물병원의 시설기준 중 진료실의 면적기준은 진료실과 처치실을 함께 쓰는 경우에도 동일하다.

　　　2. 지방자치단체가 「동물보호법」 제15조에 따라 설치·운영하는 동물보호센터의 동물만을 진료·처치하기 위하여 직접 설치하는 동물병원의 경우에는 위 표의 시설기준 중 동물병원의 건물 총면적 및 진료실의 면적 기준을 적용하지 아니한다.

■ 수의사법 시행규칙 [별표 1의2]

비용의 지급기준(제22조의2 관련)

1. 수의사에 대한 비용의 지급기준은 다음 각 목의 구분에 따른다.

   가. 주간근로인 경우:「공무원보수규정」별표 33 제3호나목 전문계약직공무원의 다급 상한액을 기준으로 동원된 기간만큼 일할계산한 금액(1일 8시간 근로 기준)

   나. 야간·휴일 또는 연장근로인 경우: 가목에 따른 금액에「근로기준법」제56조에 따른 가산금을 더한 금액

   다. 여비 지급이 필요한 경우:「공무원 여비 규정」제30조에 따른 여비

2. 시설·장비에 대한 비용의 지급기준은 다음 각 목의 구분에 따른다.

   가. 소모품의 경우: 구입가 또는 지도·명령 당시 해당 물건에 대한 평가액 중 작은 금액

   나. 그 밖의 장비의 경우: 장비의 통상 1회당 사용료에 사용횟수를 곱하여 산정한 금액 또는 동원된 기간 동안의 감가상각비 중 작은 금액

[별표 2] 행정처분의 세부 기준(제24조 관련)

■ 수의사법 시행규칙 [별표 2]

행정처분의 세부 기준(제24조 관련)

Ⅰ. 일반기준

1. 동시에 둘 이상의 위반사항이 있는 경우에는 다음 각 목의 구분에 따라 처분한다.

  가. 각 위반행위에 대한 처분기준이 다른 경우에는 그 중 무거운 처분기준에 따른다.

  나. 각 위반행위에 대한 처분기준이 면허효력정지와 면허효력정지, 업무정지와 업무정지인 경우에는 각 처분기준을 합산한 기간을 넘지 않는 범위에서 무거운 처분기준에 그 처분기준의 2분의 1 범위에서 가중한다.

  다. 면허효력정지 1개월은 30일을 기준으로 한다.

  라. 행정처분 기간을 일단위로 환산하여 소수점 이하가 산출되는 경우에는 소수점 이하를 버린다.

2. 위반행위의 횟수에 따른 행정처분의 기준은 최근 2년간 같은 위반행위로 행정처분을 받은 경우에 적용한다. 이 경우 기간의 계산은 위반행위에 대해 행정처분을 받은 날과 그 처분 후 다시 같은 위반행위를 하여 적발된 날을 기준으로 한다.

3. 제2호에 따라 가중된 행정처분을 하는 경우 가중처분의 적용차수는 그 위반행위 전 부과처분 차수(제2호에 따른 기간 내에 처분이 둘 이상 있었던 경우에는 높은 차수를 말한다)의 다음 차수로 한다.

4. 처분권자는 다음 각 목의 어느 하나에 해당되는 경우에는 해당 목의 기준에 따라 그 처분을 감경할 수 있다.

  가. 위반행위의 발생일(위반행위가 여러 날에 걸쳐 이루어진 경우에는 위반행위가 최초로 발생한 날을 말한다. 이하 같다) 현재 공수의로 활동 중이거나 국가나 지방자치단체 방역사업(가축전염병 예방·예찰을 위한 백신접종, 시료채취, 방제지원 등을 말한다. 이하 같다)을 수행 중인 경우: 해당 처분기준의 2분의 1 범위에서 감경

  나. 위반행위의 발생일부터 과거 5년 이내에 공수의로 활동한 사실 또는 국가나 지방자치단체 방역사업을 수행한 사실이 있는 경우: 해당 처분기준의 3분의 1 범위에서 감경

  다. 위반행위의 발생일부터 과거 5년 이내에 가축방역, 동물의 건강증진, 축산업의 발전 등에 기여한 공로를 인정받아 「상훈법」 또는 「정부 표창 규정」에 따라 훈장, 포장 또는 표창을 받은 경우: 다음의 구분에 따른 범위에서 감경

    1) 훈장 또는 포장을 받은 경우: 해당 처분기준의 3분의 2 범위

    2) 대통령 표창이나 국무총리 표창 또는 농림축산식품부장관 표창을 받은 경우: 해당 처분기준의 2분의 1 범위

    3) 차관급 표창 또는 시·도지사(시장·군수) 표창을 받은 경우: 해당 처분기준의 3분의 1 범위

5. Ⅱ. 제5호부터 제10호까지에도 불구하고 Ⅱ. 제3호에 해당하면 같은 호를 적용한다.

Ⅱ. 개별기준

위반행위	근거 법조문	행정처분 기준		
		1차	2차	3차 이상
1. 수의사가 법 제5조 각 호의 어느 하나에 해당하게 되었을 때	법 제32조 제1항제1호	면허취소		
2. 수의사가 법 제32조제2항에 따른 면허효력 정지기간에 수의업무를 한 경우	법 제32조 제1항제2호	면허취소		
3. 수의사가 2년(1회째의 면허효력 정지처분을 받은 날과 4회째 면허효력 정지처분 대상 위반행위를 한 날을 기준으로 계산한다)간 3회의 면허효력 정지처분을 받고 4회째 면허효력 정지처분 대상 위반행위를 하였을 때	법 제32조 제1항제2호	면허취소		
4. 수의사가 법 제6조제2항을 위반하여 면허증을 다른 사람에게 대여하였을 때	법 제32조 제1항제3호	면허효력 정지 12개월	면허취소	
5. 수의사가 거짓이나 그 밖의 부정한 방법으로 진단서, 검안서, 증명서 또는 처방전을 발급하였을 때	법 제32조 제2항제1호	면허효력 정지 3개월	면허효력 정지 6개월	면허효력 정지 12개월
6. 수의사가 관련 서류를 위조하거나 변조하는 등 부정한 방법으로 진료비를 청구하였을 때	법 제32조 제2항제2호	면허효력 정지 3개월	면허효력 정지 6개월	면허효력 정지 12개월
7. 수의사가 정당한 사유 없이 법 제30조제1항에 따른 명령을 위반하였을 때	법 제32조 제2항제3호	면허효력 정지 1개월	면허효력 정지 3개월	면허효력 정지 6개월
8. 수의사가 임상수의학적으로 인정되지 아니하는 진료행위를 하였을 때	법 제32조 제2항제4호	면허효력 정지 15일	면허효력 정지 1개월	면허효력 정지 6개월
9. 수의사가 학위 수여 사실을 거짓으로 공표하였을 때	법 제32조 제2항제5호	면허효력 정지 15일	면허효력 정지 1개월	면허효력 정지 6개월
10. 수의사가 과잉진료행위나 그 밖에 동물병원 운영과 관련된 행위로서 다음 각 목의 행위를 하였을 때	법 제32조 제2항제6호			
가. 불필요한 검사·투약 또는 수술 등 과잉진료행위	영 제20조의2 제1호	경고	면허효력 정지 1개월	면허효력 정지 6개월
나. 부당하게 많은 진료비를 요구하는 행위	영 제20조의2 제1호	면허효력 정지 15일	면허효력정지 1개월	면허효력 정지 6개월
다. 정당한 사유 없이 동물의 고통을 줄이기 위한 조치를 하지 아니하고 시술하는 행위	영 제20조의2 제2호	면허효력 정지 15일	면허효력정지 1개월	면허효력 정지 6개월
라. 소독 등 병원 내 감염을 막기 위한 조치를 취하지 아니하고 시술하여 질병이 악화되게 하는 행위	영 제20조의2 제2호	면허효력 정지 15일	면허효력정지 1개월	면허효력 정지 6개월

위반행위	근거 법조문	1차 위반	2차 위반	3차 위반
마. 예후가 불명확한 수술 및 처치 등을 할 때 그 위험성 및 비용을 알리지 아니하고 이를 하는 행위	영 제20조의2 제2호	면허효력 정지 15일	면허효력정지 1개월	면허효력 정지 6개월
바. 유효기간이 지난 약제를 사용하거나 정당한 사유 없이 응급진료가 필요한 동물을 방치하여 질병이 악화되게 하는 행위	영 제20조의2 제2호	면허효력 정지 15일	면허효력정지 1개월	면허효력 정지 6개월
사. 허위광고 또는 과대광고 행위	영 제20조의2 제3호	면허효력 정지 15일	면허효력 정지 1개월	면허효력 정지 6개월
아. 동물병원의 개설자격이 없는 자에게 고용되어 동물을 진료하는 행위	영 제20조의2 제4호	면허효력정지 15일	면허효력정지 1개월	면허효력 정지 6개월
자. 다른 동물병원을 이용하려는 동물의 소유자 또는 관리자를 자신이 종사하거나 개설한 동물병원으로 유인하거나 유인하게 하는 행위	영 제20조의2 제5호	면허효력 정지 7일	면허효력 정지 15일	면허효력 정지 3개월
차. 법 제11조, 제12조제1항·제3항, 제13조제1항·제2항 또는 제17조제1항을 위반하는 행위	영 제20조의2 제6호			
1) 법 제11조를 위반하여 정당한 사유 없이 동물의 진료 요구를 거부하였을 경우		면허효력 정지 1개월	면허효력 정지 3개월	면허효력 정지 6개월
2) 법 제12조제1항을 위반하여 진단서, 검안서, 증명서 또는 처방전을 발급하였을 경우		면허효력 정지 2개월	면허효력 정지 6개월	면허효력 정지 12개월
3) 법 제12조제3항을 위반하여 진단서, 검안서 또는 증명서의 발급 요구를 거부한 경우		면허효력 정지 1개월	면허효력 정지 3개월	면허효력 정지 6개월
4) 법 제13조제1항을 위반하여 진료부나 검안부를 갖추어 두지 아니하거나 진료하거나 검안한 사항을 기록하지 아니한 경우		면허효력 정지 15일	면허효력 정지 1개월	면허효력 정지 6개월
5) 법 제13조제2항을 위반하여 진료부 또는 검안부를 1년간 보존하지 아니한 경우		면허효력 정지 15일	면허효력 정지 1개월	면허효력 정지 6개월
6) 법 제17조제1항을 위반하여 동물병원을 개설하지 아니하고 동물진료업을 한 경우		면허효력 정지 3개월	면허효력 정지 6개월	면허효력 정지 12개월

위반행위	근거 법조문	1차 위반	2차 위반	3차 위반
11. 동물병원이 개설신고를 한 날부터 3개월 이내에 정당한 사유 없이 업무를 시작하지 아니할 때	법 제33조제1호	경고	업무정지 6개월	업무정지 12개월
12. 동물병원이 무자격자에게 진료행위를 하도록 한 사실이 있을 때	법 제33조제2호	업무정지 3개월	업무정지 6개월	업무정지 12개월
13. 동물병원이 법 제17조제3항 후단에 따른 변경신고 또는 법 제18조 본문에 따른 휴업의 신고를 하지 아니하였을 때	법 제33조제3호	경 고	업무정지 1개월	업무정지 3개월
14. 동물병원이 시설기준에 맞지 아니할 때	법 제33조제4호	경고	업무정지 6개월(6개월 이내에 시설기준에 맞게 시설을 보완한 경우에는 그 보완 시까지)	업무정지 12개월
15. 법 제17조의2를 위반하여 동물병원 개설자 자신이 그 동물병원을 관리하지 아니하거나 관리자를 지정하지 아니하였을 때	법 제33조제5호	업무정지 15일	업무정지 1개월	업무정지6개월
16. 동물병원이 법 제30조제1항에 따른 명령을 위반하였을 때	법 제33조제6호	업무정지 1개월	업무정지 3개월	업무정지 6개월
17. 동물병원이 법 제30조제2항에 따른 사용 제한 또는 금지명령을 위반하거나 시정 명령을 이행하지 아니하였을 때	법 제33조제7호	업무정지 7일	업무정지 15일	업무정지 1개월
18. 동물병원이 법 제30조제3항에 따른 시정 명령을 이행하지 않았을 때	법 제33조제7호의2	업무정지 7일	업무정지 15일	업무정지 1개월
19. 동물병원이 법 제31조제2항에 따른 관계 공무원의 검사를 거부·방해 또는 기피하였을 때	법 제33조제8호	업무정지 3일	업무정지 7일	업무정지 15일

Ⅳ 수의사법 관련 자료집

1. 동물보건사 자격시험 관리시스템(https://vt-exam.or.kr/)

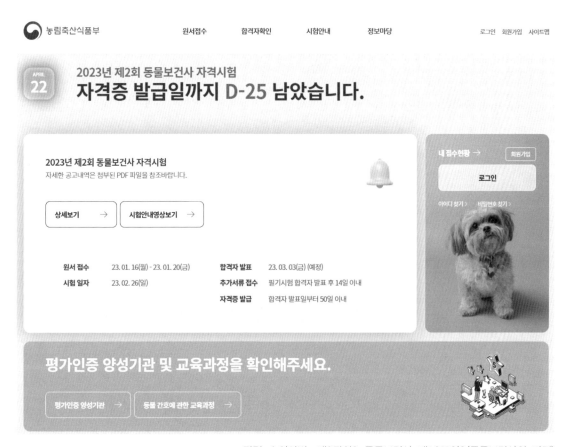

관련 수의사법: 제2장의2 동물보건사 제16조의2(동물보건사의 자격)

[관련 자료 1]

시험소개(2023.02.26 제2회 동물보건사자격시험 기준)

• 응시자격

「수의사법」 제16조의2 또는 법률 제16546호 수의사법 일부개정법률 부칙 제2조 각 호의 어느 하나

에 해당하는 자로서 같은 법 제16조의6에서 준용하는 제5조의 규정에 해당하지 아니하는 자

1. 기본대상자

   「수의사법」 제16조의2 참조

2. 특례대상자[법률 제16546호 수의사법 일부개정법률 부칙 제2조(2021.8.28. 기준)]

   (특례대상자 자격조건은 수의사법 개정 규정 시행 당시(2021년 8월 28일)를 기준으로 적용)

   ① 「고등교육법」 제2조제4호에 따른 전문대학 또는 이와 같은 수준 이상의 학교에서 동물 간호
   에 관한 교육과정을 이수하고 졸업한 사람

   ② 「고등교육법」 제2조제4호에 따른 전문대학 또는 이와 같은 수준 이상의 학교를 졸업한 후 동
   물병원에서 동물 간호 관련 업무에 1년 이상 종사한 사람 (「근로기준법」에 따른 근로계약 또는「
   국민연금법」에 따른 국민연금 사업장가입자 자격취득을 통하여 업무 종사 사실을 증명할 수 있는 사람
   에 한정한다)

   ③ 고등학교 졸업학력 인정자 중 동물병원에서 동물 간호 관련 업무에 3년 이상 종사한 사람 (「근
   로기준법」에 따른 근로계약 또는 「국민연금법」에 따른 국민연금 사업장가입자 자격취득을 통하여 업무
   종사 사실을 증명할 수 있는 사람에 한정한다)

• **시험과목**

시험과목	시험 교과목	문항수
기초 동물보건학	동물해부생리학, 동물질병학, 동물공중보건학, 반려동물학, 동물보건영양학동물보건행동학	60
예방 동물보건학	동물보건응급간호학, 동물병원실무, 의약품관리학, 동물보건영상학	60
임상 동물보건학	동물보건내과학, 동물보건외과학, 동물보건임상병리학	60
동물 보건·윤리 및 복지 관련 법규	수의사법, 동물보호법	20

* 필기시험(객관식 5지 선다형)

• **시험시간**

응시자는 시험시행일 09:20까지 해당 시험실에 입실하여 지정된 좌석에 앉아야 합니다.

* 개별 좌석은 응시원서 접수 마감 이후, 1주일 이내에 동물보건사 자격시험 관리시스템(www.vt-exam.or.kr)에 공지하고, 당일 시험장 출입구 등에 안내 예정

교시	시험 과목	시험시간	비고
1	기초 동물보건학(60개), 예방 동물보건학(60개)	10:00 ~ 12:00	120분
2	임상 동물보건학(60개), 동물 보건·윤리 및 복지 관련 법규(20개)	12:30 ~13:50	80분

* 배점: 문제당 1점

• 합격 결정기준

자격종목	합격기준
동물보건사	시험과목에서 각 과목당 시험점수 100점을 만점으로 40점 이상이며, 전 과목의 평균 점수가 60점 이상일 것

• 응시료

구분	자격종목	응시료
전자문서용 전자수입인지	동물보건사	20,000원

[출처] — https://vt−exam.or.kr/1011

관련 수의사법: 제2장의2 동물보건사 제16조의2(동물보건사의 자격)

[관련 자료 2]

동물보건사 자격시험 합격자 자격인정을 위한 필수 제출 서류
(2023.02.26 제2회 동물보건사자격시험 기준)

• 제출기간: 합격자 발표 후 14일 이내(토요일, 공휴일 포함)

• 제출방법: 동물보건사 자격시험 관리시스템(www.vt−exam.or.kr)

  ○ '동물보건사 자격시험 관리시스템' 접속 후 로그인 → 메인 화면의 메뉴에서 '나의 시험정보/ 나의 응시결과' → 관련 서류 업로드

• 공통 서류 ※ ①, ② 서류 모두 제출

  ① 「수의사법」 제5조제1호 본문 *에 해당하는 사람이 아님을 증명하는 의사의 진단서 또는 같은 호 단서에 해당하는 사람임을 증명하는 정신건강의학과전문의의 진단서

   * 「정신건강증진 및 정신질환자 복지서비스 지원에 관한 법률」 제3조제1호에 따른 정신질환자

  ② 「수의사법」 제5조제3호 본문 *에 해당하는 사람이 아님을 증명하는 의사의 진단서 또는 같은 호 단서에 해당하는 사람임을 증명하는 정신건강의학과전문의의 진단서

   * 마약, 대마(大麻), 그 밖의 향정신성의약품(向精神性醫藥品) 중독자

• 개별 서류 ※ 본인이 해당하는 조건에 맞는 서류를 제출하여야함

  1. 「수의사법」 제16조의2제1호 해당자

   ○ (졸업자) 평가인증 받은 양성기관의 "졸업증명서"

   ○ (졸업예정) 평가인증 받은 양성기관의 "졸업예정증명서"

    * 졸업예정증명서의 졸업예정일은 '23.8.25일 이전이어야 함(동물보건사 자격시험 시행일인 '23.2.26일로부터 6개월 이내)

  2. 「수의사법」 제16조의2제2호 해당자 : '23.3.3일 기준 해당자 없음

  3. 「수의사법」 제16조의2제3호 해당자

① 외국의 동물 간호 관련 면허증이나 자격증

② 외국의 동물 간호 관련 면허나 자격 인정기준을 증명할 수 있는 서류

4. 법률 제16546호 수의사법 일부개정법률 부칙 제2조제1호 해당자

① 전문대학 또는 이와 같은 수준 이상의 학교에서 동물 간호에 관한 교육과정을 이수*한 성적증명서 및 졸업증명서

 * 동물보건사 자격시험의 4개 시험과목에 해당하는 '동물 간호에 관한 교육과정' 중 임상 관련 교과목(예방 및 임상 동물보건학에 속하는 교과목)을 10학점 이상 포함하여 총 20학점 이상

② 특례대상자 실습교육 이수증명서(120시간)

 ※ '23.2.25.(토) 24:00까지 이수하여야 특례대상자 실습교육 인정

5. 법률 제16546호 수의사법 일부개정법률 부칙 제2조제2호 해당자

① 전문대학 또는 이와 같은 수준 이상의 학교 졸업증명서*

 * 졸업이 아닌 학위(전문학사 이상) 취득자는 학위 취득 증명서 제출

② 동물병원 종사증명서(동물병원에서 동물간호에 관한 업무 1년 이상 종사*)

 * (종사기간 인정) 전문대학 또는 이와 같은 수준 이상의 학교를 졸업한 후부터 '21.8.28일 까지를 종사 기간으로 인정

 ※ 「동물병원 종사증명서」 서식은 '동물보건사 자격시험 관리시스템' 자료실에서 다운로드 받아 사용

③ 「근로기준법」에 따른 근로계약서 또는 「국민연금법」에 따른 국민연금 사업장가입자 자격취득 확인서

④ 특례대상자 실습교육 이수증명서(120시간)

 ※ '23.2.25.(토) 24:00까지 이수하여야 특례대상자 실습교육 인정

6. 법률 제16546호 수의사법 일부개정법률 부칙 제2조제3호 해당자

① 고등학교 졸업증명서

② 동물병원 종사증명서(동물병원에서 동물간호에 관한 업무 3년 이상 종사)

 ※ 「동물병원 종사증명서」 서식은 '동물보건사 자격시험 관리시스템' 자료실에서 다운로드 받아 사용

③ 「근로기준법」에 따른 근로계약서 또는 「국민연금법」에 따른 국민연금 사업장가입자 자격 취득 확인서

④ 특례대상자 실습교육 이수증명서(120시간)

 ※ '23.2.25.(토) 24:00까지 이수하여야 특례대상자 실습교육 인정

[출처] - https://vt-exam.or.kr/1013/view/10035

관련 수의사법: 제2장의2 동물보건사 제16조의2(동물보건사의 자격)

2. 수의사처방관리시스템(http://www.evet.or.kr)

관련 수의사법: 수의사법 제1장 총칙 제12조의2(처방대상 동물용 의약품에 대한 처방전의 발급 등) 제2항

3. 동물병원 진료비 비교사이트(마이펫플러스 https://www.mypetplus.co.kr/)

[너도 할 수 있어, 반려동물 전문가] (1) "동물의 아픔을 봅니다" … 동물보건사

동물보건사 응시 자격은 꽤 까다롭다. 우선 이달 21일 기준 농림축산식품부 평가에서 인증받는 전국 대학교 18곳의 동물보건 관련 학과를 졸업했다면 누구나 시험을 볼 수 있다.

그밖엔 2021년 8월 기준으로 ▲전문대학 이상의 학교에서 동물간호 관련 교육과정을 이수했거나 ▲전문대학 이상의 학교 졸업 후 동물병원에서 1년 이상 종사하는 등의 이력이 있을 때 응시할 수 있다. 고등학교 졸업학력 인정자 중 동물병원에서 3년 이상 종사한 경우에도 '특례대상자'로 시험을 치를 수 있다.

또한 이들 3개 특례대상자들이 동물보건사 시험을 봤더라도 '특례대상자 실습교육 시스템'을 통해 120시간의 교육을 추가로 이수해야 자격증을 발급받을 수 있다.

[출처] – 농민신문 2023년 02월 27일 기사 일부

관련 수의사법: 제2장의2 동물보건사 제16조의2(동물보건사의 자격)

강력해진 동물원·수족관법 동물복지 보장할까

지난해 동물원·수족관법 국회 통과
지자체 등록제에서 허가제로 바뀌어
까다로운 운영 여건, 어디까지 강제할 수 있나

지난해 동물원 및 수족관의 관리에 관한 법률(동물원·수족관법)이 국회 문턱을 넘으면서 동물권 범위가 더욱 넓어질 거란 기대감이 생기고 있다

국회는 지난해 11월 24일 동물원·수족관법을 통과시켰다.

동물원·수족관을 등록제로 운영하면 안전사고 대응이나 질병 예방 관리가 어렵고 전시동물에게 열악한 서식 환경을 만들어줄 수 있다는 문제 제기가 계속되자 법률이 강화됐다.

야생동물, 가축 10종 또는 50개체 이상 보유·전시, 해양담수생물 용량이 300㎥ 이상 또는 바다 면적이 200㎡ 이상 수조에 보유·전시하면 동물원이나 수족관 등록만으로 운영할 수 있었다.

하지만 앞으로는 지자체 허가를 받아야 한다. 동물원·수족관은 보유 동물 종별 서식 환경을 고려해야 하며, 또 전문 인력을 갖춰 보유 동물의 질병과 안전관리 계획 등도 수립해야 한다.

동물원·수족관에서 진행하는 전시동물 체험 프로그램이 야생동물을 배울 수 있는 기회를 제공하

긴 하지만, 일부 부적절한 행위가 동물 복지를 가로막는다는 비판이 있었다. 앞으로는 전시 동물 체험 프로그램을 제한하는 구체적인 하위법령도 만들어질 예정이다.

[출처] — 경남도민일보 2023년 02월 19일 기사 일부

관련 수의사법: 수의사법 제1장 총칙 제12조(진단서 등) 제5항

최영민 서울시수의사회장 "처방시스템에 인체약 입력 강제 말아야"

최영민 서울시수의사회장이 농림축산식품부 관계자들을 만나 수의사처방관리시스템(eVET)에 인체용의약품(인체약) 의무 입력을 강제한 수의사법 개정안의 문제점을 지적했다고 30일 밝혔다.

서울시수의사회에 따르면 최 회장은 전날 세종시 정부세종청사 농림축산식품부를 찾아 이상만 농촌정책국장, 박정훈 방역정책국장, 김세진 반려산업동물의료팀 과장 등을 만나 최근 약사 출신인 서영석 의원이 대표 발의한 수의사법 개정안의 부당성을 호소했다.

서 의원이 발의한 수의사법 개정안에는 인체용 전문의약품 사용 내역을 수의사처방관리시스템에 의무 입력하고 약사법에 따른 의약품유통정보와 연계하도록 하는 내용이 담겨 있다.

최 회장은 "우리나라는 동물의 불법 자가진료가 여전히 존재하는 나라"라며 "개정안이 통과되면 약사에 의한 동물 의약품 오남용과 불법 자가진료가 늘어날 것"이라고 주장했다.

그러면서 "수의사는 동물 질병에 대한 유일한 전문가"라며 "동물 질병에 대해 아무런 지식이 없는 약사가 수의사의 처방을 검토한다는 것은 어불성설"이라고 목소리를 높였다. 이에 농식품부 관계자는 "앞으로 수의사법 개정안에 대해 수의사회와 긴밀히 소통해 대응하겠다"고 말했다.

[출처] — news1뉴스 2022년 12월 30일 기사 일부

관련 수의사법: 수의사법 제1장 총칙 제12조의2(처방대상 동물용 의약품에 대한 처방전의 발급 등) 제2항

직업윤리 위반한 수의사 품위손상, 수의사회가 면허정지 요구한다

직업윤리를 위반해 품위를 손상시킨 수의사에 대한 실질적인 징계가 가능해질 전망이다. 대한수의사회에 윤리위원회를 설치하고, 품위를 심하게 손상시킨 수의사에 대한 면허정지를 요구할 수 있게 된다. 이 같은 내용을 골자로 한 수의사법 개정안이 14일 국회 농림축산식품해양수산위원회 농식품법안심사소위를 통과했다.

국가가 독점적 권한을 부여하는 전문직은 대부분 근거법률에 품위유지의무를 규정하고 있다. 전문직무를 수행하는데 높은 윤리성이 요구되지만, 금지해야 할 비윤리적인 행위를 일일이 나열하기 어려운 만큼 '품위'라는 표현으로 종합하는 셈이다.

특정 사안이 '품위'를 손상시켰는지 여부는 각 전문가단체나 관할부처가 구체적으로 판단하는 형태다. 의료법, 변호사법, 공인회계사법 등은 모두 품위손상에 대한 징계규정을 담고 있다. 변호사회처럼 자체적인 징계가 가능하거나, 전문가단체로 하여금 관할 부처에 품위손상행위에 대한 면허처분을 요구할 수 있는 권한을 부여하고 있다.

반면 현행 수의사법에는 품위유지의무조차 없다. 거짓 진료비 청구나 임상수의학적으로 인정되지 않는 진료행위, 과잉진료행위, 정당한 사유없이 동물의 고통을 줄이기 위한 조치를 하지 않고 시술하는 행위, 허위·과대광고, 동물병원 개설자격이 없는 자에게 고용돼 동물을 진료하는 행위 등 일부 구체적인 행위에 대해서만 면허정지 처분을 내릴 수 있도록 하고 있을 뿐이다. 그러다 보니 유기동물보호소를 운영하던 동물병원이 유기견을 개농장에 판매하는 등 사회적 공분을 산 일탈행위를 해도 별다른 징계를 내릴 수 없다. 대한수의사회 중앙회에 윤리위원회가 있지만, 실질적인 징계권한이 없다 보니 유명무실한 실정이다.

윤준병 의원이 2020년 대표발의한 수의사법 개정안은 수의사로서 품위를 심하게 손상시키는 행위를 한 경우 1년 이하의 면허 정지처분을 내릴 수 있도록 했다. 품위손상행위의 구체적인 범위는 대통령령으로 정한다. 이를 심의하기 위해 대한수의사회에 윤리위원회를 구성·운영하는 근거도 함께 신설했다.

대한수의사회장은 윤리위원회의 심의 의결을 거쳐 품위를 심하게 손상시킨 수의사에 대한 면허정지 처분을 농식품부장관에게 요구할 수 있도록 했다(징계요구권).

법안소위에서 의결한 개정안은 특별한 사정이 없다면 이후 법사위 체계자구심사 등을 거쳐 무난히 국회를 통과할 전망이다. 공포 후 하위법령 마련 등을 위해 6개월의 유예기간을 두어, 늦어도 내년 하반기부터는 현장에서 시행될 것으로 보인다.

[출처] - 데일리벳 2023년 07월 21일 기사 일부

관련 수의사법: 수의사법 시행령 제18조의2(윤리위원회 설치), 수의사법 제32조(면허의 취소 및 면허효력의 정지)

5. 법제처 자료

동물병원 이용 시 참고자료

• 진료거부 금지

수의사는 반려동물의 진료를 요구 받았을 때에는 정당한 사유 없이 거부해서는 안 됩니다(규제 「수

의사법」 제11조).

이를 위반하면 1년 이내의 기간을 정하여 수의사 면허의 효력을 정지시킬 수 있고(「수의사법」 제32조제2항제6호), 500만원 이하의 과태료를 부과받습니다(「수의사법」 제41조제1항제1호, 「수의사법 시행령」 제23조 및 별표 2 제2호가목)

• 진단서 등 발급 거부 금지 등

수의사는 자기가 직접 진료하거나 검안(檢案)하지 않고는 진단서, 검안서, 증명서 또는 처방전(「전자서명법」에 따른 전자서명이 기재된 전자문서 형태로 작성한 처방전을 포함)을 발급하지 못하며, 오용·남용으로 사람 및 동물의 건강에 위해를 끼칠 우려, 수의사 또는 수산질병관리사의 전문지식이 필요하거나 제형과 약리작용상 장애를 일으킬 우려가 있다고 인정되는 처방대상 동물용 의약품을 처방·투약하지 못합니다(규제 「수의사법」 제12조제1항, 규제 「약사법」 제85조제6항).

이를 위반하면 1년 이내의 기간을 정하여 수의사 면허의 효력을 정지시킬 수 있고(규제 「수의사법」 제32조제2항제6호), 100만원의 과태료를 부과받습니다(「수의사법」 제41조제2항제1호·제1호의2, 「수의사법 시행령」 제23조 및 별표 2 제2호나목·다목).

또한, 수의사는 직접 진료하거나 검안한 반려동물에 대한 진단서, 검안서, 증명서 또는 처방전의 발급요구를 정당한 사유 없이 거부해서는 안 됩니다(규제 「수의사법」 제12조제3항).

이를 위반하면 1년 이내의 기간을 정하여 수의사 면허의 효력을 정지시킬 수 있고(규제 「수의사법」 제32조제2항제6호), 100만원의 과태료를 부과받습니다(「수의사법」 제41조제2항제1호의3, 「수의사법 시행령」 제23조 및 별표 2 제2호라목).

• 진료부 등 작성 및 보관 의무

수의사는 진료부와 검안부를 비치하고 진료하거나 검안한 사항을 기록(전자문서도 가능)하고 서명해서 1년간 보관해야 합니다(규제 「수의사법」 제13조, 규제 「수의사법 시행규칙」 제13조).

이를 위반하면 1년 이내의 기간을 정하여 수의사 면허의 효력을 정지시킬 수 있고(규제 「수의사법」 제32조제2항제6호), 100만원의 과태료를 부과받습니다(「수의사법」 제41조제2항제2호, 「수의사법 시행령」 제23조 및 별표 2 제2호아목).

• 과잉진료행위 등 그 밖의 금지행위

수의사는 반려동물에 대한 과잉진료행위 등 다음의 행위를 해서는 안 됩니다(규제 「수의사법」 제32조제2항제6호, 규제 「수의사법 시행령」 제20조의2, 규제 「수의사법 시행규칙」 제23조).

1. 거짓이나 그 밖의 부정한 방법으로 진단서, 검안서, 증명서 또는 처방전을 발급하는 행위
2. 관련 서류를 위조·변조하는 등 부정한 방법으로 진료비를 청구하는 행위

3. 정당한 이유 없이 「동물보호법」 제30조제1항에 따른 명령을 위반하는 행위

4. 임상수의학적(臨床獸醫學的)으로 인정되지 않는 진료행위

5. 학위 수여 사실을 거짓으로 공표하는 행위

6. 불필요한 검사·투약 또는 수술 등의 과잉진료행위

7. 부당하게 많은 진료비를 요구하는 행위

8. 정당한 이유 없이 동물의 고통을 줄이기 위한 조치를 하지 않고 시술하는 행위

9. 소독 등 병원 내 감염을 막기 위한 조치를 취하지 않고 시술하여 질병이 악화되게 하는 행위

10. 예후가 불명확한 수술 및 처치 등을 할 때 그 위험성 및 비용을 알리지 않고 이를 하는 행위

11. 유효기간이 지난 약제를 사용하는 행위

12. 정당한 이유 없이 응급진료가 필요한 반려동물을 방치해 질병이 악화되게 하는 행위

13. 허위 또는 과대광고 행위

14. 동물병원의 개설자격이 없는 자에게 고용되어 동물을 진료하는 행위

15. 다른 동물병원을 이용하려는 반려동물의 소유자 또는 관리자를 자신이 종사하거나 개설한 동물병원으로 유인하거나 유인하게 하는 행위

16. 진료거부금지(규제 「수의사법」 제11조), 진단서 등 발급 거부(「수의사법」 제12조제1항 및 제3항), 진료부 등 작성(「수의사법」 제13조제1항 및 제2항), 동물병원 개설(「수의사법」 제17조제1항) 규정을 위반하는 행위

이를 위반하면 수의사면허의 효력이 정지될 수 있습니다(규제 「수의사법」 제32조제2항 전단, 규제 「수의사법 시행규칙」 제24조 및 별표 2).

• 수술 등 중대진료에 관한 설명

수의사는 반려동물의 생명 또는 신체에 중대한 위해를 발생하게 할 우려가 있는 수술, 수혈 등(이하 "수술등중대진료"라 함)를 하는 경우에는 수술등중대진료 전에 반려동물의 소유자 또는 관리자에게 다음의 사항을 설명하고, 서면(전자문서를 포함)으로 동의를 받아야 한다.

1. 반려동물에게 발생하거나 발생 가능한 증상의 진단명

2. 수술등중대진료의 필요성, 방법 및 내용

3. 수술등중대진료에 따라 전형적으로 발생이 예상되는 후유증 또는 부작용

4. 수술등중대진료 전후에 동물소유자등이 준수하여야 할 사항

다만, 설명 및 동의 절차로 수술등중대진료가 지체되면 반려동물의 생명이 위험해지거나 반려동물의 신체에 중대한 장애를 가져올 우려가 있는 경우에는 수술등중대진료 이후에 설명하고 동의를 받을 수 있습니다(「수의사법」 제13조의2제1항 단서 참조).

• 수술 등의 진료비용 고지

동물병원 개설자는 수술등중대진료 전에 수술등중대진료에 대한 예상 진료비용을 반려동물의 소유자 또는 관리자에게 고지하여야 합니다. 다만, 수술등중대진료가 지체되면 반려동물의 생명 또는 신체에 중대한 장애를 가져올 우려가 있거나 수술등중대진료 과정에서 진료비용이 추가되는 경우에는 수술등중대진료 이후에 진료비용을 고지하거나 변경하여 고지할 수 있습니다(「수의사법」 제19조제1항 참조).

• 진찰 등의 진료비용 게시

- 동물병원 개설자는 진찰, 입원, 예방접종, 검사 등 동물진료업의 행위에 대한 진료비용을 반려동물의 소유자 또는 관리자가 쉽게 알 수 있도록 게시하여야 합니다(「수의사법」 제20조제1항 참조).

안건명	제처-15-0677, 수의사가 동물의 소유자 또는 관리자와 상담하는 것을 동물의 진료로 볼 수 있는지 여부(2015.11.23.)
질의	「수의사법」 제12조제1항 본문에서는 수의사는 자기가 직접 진료하거나 검안하지 아니하고는 진단서, 검안서, 증명서 또는 처방전을 발급하지 못하며, 「약사법」 제85조제6항에 따른 동물용 의약품을 처방·투약하지 못한다고 규정하고 있는바, 수의사가 동물을 진찰하지 않고 동물의 소유자 또는 관리자와 동물의 증상에 대하여 상담하는 것을 「수의사법」 제12조제1항에서 규정하고 있는 "진료"로 볼 수 있는지?
회답	수의사가 동물을 진찰하지 않고 동물의 소유자 또는 관리자와 동물의 증상에 대하여 상담하는 것은 「수의사법」 제12조제1항에서 규정하고 있는 "진료"로 볼 수 없습니다.
해석기관 및 출처	<해석기관: 법제처, 출처: 법제처 정부입법지원센터(http://www.lawmaking.go.kr/), 법령해석례>

[출처] - 법제처 정부입법지원센터(http://www.lawmaking.go.kr/), 법령해석례

관련 수의사법: 수의사법 시행규칙 제23조(과잉진료행위 등)

제3장

실험동물법

I 실험동물법

제1장 총칙

용어해설

제1조(목적) 이 법은 실험동물 및 동물실험의 적절한 관리를 통하여 동물실험에 대한 윤리성 및 신뢰성을 높여 생명과학 발전과 국민보건 향상에 이바지함을 목적으로 한다.

제2조(정의) 이 법에서 사용하는 용어의 정의는 다음과 같다.

1. "동물실험"이란 교육·시험·연구 및 **생물학적 제제**(製劑)의 생산 등 과학적 목적을 위하여 실험동물을 대상으로 실시하는 실험 또는 그 과학적 절차를 말한다.

2. "실험동물"이란 동물실험을 목적으로 사용 또는 사육되는 **척추동물**을 말한다.

3. "재해"란 동물실험으로 인한 사람과 동물의 감염, 전염병 발생, 유해물질 노출 및 환경오염 등을 말한다.

4. "동물실험시설"이란 동물실험 또는 이를 위하여 실험동물을 사육하는 시설로서 대통령령으로 정하는 것을 말한다.

5. "실험동물생산시설"이란 실험동물을 생산 및 사육하는 시설을 말한다.

6. "운영자"란 동물실험시설 혹은 실험동물생산시설을 운영하는 자를 말한다.

제3조(적용 대상) 이 법은 다음 각 호의 어느 하나에 필요한 실험에 사용되는 동물과 그 동물실험시설의 관리 등에 적용한다.

1. 식품·건강기능식품·의약품·의약외품·생물의약품·의료기기·화장품의 개발·안전관리·**품질관리**

2. 마약의 안전관리·품질관리

제4조(다른 법률과의 관계) 실험동물의 사용 또는 관리에 관하여 이 법에서 규정한 것을 제외하고는 「동물보호법」으로 정하는 바에 따른다.

생물학적 제제: 생물을 재료로 해서 만든 의학용 제제로, 미국이나 우리나라에서는 혈청, 왁친, 항원, 항체 등의 제품을 가리키며 그 규격은 보건 복지부 생물학적 제제 기준으로 표시됨

척추동물: 척추동물문(Vertebrata)의 동물을 통틀어 이르는 말로, 등골뼈로 된 척추가 있어 몸의 중추를 삼아 몸을 지지하는 고등 동물을 말함

품질관리: 과학적 원리를 응용하여 제품품질의 유지·향상을 기하기 위한 관리

제5조(식품의약품안전처의 책무) ① 식품의약품안전처장은 제1조의 목적을 달성하기 위하여 다음 각 호의 사항을 수행하여야 한다.

1. 실험동물의 사용 및 관리에 관한 정책의 수립 및 추진

2. 동물실험시설의 설치·운영에 관한 지원

3. 동물실험시설 내에서 실험동물의 유지·보존 및 개발에 관한 지원

3의2. 실험동물자원은행(실험동물 종의 보존과 실험적 개입을 받은 실험동물 유래 자원의 관리를 위한 시설을 말한다)의 설치·운영

4. 실험동물의 품질향상 등을 위한 연구 지원

5. 실험동물 관련 정보의 수집·관리 및 교육에 대한 지원

6. 동물실험을 대체할 수 있는 방법의 개발·인정에 관한 정책의 수립 및 추진

7. 그 밖에 실험동물의 사용과 관리에 필요한 사항

② 제1항을 수행하기 위하여 필요한 사항은 **총리령**으로 정한다.

제2장 실험동물의 과학적 사용

제6조(동물실험시설 운영자의 책무) 동물실험시설의 운영자는 동물실험의 안전성 및 신뢰성 등을 확보하기 위하여 다음 각 호의 사항을 수행하여야 한다.

1. 실험동물의 과학적 사용 및 관리에 관한 지침 수립

2. 동물실험을 수행하는 자 및 종사자에 대한 교육

3. 동물실험을 대체할 수 있는 방법의 우선적 고려

4. 동물실험의 폐기물 등의 적절한 처리 및 작업자의 안전에 관한 계획 수립

제7조(실험동물운영위원회 설치 등) ① 동물실험시설에는 동물실험의 윤리성, 안전성 및 신뢰성 등을 확보하기 위하여 실험동물운영위원회를 설치·운영하여야 한다. 다만, 해당 동물실험시설에 「동물보호법」 제51조제1항에 따른 동물실험윤리위원회가 설치되어 있고(「동물보호법」 제51조제2항에 따라 동물실험윤리위원회를 설치한 것으로 보는 경우를 포함한다), 그 위원회의 구성이 제2항 및 제3항의 요건을 충족하는 경우에는 그 위원회를 실험동물운영위원회로 본다.

② 실험동물운영위원회는 위원장 1명을 포함하여 4명 이상 15명 이내의 위원으로 구성한다.

책무: 직무에 따른 책임이나 임무

총리령: 국무총리가 소관 사무에 관하여 법률이나 대통령령의 위임 또는 직권으로 발하는 명령

③ 위원은 다음 각 호의 어느 하나에 해당하는 사람 중에서 동물실험시설의 운영자가 **위촉**하고, 위원장은 위원 중에서 **호선**(互選)한다.

1. 「**수의사법**」에 따른 수의사

2. 동물실험 분야에서 박사 학위를 취득한 사람으로서 동물실험의 관리 또는 동물실험 업무 경력이 있는 사람

3. 동물보호에 관한 학식과 경험이 풍부한 사람 중에서 「**민법**」에 따른 법인 또는 「**비영리민간단체** 지원법」에 따른 비영리민간단체가 추천하는 사람으로서 대통령령으로 정하는 자격요건에 해당하는 사람

4. 그 밖에 동물실험에 관한 학식과 경험이 풍부한 사람으로서 총리령으로 정하는 사람

④ 다음 각 호의 사항은 실험동물운영위원회의 심의를 거쳐야 한다.

1. 동물실험의 계획 및 실행에 관한 사항

2. 동물실험시설의 운영과 그에 관한 평가

3. 유해물질을 이용한 동물실험의 적정성에 관한 사항

4. 실험동물의 사육 및 관리에 관한 사항

5. 그 밖에 동물실험의 윤리성, 안전성 및 신뢰성 등을 확보하기 위하여 위원회의 위원장이 필요하다고 인정하는 사항

⑤ 제1항의 실험동물운영위원회의 운영 등에 관하여 필요한 사항은 대통령령으로 정한다.

제3장 동물실험시설 등

제8조(동물실험시설의 등록) ① 동물실험시설을 설치하고자 하는 자는 식품의약품안전처장에게 등록하여야 한다. 등록사항을 변경하는 경우에도 또한 같다.

② 동물실험시설에는 해당 시설 및 실험동물의 관리를 위하여 대통령령으로 정하는 **자격요건**을 갖춘 관리자(이하 "관리자"라 한다)를 두어야 한다.

③ 제1항에 따른 등록기준 및 절차 등에 관하여 필요한 사항은 총리령으로 정한다.

제9조(실험동물의 사용 등) ① 동물실험시설에서 대통령령으로 정하는 실험동물을 사용하는 경우에는 다음 각 호의 자가 아닌 자로부터 실험동물을

위촉: 특정 직무나 직책 등을 타인에게 의뢰하는 것을 의미

호선: 어떤 조직의 구성원들이 그 가운데에서 어떠한 사람을 뽑음

수의사법: 수의업무에 관하여 필요한 사항을 규정하기 위한 법률

민법: 사람이 사회생활을 영위함에 있어서 지켜야 할 일반사법

비영리민간단체: 특정인의 이해와 영리를 목적으로 설립되어 운영되고 있는 영리조직과 대비되는 개념으로 일반사회의 공익 등을 목적으로 설립되어 비영리사업을 영위하는 모든 조직을 말함.

자격요건: 법 규정에 따른 허가, 승인, 등록 따위를 위하여 요구되는 인적 또는 물리적 필요조건

공급받아서는 아니 된다.

 1. 다른 동물실험시설

 2. 제15조제1항에 따른 우수실험동물생산시설

 3. 제12조에 따라 등록된 실험동물공급자

② 외국으로부터 수입된 실험동물을 사용하고자 하는 경우에는 총리령으로 정하는 기준에 적합한 실험동물을 사용하여야 한다.

제10조(우수동물실험시설의 지정) ① 식품의약품안전처장은 실험동물의 적절한 사용 및 관리를 위하여 적절한 인력 및 시설을 갖추고 운영상태가 우수한 동물실험시설을 우수동물실험시설로 지정할 수 있다. 이 경우 지정기준, 지정사항 변경 등에 관한 사항은 총리령으로 정한다.

② 제1항에 따른 우수동물실험시설로 지정받고자 하는 자는 총리령으로 정하는 바에 따라 지정신청을 하여야 한다.

③ 식품의약품안전처장은 실험동물을 사용하는 관련 사업자 또는 **연구 용역**을 수행하는 자에게 제1항에 따라 지정된 우수동물실험시설에서 그 업무를 수행하도록 **권고**할 수 있다.

제11조(동물실험시설 등에 대한 **지도 · 감독**) ① 제8조 또는 제10조에 따라 동물실험시설로 등록 또는 우수동물실험시설로 지정 받은 자는 식품의약품안전처장의 지도 · 감독을 받아야 한다.

② 제1항에 따른 지도 · 감독의 내용 · 대상 · 시기 · 기준 등에 관하여 필요한 사항은 식품의약품안전처장이 정한다.

제4장 실험동물의 공급 등

제12조(실험동물공급자의 등록) ① 대통령령으로 정하는 실험동물의 생산 · 수입 또는 판매를 **업**으로 하고자 하는 자(이하 "실험동물공급자"라 한다)는 총리령으로 정하는 바에 따라 식품의약품안전처장에게 등록하여야 한다. 다만, 제8조의 동물실험시설에서 유지 또는 연구 과정 중 생산된 실험동물을 공급하는 경우에는 그러하지 아니하다.

② 제1항에 따른 등록사항을 변경하고자 할 때에는 총리령으로 정하는 바에 따라 변경등록을 하여야 한다.

연구 용역: 기업체나 공공기관 등이 특정한 연구를 위해 대학이나 연구소 등에 연구개발과제를 맡기는 일

권고: 어떤 일에 관하여 상대방이 어떤 조치를 취할 것을 권유하는 일로, 법률상으로 상대방을 구속하는 구속력은 없음

지도: 어떤 목적이나 방향으로 남을 가르쳐 이끎

감독: 일이나 사람 따위가 잘못되지 아니하도록 살피어 단속하거나 일의 전체를 지휘함

업: 생계를 유지하기 위하여 자신의 적성과 능력에 따라 일정한 기간 동안 계속하여 종사하는 일

제13조(실험동물공급자의 준수사항) 실험동물공급자는 실험동물의 안전성 및 건강을 확보하기 위하여 다음 각 호의 사항을 준수하여야 한다.

1. 실험동물생산시설과 실험동물을 보건위생상 **위해**(危害)가 없고 안전성이 확보되도록 관리할 것

2. 실험동물을 **운반**하는 경우 그 실험동물의 **생태**에 적합한 방법으로 **운송**할 것

3. 그 밖에 제1호 및 제2호에 준하는 사항으로서 실험동물의 안전성 확보 및 건강관리를 위하여 필요하다고 인정하여 총리령으로 정하는 사항

제14조(실험동물 수입에 관한 사항) 실험동물의 수입과 검역에 관하여는 「가축전염병예방법」 제32조, 제34조, 제35조 및 제36조의 규정에 따른다.

위해: 위험과 재해를 아울러 이르는 말

운반: 물건 따위를 옮겨 나름

생태: 생물이 살아가는 모양이나 상태

운송: 사람을 태워 보내거나 물건 따위를 실어 보냄

❙ 관련 법조항

「가축전염병예방법」 제32조(수입금지) ① 다음 각 호의 어느 하나에 해당하는 물건은 수입하지 못한다.

1. 농림축산식품부장관이 지정·고시하는 수입금지지역에서 생산 또는 발송되었거나 그 지역을 거친 지정검역물

2. 동물의 전염성 질병의 병원체

3. 소해면상뇌증이 발생한 날부터 5년이 지나지 아니한 국가산 30개월령 이상 쇠고기 및 쇠고기 제품

4. 특정위험물질

② 제1항에도 불구하고 다음 각 호의 어느 하나에 해당하는 물건은 수입할 수 있다.

1. 시험 연구 또는 예방약 제조에 사용하기 위하여 농림축산식품부장관의 허가를 받은 물건

2. 항공기·선박의 단순기항 또는 밀봉된 컨테이너로 차량·열차에 싣고 제1항제1호의 수입금지지역을 거친 지정검역물

3. 동물원 관람 목적으로 수입되는 동물(농림축산식품부장관이 수입위생조건을 별도로 정한 경우에 한정한다)

③ 농림축산식품부장관은 제2항에 따라 수입을 허가할 때에는 수입 방법, 수입된 지정검역물 등의 사후관리 또는 그 밖에 필요한 조건을 붙일 수 있다.

④ 제2항제2호의 단순기항에 해당되는 기항에 관하여는 농림축산식품부령으로 정한다.

⑤ 농림축산식품부장관은 수출국의 정부기관의 요청에 따라 제1항제1호에 따른 지정검역물의 수입금지지역을 해제하거나 같은 항 제3호에 따른 수입금지를 해제하려는 경우 각 지정검역물의 수입으로 인한 동물의 전염성 질병 유입 가능성에 대한 수입위험 분석을 하여야 한다.

⑥ 농림축산식품부장관은 제1항제1호에 따른 지정검역물의 수입금지지역을 해제한 이후 또는 같은 항 제

3호에 따른 수입금지를 해제한 이후에도 국제기준의 변경, 수출국의 가축위생 제도의 변경 등으로 필요하다고 인정되는 경우에는 수입위험 분석을 다시 실시할 수 있다.

⑦ 제5항 및 제6항에 따른 수입위험 분석의 방법 및 절차에 필요한 사항은 농림축산식품부장관이 정하여 고시한다.

「가축전염병예방법」 제34조(수입을 위한 검역증명서의 첨부) ① 지정검역물을 수입하는 자는 다음 각 호의 구분에 따라 검역증명서를 첨부하여야 한다. 다만, 동물검역에 관한 정부기관이 없는 국가로부터의 수입 등 농림축산식품부령으로 정하는 경우와 동물검역기관의 장이 인정하는 수출국가의 정부기관으로부터 통신망을 통하여 전송된 전자문서 형태의 검역증이 동물검역기관의 주전산기에 저장된 경우에는 그러하지 아니하다.

1. 제2항에 따라 위생조건이 정해진 경우: 수출국의 정부기관이 동물검역기관의 장과 협의한 서식에 따라 발급한 검역증명서

2. 제2항에 따라 위생조건이 정해지지 아니한 경우: 수출국의 정부기관이 가축전염병의 병원체를 퍼뜨릴 우려가 없다고 증명한 검역증명서

② 농림축산식품부장관은 가축방역 또는 공중위생을 위하여 필요하다고 인정하는 경우에는 검역증명서의 내용에 관련된 수출국의 검역 내용, 위생 상황 및 검역시설의 등록·관리 절차 등을 규정한 위생조건을 정하여 고시할 수 있다.

③ 제2항에도 불구하고 최초로 소해면상뇌증 발생 국가산 쇠고기 또는 쇠고기 제품을 수입하거나 제32조의2에 따라 수입이 중단된 쇠고기 또는 쇠고기 제품의 수입을 재개하려는 경우 해당 국가의 쇠고기 및 쇠고기 제품의 수입과 관련된 위생조건에 대하여 국회의 심의를 받아야 한다.

「가축전염병예방법」 제35조(동물수입에 대한 사전 신고) ① 지정검역물 중 농림축산식품부령으로 정하는 동물을 수입하려는 자는 수입 예정 항구·공항 또는 그 밖의 장소를 관할하는 동물검역기관의 장에게 동물의 종류, 수량, 수입 시기 및 장소 등을 미리 신고하여야 한다.

② 동물검역기관의 장은 제1항에 따라 신고를 받았을 때에는 신고된 검역 물량, 다른 검역업무 및 처리 우선순위 등을 고려하여 수입의 수량·시기 또는 장소를 변경하게 할 수 있다.

③ 제1항 및 제2항에 따른 사전 신고의 절차·방법 등에 필요한 사항은 농림축산식품부령으로 정한다.

「가축전염병예방법」 제36조(수입 검역) ① 지정검역물을 수입한 자는 지체 없이 농림축산식품부령으로 정하는 바에 따라 동물검역기관의 장에게 검역을 신청하고 검역관의 검역을 받아야 한다. 다만, 여행자 휴대품으로 지정검역물을 수입하는 자는 입국 즉시 농림축산식품부령으로 정하는 바에 따라 출입공항·항만 등에 있는 동물검역기관의 장에게 신고하고 검역관의 검역을 받아야 한다.

② 검역관은 지정검역물 외의 물건이 가축 전염성 질병의 병원체에 의하여 오염되었다고 믿을 만한 역학조사 또는 정밀검사 결과가 있을 때에는 지체 없이 그 물건을 검역하여야 한다.

③ 검역관은 검역업무를 수행하기 위하여 필요하다고 인정하는 경우에는 제1항에 따른 신청, 신고 또는 「관세법」 제154조에 따른 보세구역 화물관리자의 요청이 없어도 보세구역에 장치(藏置)된 지정검역물을 검역할 수 있다.

제15조(우수실험동물생산시설의 지정 등) ① 식품의약품안전처장은 실험동물의 품질을 향상시키기 위하여 충분한 인력 및 시설을 갖추고 관리상태가 우수한 실험동물생산시설을 우수실험동물생산시설로 지정할 수 있다. 이 경우 지정기준, 지정사항 변경 등에 관한 사항은 총리령으로 정한다.

② 제1항에 따른 우수실험동물생산시설로 지정받고자 하는 자는 총리령으로 정하는 바에 따라 지정신청을 하여야 한다.

③ 제1항에 따라 우수실험동물생산시설로 지정된 경우가 아니면 실험동물의 **운송용기**나 문서 등에 우수실험동물생산시설 또는 이와 유사한 표지를 부착하거나 이를 홍보하여서는 아니 된다.

운송용기: 동물 운송시 사용하는 기구

제16조(실험동물공급자 등에 대한 지도 · 감독) ① 제12조에 따라 실험동물공급자로 등록하거나 제15조에 따라 우수실험동물생산시설로 지정받은 자는 식품의약품안전처장의 지도 · 감독을 받아야 한다.

② 제1항에 따른 지도 · 감독의 대상 · 시기 · 기준 등에 관하여 필요한 사항은 식품의약품안전처장이 정한다.

제5장 안전관리 등

제17조(교육) ① 다음 각 호의 자는 실험동물의 사용 · 관리 등에 관하여 교육을 받아야 한다.

1. 동물실험시설 운영자
2. 제8조제2항에 따른 관리자
3. 제12조에 따른 실험동물공급자
4. 그 밖에 동물실험을 수행하는 자

② 식품의약품안전처장은 제1항에 따른 교육을 수행하여야 하며, 교육 위탁기관, 교육내용, **소요경비**의 징수 등에 관하여 필요한 사항은 총리령으로 정한다.

소요경비: 필요하거나 요구되는 데 지출하는 비용

제18조(재해 방지) ① 동물실험시설의 운영자 또는 관리자는 재해를 유발할 수 있는 물질 또는 **병원체** 등을 사용하는 동물실험을 실시하는 경우 사람과 동물에 위해를 주지 아니하도록 필요한 조치를 취하여야 한다.

병원체: 병의 원인이 되는 본체로 세균, 리케차, 바이러스, 원생동물, 기생충 따위의 병원 미생물이 있음

② 동물실험시설 및 실험동물생산시설로 인한 재해가 국민 건강과 공익에 유해하다고 판단되는 경우 운영자 또는 관리자는 즉시 폐쇄, 소독 등 필요한 조치를 취한 후 그 결과를 식품의약품안전처장에게 보고하여야 한다. 이 경우 「가축전염병예방법」 제19조를 **준용**한다.

> **준용**: 어떤 사항에 관한 규정을 그와 유사하지만 본질적으로 다른 사항에 적용하는 일

▮ 관련 법조항

「가축전염병예방법」 제19조(격리와 가축사육시설의 폐쇄명령 등) ① 시장·군수·구청장은 가축전염병이 발생하거나 퍼지는 것을 막기 위하여 농림축산식품부령으로 정하는 바에 따라 다음 각 호의 조치를 명할 수 있다. 다만, 제4호 또는 제6호에 따라 이동이 제한된 사람과 차량 등의 소유자는 부득이하게 이동이 필요한 경우에는 농림축산식품부령으로 정하는 바에 따라 시·도 가축방역기관장에게 신청을 하여 승인을 받아야 하며, 이동 승인신청을 받은 시·도 가축방역기관장은 농림축산식품부령으로 정하는 바에 따라 이동을 승인할 수 있다.

1. 제1종 가축전염병에 걸렸거나 걸렸다고 믿을 만한 역학조사·정밀검사 결과나 임상증상이 있는 가축의 소유자등이나 제1종 가축전염병이 발생한 가축사육시설과 가까워 가축전염병이 퍼질 우려가 있는 지역에서 사육되는 가축의 소유자등에 대하여 해당 가축 또는 해당 가축의 사육장소에 함께 있어서 가축전염병의 병원체에 오염될 우려가 있는 물품으로서 농림축산식품부령으로 정하는 물품(이하 "오염우려물품"이라 한다)을 격리·억류하거나 해당 가축사육시설 밖으로의 이동을 제한하는 조치

2. 제1종 가축전염병에 걸렸거나 걸렸다고 믿을 만한 역학조사·정밀검사 결과나 임상증상이 있는 가축의 소유자등과 그 동거 가족, 해당 가축의 소유자에게 고용된 사람 등에 대하여 해당 가축사육시설 밖으로의 이동을 제한하거나 소독을 하는 조치

3. 제1종 가축전염병에 걸렸거나 걸렸다고 믿을 만한 역학조사·정밀검사 결과나 임상증상이 있는 가축 또는 가축전염병 특정매개체가 있거나 있었던 장소를 중심으로 일정한 범위의 지역으로 들어오는 다른 지역의 사람, 가축 또는 차량에 대하여 교통차단, 출입통제 또는 소독을 하는 조치

4. 제13조에 따른 역학조사 결과 가축전염병을 전파시킬 우려가 있다고 판단되는 사람, 차량 및 오염우려물품 등에 대하여 해당 가축전염병을 전파시킬 우려가 있는 축산관계시설로의 이동을 제한하는 조치

5. 가축전염병 특정매개체로 인하여 가축전염병이 확산될 우려가 있는 경우 가축사육시설을 가축전염병 특정매개체로부터 차단하기 위한 조치

6. 가축전염병 특정매개체로 인하여 가축전염병이 발생할 우려가 높은 시기에 농림축산식품부장관이 정하는 기간 동안 가축전염병 특정매개체가 있거나 있었던 장소를 중심으로 농림축산식품부장관이 정하는 일정한 범위의 지역에 들어오는 사람, 가축 또는 시설출입차량에 대하여 교통차단, 출입통제 또는 소독을 하는 조치

② 농림축산식품부장관 또는 시·도지사는 제1종 가축전염병이 발생하여 전파·확산이 우려되는 경우 해당 가축전염병의 병원체를 전파·확산시킬 우려가 있는 가축 또는 오염우려물품의 소유자등에 대하여 해당 가축 또는 오염우려물품을 해당 시(특별자치시를 포함한다)·도(특별자치도를 포함한다) 또는 시(특별자치도의 행정시를 포함한다)·군·구 밖으로 반출하지 못하도록 명할 수 있다.

③ 농림축산식품부장관 또는 시·도지사는 제1종 가축전염병이 발생하여 전파·확산이 우려되는 경우 해당 가축전염병에 감염될 수 있는 가축의 소유자등에 대하여 일정 기간 동안 가축의 방목을 제한할 수 있다. 다만, 제1종 가축전염병을 차단할 수 있는 시설 또는 장비로서 농림축산식품부령으로 정하는 시설 또는 장비를 갖춘 경우에는 가축을 방목하도록 할 수 있다.

④ 시장·군수·구청장은 다음 각 호의 어느 하나에 해당하는 가축의 소유자등에 대하여 해당 가축사육시설의 폐쇄를 명하거나 6개월 이내의 기간을 정하여 가축사육의 제한을 명할 수 있다.

　1. 제1항제1호에 따른 가축 또는 오염우려물품의 격리·억류·이동제한 명령을 위반한 자

　2. 제5조제3항에 따른 외국인 근로자에 대한 고용신고·교육·소독 등을 하지 아니하여 가축전염병을 발생하게 하였거나 다른 지역으로 퍼지게 한 자

　3. 제5조제5항에 따른 입국신고를 하지 아니하여 가축전염병을 발생하게 하였거나 다른 지역으로 퍼지게 한 자

　4. 제5조제6항에 따른 국립가축방역기관장의 질문에 대하여 거짓으로 답변하거나 국립가축방역기관장의 검사·소독 등의 조치를 거부·방해 또는 기피하여 가축전염병을 발생하게 하였거나 다른 지역으로 퍼지게 한 자

　5. 제11조제1항에 따른 신고를 지연한 자

　5의2. 제15조제1항에 따른 명령을 3회 이상 위반한 자

　6. 제17조에 따른 소독설비 및 실시 등을 위반한 자

⑤ 시장·군수·구청장은 가축의 소유자등이 제4항에 따른 폐쇄명령 또는 사육제한 명령을 받고도 이행하지 아니하였을 때에는 관계 공무원에게 해당 가축사육시설을 폐쇄하고 다음 각 호의 조치를 하게 할 수 있다.

　1. 해당 가축사육시설이 명령을 위반한 시설임을 알리는 게시물 등의 부착

　2. 해당 가축사육시설을 사용할 수 없게 하는 봉인

⑥ 제4항에 따라 시장·군수·구청장이 폐쇄명령 또는 사육제한 명령을 하려면 청문을 하여야 한다.

⑦ 제4항 및 제5항에 따른 가축사육시설의 폐쇄명령, 가축사육제한 명령 및 가축사육시설의 폐쇄조치에 관한 절차·기준 등에 필요한 사항은 대통령령으로 정한다.

⑧ 시장·군수·구청장은 제1항제1호에 따른 격리·억류·이동제한 명령에 대한 가축 소유자등의 위반행위에 적극적으로 협조한 가축운송자, 도축업 영업자에 대하여 6개월 이내의 기간을 정하여 그 업무의 전부 또는 일부의 정지를 명할 수 있다. 이 경우 청문을 하여야 한다.

⑨ 제8항에 따른 업무정지 명령에 관한 절차 및 기준 등에 필요한 사항은 대통령령으로 정한다.

③ 동물실험 및 실험동물로 인한 재해가 국민 건강과 공익에 유해하다고 판단되는 경우 운영자 또는 관리자는 **살처분** 등 필요한 조치를 취한 후 그 결과를 식품의약품안전처장에게 보고하여야 한다. 이 경우 「가축전염병예방법」 제20조를 준용한다.

살처분: 병에 걸린 가축 따위를 죽여서 없앰

제19조(생물학적 위해물질의 사용보고) ① 동물실험시설의 운영자는 총리령으로 정하는 생물학적 위해물질을 동물실험에 사용하고자 하는 경우 미리 식품의약품안전처장에게 보고하여야 한다.

② 제1항의 보고에 관한 사항은 총리령으로 정한다.

제20조(사체 등 폐기물) ① 삭제

② 동물실험시설의 운영자 및 관리자 또는 실험동물공급자는 동물실험시설과 실험동물생산시설에서 배출된 실험동물의 사체 등의 폐기물은 「**폐기물관리법**」에 따라 처리한다. 다만, 제5조제1항제3호의2에 따른 실험동물자원은행

폐기물관리법: 환경법에 속하며, 생활 및 사업 현장 곳곳에서 발생하는 폐기물(쓰레기 포함)의 발생을 억제하고 재활용을 촉진하기 위한 법률

▍관련 법조항

「가축전염병예방법」 제20조(살처분 명령) ① 시장·군수·구청장은 농림축산식품부령으로 정하는 제1종 가축전염병이 퍼지는 것을 막기 위하여 필요하다고 인정하면 농림축산식품부령으로 정하는 바에 따라 가축전염병에 걸렸거나 걸렸다고 믿을 만한 역학조사·정밀검사 결과나 임상증상이 있는 가축의 소유자에게 그 가축의 살처분(殺處分)을 명하여야 한다. 다만, 우역, 우폐역, 구제역, 돼지열병, 아프리카돼지열병 또는 고병원성 조류인플루엔자에 걸렸거나 걸렸다고 믿을 만한 역학조사·정밀검사 결과나 임상증상이 있는 가축 또는 가축전염병 특정매개체의 경우(가축전염병 특정매개체는 역학조사 결과 가축전염병 특정매개체와 가축이 직접 접촉하였거나 접촉하였다고 의심되는 경우 등 농림축산식품부령으로 정하는 경우에 한정한다)에는 그 가축 또는 가축전염병 특정매개체가 있거나 있었던 장소를 중심으로 그 가축전염병이 퍼지거나 퍼질 것으로 우려되는 지역에 있는 가축의 소유자에게 지체 없이 살처분을 명할 수 있다.

② 시장·군수·구청장은 다음 각 호의 어느 하나에 해당하는 경우에는 가축방역관에게 지체 없이 해당 가축을 살처분하게 하여야 한다. 다만, 병성감정이 필요한 경우에는 농림축산식품부령으로 정하는 기간의 범위에서 살처분을 유예하고 농림축산식품부령으로 정하는 장소에 격리하게 할 수 있다.

    1. 가축의 소유자가 제1항에 따른 명령을 이행하지 아니하는 경우

    2. 가축의 소유자를 알지 못하거나 소유자가 있는 곳을 알지 못하여 제1항에 따른 명령을 할 수 없는 경우

    3. 가축전염병이 퍼지는 것을 막기 위하여 긴급히 살처분하여야 하는 경우로서 농림축산식품부령으로 정하는 경우

③ 시장·군수·구청장은 광견병 예방주사를 맞지 아니한 개, 고양이 등이 건물 밖에서 배회하는 것을 발견하였을 때에는 농림축산식품부령으로 정하는 바에 따라 소유자의 부담으로 억류하거나 살처분 또는 그 밖에 필요한 조치를 할 수 있다.

실험동물자원은행: 실험동물자원을 수집·보관하여 동물실험이 필요한 대학, 연구기관, 산업계 등 국내 연구자가 실험에 이용함으로써 연구 기간 단축과 소요 비용을 절감할 수 있도록 지원하며, 실험에 사용되는 동물 사용을 최소화함으로써 동물 생명 존중을 실현할 수 있다. 또한 생명연구자원 공유 문화를 정착하고, 한 가지 연구로 다양한 성과 창출함으로써 국가 경쟁력 향상을 위해 추진되고 있다.

에 제공하는 경우에는 그러하지 아니하다.

제6장 기록 및 정보의 공개

제21조(기록) 동물실험을 수행하는 자는 총리령으로 정하는 바에 따라 실험동물의 종류, 사용량, 수행된 연구의 절차, 연구에 참여한 자에 대하여 기록하여야 한다.

제22조(동물실험 실태보고) ① 식품의약품안전처장은 동물실험에 관한 실태보고서를 매년 작성하여 발표하여야 한다.

② 제1항에 따른 실태보고서에는 다음 각 호의 사항이 포함되어야 한다.

　1. 동물실험에 사용된 실험동물의 종류 및 수

　2. 동물실험 후의 실험동물의 처리

　3. 동물실험시설 및 실험동물공급시설의 종류 및 수

　4. 제11조에 따른 동물실험시설 등에 대한 지도·감독에 관한 사항

　5. 제18조에 따른 재해유발 물질 또는 병원체 등의 사용에 관한 사항

　6. 제19조에 따른 위해물질의 사용에 관한 사항

　7. 제24조에 따른 지정취소 등에 관한 사항

　8. 그 밖에 총리령으로 정하는 사항

실태: 있는 그대로의 상태, 또는 실제의 모양

제7장 보칙

제23조(실험동물협회) ① 동물실험의 신뢰성 증진 및 실험동물산업의 건전한 발전을 위하여 실험동물협회(이하 "**협회**"라 한다)를 둘 수 있다.

② 협회는 **법인**으로 한다.

③ 다음 각 호에 해당하는 자는 협회의 회원이 될 수 있다.

　1. 제8조제1항에 따른 등록을 한 자

　2. 제8조제2항에 의한 관리자

　3. 실험동물분야에 관한 지식과 기술이 있는 자 중 협회의 **정관**으로 정하는 자

④ 협회를 설립하고자 하는 경우에는 대통령령으로 정하는 바에 따라 정관을 작성하여 식품의약품안전처장의 설립인가를 받아야 한다.

⑤ 협회의 정관 기재 사항과 업무에 관하여 필요한 사항은 대통령령으로

협회: 같은 목적을 가진 사람들이 설립하여 유지해 나아가는 모임

법인: 자연인이 아니면서 법에 의하여 권리 능력이 부여되는 사단과 재단. 법률상 권리와 의무의 주체가 될 수 있음

정관: 법인의 목적, 조직, 업무 집행 따위에 관한 근본 규칙. 또는 그것을 적은 문서

정한다.

⑥ 협회에 관하여 이 법에 규정되지 아니한 사항은 「민법」 중 **사단법인**에 관한 규정을 준용한다.

⑦ 국가는 협회가 제1항에 따라 사업을 하는 때에 필요하다고 인정하는 경우 재정 등의 지원을 할 수 있다.

제24조(지정 등의 취소 등) ① 식품의약품안전처장은 제8조 또는 제12조에 따라 동물실험시설 또는 실험동물공급자로 등록한 자가 다음 각 호의 어느 하나에 해당하는 때에는 해당 시설 또는 공급자의 등록을 취소하거나 6개월의 범위에서 동물실험시설의 운영 또는 실험동물공급자의 영업(실험동물 생산시설의 운영을 포함한다)을 정지할 수 있다. 다만, 제1호에 해당하는 경우에는 그 등록을 취소하여야 한다.

  1. 속임수나 그 밖의 부정한 방법으로 등록한 것이 확인된 경우

  2. 동물실험시설로부터 또는 실험동물공급과 관련하여 국민의 건강 또는 공익을 해하는 질병 등 재해가 발생한 경우

  3. 제11조 또는 제16조에 따른 지도·감독을 따르지 아니하거나 기준에 **미달**한 경우

  4. 동물실험시설이 제9조제1항을 위반하여 다른 동물실험시설, 우수실험동물생산시설 또는 실험동물공급자가 아닌 자로부터 실험동물을 공급받은 경우

② 식품의약품안전처장은 제10조 또는 제15조에 따라 우수동물실험시설 또는 우수실험동물생산시설로 지정을 받은 자가 다음 각 호의 어느 하나에 해당하는 때에는 해당 시설의 지정을 취소하거나 6개월의 범위에서 지정의 **효력**을 정지할 수 있다. 다만, 제1호에 해당하는 경우에는 그 지정을 취소하여야 한다.

  1. 속임수나 그 밖의 부정한 방법으로 지정을 받은 것이 확인된 경우

  2. 우수동물실험시설 또는 우수실험동물생산시설로부터 국민의 건강 또는 공익을 해하는 질병 등 재해가 발생한 경우

  3. 제11조 또는 제16조에 따른 지도·감독을 따르지 아니하거나 기준에 미달한 경우

③ 제1항 및 제2항에 따른 **처분**의 기준은 총리령으로 정한다.

사단법인: 법률에 의하여 법률적인 권리와 의무의 주체로 인정을 받은 법인

미달: 어떤 한도에 이르거나 미치지 못함

효력: 법률이나 규칙 따위의 작용

처분: 일정한 대상을 어떻게 처리할 것인가에 대하여 지시하거나 결정함

제25조(결격사유) 다음 각 호의 어느 하나에 해당하는 자는 동물실험시설의 운영자 또는 관리자 및 실험동물공급자가 될 수 없다.

1. 「정신건강증진 및 정신질환자 복지서비스 지원에 관한 법률」제3조제1호에 따른 정신질환자. 다만, 전문의가 운영자 또는 관리자로서 적합하다고 인정하는 사람은 그러하지 아니하다.

2. **피성년후견인** 또는 **피한정후견인**

3. 마약·대마·**향정신성의약품** 중독자

4. 이 법을 위반하여 금고 이상의 실형을 선고받고, 집행이 종료(집행이 종료된 것으로 보는 경우를 포함한다)되거나 집행이 면제된 날부터 2년이 지나지 아니한 자

5. 이 법을 위반하여 **금고** 이상의 형의 **집행유예** 선고를 받고 그 유예기간 중에 있는 자

6. 제24조제1항에 따라 동물실험시설의 운영정지처분 또는 실험동물공급자의 영업정지처분을 받거나 등록이 취소된 후 1년이 지나지 아니한 자

제26조(청문) 식품의약품안전처장은 제24조에 따라 해당 시설의 등록 취소, 운영정지, 지정 취소 등을 하고자 하는 때에는 미리 청문을 실시하여야 한다.

제27조(지도·감독 등) ① 식품의약품안전처장은 제11조 및 제16조에 따른 지도 및 감독을 위하여 관계 공무원으로 하여금 현장조사를 하게 하거나 필요한 자료의 제출을 요구할 수 있다.

② 제1항에 따라 조사를 하는 공무원은 그 권한을 표시하는 증표를 지니고 이를 관계인에게 제시하여야 한다.

제28조(과징금) ① 식품의약품안전처장은 시설의 운영자가 제24조제1항에 해당하는 경우에는 해당 시설의 운영정지를 **갈음**하여 1억원 이하의 과징금을 부과할 수 있다.

피성년후견인: 질병·장애·노령·그 밖의 사유로 인한 정신적 제약으로 사무를 처리할 능력이 지속적으로 결여된 사람으로서 일정한 자의 청구에 의하여 가정법원으로부터 성년후견개시의 심판을 받은 자

피한정후견인: 질병·장애·노령·그 밖의 사유로 인한 정신적 제약으로 사무를 처리할 능력이 부족한 사람으로서 일정한 자의 청구에 의하여 가정법원으로부터 한정후견개시의 심판을 받은 자

향정신성의약품: 사람의 중추신경계에 작용하는 것으로 이를 오용하거나 남용하는 경우 인체에 심각한 위해가 있다고 인정되는 물질

금고: 강제노동을 과하지 않고 수형자를 교도소에 구금하는 일

집행유예: 유죄의 형(刑)을 선고하면서 이를 즉시 집행하지 않고 일정기간 그 형의 집행을 미루어 주는 것으로, 그 기간이 경과할 경우 형 선고의 효력을 상실하게 하여 형 집행을 하지 않는 것

갈음: 다른 것으로 바꾸어 대신함

| **관련 법조항**

「정신건강증진 및 정신질환자 복지서비스 지원에 관한 법률」제3조(정의) 이 법에서 사용하는 용어의 뜻은 다음과 같다.

1. "정신질환자"란 망상, 환각, 사고(思考)나 기분의 장애 등으로 인하여 독립적으로 일상생활을 영위하는 데 중대한 제약이 있는 사람을 말한다.

② 제1항에 따라 과징금을 부과하는 위반행위의 정도 등에 따른 과징금의 금액 등에 관하여 필요한 사항은 대통령령으로 정한다.

③ 식품의약품안전처장은 과징금의 부과를 위하여 필요하면 다음 각 호의 사항을 적은 문서로 관할 세무관서의 장에게 과세정보의 제공을 요청할 수 있다.

  1. 납세자의 인적사항

  2. 사용 목적

  3. **과징금**의 부과기준이 되는 매출금액

④ 제3항에 따라 요청을 받은 자는 정당한 사유가 없으면 이에 따라야 한다.

⑤ 식품의약품안전처장은 제1항에 따른 과징금을 내야할 자가 납부기한까지 내지 아니하면 대통령령으로 정하는 바에 따라 제1항에 따른 과징금 부과처분을 취소하고 제24조제1항에 따른 운영정지처분을 하거나 국세 **체납처분**의 예에 따라 이를 징수한다. 다만, 폐업 등으로 제24조제1항에 따른 운영정지처분을 할 수 없는 경우에는 국세 체납처분의 예에 따라 이를 징수한다.

⑥ 식품의약품안전처장은 제1항에 따라 과징금을 부과받은 자가 다음 각 호의 어느 하나에 해당하는 사유로 과징금의 전액을 일시에 납부하기 어렵다고 인정되는 경우에는 12개월의 범위에서 납부기한을 연장하거나 분할납부하게 할 수 있다.

  1. 재해 등으로 인하여 재산에 현저한 손실을 입은 경우

  2. 과징금의 일시납부에 따라 자금사정에 현저한 어려움이 예상되는 경우

  3. 그 밖에 제1호 또는 제2호에 준하는 사유가 있는 경우

⑦ 식품의약품안전처장은 제6항에 따라 납부기한이 연장되거나 분할납부가 허용된 과징금납부의무자가 다음 각 호의 어느 하나에 해당할 때에는 납부기한 연장이나 분할납부 결정을 취소하고 과징금을 일시에 **징수**할 수 있다.

  1. 분할납부가 결정된 과징금을 그 납부기한 내에 납부하지 아니하였을 때

  2. **강제집행**, 경매의 개시, **파산선고**, 법인의 해산, 국세 또는 지방세의 체납처분을 받는 등 과징금의 전부 또는 잔여분을 징수할 수 없다고 인정될 때

  3. 그 밖에 제1호 또는 제2호에 준하는 사유가 있을 때

과징금: 행정법상 의무위반에 대한 제재로서 과하는 금전적 부담

체납처분: 국민이 공법상의 금전급부의무를 이행하지 않는 경우 행정청이 강제적으로 의무가 이행된 것과 같은 상태를 실현하는 처분 및 그 집행

징수: 행정 기관이 법에 따라서 조세, 수수료, 벌금 따위를 국민에게서 거두어들이는 일

강제집행: 사법상 또는 행정법상의 의무를 이행하지 아니하는 사람에 대하여 국가가 강제 권력으로 그 의무의 이행을 실현하는 작용이나 절차

파산선고: 채권자나 채무자의 신청에 의하여, 또는 파산 법원의 직권으로 파산의 개시를 명하는 결정

⑧ 제6항 및 제7항에 의한 과징금 납부기한의 연장, 분할납부 등에 관하여 필요한 사항은 총리령으로 정한다.

제29조(수수료) 다음 각 호의 어느 하나에 해당하는 자는 총리령으로 정하는 바에 따라 **수수료**를 납부하여야 한다.

  1. 제8조에 따른 등록 또는 제10조에 따른 지정을 받고자 하는 자

  2. 제12조에 따른 등록 또는 제15조에 따른 지정을 받고자 하는 자

제30조(벌칙) 제12조제1항 또는 제2항을 위반하여 등록 또는 변경등록을 하지 아니한 자는 500만원 이하의 벌금에 처한다.

제31조(벌칙) 다음 각 호의 어느 하나에 해당하는 자는 200만원 이하의 벌금에 처한다.

  1. 제9조제1항을 위반하여 다른 동물실험시설, 우수실험동물생산시설 또는 실험동물공급자가 아닌 자로부터 실험동물을 공급받은 자

  2. 제27조제1항에 따른 현장조사를 정당한 사유 없이 거부·기피·방해한 자 또는 자료제출 요구에 응하지 아니하거나 거짓의 자료를 제출한 자

제32조(양벌규정) 법인의 대표자나 법인 또는 개인의 대리인·사용인 및 그 밖의 종업원이 그 법인 또는 개인의 업무에 대하여 제31조에 해당하는 행위를 한 때에는 행위자를 벌하는 외에 그 법인 또는 개인에 대하여도 각 해당 조의 **벌금형**을 과한다. 다만, 법인 또는 개인이 그 위반행위를 방지하기 위하여 해당 업무에 관하여 상당한 주의와 감독을 게을리하지 아니한 경우에는 그러하지 아니하다.

제33조(과태료) ① 다음 각 호의 어느 하나에 해당하는 자에게는 300만원 이하의 과태료를 부과한다.

  1. 제7조제1항을 위반하여 실험동물운영위원회를 설치·운영하지 아니한 동물실험시설의 운영자 또는 관리자

  2. 제7조제4항을 위반하여 실험동물운영위원회의 심의를 거치지 아니한 동물실험시설의 운영자 또는 관리자

② 다음 각 호의 어느 하나에 해당하는 자에게는 100만원 이하의 **과태료**를 부과한다.

  1. 제8조에 따른 등록을 하지 아니한 자

  2. 제15조제3항을 위반하여 우수실험동물생산시설 또는 이와 유사한 표

수수료: 어떤 일을 맡아 처리해 준 데 대한 대가로서 주는 요금

벌칙: 법규를 어긴 행위에 대한 처벌을 정하여 놓은 규칙

양벌규정: 위법행위에 대하여 행위자를 처벌하는 외에 그 업무의 주체인 법인 또는 개인도 함께 처벌하는 규정

벌금형: 범인으로부터 일정액의 금전을 박탈하는 형벌로, 재산형의 하나임. 즉 징역형이 신체를 강제로 구금해 죄에 대한 벌을 주는 것이라면 벌금형은 재산을 빼앗는 방법으로 죄에 대한 벌을 준다는 차이가 있음

과태료: 국가 또는 지방자치단체가 행정법상 질서위반행위에 대하여 부과·징수하는 금전

지를 부착하거나 이를 홍보한 자

3. 제17조제1항을 위반하여 교육을 받지 아니한 동물실험시설 운영자, 관리자 또는 실험동물공급자

4. 제18조제2항 및 제3항 또는 제19조제1항에 따른 보고를 하지 아니하거나 거짓으로 보고한 자

③ 제1항 및 제2항에 따른 과태료는 대통령령으로 정하는 바에 따라 식품의약품안전처장이 부과·징수한다.

④ 삭제 <2013. 3. 23.>

⑤ 삭제 <2013. 3. 23.>

부칙 <제18969호, 2022. 6. 10.>

제1조(시행일) 이 법은 **공포** 후 6개월이 경과한 날부터 시행한다. 다만, 제25조제6호의 개정규정(결격기간에 관한 부분만 해당한다)은 공포한 날부터 시행한다.

제2조(**결격사유에 관한 적용례**) 제25조제6호의 개정규정(결격기간에 관한 부분만 해당한다)은 부칙 제1조 단서에 따른 시행일 전에 행정처분을 받은 자에 대해서도 적용한다.

제3조(**행정처분** 및 과징금에 관한 **경과조치**) 이 법 시행 전의 위반행위에 대하여 행정처분을 하거나 과징금을 부과·징수하는 경우에는 제24조제1항, 같은 조 제2항 각 호 외의 부분 및 제28조제1항·제5항의 개정규정에도 불구하고 종전의 규정에 따른다.

공포: 이미 확정된 법률, 조약, 명령 따위를 일반 국민에게 널리 알리는 일

결격사유: 법률상 자격을 상실하게 되는 사유. '결격'은 '필요한 자격을 갖추고 있지 않은 것'을 뜻함

행정처분: 행정기관의 법 집행으로서의 공권력 행사 또는 그 거부와 이에 준하는 행정작용. 행정기관의 공권력 행사란 법의 집행행위를 말하고, 그 거부처분은 공권력을 행사하지 않는 것을 말함

경과조치: 기존의 법령이 개정, 폐지되거나 새로운 법령이 제정된 경우에 구법과 신법의 대체를 원활하게 하기 위한 규정

실험동물법 시행령

제1조(목적) 이 영은 「실험동물에 관한 법률」에서 **위임**된 사항과 그 시행에 필요한 사항을 규정함을 목적으로 한다.

제2조(동물실험시설) 「실험동물에 관한 법률」(이하 "법"이라 한다) 제2조제4호에서 "**대통령령**으로 정하는 것"이란 다음 각 호의 어느 하나에 해당하는 기관이나 단체에서 설치·운영하는 시설을 말한다.

1. 다음 각 목의 어느 하나에 해당하는 것의 제조·수입 또는 판매를 업으로 하는 기관이나 단체

   가. 「식품위생법」에 따른 식품

   나. 「건강기능식품에 관한 법률」에 따른 건강기능식품

   다. 「약사법」에 따른 의약품·의약외품 또는 「**첨단재생의료** 및 첨단바이오의약품 안전 및 지원에 관한 법률」에 따른 첨단바이오의약품 (동물용 의약품·의약외품 또는 동물용 첨단바이오의약품은 제외한다)

용어해설

시행령: 일반적으로 시행령은 법률의 시행을 위하여 발하는 집행명령(執行命令)과 법률이 특히 위임한 위임명령(委任命令)을 포함하며 이는 대통령의 명령임

위임: 당사자의 일방(委任人)이 법률행위나 기타의 사무처리를 상대방(受任人)에게 위탁하고 상대방이 이를 승낙함으로써 성립하는 계약

대통령령: 법률에서 구체적으로 범위를 정하여 위임받은 사항과 법률을 집행하기 위하여 필요한 사항에 관하여 대통령이 발할 수 있는 명령을 말함

❘ 관련 법조항

첨단바이오의약품: 약사법에 따른 의약품으로, 다음 중 어느 하나에 해당하는 의약품을 말한다.

① 세포치료제: 살아있는 사람 또는 동물의 세포를 체외에서 배양·증식하거나 선별하는 등 물리적, 화학적 또는 생물학적 방법으로 조작하여 제조한 의약품

② 유전자치료제: 유전물질의 발현에 영향을 주기 위하여 투여하는 의약품으로서 유전물질을 함유하거나 유전물질이 변형된 세포 또는 유전물질이 도입된 세포를 함유한 의약품

③ 조직공학제제: 조직의 재생, 복원 또는 대체 등을 목적으로 살아 있는 사람 또는 동물의 세포나 조직에 공학기술을 적용하여 제조한 의약품

④ 첨단바이오융복합제제: 세포치료제, 유전자치료제, 조직공학제제와 의료기기법에 따른 의료기기가 물리적·화학적으로 결합하여 이뤄진 의약품

⑤ 그 밖에 세포나 조직 또는 유전물질을 함유하는 의약품으로서 총리령으로 정하는 의약품

출처: 첨단재생바이오약법(naver.com)

라.「의료기기법」에 따른 의료기기 또는 「**체외진단**의료기기법」에 따른 체외진단의료기기(동물용 의료기기 및 동물용 체외진단의료기기는 제외한다)

　　마.「화장품법」에 따른 화장품

　　바.「마약류 관리에 관한 법률」에 따른 마약

2.「지역보건법」에 따른 보건소

3.「의료법」에 따른 의료기관

4.「보건환경연구원법」에 따른 보건환경연구원

5. 제1호 각 목의 어느 하나에 해당하는 것의 개발, 안전관리 또는 품질관리에 관한 연구 업무를 식품의약품안전처장으로부터 위임받거나 **위탁**받아 수행하는 기관이나 단체

6. 제1호 각 목의 어느 하나에 해당하는 것의 개발, 안전관리 또는 품질관리를 목적으로 동물실험을 수행하는 기관이나 단체

제3조 삭제 <2018. 5. 29.>

제4조(실험동물운영위원회의 구성 등) ① 법 제7조제3항제3호에서 "대통령령으로 정하는 자격요건에 해당하는 사람"이란 다음 각 호의 어느 하나에 해당하는 사람을 말한다.

1.「고등교육법」제2조에 따른 학교를 졸업하거나 이와 같은 수준 이상의 학력이 있다고 인정되는 사람

2. 식품의약품안전처장이 정하여 고시하는 교육을 이수한 사람

② 삭제 <2016. 5. 3.>

③ 법 제7조제1항에 따른 실험동물운영위원회(이하 "위원회"라 한다)에는 법 제7조제3항제1호부터 제3호까지의 규정에 해당하는 위원이 각각 1명 이상 포함되어야 하고, 다음 각 호에 해당하는 위원은 해당 동물실험시설에 종사

첨단재생의료: 사람의 신체 구조 또는 기능을 재생·회복 또는 형성하거나, 질병을 치료 또는 예방하기 위하여 인체세포 등을 이용하여 실시하는 세포치료·유전자치료·조직공학치료 등을 말함

체외진단: 혈액, 분뇨, 체액, 침 등 인체에서 유래한 물질을 이용해 몸 밖에서 신속하게 병을 진단하는 기술

위탁: 법률행위 또는 사실행위를 타인에게 의뢰하는 것

▌관련 법조항

「고등교육법」제2조(학교의 종류) 고등교육을 실시하기 위하여 다음 각 호의 학교를 둔다.

　　1. 대학　　　　　　2. 산업대학

　　3. 교육대학　　　　4. 전문대학

　　5. 방송대학·통신대학·방송통신대학 및 사이버대학(이하 "원격대학"이라 한다)

　　6. 기술대학　　　　7. 각종학교

하지 아니하고 해당 동물실험시설과 이해관계가 없는 사람이어야 한다.

  1. 법 제7조제3항제1호 및 제2호의 위원 중 1명 이상의 위원

  2. 법 제7조제3항제3호의 위원

④ 위원의 임기는 2년으로 한다.

⑤ 위원회의 심의대상인 동물실험에 관여하고 있는 위원은 해당 동물실험에 관한 심의에 참여해서는 아니 된다.

제5조(위원장의 직무) ① 위원장은 위원회를 대표하고, 위원회의 업무를 총괄한다.

② 위원장이 부득이한 사유로 직무를 수행할 수 없을 때에는 위원장이 미리 지명한 위원이 그 직무를 대행한다.

제6조(위원회의 회의 등) ① 위원장은 다음 각 호의 어느 하나에 해당하면 위원회의 회의를 소집하고, 그 의장이 된다.

  1. 동물실험시설의 운영자의 소집 요구가 있는 경우

  2. 재적위원 3분의 1 이상의 소집 요구가 있는 경우

  3. 그 밖에 위원장이 필요하다고 인정하는 경우

② 위원회의 회의는 재적위원 과반수의 찬성으로 의결한다.

③ 위원장은 위원회의 회의를 매년 2회 이상 소집하여야 하고, 그 회의록을 작성하여 3년 이상 보존하여야 한다.

④ 이 영에서 규정한 사항 외에 위원회의 구성 및 운영 등에 필요한 사항은 위원회의 의결을 거쳐 위원장이 정한다.

제7조(동물실험시설의 관리자) ① 동물실험시설을 설치한 자는 법 제8조제2항에 따라 동물실험에 관한 학식과 경험이 풍부한 사람으로서 다음 각 호의 자격요건을 모두 갖춘 사람을 관리자로 두어야 한다.

  1. 「고등교육법」 제2조에 따른 학교를 졸업하거나 이와 같은 수준 이상의 학력이 있다고 인정되는 사람

  2. 3년 이상 동물실험을 관리하거나 동물실험 업무를 한 경력이 있는 사람

② 동물실험시설의 운영자가 제1항에 따른 자격요건을 갖추어 법 제8조제2항에 따른 관리자의 업무를 수행하는 경우에는 같은 조 제2항에 따른 관리자를 둔 것으로 본다.

제8조(우선 사용 대상 실험동물) 법 제9조제1항에서 "대통령령으로 정하는

실험동물"이란 마우스(mouse), 랫드(rat), 햄스터(hamster), 저빌(gerbil), 기니피그(guinea pig), 토끼, 개, 돼지 또는 원숭이를 말한다.

제9조(등록 대상 실험동물공급자) 법 제12조제1항 본문에서 "대통령령으로 정하는 실험동물의 생산·수입 또는 판매를 업으로 하고자 하는 자"란 동물실험에 사용할 목적으로 제8조의 실험동물을 생산·수입하거나 판매하는 것을 업으로 하려는 자를 말한다.

제10조(실험동물협회의 설립인가) 법 제23조제4항에 따라 실험동물협회(이하 "협회"라 한다)의 설립인가를 받으려는 자는 설립인가신청서에 다음 각 호의 서류를 첨부하여 식품의약품안전처장에게 제출하여야 한다.

1. 설립인가를 받으려는 자의 성명·주소 및 약력(법인인 경우에는 그 명칭, 정관, 주된 사무소의 소재지, 대표자의 성명·주소 및 최근 사업 활동)을 적은 서류 1부

2. 설립 취지서 1부

3. **정관** 1부

4. 사업개시 예정일 및 사업개시 이후 그 사업 연도분의 사업계획서 1부

5. 창립총회 회의록 및 회원이 될 사람의 성명과 주소를 적은 명부 각 1부

제11조(정관 기재사항 및 업무) ① 법 제23조제5항에 따라 협회의 정관에는 다음 각 호의 사항이 포함되어야 한다.

1. 목적

2. 명칭

3. 사무소의 소재지

4. 회원의 자격에 관한 사항

5. 회원 가입과 탈퇴에 관한 사항

6. 회원의 권리와 의무에 관한 사항

7. 회비에 관한 사항

8. 총회에 관한 사항

9. 자산과 회계에 관한 사항

10. 정관의 변경에 관한 사항

11. 업무와 집행에 관한 사항

> **정관**: 기업의 설립절차 가운데 핵심사항 중 하나로 회사의 설립, 조직, 업무 활동 등에 관한 기본 규칙을 정한 문서

12. 그 밖에 협회의 업무 수행에 필요한 사항

② 법 제23조제5항에 따른 협회의 업무는 다음 각 호와 같다.

1. 동물실험에 관한 정책 연구 및 자문

2. 실험동물의 사용 및 관리 등에 관한 정보 제공

3. 회원 상호간의 권익 보호

4. 법령에 따라 위탁받은 업무

5. 그 밖에 동물실험의 신뢰성 증진 및 실험동물산업의 건전한 발전을 위하여 정관으로 정하는 업무

제11조의2(민감정보 및 고유식별정보의 처리) 식품의약품안전처장은 다음 각 호의 사무를 수행하기 위하여 불가피한 경우 「개인정보 보호법」 제23조에 따른 건강에 관한 정보(제1호 및 제2호의 사무로 한정한다), 같은 법 시행령 제18조제2호에 따른 범죄경력자료에 해당하는 정보(제1호 및 제2호의 사

│ 관련 법조항

「개인정보 보호법」 제23조(민감정보의 처리 제한) ① 개인정보처리자는 사상·신념, 노동조합·정당의 가입·탈퇴, 정치적 견해, 건강, 성생활 등에 관한 정보, 그 밖에 정보주체의 사생활을 현저히 침해할 우려가 있는 개인정보로서 대통령령으로 정하는 정보(이하 "민감정보"라 한다)를 처리하여서는 아니 된다. 다만, 다음 각 호의 어느 하나에 해당하는 경우에는 그러하지 아니하다.

1. 정보주체에게 제15조제2항 각 호 또는 제17조제2항 각 호의 사항을 알리고 다른 개인정보의 처리에 대한 동의와 별도로 동의를 받은 경우

2. 법령에서 민감정보의 처리를 요구하거나 허용하는 경우

② 개인정보처리자가 제1항 각 호에 따라 민감정보를 처리하는 경우에는 그 민감정보가 분실·도난·유출·위조·변조 또는 훼손되지 아니하도록 제29조에 따른 안전성 확보에 필요한 조치를 하여야 한다.

「개인정보 보호법 시행령」 제18조(민감정보의 범위) 법 제23조제1항 각 호 외의 부분 본문에서 "대통령령으로 정하는 정보"란 다음 각 호의 어느 하나에 해당하는 정보를 말한다. 다만, 공공기관이 법 제18조제2항제5호부터 제9호까지의 규정에 따라 다음 각 호의 어느 하나에 해당하는 정보를 처리하는 경우의 해당 정보는 제외한다.

1. 유전자검사 등의 결과로 얻어진 유전정보

2. 「형의 실효 등에 관한 법률」 제2조제5호에 따른 범죄경력자료에 해당하는 정보

3. 개인의 신체적, 생리적, 행동적 특징에 관한 정보로서 특정 개인을 알아볼 목적으로 일정한 기술적 수단을 통해 생성한 정보

4. 인종이나 민족에 관한 정보

무로 한정한다) 또는 같은 영 제19조제1호에 따른 주민등록번호가 포함된 자료를 처리할 수 있다.

1. 법 제8조에 따른 동물실험시설의 등록에 관한 사무

2. 법 제12조에 따른 실험동물공급자의 등록에 관한 사무

3. 법 제24조에 따른 **행정처분**에 관한 사무

4. 법 제26조에 따른 청문에 관한 사무

5. 법 제28조에 따른 **과징금** 부과·징수에 관한 사무

제12조(과징금 산정기준) 법 제28조제1항에 따른 과징금의 산정기준은 별표 1과 같다.

제12조의2(과징금 미납자에 대한 **처분**) ① 식품의약품안전처장은 법 제28조제1항에 따른 과징금을 내야 할 자가 납부기한까지 내지 아니하면 같은 조 제5항 본문에 따라 납부기한이 지난 후 15일 이내에 독촉장을 발급하여야 한다. 이 경우 납부기한은 독촉장을 발급하는 날부터 10일 이내로 하여야 한다.

② 식품의약품안전처장은 과징금을 내지 아니한 자가 제1항에 따른 독촉장을 받고도 같은 항 후단에 따른 납부기한까지 과징금을 내지 아니하면 과징금 부과처분을 취소하고 운영정지처분을 하거나 국세 체납처분의 예에 따라 징수하여야 한다.

③ 제2항에 따라 과징금 부과처분을 취소하고 운영정지처분을 하려면 처분대상자에게 서면으로 그 내용을 통지하되, 서면에는 처분이 변경된 사유와 운영정지처분의 기간 등 운영정지처분에 필요한 사항을 적어야 한다.

제13조(**과태료**의 부과기준) 법 제33조제1항 및 제2항에 따른 과태료의 부과

행정처분: 행정기관의 법 집행으로서의 공권력 행사 또는 그 거부와 이에 준하는 행정작용

과징금: 행정법상 의무위반에 대한 제재로서 과하는 금전적 부담

과태료: 벌금이나 과료와 달리 형벌의 성질을 가지지 않는 법령위반에 대하여 과해지는 금전벌

▌관련 법조항

「개인정보 보호법」 시행령 제19조(고유식별정보의 범위) 법 제24조제1항 각 호 외의 부분에서 "대통령령으로 정하는 정보"란 다음 각 호의 어느 하나에 해당하는 정보를 말한다. 다만, 공공기관이 법 제18조제2항제5호부터 제9호까지의 규정에 따라 다음 각 호의 어느 하나에 해당하는 정보를 처리하는 경우의 해당 정보는 제외한다.

1. 「주민등록법」 제7조의2제1항에 따른 주민등록번호

2. 「여권법」 제7조제1항제1호에 따른 여권번호

3. 「도로교통법」 제80조에 따른 운전면허의 면허번호

4. 「출입국관리법」 제31조제5항에 따른 외국인등록번호

기준은 별표 2와 같다.

부칙 <제21370호, 2009. 3. 25.>

이 영은 2009년 3월 29일부터 시행한다.

부칙 <제22075호, 2010. 3. 15.> (보건복지부와 그 소속기관 직제)

제1조(시행일) 이 영은 2010년 3월 19일부터 시행한다. <단서 생략>

제2조(다른 법령의 개정) ① 부터 <100> 까지 생략

  <101> 실험동물에 관한 법률 시행령 일부를 다음과 같이 개정한다.

  제2조제5호 중 "보건복지가족부장관"을 "보건복지부장관"으로 한다.

  <102>부터 <187>까지 생략

부칙 <제22906호, 2011. 4. 22.> (경제활성화 및 친서민 국민불편해소 등을 위
    한 공중위생관리법 시행령 등 일부개정령)

제1조(시행일) 이 영은 공포한 날부터 시행한다.

제2조 생략

부칙 <제23488호, 2012. 1. 6.> (민감정보 및 고유식별정보 처리 근거 마련을
    위한 과세자료의 제출 및 관리에 관한 법률 시행령 등 일부개정령)

제1조(시행일) 이 영은 공포한 날부터 시행한다. <단서 생략>

제2조 생략

부칙 <제23845호, 2012. 6. 7.> (마약류 관리에 관한 법률 시행령)

제1조(시행일) 이 영은 2012년 6월 8일부터 시행한다.

제2조 및 제3조 생략

제4조(다른 법령의 개정) ①부터 ⑦까지 생략

⑧ 실험동물에 관한 법률 시행령 일부를 다음과 같이 개정한다.

제2조제1호바목 중 "「마약류관리에 관한 법률」"을 "「마약류 관리에 관한
법률」"로 한다.

⑨ 생략

부칙 <제24454호, 2013. 3. 23.> (보건복지부와 그 소속기관 직제)

제1조(시행일) 이 영은 공포한 날부터 시행한다. <단서 생략>

제2조 및 제3조 생략

제4조(다른 법령의 개정) ①부터 ⑱까지 생략

⑲ 실험동물에 관한 법률 시행령 일부를 다음과 같이 개정한다.

제2조제5호 중 "보건복지부장관 또는 식품의약품안전청장"을 "식품의약품안전처장"으로 한다.

제4조제2항제3호나목, 제10조 각 호 외의 부분 및 제11조의2 각 호 외의 부분 중 "식품의약품안전청장"을 각각 "식품의약품안전처장"으로 한다.

별표 2 제1호나목1)부터 5)까지의 규정 외의 부분 본문 및 같은 호 다목 본문 중 "식품의약품안전청장"을 각각 "식품의약품안전처장"으로 한다.

⑳부터 ㉟까지 생략

부칙 <제27125호, 2016. 5. 3.>

이 영은 2016년 5월 4일부터 시행한다.

부칙 <제28928호, 2018. 5. 29.>

이 영은 2018년 6월 20일부터 시행한다.

부칙 <제30513호, 2020. 3. 3.>

제1조(시행일) 이 영은 공포한 날부터 시행한다.

제2조(과징금 산정기준 등에 관한 경과조치) ① 이 영 시행 전의 위반행위에 대해 과징금 산정기준을 적용할 때에는 별표 1 제1호바목의 개정규정에도 불구하고 종전의 규정에 따른다.

② 이 영 시행 전의 위반행위에 대해 과태료 부과기준을 적용할 때에는 별표 2 제1호라목의 개정규정에도 불구하고 종전의 규정에 따른다.

부칙 <제30652호, 2020. 4. 28.> (체외진단의료기기법 시행령)

제1조(시행일) 이 영은 2020년 5월 1일부터 시행한다.

제2조(다른 법령의 개정) ① 생략

② 실험동물에 관한 법률 시행령 일부를 다음과 같이 개정한다.

제2조제1호라목을 다음과 같이 한다.

　　라. 「의료기기법」에 따른 의료기기 또는 「체외진단의료기기법」에 따른 체외진단의료기기(동물용 의료기기 및 동물용 체외진단의료기기는 제외한다)

③ 생략

제3조 생략

부칙 <제30979호, 2020. 8. 27.> (첨단재생의료 및 첨단바이오의약품 안전 및 지원에 관한 법률 시행령)

제1조(시행일) 이 영은 2020년 8월 28일부터 시행한다.

제2조 생략

제3조(다른 법령의 개정) ① 생략

② 실험동물에 관한 법률 시행령 일부를 다음과 같이 개정한다.

제2조제1호다목을 다음과 같이 한다.

　　다. 「약사법」에 따른 의약품·의약외품 또는 「첨단재생의료 및 첨단바이오의약품 안전 및 지원에 관한 법률」에 따른 첨단바이오의약품(동물용 의약품·의약외품 또는 동물용 첨단바이오의약품은 제외한다)

제4조 생략

부칙 <제33112호, 2022. 12. 20.> (개인정보 침해요인 개선을 위한 49개 법령의 일부개정에 관한 대통령령)

이 영은 공포한 날부터 시행한다.

[별표 1] 과징금 산정기준(제12조 관련)

■ 실험동물법에 관한 법률 시행령 [별표 1]

과징금 산정기준(제12조 관련)

1. 일반기준

   가. 해당 시설의 운영정지 1개월은 30일을 기준으로 한다.

   나. 위반행위 종별에 따른 과징금의 금액은 운영정지기간에 라목에 따라 산정한 1일당 과징금 금액을 곱한 금액으로 한다.

   다. 나목의 운영정지기간은 법 제24조제3항에 따라 산정된 기간(가중 또는 감경을 한 경우에는 그에 따라 감중 또는 감경된 기간을 말한다)을 말한다.

   라. 1일당 과징금의 금액은 위반행위를 한 시설의 연간 총매출액을 기준으로 제2호의 표에 따라 산정한다.

   마. 과징금 부과의 기준이 되는 총매출액은 해당 동물실험시설, 우수동물실험시설 또는 우수실험동물생산시설에 대한 처분일이 속한 연도의 전년도의 1년간 총매출액을 기준으로 한다. 다만, 신규 개설, 휴업 등으로 1년간의 총매출액을 산출할 수 없거나 1년간의 총매출액을 기준으로 하는 것이 불합리하다고 인정되는 경우에는 분기별, 월별 또는 일별 매출금액을 기준으로 산출 또는 조정한다.

   바. 나목에도 불구하고 과징금 산정금액이 1억원을 넘는 경우에는 1억원으로 한다.

2. 과징금 부과기준

   가. 동물실험시설 또는 우수동물실험시설

연간 총매출액	1일당 과징금 금액
5억원 미만	4,000원
5억원 이상 10억원 미만	6,000원
10억원 이상 30억원 미만	13,000원
30억원 이상 50억원 미만	41,000원
50억원 이상 70억원 미만	68,000원
70억원 이상 90억원 미만	95,000원
90억원 이상 110억원 미만	123,000원
110억원 이상 130억원 미만	150,000원
130억원 이상 150억원 미만	178,000원
150억원 이상 200억원 미만	205,000원
200억원 이상 250억원 미만	270,000원
250억원 이상	680,000원

나. 우수실험동물생산시설

연간 총매출액	1일당 과징금 금액
5억원 미만	6,000원
5억원 이상 10억원 미만	13,000원
10억원 이상 30억원 미만	41,000원
30억원 이상 50억원 미만	68,000원
50억원 이상 70억원 미만	95,000원
70억원 이상 90억원 미만	123,000원
90억원 이상 110억원 미만	150,000원
110억원 이상	178,000원

[별표 2] 과태료의 부과기준(제13조 관련)

> ■ 실험동물에 관한 법률 시행령 [별표 2]
>
> **과태료의 부과기준(제13조 관련)**
>
> 1. 일반기준
>
> 가. 위반행위의 횟수에 따른 과태료의 부과기준은 최근 1년간 동일한 위반행위로 과태료 부과처분을 받은 경우에 적용한다. 이 경우 위반행위에 대하여 과태료 부과처분을 받은 날과 그 처분 후 다시 동일한 위반행위를 하여 적발된 날을 기준으로 하여 위반횟수를 계산한다.
>
> 나. 가목에 따라 부과처분을 하는 경우 부과처분의 적용 차수는 그 위반행위 전 부과처분 차수(가목에 따른 기간 내에 과태료 부과처분이 둘 이상 있었던 경우에는 높은 차수를 말한다)의 다음 차수로 한다.
>
> 다. 식품의약품안전처장은 다음의 어느 하나에 해당하는 경우에는 제2호에 따른 과태료 금액의 2분의 1의 범위에서 그 금액을 감경할 수 있다. 다만, 과태료를 체납하고 있는 위반행위자에 대해서는 그러하지 아니하다.
>
> 1) 삭제 〈2020. 3. 3.〉
>
> 2) 위반행위자가 자연재해·화재 등으로 재산에 현저한 손실이 발생하거나 사업여건의 악화로 사업이 중대한 위기에 처하는 등의 사정이 인정되는 경우
>
> 3) 위반행위가 사소한 부주의나 오류로 인한 것으로 인정되는 경우
>
> 4) 위반의 내용·정도가 경미하다고 인정되는 경우
>
> 5) 그 밖에 위반행위의 정도, 위반행위의 동기와 그 결과 등을 고려하여 감경할 필요가 있다고 인정되는 경우
>
> 라. 식품의약품안전처장은 다음의 어느 하나에 해당하는 경우에는 제2호에 따른 과태료 금액의 2분의 1의 범위에서 그 금액을 가중할 수 있다. 다만, 가중하는 경우에도 법 제33조에 따른 과태료 금액의 상한을 넘을 수 없다.
>
> 1) 위반의 내용 및 정도가 중대해 이로 인한 피해가 크다고 인정되는 경우
>
> 2) 법 위반상태의 기간이 6개월 이상인 경우
>
> 3) 그 밖에 위반행위의 정도, 동기 및 그 결과 등을 고려해 과태료를 늘릴 필요가 있다고 인정되는 경우
>
> 2. 개별기준
>
> (단위: 만원)
>
> | 위반행위 | 근거 법조문 | 과태료 금액 | | |
> |---|---|---|---|---|
> | | | 1차 위반 | 2차 위반 | 3차 이상 위반 |
> | 가. 법 제7조제1항을 위반하여 실험동물운영위원회를 설치·운영하지 않은 경우 | 법 제33조 제1항제1호 | 300 | 300 | 300 |
> | 나. 법 제7조제4항을 위반하여 실험동물운영위원회의 심의를 거치지 않은 경우 | 법 제33조 제1항제2호 | 100 | 200 | 300 |
> | 다. 법 제8조에 따른 등록(변경등록을 포함한다)을 하지 않은 경우 | 법 제33조 제2항제1호 | 100 | 100 | 100 |

라. 법 제15조제3항을 위반하여 우수실험동물생산시설 또는 이와 유사한 표지를 부착하거나 이를 홍보한 경우	법 제33조제2항제2호	30	50	100
마. 동물실험시설 운영자, 관리자, 또는 실험동물공급자가 법 제17조제1항을 위반하여 교육을 받지 않은 경우	법 제33조제2항제3호	30	50	100
바. 법 제18조제2항·제3항 또는 제19조제1항에 따른 보고를 하지 않거나 거짓으로 보고한 경우	법 제33조제2항제4호	30	50	100

Ⅲ 실험동물법 시행규칙

제1조(목적) 이 규칙은 「실험동물에 관한 법률」 및 같은 법 시행령에서 위임된 사항과 그 시행에 필요한 사항을 규정함을 목적으로 한다.

제2조(정책의 수립 등) ① 식품의약품안전처장은 「실험동물에 관한 법률」(이하 "법"이라 한다) 제5조제1항제1호에 따른 실험동물의 사용 및 관리에 관한 정책을 매년 수립하고 이를 추진하여야 한다.

② 제1항에 따른 정책에는 다음 각 호의 사항이 포함되어야 한다.

  1. 법 제5조제1항제2호부터 제6호까지에 규정된 사항

  2. 법 제19조제1항에 따른 생물학적 위해물질의 취급 및 처리에 관한 사항

  3. 그 밖에 식품의약품안전처장이 필요하다고 인정하는 실험동물의 사용 및 관리에 관한 중요 사항

제3조(동물실험시설의 등록기준) 법 제8조제3항에 따른 동물실험시설의 등록기준은 다음 각 호와 같다.

  1. 법 제8조제2항에 따른 관리자(이하 "관리자"라 한다)가 있을 것. 다만, 「실험동물에 관한 법률 시행령」(이하 "영"이라 한다) 제7조제2항에 따라 동물실험시설의 운영자가 관리자의 업무를 수행하고 있는 경우는 제외한다.

  2. 별표 1에 따른 시설과 표준작업서를 갖출 것

제4조(동물실험시설의 등록) ① 법 제8조에 따라 동물실험시설을 설치하려는 자는 별지 제1호서식에 따른 등록신청서(전자문서로 된 신청서를 포함한다)에 다음 각 호의 서류(전자문서를 포함한다)를 첨부하여 식품의약품안전처장에게 등록하여야 한다.

  1. 관리자의 자격을 증명하는 서류(제3조제1호 단서에 해당하는 경우는 제외한다)

  2. 별표 1에 따른 시설의 배치구조 및 면적 등 동물실험시설의 현황

② 하나의 기관이나 단체(영 제2조 각 호의 기관이나 단체를 말한다)가 설치·운영하는 동물실험시설이 여러 개이고, 해당 동물실험시설이 제3조에 따른 등록기준을 각각 충족하는 경우에는 동물실험시설별로 등록할 수 있다.

③ 제1항에 따라 신청서를 제출받은 식품의약품안전처장은 「전자정부법」 제36조제1항에 따른 행정정보의 공동이용을 통하여 건축물대장, 법인 등기사항증명서(법인인 경우만 해당한다) 또는 사업자등록증을 확인하여야 한다. 다만, 신청인이 사업자등록증의 확인에 동의하지 아니하는 경우에는 사업자등록증 사본을 첨부하도록 하여야 한다.

④ 식품의약품안전처장은 제1항에 따른 신청 내용이 제3조에 따른 등록기준에 적합한 경우에는 별지 제2호서식에 따른 동물실험시설 등록증을 신청인에게 발급하여야 한다.

제5조(동물실험시설의 변경등록) ① 제4조에 따라 등록한 동물실험시설 설치자는 법 제8조제1항 후단에 따라 다음 각 호의 어느 하나에 해당하는 사항이 변경되면 변경된 날부터 30일 이내에 별지 제3호서식에 따른 변경등록신청서(전자문서로 된 신청서를 포함한다)에 동물실험시설 등록증과 변경 사유 및 내용을 증명할 수 있는 서류(전자문서를 포함한다)를 첨부하여 식품의약품안전처장에게 제출하여야 한다.

1. 동물실험시설의 명칭, 상호 또는 소재지(행정구역 또는 그 명칭이 변경되는 경우에는 제외한다)
2. 운영자
3. 관리자
4. 동물실험시설 설치자(법인인 경우에는 법인의 대표자를 말한다)
5. 별표 1 제2호에 따른 시설 중 다음 각 목의 어느 하나에 해당하는 경우
   가. 사육실의 배치구조, 면적 또는 용도의 변경
   나. 가목에 해당하지 아니하는 경우로서 시설 연면적의 3분의 1을 초과하는 신축·증축·개축 또는 재축

┃ 관련 법조항

「전자정부법」 제36조(행정정보의 효율적 관리 및 이용) ① 행정기관등의 장은 수집·보유하고 있는 행정정보를 필요로 하는 다른 행정기관등과 공동으로 이용하여야 하며, 다른 행정기관등으로부터 신뢰할 수 있는 행정정보를 제공받을 수 있는 경우에는 같은 내용의 정보를 따로 수집하여서는 아니 된다.

② 식품의약품안전처장은 제1항에 따른 변경신청사항이 제3조에 따른 등록기준에 적합하면 동물실험시설 등록증에 변경사항을 적은 후 이를 내주어야 한다.

제6조(동물실험시설의 등록증 재발급) 동물실험시설의 설치자 또는 운영자는 동물실험시설 등록증을 잃어버렸거나 헐어서 못쓰게 된 경우에는 별지 제4호서식에 따른 재발급신청서(전자문서로 된 신청서를 포함한다)에 동물실험시설 등록증(헐어서 못쓰게 된 경우만 해당한다)을 첨부하여 식품의약품안전처장에게 제출하고 재발급받을 수 있다.

제7조(수입실험동물의 사용기준) 법 제9조제2항에 따라 외국으로부터 수입된 실험동물을 사용하려는 경우에는 법 제13조에 따른 실험동물공급자의 준수사항을 지키고 있는 것으로 인정되는 외국의 기관이나 시설에서 생산된 실험동물로서 다음 각 호의 어느 하나에 해당하는 실험동물을 사용하여야 한다.

　1. 외국의 정부기관이 인정하는 품질확보를 위한 절차를 거친 동물실험시설 또는 실험동물생산시설에서 생산된 실험동물

　2. 실험동물의 품질검사를 수행하는 외국의 기관이나 시설에서 품질검사를 받아 품질이 확보된 실험동물

제8조(우수동물실험시설의 지정기준) 법 제10조제1항에 따른 우수동물실험시설의 지정기준은 별표 2와 같다.

제9조(우수동물실험시설의 지정) ① 법 제10조제1항에 따라 우수동물실험시설로 지정받으려는 자는 별지 제5호서식에 따른 지정신청서(전자문서로 된 신청서를 포함한다)에 다음 각 호의 서류(전자문서를 포함한다)를 첨부하여 식품의약품안전처장에게 제출하여야 한다.

　1. 별표 2 제1호에 따른 인력의 자격이나 경력을 증명하는 서류

　2. 별표 2 제2호에 따른 시설의 면적과 배치도면(장치와 설비를 포함한다)

　3. 별표 2 제3호에 따른 표준작업서

② 제1항에 따라 신청서를 제출받은 식품의약품안전처장은 「전자정부법」제36조제1항에 따른 행정정보의 공동이용을 통하여 법인 등기사항증명서(법인인 경우만 해당한다)를 확인하여야 한다.

③ 식품의약품안전처장은 제1항에 따른 신청 내용이 제8조에 따른 지정기

준에 적합한지 여부에 대하여 현장 확인을 거쳐야 하고, 그 현장 확인 결과 지정기준에 적합하다고 인정되면 별지 제6호서식에 따른 우수동물실험시설 지정서를 신청인에게 발급하여야 한다.

제10조(우수동물실험시설의 지정사항 변경) ① 제9조에 따라 우수동물실험시설로 지정받은 자는 법 제10조제1항 후단에 따라 제8조에 따른 지정기준에 관한 사항이 변경되면 변경된 날부터 30일 이내에 별지 제7호서식에 따른 변경신청서(전자문서로 된 신청서를 포함한다)에 다음 각 호의 서류(전자문서를 포함한다)를 첨부하여 식품의약품안전처장에게 제출하여야 한다.

  1. 우수동물실험시설 지정서

  2. 변경 사유와 내용에 관한 서류

② 식품의약품안전처장은 제1항에 따른 변경신청사항이 제8조에 따른 지정기준에 적합하면 우수동물실험시설 지정서에 변경사항을 적은 후 이를 내주어야 한다.

제11조(우수동물실험시설 지정서의 재발급) 우수동물실험시설의 설치 자 또는 운영자는 우수동물실험시설 지정서를 잃어버렸거나 헐어서 못쓰게 된 경우에는 별지 제4호서식에 따른 재발급신청서(전자문서로 된 신청서를 포함한다)에 우수동물실험시설 지정서(헐어서 못쓰게 된 경우만 해당한다)를 첨부하여 식품의약품안전처장에게 제출하고 재발급받을 수 있다.

제12조(실험동물공급자의 등록) ① 법 제12조제1항에 따라 실험동물의 생산·수입 또는 판매를 업으로 하려는 자(이하 "실험동물공급자"라 한다)는 별지 제8호서식에 따른 등록신청서(전자문서로 된 신청서를 포함한다)에 다음 각 호의 서류(전자문서를 포함한다)를 첨부하여 식품의약품안전처장에게 등록하여야 한다.

  1. 실험동물생산시설(실험동물의 생산을 업으로 하는 자만 해당한다. 이하 같다) 또는 실험동물보관시설(실험동물의 수입 또는 판매를 업으로 하는 자만 해당한다. 이하 같다)의 배치구조 및 면적

  2. 실험동물공급자의 인력현황

② 제1항에 따라 신청서를 제출받은 식품의약품안전처장은 「전자정부법」제36조제1항에 따른 행정정보의 공동이용을 통하여 건축물대장, 법인 등기사항증명서(법인인 경우만 해당한다) 또는 사업자등록증을 확인하여야 한다. 다

만, 신청인이 사업자등록증의 확인에 동의하지 아니하는 경우에는 사업자등록증 사본을 첨부하도록 하여야 한다.

③ 식품의약품안전처장은 제1항에 따른 신청이 적합한 경우에는 별지 제9호서식에 따른 실험동물공급자 등록증을 신청인에게 발급하여야 한다.

제13조(실험동물공급자의 변경등록) ① 제12조에 따라 등록한 실험동물공급자는 법 제12조제2항에 따라 다음 각 호의 어느 하나에 해당하는 사항이 변경되면 변경된 날부터 30일 이내에 별지 제10호서식에 따른 변경등록신청서(전자문서로 된 신청서를 포함한다)에 실험동물공급자 등록증과 변경 사유 및 내용을 증명할 수 있는 서류(전자문서를 포함한다)를 첨부하여 식품의약품안전처장에게 제출하여야 한다.

1. 실험동물공급자의 명칭 또는 상호

2. 실험동물공급자의 주소 또는 소재지(행정구역 또는 그 명칭이 변경되는 경우에는 제외한다)

3. 실험동물공급자(법인인 경우에는 법인의 대표자를 말한다)

4. 실험동물생산시설 또는 실험동물보관시설의 배치구조, 면적 또는 용도

5. 제4호에 해당하지 아니하는 경우로서 시설 연면적의 3분의 1을 초과하는 신축·증축·개축 또는 재축

② 식품의약품안전처장은 제1항에 따른 변경신청이 적합한 경우에는 실험동물공급자 등록증에 변경사항을 적은 후 이를 내주어야 한다.

제14조(실험동물공급자 등록증의 재발급) 실험동물공급자는 실험동물공급자 등록증을 잃어버렸거나 헐어서 못쓰게 된 경우에는 별지 제4호서식에 따른 재발급신청서(전자문서로 된 신청서를 포함한다)에 실험동물공급자 등록증(헐어서 못쓰게 된 경우만 해당한다)을 첨부하여 식품의약품안전처장에게 제출하고 재발급받을 수 있다.

제15조(실험동물공급자의 준수사항) ① 실험동물공급자는 법 제13조제2호에 따라 실험동물을 운반할 때에는 실험동물의 건강과 안전이 확보되는 수송장치와 온도, 환기 등 환경조건이 적절하게 유지되는 수송수단을 이용하여 운송하여야 한다.

② 실험동물공급자는 법 제13조제3호에 따라 다음 각 호의 사항을 지켜야 한다.

1. 사료, 물, 깔짚 또는 외부 환경 등으로 인하여 실험동물의 감염 및 실험동물 간의 **교차 감염**이 일어나지 아니하도록 사육환경을 위생적으로 관리할 것

2. 온도, 습도 및 환기를 적절히 유지·관리할 것

3. 실험동물의 종별 습성을 고려하여 수용 공간을 확보할 것

4. 감염병에 노출되거나 질병이 있는 실험동물을 판매하지 말 것

5. 실험동물 생산·수입 또는 판매 현황을 기록하여 보관할 것

제16조(우수실험동물생산시설의 지정기준) 법 제15조제1항에 따른 우수실험동물생산시설의 지정기준은 별표 3과 같다.

제17조(우수실험동물생산시설의 지정) ① 법 제15조제1항에 따라 우수실험동물생산시설로 지정받으려는 자는 별지 제11호서식에 따른 지정신청서(전자문서로 된 신청서를 포함한다)에 다음 각 호의 서류(전자문서를 포함한다)를 첨부하여 식품의약품안전처장에게 제출하여야 한다.

1. 별표 3 제1호에 따른 인력의 자격이나 경력을 증명하는 서류

2. 별표 3 제2호에 따른 시설의 면적과 배치도면(장치와 설비를 포함한다)

3. 별표 3 제3호에 따른 표준작업서

② 제1항에 따라 신청서를 제출받은 식품의약품안전처장은 「전자정부법」 제36조제1항에 따른 행정정보의 공동이용을 통하여 법인 등기사항증명서(법인인 경우만 해당한다)를 확인하여야 한다.

③ 식품의약품안전처장은 제1항에 따른 신청내용이 제16조에 따른 지정기준에 적합한지 여부를 현장 확인을 거쳐야 하고, 그 현장 확인 결과 지정기준에 적합하다고 인정되면 별지 제12호서식에 따른 우수실험동물생산시설 지정서를 신청인에게 발급하여야 한다.

제18조(우수실험동물생산시설의 지정사항 변경) ① 제17조에 따라 우수실험동물생산시설로 지정받은 자는 법 제15조제1항 후단에 따라 제16조에 따른 지정기준에 관한 사항이 변경되면 변경된 날부터 30일 이내에 별지 제13호서식에 따른 변경신청서에 다음 각 호의 서류(전자문서를 포함한다)를 첨부하여 식품의약품안전처장에게 제출하여야 한다.

교차 감염: 개체 사이에서 서로 주고받는 감염으로 사람과 사람 사이에서만 일어나는 것이 아니라 종이 다른 동물 사이에서도 일어남

1. 우수실험동물생산시설 지정서

2. 변경 사유와 내용에 관한 서류

② 식품의약품안전처장은 제1항에 따라 변경신청을 받으면 그 신청내용이 제16조에 따른 지정기준에 적합한 경우에는 우수실험동물생산시설 지정서에 변경사항을 적은 후 이를 내주어야 한다.

제19조(우수실험동물생산시설 지정서의 재발급) 제17조에 따라 우수실험동물생산시설로 지정받은 자는 우수실험동물생산시설 지정서를 잃어버렸거나 헐어서 못쓰게 된 경우에는 별지 제4호서식에 따른 재발급신청서(전자문서로 된 신청서를 포함한다)에 우수실험동물생산시설 지정서(헐어서 못쓰게 된 경우만 해당한다)를 첨부하여 식품의약품안전처장에게 제출하고 재발급받을 수 있다.

제20조(교육 등) ① 법 제17조제1항에 따라 동물실험시설의 운영자, 관리자 및 실험동물공급자는 등록한 날 또는 변경등록한 날(동물실험시설 운영자, 관리자 및 실험동물공급자가 변경된 경우에 한정한다)부터 6개월 이내에 실험동물의 사용·관리 등에 관한 교육을 받아야 한다.

② 제1항에 따른 교육의 내용, 방법 및 시간은 별표 4와 같다.

③ 식품의약품안전처장은 법 제17조제2항에 따라 제1항에 따른 교육을 다음 각 호의 어느 하나에 해당하는 기관 또는 단체에 위탁할 수 있다.

1. 법 제23조에 따른 실험동물협회

2. 「한국보건복지인력개발원법」에 따른 한국보건복지인력개발원

3. 실험동물 관련 기관 또는 단체

4. 「고등교육법」 제2조에 따른 학교

④ 식품의약품안전처장은 제3항에 따라 교육을 위탁한 경우에는 그 사실을 홈페이지 등에 게시하여야 한다.

⑤ 제3항에 따라 교육을 위탁받은 기관 또는 단체의 장은 교육에 드는 경비를 고려하여 교육대상자에게 수강료를 받을 수 있다. 이 경우 그 수강료의 금액에 대하여 미리 식품의약품안전처장의 승인을 받아야 한다.

제21조(생물학적 위해물질의 사용보고) ① 법 제19조제1항에서 "총리령으로 정하는 생물학적 위해물질"이란 다음 각 호의 어느 하나에 해당하는 위험물질을 말한다.

1. 「생명공학육성법」 제15조 및 같은 법 시행령 제15조에 따라 보건복지부 장관이 정하는 유전자재조합실험지침에 따른 제3위험군과 제4위험군

2. 「감염병의 예방 및 관리에 관한 법률」 제2조제2호부터 제5호까지의 규정에 따른 제1급감염병, 제2급감염병, 제3급감염병 및 제4급감염병을 일으키는 병원체

▌관련 법조항

「생명공학육성법」 제15조(생명공학의 산업적 응용촉진에 대한 지원) 정부는 생명공학 연구개발을 활성화하고 그 결과의 산업적 응용을 촉진하기 위하여 다음 각호의 사항에 대한 지원시책을 강구하여야 한다.

1. 생명공학의 산업적 응용을 위한 후속 연구개발
2. 생명공학과 다른 분야의 융복합 연구
3. 생명공학 유망범용기술(생명공학 관련 제품, 서비스 등의 생산 및 이용에 범용적으로 활용되는 기반기술을 말한다)의 연구 및 서비스 개발
4. 생명공학 관련 기술이전 및 사업화 촉진
5. 생명공학 지식재산의 창출·보호 및 활용 촉진
6. 생명공학 연구개발 및 산업화 촉진을 위한 지역거점 구축
7. 생명공학 관련 신기술제품의 생산 및 판매 촉진
8. 그 밖에 생명공학의 산업적 응용을 촉진하기 위한 사항

「감염병의 예방 및 관리에 관한 법률」 제2조(정의) 이 법에서 사용하는 용어의 뜻은 다음과 같다.

1. "감염병"이란 제1급감염병, 제2급감염병, 제3급감염병, 제4급감염병, 기생충감염병, 세계보건기구 감시대상 감염병, 생물테러감염병, 성매개감염병, 인수(人獸)공통감염병 및 의료관련감염병을 말한다.

2. "제1급감염병"이란 생물테러감염병 또는 치명률이 높거나 집단 발생의 우려가 커서 발생 또는 유행 즉시 신고하여야 하고, 음압격리와 같은 높은 수준의 격리가 필요한 감염병으로서 다음 각 목의 감염병을 말한다. 다만, 갑작스러운 국내 유입 또는 유행이 예견되어 긴급한 예방·관리가 필요하여 질병관리청장이 보건복지부장관과 협의하여 지정하는 감염병을 포함한다.

가. 에볼라바이러스병	나. 마버그열
다. 라싸열	라. 크리미안콩고출혈열
마. 남아메리카출혈열	바. 리프트밸리열
사. 두창	아. 페스트
자. 탄저	차. 보툴리눔독소증
카. 야토병	타. 신종감염병증후군

파. 중증급성호흡기증후군(SARS)　　　　　하. 중동호흡기증후군(MERS)

거. 동물인플루엔자 인체감염증　　　　　너. 신종인플루엔자

더. 디프테리아

3. "제2급감염병"이란 전파가능성을 고려하여 발생 또는 유행 시 24시간 이내에 신고하여야 하고, 격리가 필요한 다음 각 목의 감염병을 말한다. 다만, 갑작스러운 국내 유입 또는 유행이 예견되어 긴급한 예방·관리가 필요하여 질병관리청장이 보건복지부장관과 협의하여 지정하는 감염병을 포함한다.

가. 결핵(結核)　　　　　　　　　　　나. 수두(水痘)

다. 홍역(紅疫)　　　　　　　　　　　라. 콜레라

마. 장티푸스　　　　　　　　　　　　바. 파라티푸스

사. 세균성이질　　　　　　　　　　　아. 장출혈성대장균감염증

자. A형간염　　　　　　　　　　　　차. 백일해(百日咳)

카. 유행성이하선염(流行性耳下腺炎)　　타. 풍진(風疹)

파. 폴리오　　　　　　　　　　　　　하. 수막구균 감염증

거. b형헤모필루스인플루엔자　　　　　너. 폐렴구균 감염증

더. 한센병　　　　　　　　　　　　　러. 성홍열

머. 반코마이신내성황색포도알균(VRSA) 감염증

버. 카바페넴내성장내세균목(CRE) 감염증

서. E형간염

4. "제3급감염병"이란 그 발생을 계속 감시할 필요가 있어 발생 또는 유행 시 24시간 이내에 신고하여야 하는 다음 각 목의 감염병을 말한다. 다만, 갑작스러운 국내 유입 또는 유행이 예견되어 긴급한 예방·관리가 필요하여 질병관리청장이 보건복지부장관과 협의하여 지정하는 감염병을 포함한다.

가. 파상풍(破傷風)　　　　　　　　　나. B형간염

다. 일본뇌염　　　　　　　　　　　　라. C형간염

마. 말라리아　　　　　　　　　　　　바. 레지오넬라증

사. 비브리오패혈증　　　　　　　　　아. 발진티푸스

자. 발진열(發疹熱)　　　　　　　　　차. 쯔쯔가무시증

카. 렙토스피라증　　　　　　　　　　타. 브루셀라증

파. 공수병(恐水病)　　　　　　　　　하. 신증후군출혈열(腎症侯群出血熱)

거. 후천성면역결핍증(AIDS)

너. 크로이츠펠트-야콥병(CJD) 및 변종크로이츠펠트-야콥병(vCJD)

더. 황열　　　　　　　　　　　　　　러. 뎅기열

머. 큐열(Q熱)   버. 웨스트나일열

서. 라임병   어. 진드기매개뇌염

저. 유비저(類鼻疽)   처. 치쿤구니야열

커. 중증열성혈소판감소증후군(SFTS)   터. 지카바이러스 감염증

5. "제4급감염병"이란 제1급감염병부터 제3급감염병까지의 감염병 외에 유행 여부를 조사하기 위하여 표본감시 활동이 필요한 다음 각 목의 감염병을 말한다.

　　가. 인플루엔자   나. 매독(梅毒)

　　다. 회충증   라. 편충증

　　마. 요충증   바. 간흡충증

　　사. 폐흡충증   아. 장흡충증

　　자. 수족구병   차. 임질

　　카. 클라미디아감염증   타. 연성하감

　　파. 성기단순포진   하. 첨규콘딜롬

　　거. 반코마이신내성장알균(VRE) 감염증

　　너. 메티실린내성황색포도알균(MRSA) 감염증

　　더. 다제내성녹농균(MRPA) 감염증

　　러. 다제내성아시네토박터바우마니균(MRAB) 감염증

　　머. 장관감염증   버. 급성호흡기감염증

　　서. 해외유입기생충감염증   어. 엔테로바이러스감염증

　　저. 사람유두종바이러스 감염증

6. "기생충감염병"이란 기생충에 감염되어 발생하는 감염병 중 질병관리청장이 고시하는 감염병을 말한다.

7. 삭제 <2018. 3. 27.>

8. "세계보건기구 감시대상 감염병"이란 세계보건기구가 국제공중보건의 비상사태에 대비하기 위하여 감시대상으로 정한 질환으로서 질병관리청장이 고시하는 감염병을 말한다.

9. "생물테러감염병"이란 고의 또는 테러 등을 목적으로 이용된 병원체에 의하여 발생된 감염병 중 질병관리청장이 고시하는 감염병을 말한다.

10. "성매개감염병"이란 성 접촉을 통하여 전파되는 감염병 중 질병관리청장이 고시하는 감염병을 말한다.

11. "인수공통감염병"이란 동물과 사람 간에 서로 전파되는 병원체에 의하여 발생되는 감염병 중 질병관리청장이 고시하는 감염병을 말한다.

12. "의료관련감염병"이란 환자나 임산부 등이 의료행위를 적용받는 과정에서 발생한 감염병으로서 감시활동이 필요하여 질병관리청장이 고시하는 감염병을 말한다.

13. "감염병환자"란 감염병의 병원체가 인체에 침입하여 증상을 나타내는 사람으로서 제11조제6항의 진단 기준에 따른 의사, 치과의사 또는 한의사의 진단이나 제16조의2에 따른 감염병병원체 확인 기관의 실험실 검사를 통하여 확인된 사람을 말한다.

14. "감염병의사환자"란 감염병병원체가 인체에 침입한 것으로 의심이 되나 감염병환자로 확인되기 전 단계에 있는 사람을 말한다.

15. "병원체보유자"란 임상적인 증상은 없으나 감염병병원체를 보유하고 있는 사람을 말한다.

15의2. "감염병의심자"란 다음 각 목의 어느 하나에 해당하는 사람을 말한다.

　　가. 감염병환자, 감염병의사환자 및 병원체보유자(이하 "감염병환자등"이라 한다)와 접촉하거나 접촉이 의심되는 사람(이하 "접촉자"라 한다)

　　나. 「검역법」 제2조제7호 및 제8호에 따른 검역관리지역 또는 중점검역관리지역에 체류하거나 그 지역을 경유한 사람으로서 감염이 우려되는 사람

　　다. 감염병병원체 등 위험요인에 노출되어 감염이 우려되는 사람

16. "감시"란 감염병 발생과 관련된 자료, 감염병병원체·매개체에 대한 자료를 체계적이고 지속적으로 수집, 분석 및 해석하고 그 결과를 제때에 필요한 사람에게 배포하여 감염병 예방 및 관리에 사용하도록 하는 일체의 과정을 말한다.

16의2. "표본감시"란 감염병 중 감염병환자의 발생빈도가 높아 전수조사가 어렵고 중증도가 비교적 낮은 감염병의 발생에 대하여 감시기관을 지정하여 정기적이고 지속적인 의과학적 감시를 실시하는 것을 말한다.

17. "역학조사"란 감염병환자등이 발생한 경우 감염병의 차단과 확산 방지 등을 위하여 감염병환자등의 발생 규모를 파악하고 감염원을 추적하는 등의 활동과 감염병 예방접종 후 이상반응 사례가 발생한 경우나 감염병 여부가 불분명하나 그 발병원인을 조사할 필요가 있는 사례가 발생한 경우 그 원인을 규명하기 위하여 하는 활동을 말한다.

18. "예방접종 후 이상반응"이란 예방접종 후 그 접종으로 인하여 발생할 수 있는 모든 증상 또는 질병으로서 해당 예방접종과 시간적 관련성이 있는 것을 말한다.

19. "고위험병원체"란 생물테러의 목적으로 이용되거나 사고 등에 의하여 외부에 유출될 경우 국민 건강에 심각한 위험을 초래할 수 있는 감염병병원체로서 보건복지부령으로 정하는 것을 말한다.

20. "관리대상 해외 신종감염병"이란 기존 감염병의 변이 및 변종 또는 기존에 알려지지 아니한 새로운 병원체에 의해 발생하여 국제적으로 보건문제를 야기하고 국내 유입에 대비하여야 하는 감염병으로서 질병관리청장이 보건복지부장관과 협의하여 지정하는 것을 말한다.

21. "의료·방역 물품"이란 「약사법」 제2조에 따른 의약품·의약외품, 「의료기기법」 제2조에 따른 의료기기 등 의료 및 방역에 필요한 물품 및 장비로서 질병관리청장이 지정하는 것을 말한다.

② 동물실험시설의 운영자가 법 제19조제2항에 따라 생물학적 위해물질을 동물실험에 사용하려면 별지 제14호서식에 따른 사용보고서(전자문서로 된 보고서를 포함한다)에 동물실험계획서를 첨부하여 식품의약품안전처장에게 제출하여야 한다.

제22조(기록 등) 동물실험을 수행하는 자는 법 제21조에 따라 별지 제15호서식에 따른 동물실험 현황을 기록하고 기록한 날부터 3년간 보존하여야 한다. 이 경우 전자기록매체에 기록·보존할 수 있다.

제23조(행정처분기준) 법 제24조제3항에 따른 행정처분의 기준은 별표 5와 같다.

제23조의2(과징금 납부기한의 연장 및 분할납부) ① 법 제28조제1항에 따라 과징금 부과처분을 받은 사람(이하 "과징금납부의무자"라 한다)이 법 제28조제6항에 따라 과징금의 납부기한을 연장하거나 분할납부를 하려는 경우 식품의약품안전처장에게 납부기한의 10일 전까지 납부기한 연장 또는 분할납부 신청을 하여야 한다.

② 식품의약품안전처장은 제1항에 따른 신청을 받은 날부터 7일 이내에 과징금의 납부기한 연장 또는 분할납부 결정 여부를 서면으로 통보하여야 한다.

③ 과징금납부의무자가 법 제28조제6항에 따라 분할납부를 하게 되는 경우 12개월의 범위에서 각 분할된 납부기한 간의 간격은 6개월 이내, 분할 횟수는 3회 이내로 한다.

제24조(수수료) ① 법 제29조에 따른 수수료의 금액은 별표 6과 같다.

② 제1항에 따른 수수료는 현금, **수입인지** 또는 정보통신망을 이용하여 전자화폐·전자결제 등의 방법으로 납부할 수 있다.

수입인지: 국고 수입이 되는 조세(인지세·등록면허세)·수수료·벌금·과료 등의 수납금의 징수를 위하여 기획재정부가 발행하고 있는 증지

제25조(규제의 재검토) 식품의약품안전처장은 다음 각 호의 사항에 대하여 다음 각 호의 기준일을 기준으로 3년마다(매 3년이 되는 해의 기준일과 같은 날 전까지를 말한다) 그 타당성을 검토하여 개선 등의 조치를 하여야 한다.

1. 제3조에 따른 동물실험시설의 등록기준: 2014년 1월 1일

2. 제4조에 따른 동물실험시설의 등록: 2014년 1월 1일

3. 삭제 <2020. 3. 20.>

4. 제12조에 따른 실험동물공급자의 등록: 2014년 1월 1일

5. 제15조에 따른 실험동물공급자의 준수사항: 2014년 7월 1일

6. 제20조에 따른 교육 등: 2014년 7월 1일

부칙 <제116호, 2009. 6. 19.>

이 규칙은 공포한 날부터 시행한다.

부칙 <제1호, 2010. 3. 19.> (보건복지부와 그 소속기관 직제 시행규칙)

제1조(시행일) 이 규칙은 공포한 날부터 시행한다. <단서 생략>

제2조 생략

제3조(다른 법령의 개정) ① 부터 ㊷ 까지 생략

㊸ 실험동물에 관한 법률 시행규칙 일부를 다음과 같이 개정한다.

제21조제1항 각 호 외의 부분 중 "보건복지가족부령"을 "보건복지부령"

으로 한다.

제21조제1항제1호 및 별지 제14호서식 위험군 분류란 중 "보건복지가족

부장관"을 각각 "보건복지부장관"으로 한다.

㊹ 부터 <84>까지 생략

부칙 <제18호, 2010. 9. 1.> (행정정보의 공동이용 및 문서감축을 위한 건강검진

기본법 시행규칙 등 일부개정령)

이 규칙은 공포한 날로부터 시행한다.

부칙 <제32호, 2010. 12. 30.> (감염병의 예방 및 관리에 관한 법률 시행규칙)

제1조(시행일) 이 규칙은 2010년 12월 30일부터 시행한다.

제2조(다른 법령의 개정) ①부터 ⑦까지 생략

⑧ 실험동물에 관한 법률 시행규칙 일부를 다음과 같이 개정한다.

제21조제1항제2호를 다음과 같이 한다.

2. 「감염병의 예방 및 관리에 관한 법률」 제2조제2호부터 제4호까지의

규정에 다른 제1군감염병, 제2군감염병 및 제3군감염병을 일으키는

병원체

⑨부터 ⑭까지 생략

제3조 생략

부칙 <제1010호, 2013. 3. 23.> (식품의약품안전처와 그 소속기관 직제 시행규칙)

제1조(시행일) 이 규칙은 공포한 날부터 시행한다.

제2조 부터 **제4조**까지 생략

제5조(다른 법령의 개정) ①부터 ③까지 생략

④ 실험동물에 관한 법률 시행규칙 일부를 다음과 같이 개정한다.

제2조제1항, 같은 조 제2항제3호, 제4조제1항 각 호 외의 부분, 같은 조 제3항·제4항, 제5조제1항 각 호 외의 부분, 같은 조 제2항, 제6조, 제9조제1항 각 호 외의 부분, 같은 조 제2항·제3항, 제10조제1항 각 호 외의 부분, 같은 조 제2항, 제11조, 제12조제1항 각 호 외의 부분, 같은 조 제2항 본문, 같은 조 제3항, 제13조제1항 각 호 외의 부분, 같은 조 제2항, 제14조, 제17조제1항 각 호 외의 부분, 같은 조 제2항·제3항, 제18조제1항 각 호 외의 부분, 같은 조 제2항, 제19조, 제20조제2항 각 호 외의 부분, 같은 조 제3항 후단 및 제21조제2항 중 "식품의약품안전청장"을 각각 "식품의약품안전처장"으로 한다.

제21조제1항 각 호 외의 부분 중 "보건복지부령"을 "총리령"으로 한다.

별표 5 제1호다목 중 "식품의약품안전청장"을 "식품의약품안전처장"으로 한다.

별지 제1호서식 앞쪽 접수기관장란, 별지 제2호서식 앞쪽 발급기관장란, 별지 제3호서식 앞쪽 접수기관장란, 별지 제4호서식 접수기관장란, 별지 제5호서식 앞쪽 접수기관장란, 별지 제6호서식 앞쪽 발급기관장란, 별지 제7호서식 앞쪽 접수기관장란, 별지 제8호서식 접수기관장란, 별지 제9호서식 앞쪽 발급기관장란, 별지 제10호서식 앞쪽 접수기관장란, 별지 제11호서식 앞쪽 접수기관장란, 별지 제12호서식 앞쪽 발급기관장란, 별지 제13호서식 앞쪽 접수기관장란 및 별지 제14호서식 접수기관장란 중 "식품의약품안전청장"을 각각 "식품의약품안전처장"으로 한다.

별지 제1호서식 뒤쪽 처리기관란, 별지 제3호서식 뒤쪽 처리기관란, 별지 제4호서식 처리기관란, 별지 제5호서식 뒤쪽 처리기관란, 별지 제7호서식 뒤쪽 처리기관란, 별지 제8호서식 처리절차란, 별지 제10호서식 뒤쪽 처리기관란, 별지 제11호서식 뒤쪽 처리기관란 및 별지 제13호서식 뒤쪽 처리기관란 중 "식품의약품안전청"을 각각 "식품의약품안전처"로 한다.

⑤부터 ⑦까지 생략

부칙 <제1074호, 2014. 4. 1.> (행정규제기본법 개정에 따른 규제 재검토기한 설
정을 위한 건강기능식품에 관한 법률 시행규칙 등 일부개정령)

이 규칙은 공포한 날부터 시행한다.

부칙 <제1115호, 2014. 12. 16.>

제1조(시행일) 이 규칙은 공포 후 6개월이 경과한 날부터 시행한다.

제2조(교육에 관한 특례) 이 규칙 시행당시 등록한 동물실험시설의 설치자,
관리자 및 실험동물공급자로서 종전의 규정에 따라 교육을 받지 아니한 사
람은 제20조제1항의 개정규정에도 불구하고 이 규칙 시행일로부터 6개월
이내에 교육을 받아야 한다.

제3조(등록 및 변경등록에 대한 경과조치) ① 이 규칙 시행당시 종전의 규
정에 따라 등록한 동물실험시설은 별표 1의 개정규정에 따라 등록한 것으
로 본다. 다만, 이 규칙 시행일부터 6개월 이내에 별표 1의 개정규정에 적
합하도록 하여야 한다.

② 이 규칙 시행당시 동물실험시설 또는 실험동물공급자의 변경등록을 신
청한 경우에는 제5조 및 제13조의 개정규정에도 불구하고 종전의 규정에
따른다.

부칙 <제1355호, 2017. 1. 5.>

이 규칙은 공포한 날부터 시행한다.

부칙 <제1416호, 2017. 8. 9.>

이 규칙은 2017년 8월 9일부터 시행한다.

부칙 <제1468호, 2018. 6. 20.>

이 규칙은 2018년 6월 20일부터 시행한다.

부칙 <제1601호, 2020. 3. 20.>

이 규칙은 공포한 날부터 시행한다.

[별표 1] 동물실험시설의 등록기준(제3조제2호 관련)

■ 실험동물에 관한 법률 시행규칙 [별표 1]

동물실험시설의 등록기준(제3조제2호 관련)

1. 용어의 정의

   가. "분리(分離)"란 두 개 이상의 건물이 서로 충분히 떨어져 있어 공기의 입구와 출구가 간섭받지 아니한 상태를 말하고, 한 개의 건물인 경우에는 벽에 의하여 별개의 공간으로 나누어져 작업원의 출입구나 원자재의 반출입구가 서로 다르고, 공기조화장치가 별도로 설치되어 공기가 완전히 차단된 상태를 말한다.

   나. "구획(區劃)"이란 동물실험시설 내의 작업소와 작업실이 벽·칸막이 등으로 나누어져 공정간의 교차오염 또는 외부 오염물질의 혼입이 방지될 수 있도록 되어 있으나, 작업원과 원자재의 출입 및 공기조화장치를 공정성격에 따라 공유할 수 있는 상태를 말한다.

   다. "구분(區分)"이란 공간을 선이나 줄, 칸막이 등으로 충분한 간격을 두어 착오나 혼동이 일어나지 아니하도록 나누어진 상태를 말한다.

2. 동물실험시설에는 다음 각 목의 시설을 갖추어야 한다. 이 경우 각 시설은 분리되도록 하여야 한다.

   가. 사육실

   1) 실험동물의 종류별로 사육실을 분리 또는 구획하여야 한다.

   2) 실험동물의 종류와 수에 따라 개별 동물의 사육공간이 확보될 수 있는 적절한 재질의 사육상자 또는 사육장을 갖추어야 한다.

   3) 내벽과 바닥은 청소와 소독이 편리한 마감재를 사용하며 균열이 없어야 한다.

   4) 바닥은 요철이나 이음매가 없어야 하고 표면이 매끄러워야 한다.

   5) 천정은 이물이 쌓이지 않는 구조이어야 한다.

   6) 온도와 습도를 조절할 수 있는 장치나 설비를 갖추어야 한다.

   나. 실험실(동물의 부검이나 수술이 필요한 경우만 해당한다)

   1) 동물의 부검이나 수술에 사용하는 물품, 기구, 시약 등을 보관할 수 있는 장치를 갖추어야 한다.

   2) 부검대 등의 실험동물 부검이나 수술에 필요한 장비를 갖추어야 한다.

   다. 부대시설

   1) 사료 및 사육물품을 보관할 수 있는 구획 또는 구분된 공간을 갖추어야 한다.

   2) 소독제, 청소도구 등을 보관할 수 있는 구획 또는 구분된 공간을 갖추어야 한다.

   3) 삭제 〈2017. 1. 5.〉

3. 동물실험시설에는 다음 각 목의 사항이 포함된 표준작업서를 작성하여야 한다.

   가. 동물실험시설 운영관리

   1) 동물실험시설의 점검 및 소독   2) 동물실험시설의 이용 및 교육

   3) 실험동물운영위원회의 운영

   나. 실험동물 사육관리

   1) 실험동물의 취급 및 사육관리   2) 실험동물의 검역 및 순화

   다. 안전관리

   1) 종사자 건강 등 안전관리   2) 재해 유발 가능물질 및 생물학적 위해물질 취급 및 관리

   3) 응급 상황 발생 시 행동요령

[별표 2] 우수동물실험시설의 지정기준(제8조 관련)

■ 실험동물에 관한 법률 시행규칙 [별표 2]

우수동물실험시설의 지정기준(제8조 관련)

1. 다음 각 목의 인력을 두어야 한다.

   가. 영 제7조제1항에 따른 관리자 자격을 갖춘 수의사(비정규직 직원을 포함한다) 1명 이상

   나. 동물실험에 관한 학식과 경험이 풍부한 사람으로서 3년 이상 동물실험을 관리 또는 수행한 경력이 있는 사람 1명 이상

2. 다음 각 목의 시설기준을 충족하여야 한다.

   가. 사무실, 사육실, 실험실, 검역실, 수술실, 부검실, 세정실, 창고, 샤워실 및 폐기물보관실을 갖출 것

   나. 각 시설에는 온도, 습도, 환기 등 사육환경을 조절할 수 있는 설비를 두고 소독을 위한 설비를 갖출 것

   다. 외부로부터 오염원이 유입되지 아니하도록 하는 기계적인 장치나 설비를 갖출 것

   라. 사육실은 교차오염이 발생하지 아니하도록 벽 등으로 분리하고 실험동물의 종류별로 사육실을 구획할 것

   마. 사육실의 바닥과 벽은 청소나 소독이 편리한 마감재를 사용하고 조명설비 등으로부터 오염을 방지하기 위한 보호장치를 설치할 것

   바. 세정실은 사육상자 등을 세척하고 관리할 수 있는 장치나 설비를 갖출 것

   사. 실험동물의 외부 탈출을 방지할 수 있는 장치를 설치할 것

3. 동물실험시설의 운영점검, 사육환경 관리, 실험동물의 사육관리 및 수의학적 관리 등의 내용을 포함한 동물실험시설의 운영관리를 위한 표준작업서를 작성·운영하여야 한다.

[별표 3] 우수실험동물생산시설의 지정기준(제16조 관련)

■ 실험동물에 관한 법률 시행규칙 [별표 3]

우수실험동물생산시설의 지정기준(제16조 관련)

1. 다음 각 목의 인력을 두어야 한다.

   가. 영 제7조제1항에 따른 관리자 자격을 갖춘 수의사(비정규직 직원을 포함한다) 1명 이상

   나. 동물실험에 관한 학식과 경험이 풍부한 사람으로서 3년 이상 동물실험을 관리 또는 수행한 경력이 있는 사람 1명 이상

2. 다음 각 목의 시설기준을 충족하여야 한다.

   가. 사무실, 생산실, 검역실, 세정실, 창고, 샤워실 및 폐기물보관실을 갖출 것

   나. 각 시설에는 온도, 습도, 환기 등 사육환경을 조절할 수 있는 설비를 두고 소독을 위한 설비를 갖출 것

   다. 외부로부터 오염원이 유입되지 아니하도록 하는 기계적인 장치나 설비를 갖출 것

   라. 생산실은 교차오염이 발생하지 아니하도록 벽 등으로 분리하고 실험동물의 종류별로 생산실을 구획할 것

   마. 생산실의 바닥과 벽은 청소나 소독이 편리한 마감재를 사용하고 조명설비 등으로부터 오염을 방지하기 위한 보호장치를 설치할 것

   바. 세정실은 사육상자 등을 세척하고 관리할 수 있는 장치나 설비를 갖출 것

   사. 실험동물의 외부 탈출을 방지할 수 있는 장치를 설치할 것

3. 실험동물생산시설의 운영점검, 사육환경 관리, 실험동물의 생산관리 · 품질관리 및 수의학적 관리 등의 내용을 포함한 실험동물생산시설의 운영관리를 위한 표준작업서를 작성 · 운영하여야 한다.

[별표 4] 실험동물의 사용·관리 등에 관한 교육(제20조제3항 관련)

■ 실험동물에 관한 법률 시행규칙 [별표 4]

실험동물의 사용·관리 등에 관한 교육(제20조제3항 관련)

교육과목	교육내용	교육 방법	교육 시간
실험동물과 동물실험 제도	가. 「실험동물에 관한 법률」 해설(등록·지정 등에 관한 처벌 규정을 포함한다) 나. 동물실험시설 운영자, 동물실험시설 관리자, 동물실험시설에서 동물실험을 수행하는 자 및 실험동물공급자의 준수사항	강의 (집합)	1
동물실험시설 등의 운영관리	가. 동물실험시설의 기준 및 운영 나. 실험동물생산시설의 기준 및 운영	강의 (집합)	1
실험동물 운영위원회	가. 실험동물운영위원회 제도 나. 실험동물운영위원회의 기능과 역할	강의 (집합)	1
실험동물의 품질관리 방안	가. 실험동물의 미생물 검사 등 품질관리 나. 실험동물 사육 관련 물품 등의 품질관리	강의 (집합)	1
실험동물의 복지와 동물실험의 윤리	가. 실험동물의 취급과 관리 나. 동물실험의 수의학적 관리 다. 실험동물의 복지와 동물실험의 윤리	강의 (집합)	2

비고: 동물실험을 수행하는 자에 대한 교육은 동물실험시설 운영자가 자체 교육계획을 수립하여 위 표에 따라 교육을 직접 실시할 수 있음.

[별표 5] 행정처분기준(제23조 관련)

■ 실험동물에 관한 법률 시행규칙 [별표 5]

행정처분기준(제23조 관련)

1. 일반기준

가. 위반행위가 둘 이상인 경우로서 그에 해당하는 각각의 처분기준이 다른 경우에는 그 중 무거운 처분기준에 따른다. 다만, 둘 이상의 처분기준이 운영정지 또는 영업정지인 경우에는 각 처분기준을 더한 기간을 넘지 아니하는 범위에서 무거운 처분기준의 2분의 1 범위에서 가중할 수 있다.

나. 위반행위의 횟수에 따른 행정처분의 기준은 최근 1년간 같은 위반행위로 행정처분을 받은 경우에 적용한다. 이 경우 기간의 계산은 같은 위반행위에 대해 행정처분을 받은 날(운영정지처분을 갈음하여 과징금을 부과받은 경우에는 과징금 부과처분을 받은 날을 말한다)과 그 처분 후 다시 같은 위반행위를 하여 적발된 날을 기준으로 한다.

다. 나목에 따라 행정처분을 하는 경우 행정처분의 적용 차수는 그 위반행위 전 행정처분 차수(나목에 따른 기간 내에 행정처분이 둘 이상 있었던 경우에는 높은 차수를 말한다)의 다음 차수로 한다.

라. 식품의약품안전처장은 위반행위의 동기, 내용, 횟수, 위반의 정도, 국민의 건강이나 공익에 대한 피해 정도 등을 고려하여 그 행정처분의 2분의 1 범위에서 가중하거나 감경할 수 있다.

2. 개별기준

위반사항	근거법령	행정처분기준		
		1차 위반	2차 위반	3차 위반
1. 동물실험시설 또는 실험동물공급자로 등록한 자가 속임수나 그 밖의 부정한 방법으로 등록한 것이 확인된 경우	법 제24조 제1항제1호	등록취소		
2. 동물실험시설로부터 또는 실험동물공급과 관련하여 국민의 건강 또는 공익을 해하는 질병 등 재해가 발생한 경우	법 제24조 제1항제2호	시설의 운영정지 또는 영업정지 1개월	시설의 운영정지 또는 영업정지 3개월	등록취소
3. 동물실험시설 또는 실험동물공급자로 등록한 자가 법 제11조 또는 법 제16조에 따른 지도·감독을 따르지 아니하거나 기준에 미달한 경우	법 제24조 제1항제3호	경고	시설의 운영정지 또는 영업정지 3개월	등록취소
4. 동물실험시설이 법 제9조제1항을 위반하여 다른 동물실험시설, 우수실험동물생산시설 또는 실험동물공급자가 아닌 자로부터 실험동물을 공급받는 경우	법 제24조제1항제4호	시설의 운영정지 1개월	시설의 운영정지 3개월	등록취소

5. 우수동물실험시설 또는 우수실험동물생산시설로 지정받은 자가 속임수나 그 밖의 부정한 방법으로 지정을 받은 것이 확인된 경우	법 제24조제2항 제1호	지정취소		
6. 우수동물실험시설 또는 우수실험동물생산시설로부터 국민의 건강 또는 공익을 해하는 질병 등 재해가 발생한 경우	법 제24조제2항 제2호	시설의 운영정지 1개월	시설의 운영정지 3개월	지정취소
7. 우수동물실험시설 또는 우수실험동물생산시설로 지정받은 자가 법 제11조 또는 법 제16조에 따른 지도·감독을 따르지 아니하거나 기준에 미달한 경우	법 제24조제2항 제3호	경고	시설의 운영정지 3개월	지정취소

[별표 6] **수수료의 금액(제24조 관련)**

■ 실험동물에 관한 법률 시행규칙 [별표 6]

수수료의 금액(제24조 관련)

구 분	수 수 료	
	온라인으로 신청한 경우	온라인으로 신청하지 아니한 경우
1. 제4조에 따른 동물실험시설의 등록	9,000원	10,000원
2. 제5조에 따른 동물실험시설의 변경등록	4,000원	5,000원
3. 제9조에 따른 우수동물실험시설의 지정	190,000원	200,000원
4. 제10조에 따른 우수동물실험시설의 지정사항 변경	95,000원	100,000원
5. 제12조에 따른 실험동물공급자의 등록	9,000원	10,000원
6. 제13조에 따른 실험동물공급자의 변경등록	4,000원	5,000원
7. 제17조에 따른 우수실험동물생산시설의 지정	190,000원	200,000원
8. 제18조에 따른 우수실험동물생산시설의 지정사항 변경	95,000원	100,000원

[별지 제1호서식] 동물실험시설 등록신청서

■ 실험동물에 관한 법률 시행규칙 [별지 제1호서식]

의약품 전자민원창구(ezdrug.mfds.go.kr)에서도 신청할 수 있습니다.

동물실험시설 등록신청서

※ [ ]에는 해당되는 곳에 √표를 합니다.

접수번호		접수일		처리기간	25일
신청인 (대표자)	성명			생년월일(법인등록번호)	
	주소			전화번호	
등록시설	명칭(상호)				
	소재지			전화번호	
관리자	성명			생년월일	
운영자	성명			생년월일	
시설현황	[ ]사육실 　　　[ ]실험실 　　　[ ]부대시설				

　「실험동물에 관한 법률」 제8조제1항 및 같은 법 시행규칙 제4조제1항에 따라 위와 같이 동물실험시설의 등록을 신청합니다.

년　　　월　　　일

신청인(대표자)　　　　　　　　　　　　　　　　　(서명 또는 인)

식품의약품안전처장 귀하

신청인(대표자) 제출서류	1. 관리자의 자격을 증명하는 서류 1부. 다만, 「실험동물에 관한 법률 시행령」 제7조제2항에 따라 동물실험시설의 운영자가 관리자의 업무를 수행하고 있는 경우에는 그렇지 아니합니다. 2. 「실험동물에 관한 법률 시행규칙」 별표 1에 따른 시설의 배치구조 및 면적 등 동물실험시설의 현황 1부	수수료 10,000원
담당공무원 확인사항	1. 건축물대장 2. 법인 등기사항증명서(법인인 경우만 해당합니다) 또는 사업자등록증	

행정정보 공동이용 동의서

　본인은 이 건 업무처리와 관련하여 담당 공무원이 「전자정부법」제36조제1항에 따른 행정정보의 공동이용을 통하여 사업자등록증을 확인하는 것에 동의합니다.

※ 동의하지 아니하는 경우에는 신청인이 사업자등록증 사본을 첨부하여야 합니다.

신청인(대표자)　　　　　　　　　　　　　　　　　(서명 또는 인)

처리절차

신청서 작성 → 접 수 → 검 토 → 결 재 → 등록증 발급

신청인 / 처 리 기 관 (식품의약품안전처) / 처 리 기 관 (식품의약품안전처) / 처 리 기 관 (식품의약품안전처)

210㎜×297㎜[백상지(80g/㎡) 또는 중질지(80g/㎡)]

[별지 제2호서식] **동물실험시설 등록증**

■ 실험동물에 관한 법률 시행규칙 [별지 제2호서식]

제   호

동물실험시설 등록증

1. 명칭(상호):

2. 소재지:

3. 설치자(대표자):

4. 운영자:

5. 관리자:

「실험동물에 관한 법률」 제8조제1항 및 같은 법 시행규칙 제4조에 따라 위와 같이 동물실험시설로 등록합니다.

년   월   일

식품의약품안전처장   직인

210㎜×297㎜[백상지(1종) 120g/㎡]

■ 실험동물에 관한 법률 시행규칙 [별지 제3호서식]

동물실험시설 변경등록신청서

접수번호	접수일	처리기간	15일

신청인 (대표자)	성명		생년월일(법인등록번호)
	주소		전화번호

등록시설	명칭(상호)		
	소재지		전화번호
	등록번호		등록일

변경내용			
변경일자	변경사유	변경 전 사항	변경 후 사항

「실험동물에 관한 법률」 제8조제1항 및 같은 법 시행규칙 제5조에 따라 위와 같이 동물실험시설의 변경등록을 신청합니다.

년   월   일

신청인(대표자)

(서명 또는 인)

식품의약품안전처장 귀하

신청인(대표자) 제출서류	1. 동물실험시설 등록증 원본 1부 2. 관리자의 자격을 증명하는 서류 1부(관리자 변경의 경우에만 해당합니다) 3. 변경사유 및 변경내용을 증명할 수 있는 서류 1부	수수료 5,000원

유의사항

등록증을 잃어버린 경우에는 변경사유란에 그 사유를 적고 등록증을 첨부하지 않아도 됩니다.

처리절차

210mm×297mm[백상지 80g/㎡(재활용품)]

[별지 제4호서식] (동물실험시설 등록증, 실험동물공급자 등록증, 우수동물실험시설 지정서, 우수실험동물
생산시설 지정서)재발급신청서

■ 실험동물에 관한 법률 시행규칙 [별지 제4호서식]

[　] 동물실험시설 등록증
[　] 실험동물공급자 등록증　　　　　재발급신청서
[　] 우수동물실험시설 지정서
[　] 우수실험동물생산시설 지정서

※ [　]에는 해당되는 곳에 √표를 합니다.

접수번호		접수일	처리기간　　7일
신청인 (대표자)	성명		생년월일
	주소		전화번호
등록시설	명칭(상호)		
	소재지		전화번호
신청사유			

「실험동물에 관한 법률 시행규칙」 제6조, 제11조, 제14조 또는 제19조에 따라 위와 같이 등록증 또는 지정서의 재발급을 신청합니다.

년　　　　월　　　　일

신청인(대표자)

(서명 또는 인)

식품의약품안전처장 귀하

신청인(대표자) 제출서류	동물실험시설 등록증, 실험동물공급자 등록증, 우수동물실험시설 지정서 또는 우수실험동물생산시설 지정서 원본 1부(헐어서 못쓰게 된 경우만 해당합니다)	수수료 없음

유의사항
등록증 또는 지정서를 잃어버린 경우에는 재발급사유란에 그 사유를 적고 등록증 또는 지정서를 첨부하지 않아도 됩니다.

처리절차

신청서 작성 → 접 수 → 검 토 → 결 재 → 등록증 발급

신청인　　　処理 기 관　　　처 리 기 관　　　처 리 기 관
(식품의약품안전처)　(식품의약품안전처)　(식품의약품안전처)

210mm×297mm[백상지 80g/㎡(재활용품)]

■ 실험동물에 관한 법률 시행규칙 [별지 제5호서식]]

우수동물실험시설 지정신청서

접수번호	접수일	처리기간	30일

신청인 (대표자)	성명		생년월일
	주소		전화번호

지정시설	명칭(상호)		
	소재지		전화번호
	등록번호		등록일

「실험동물에 관한 법률」 제10조제1항 및 같은 법 시행규칙 제9조제1항에 따라 위와 같이 우수동물실험시설의 지정을 신청합니다.

년   월   일

신청인(대표자)

(서명 또는 인)

식품의약품안전처장 귀하

신청인(대표자) 제출서류	1. 「실험동물에 관한 법률 시행규칙」 별표 2 제1호에 따른 인력의 자격이나 경력을 증명하는 서류 1부 2. 「실험동물에 관한 법률 시행규칙」 별표 2 제2호에 따른 시설의 면적과 배치도면(장치와 설비를 포함한다) 3. 「실험동물에 관한 법률 시행규칙」 별표 2 제3호에 따른 표준작업서 1부	수수료 200,000원
담당공무원 확인사항	1. 법인 등기사항증명서(법인인 경우만 해당합니다) 2. 사업자등록증(개인사업자인 경우만 해당합니다)	

행정정보 공동이용 동의서

본인은 이 건 업무처리와 관련하여 담당 공무원이 「전자정부법」 제36조제1항에 따른 행정정보의 공동이용을 통하여 사업자등록증을 확인하는 것에 동의합니다. ※ 동의하지 아니하는 경우에는 신청인 직접 관련 서류를 제출하여야 합니다.

신청인(대표자)

(서명 또는 인)

처리절차

신청서 작성 → 접 수 → 검 토 (현장확인) → 결 재 → 등록증 발급

신청인   처리기관 (식품의약품안전처)   처리기관 (식품의약품안전처)   처리기관 (식품의약품안전처)

210mm×297mm[백상지 80g/㎡(재활용품)]

■ 실험동물에 관한 법률 시행규칙 [별지 제6호서식]

(앞쪽)

제   호

우수동물실험시설 지정서

1. 명칭(상호):

2. 소 재 지:

3. 설치자(대표자):

「실험동물에 관한 법률」 제10조제1항 및 같은 법 시행규칙 제9조에 따라 위와 같이 우수동물실험시설로 지정합니다.

년   월   일

식품의약품안전처장   직인

■ 실험동물에 관한 법률 시행규칙 [별지 제7호서식]

우수동물실험시설 지정사항 변경신청서

접수번호		접수일		처리기간 20일

신청인 (대표자)	성명		생년월일	
	주소		전화번호	

등록시설	명칭(상호)			
	소재지		전화번호	

지정번호			지정일	

변경내용			
변경일자	변경사유	변경 전 사항	변경 후 사항

「실험동물에 관한 법률」 제10조제1항 및 같은 법 시행규칙 제10조에 따라 위와 같이 우수동물실험
시설 지정사항 변경을 신청합니다.

년   월   일

신청인(대표자)   (서명 또는 인)

식품의약품안전처장 귀하

신청인(대표자) 제출서류	1. 우수동물실험시설 지정서 원본 2. 자격이나 경력을 증명하는 서류 1부(별표 2 제1호 각 목의 인력 변경의 경우에만 해당 합니다) 3. 변경 사유 및 내용에 관한 서류 1부	수수료 100,000원

처리절차

신청서 작성 → 접 수 → 검 토
(현장확인) → 결 재 → 지정서 발급

신청인   처 리 기 관
(식품의약품안전처)   처 리 기 관
(식품의약품안전처)   처 리 기 관
(식품의약품안전처)

210mm×297mm[백상지 80g/㎡(재활용품)]

■ 실험동물에 관한 법률 시행규칙 [별지 제8호서식]

의약품 전자민원창구(ezdrug.mfds.go.kr)에서도 신청
할 수 있습니다.

실험동물공급자 등록신청서

※ [ ]에는 해당되는 곳에 √표를 합니다.

접수번호	접수일	처리기간	25일

신청인 (대표자)	성명		생년월일(법인등록번호)
	주소		전화번호

등록시설	명칭(상호)		
	소재지		전화번호

등록내용	구 분	[ ]생산자 [ ]수입자 [ ]판매자
	생산자	생산동물의 종류:
	수입자	수입동물의 종류:
	판매자	[ ]국내동물 [ ]수입동물 [ ]국내동물+수입동물

「실험동물에 관한 법률」 제12조제1항 및 같은 법 시행규칙 제12조에 따라 위와 같이 실험동물공급자로 등록을 신청합니다.

년   월   일

신청인(대표자)

(서명 또는 인)

식품의약품안전처장 귀하

신청인(대표자) 제출서류	1. 실험동물생산시설(실험동물의 생산을 업으로 하는 자만 해당합니다) 또는 실험동물보관시설(실험동물의 수입 또는 판매를 업으로 하는 자만 해당합니다)의 배치구조 및 면적 2. 실험동물공급자의 인력현황	수수료
담당공무원 확인사항	1. 건축물대장 2. 법인 등기사항증명서(법인인 경우만 해당합니다) 또는 사업자등록증	10,000원

행정정보 공동이용 동의서

본인은 이 건 업무처리와 관련하여 담당 공무원이 「전자정부법」 제36조제1항에 따른 행정정보의 공동이용을 통하여 사업자등록증을 확인하는 것에 동의합니다.

※ 동의하지 아니하는 경우에는 신청인이 사업자등록증 사본을 첨부하여야 합니다.

신청인(대표자)

(서명 또는 인)

처리절차

210㎜×297㎜[백상지(80g/㎡) 또는 중질지(80g/㎡)]

■ 실험동물에 관한 법률 시행규칙 [별지 제9호서식]

(앞쪽)

제   호

실험동물공급자 등록증

1. 명칭(상호):

2. 소 재 지:

3. 대 표 자:

4. 등록내용: [ ] 생산자   [ ] 수입자   [ ] 판매자

「실험동물에 관한 법률」 제12조제1항 및 같은 법 시행규칙 제12조에 따라 위와 같이 실험동물공급자로 등록합니다.

년   월   일

식품의약품안전처장   직인

210mm×297mm[백상지 120g/㎡]

■ 실험동물에 관한 법률 시행규칙 [별지 제10호서식]

실험동물공급자 변경등록신청서

접수번호	접수일		처리기간	15일

| 신청인
(대표자) | 성명 | | 생년월일 | |
| | 주소 | | 전화번호 | |

등록시설	명칭(상호)			
	소재지		전화번호	
	등록번호		등록일	

변경내용			
변경일자	변경사유	변경 전 사항	변경 후 사항

「실험동물에 관한 법률」 제12조제2항 및 같은 법 시행규칙 제13조에 따라 위와 같이 실험동물공급자의 변경등록을 신청합니다.

년   월   일

신청인(대표자)

(서명 또는 인)

식품의약품안전처장 귀하

신청인(대표자) 제출서류	1. 실험동물공급자 등록증 원본 1부 2. 변경내용을 증명할 수 있는 서류 1부	수수료 5,000원

유의사항

등록증을 잃어버린 경우에는 변경사유란에 그 사유를 적고 등록증을 첨부하지 않아도 됩니다.

처리절차

신청서 작성	→	접 수	→	검 토	→	결 재	→	등록증 발급
신청인		처 리 기 관 (식품의약품안전처)		처 리 기 관 (식품의약품안전처)		처 리 기 관 (식품의약품안전처)		

210mm×297mm[백상지 80g/㎡(재활용품)]

■ 실험동물에 관한 법률 시행규칙 [별지 제11호서식]

우수실험동물생산시설 지정신청서

접수번호		접수일		처리기간	30일

신청인 (대표자)	성명		생년월일		
	주소		전화번호		

지정시설	명칭(상호)				
	소 재 지		전화번호		

등록번호		등록일			

「실험동물에 관한 법률」 제15조제1항 및 같은 법 시행규칙 제17조제1항에 따라 위와 같이 우수실 험동물생산시설로 지정을 신청합니다.

년　　　월　　　일

신청인(대표자)　　　　　　　　　　　(서명 또는 인)

식품의약품안전처장 귀하

신청인(대표자) 제출서류	1. 「실험동물에 관한 법률 시행규칙」 별표 3 제1호에 따른 인력의 자격이나 경력을 증명하는 서류 1부 2. 「실험동물에 관한 법률 시행규칙」 별표 3 제2호에 따른 시설의 면적과 배치도면(장치와 설비를 포함합니다) 3. 「실험동물에 관한 법률 시행규칙」 별표 3 제3호에 따른 표준작업서	수수료 200,000원
담당공무원 확인사항	법인 등기사항증명서(법인인 경우만 해당합니다)	

처리절차

신청서 작성 → 접 수 → 검 토 → 결 재 → 지정서 발급
신청인　　처 리 기 관　　처 리 기 관　　처 리 기 관
　　　(식품의약품안전처)　(식품의약품안전처)　(식품의약품안전처)

210㎜×297㎜[백상지 80g/㎡(재활용품)]

■ 실험동물에 관한 법률 시행규칙 [별지 제12호서식]

(앞쪽)

제　　호

우수실험동물생산시설 지정서

1. 명칭(상호):

2. 소 재 지:

3. 대 표 자:

「실험동물에 관한 법률」 제15조제1항 및 같은 법 시행규칙 제17조에 따라 위와 같이 우수실험동물생산시설로 지정합니다.

년　　　월　　　일

식품의약품안전처장　　　직인

210mm×297mm[백상지 120g/㎡]

[별지 제13호서식] 우수실험동물생산시설 지정사항 변경신청서

■ 실험동물에 관한 법률 시행규칙 [별지 제13호서식]

우수실험동물생산시설 지정사항 변경신청서

(앞쪽)

접수번호		접수일		처리기간	20일

| 신청인
(대표자) | 성명 | | 생년월일 | |
| | 주소 | | 전화번호 | |

등록시설	명칭(상호)			
	소 재 지		전화번호	
	지정번호		지정일	

변경내용

변경일자	변경사유	변경 전 사항	변경 후 사항

「실험동물에 관한 법률」 제15조제1항 및 같은 법 시행규칙 제18조에 따라 위와 같이 우수실험동물 생산시설 지정사항 변경을 신청합니다.

년   월   일

신청인(대표자)

(서명 또는 인)

식품의약품안전처장 귀하

신청인(대표자) 제출서류	1. 우수실험동물생산시설 지정서 원본 2. 자격이나 경력을 증명하는 서류 1부(별표 3 제1호 각 목의 인력 변경의 경우에만 해당합니다) 3. 변경 사유 및 내용에 관한 서류 1부	수수료 100,000원

처리절차

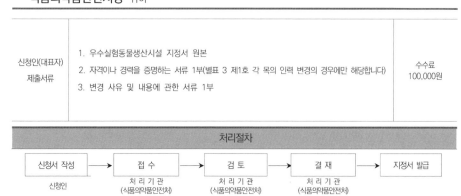

210mm×297mm[백상지 80g/㎡(재활용품)]

■ 실험동물에 관한 법률 시행규칙 [별지 제14호서식]

생물학적 위해물질 사용보고서

※ [ ]에는 해당되는 곳에 √표를 합니다.

접수번호		접수일	
보고인 (대표자)	성명		생년월일
	주소		전화번호
등록시설	명칭(상호)			
	소재지		전화번호	
	등록번호		등록일	
	시설의 등급 [ ] 1등급 [ ] 2등급 [ ] 3등급 [ ] 4등급 ※「생명공학육성법」제15조에 따라 보건복지부장관이 정하는 유전자재조합실험지침에 따름			
실험과제	과제명			
	실험기간			
	실험책임자			
생물학적 위해물질	위험군 분류 [ ] 제3위험군 [ ] 제4위험군 ※「생명공학육성법」제15조에 따라 보건복지부장관이 정하는 유전자재조합실험지침에 따름			
	병원체 분류 [ ] 제1급감염병 [ ] 제2급감염병 [ ] 제3급감염병 [ ] 제4급감염병 ※「감염병의 예방 및 관리에 관한 법률」제2조에 따름			
	생물체 또는 병원체			

「실험동물에 관한 법률」제19조제1항 및 같은 법 시행규칙 제21조제2항에 따라 위와 같이 생물학적 위해물질 사용보고서를 제출합니다.

년   월   일

보고인(대표자)

(서명 또는 인)

식품의약품안전처장 귀하

보고인(대표자) 제출서류	동물실험계획서 1부

210mm×297mm[백상지 80g/㎡(재활용품)]

■ 실험동물에 관한 법률 시행규칙 [별지 제15호서식]

동 물 실 험 현 황

실험과제	과제명(국문)						
	실험동물운영위원회 승인번호						
	실험책임자						
	실험기간						

일련 번호	일자	실험동물				목적	비고
		종류	계통	성별	사용량 (마리 수)		

작성 시 유의사항

동물실험을 수행한 자는 동물실험이 종료된 후에 운영자에게 동물실험현황을 제출하여야 하며, 운영자는 동물실험이 종료된 날로부터 3년간 보존하여야 합니다. 그 밖에 사항에 대하여는 동물실험시설의 운영체계에 따라 위 서식을 변경하여 사용할 수 있습니다.

210mm×297mm[백상지 80g/㎡(재활용품)]

IV 실험동물법 관련 자료집

1. 동물실험윤리위원회 운영시스템(농림축산검역본부)(https://www.animal.go.kr/aec/ index.do)

2. 관련 법규 이해를 위한 자료

동물실험 및/또는 실험동물 관련 위원회(IAUCC) 표준운영 가이드라인 발췌

가이드라인

제1장 총칙

제1조(목적) 이 규정은 실험동물의 보호와 윤리적인 취급을 도모하고, 동물실험의 윤리성, 안전성 및 신뢰성을 확보하기 위하여 ○○○○ 동물실험시행기관(이하 "기관"이라 한다)에 설치하는 ○○○○위원회(이하 "위원회"라 한다)의 구성과 운영 등에 관하여 필요한 사항을 규정함을 목적으로 한다.

제2조(적용범위) 이 규정은 다음 각 호의 어느 하나와 관련하여 실시하는 업무와 관리 등에 적용한다.

1. ○○○○에 소속한 직원(박사후연수생, 인턴연구생 등 비정규직을 포함한다. 이하 이와 같다)이 해당 직무(외부과제를 포함한다)와 관련하여 실시하는 동물실험을 수반한 연구·조사, 검정·검사 및 교육·훈련 등의 업무

2. ○○○○의 동물실험 및 실험동물의 생산·도입·관리·실험·사후처리

3. ○○○○에서 운영하는 동물실험 및 실험동물 관련 시설

제3조(○○○○장의 책무) ① ○○○○장은 위원회 위원을 위촉하고 필요한 경우 위원장에게 회의의 소집을 요구할 수 있다.

② ○○○○장은 위원회의 독립적이고 자율적인 운영을 지원하여야 하며, 이를 위하여 다음 각 호의 사항을 준수하여야 한다.

1. 위원회가 독립적으로 운영될 수 있도록 그 지위를 보장한다.

2. 위원회의 원활한 운영을 위해 필요한 인력·장비·장소·비용 등을 제공한다.

3. 위원회 회의에 배석하여 의견을 개진하거나 회의진행을 방해할 수 없다.

4. 위원의 임기를 보장하며 특별한 사유 없이 위원을 해임하거나 위원회를 해산시킬 수 없다.

5. 위원회의 결정 및 권고사항은 특별한 사유가 없는 한 즉각적이고 효과적으로 조치 및 시행하여야 한다.

③ ○○○○장은 동물실험으로 인하여 사람 또는 동물의 안전에 문제가 발생될 것으로 예상되는 경우에 위원회에 알려 필요한 자문을 얻는다. 또한, 문제가 발생한 경우에는 즉각적인 조치를 취한 후 그 결과를 위원회에 알려야 한다.

④ ○○○○장은 매년 동물보호법 시행령 제12조제6항 및 같은 법 시행규칙 제25조에 따 라 위원회의 운 영 및 동물실험의 실태에 관한 사항을 다음 연도 1월 31일까지 농림축산검역본부장(이하 "검역본부장"이라 한다)에게 통지하여야 한다.

제2장 위원회의 구성 등

제4조(위원회의 구성 등) ① 위원회는 위원장을 포함한 3인 이상 15인 이하의 위원으로 구성하며, 위원장은 위원 중에서 호선한다.

② 위원회는 다음 각 호에 해당하는 자로 구성한다. 다만, 제1호부터 제2호까지의 위원은 반드시 1 명 이상 포함하여야 한다.

1. 수의사로서 다음 각 목의 어느 하나에 해당하는 자

   가. 「수의사법」 제23조에 따른 대한수의사회에서 인정하는 실험동물전문수의사

   나. 「동물보호법 시행령」 제4조에 따른 동물실험시행기관에서 동물실험 또는 실험동물에 관한 업무에 1년 이상 종사한 수의사

   다. 「동물보호법 시행규칙」 제26조제4항에 의 한 농림축산검역본부 고시에 따라 농림축산검역 본부장의 승인을 받은 시행령 제5조 각 호에 따른 법인·단체(동물보호민간단체) 또는 「고등 교육법」 제2조에 따른 학교 또는 검역본부에서 실시하는 동물보호·동물복지 또는 동물실 험에 관련된 교육을 이수한 수의사

2. 「동물보호법 시행령」 제5조에 따른 민간단체가 추천한 자로서 다음 각 목의 어느 하나에 해당 하는 자

   가. 「동물보호법 시행령」 제5조 각 호에 따른 법인 또는 단체(동물보호민간단체)에서 동물보호나 동물복지에 관한 업무에 1년 이상 종사한 사람

   나. 「동물보호법 시행규칙」 제26조제4항에 의한 농림축산검역본부 고시에 따라 농림축산검역 본부장의 승인을 받은 시행령 제5조 각 호에 따른 법인·단체(동물보호민간단체) 또는 「고등 교육법」 제2조에 따른 학교 및 검역본부에서 실시하는 동물보호·동물복지 또는 동물실험 에 관련된 교육을 이수한 사람

   다. 「생명윤리 및 안전에 관한 법률」 제6조에 따른 국가생명윤리심의위원회의 위원 또는 같은 법 제9조에 따른 기관생명윤리심의위원회의 위원으로 1년 이상 재직한 사람

3. 그 밖에 동물실험에 관한 학식과 경험이 풍부한 자 및 실험동물의 보호와 윤리적인 취급을 도 모하기 위하여 필요한 자로서 다음 각 목의 어느 하나에 해당하는 자

   가. 동물실험 분야에서 박사학위를 취득한 자로서 동물실험을 관리하거나 동물실험 업무에 1년 이상 종사한 경력이 있는 자

나.「고등교육법」제2조에 따른 학교에서 철학·법학 또는 동물보호·동물복지를 담당하는 교수

다. 그 밖에 실험동물의 윤리적 취급과 과학적 이용을 위하여 필요하다고 해당 동물실험시행기관의 장이 인정하는 사람으로서「동물보호법 시행규칙」제26조제4항에 의한 농림축산검역본부 고시에 따라 농림축산검역본부장의 승인을 받은 시행령 제5조 각 호에 따른 법인·단체(동물보호민간단체) 또는「고등교육법」제2조에 따른 학교 및 검역본부에서 실시하는 동물보호·동물복지 또는 동물실험에 관련된 교육을 이수한 사람

③ 위원회를 구성하는 위원의 3분의 1이상은 해당 기관과 이해관계가 없는 사람이어야 한다.

④ 모든 위원은 별지 제8호 서식에 따른 서약서를 ○○○○장에게 제출하여야 한다.

⑤ 위원의 임기는 2년으로 한다.

⑥ 위원회의 심의대상인 동물실험에 관여하고 있는 위원은 해당 동물실험에 관한 심의에 참여해서는 아니 된다.

제5조(위원장의 직무) ① 위원장은 위원회를 대표하고 위원회의 업무를 총괄한다.

② 위원장은 부득이한 사유로 직무를 수행할 수 없을 때에는 위원장이 미리 지명한 위원이 그 직무를 대행하게 할 수 있다.

③ 위원장은 원활한 운영을 위해 다음 각 호의 업무를 담당하는 간사 1인을 지명할 수 있다.

 1. 회의 안건 검토 및 행정관리 사항

 2. 회의록 작성

 3. 위원회 운영에 관한 사항

 4. 동물실험계획서의 사전 검토

 5. 그 밖에 위원장이 명하는 사항

④ 위원장은 안건의 전문적인 검토 및 자문을 받기 위해 전문심사위원을 지명할 수 있다. 이 경우 전문심사위원은 위원장이 위원 또는 동물실험에 대한 학식과 경험이 풍부하여 지명한 자로 한다. 다만, 위원이 아닌 전문심사위원은 위원회의 각종 의결에 참여할 수 없다.

제6조(위원회의 권한과 의무) ① 위원회는 다음 각 호의 사항에 대하여 지도·감독할 권한과 의무를 가진다.

 1. 동물실험의 윤리적·과학적 타당성에 대한 심의 및 승인

 2. 실험동물 또는 동물실험 및 시설의 관리와 운영에 필요하여 ○○○○장이 정하는 내부규정 등에 관한 사항

 3. 실험동물의 생산·도입·관리·실험 및 이용과 실험이 끝난 후 해당 동물의 처리에 관한 확인 및 평가

4. 동물실험시설 종사자 및 연구자 등에 대한 교육훈련 등의 확인 및 평가

5. 동물실험시설 운용 실태의 확인 및 평가

6. 유해물질을 이용한 동물실험의 적정성에 관한 사항

7. 그 밖에 동물실험의 윤리성, 안전성 및 신뢰성을 확보하기 위하여 위원장이 필요하다고 인정하는 사항

② 위원회는 제1항의 사항과 관련하여 필요할 경우 ○○○○장에게 조치를 요구할 수 있다.

③ 위원회의 동물실험계획 심의 및 승인에 대한 모든 과정은 독립적이며, 승인된 사항에 대해 ○○○○장은 그 내용을 바꿀 수 없다.

④ 위원회는 시설 종사자 및 동물실험 수행자를 대상으로 교육·훈련을 실시하여야 한다.

⑤ 위원회는 다음 각 호의 사항이 포함된 보고서를 다음 연도 1월 말까지 ○○○○장에게 제출하여야 한다.

1. 연간 동물실험계획 심의·승인 현황

2. 동물실험시설 실태조사 결과 및 미비점 개선 방안

3. 동물실험 및 시설, 교육·훈련 사항 등에 관한 권고사항

⑥ 위원회는 연 1회 이상 위원회에서 승인된 동물실험에 대한 지도·점검 및 동물실험에 관련된 내부 불만족 사항에 대하여 조사하고 그 결과를 ○○○○장에게 제출하여야 한다.

제7조(회의) ① 위원장은 다음 각 호의 어느 하나에 해당하면 회의를 소집하고 이를 주재한다.

1. ○○○○의 장의 회의 소집 요구가 있는 때

2. 위원의 3분의 1 이상으로부터 소집 요구가 있는 때

3. 그 밖에 위원장이 소집할 필요가 있다고 인정하는 때

② 회의는 대면회의를 원칙으로 한다. 다만, 위원장이 긴급하거나 부득이한 사유로 특별히 필요하다고 인정하는 경우에는 비대면으로 이를 대체할 수 있다.

③ 위원장은 회의를 소집하고자 할 때에는 회의의 일시·장소 및 상정하는 안건을 회의개최일 3일 전까지 각 위원에게 서면으로 통지하여야 한다. 다만, 제2항 단서의 규정에 따라 서면심의를 하는 경우에는 그러하지 아니하다.

④ 회의는 재적위원 과반수의 출석으로 개의하고 재적 위원 과반수의 찬성으로 의결한다. 다만, 제10조에 따른 동물실험계획을 심의하는 회의에는 수의사인 위원 및 해당 기관과 이해관계가 없는 위원이 반드시 각각 1명 이상 참석하여야 한다.

⑤ 위원장은 위원회에 상정된 안건에 대하여 이해관계인 또는 외부전문가를 회의에 참석하게 하거나 서면으로 의견을 들을 수 있다.

제8조(사전검토) ① 위원장은 제5조제3항에 따른 간사 또는 제5조제4항에 따른 전문심사위원에게 상정안건에 관하여 사전 검토하게 할 수 있다.

② 위원장은 제1항에 따라 사전 검토한 간사 또는 전문심사위원으로 하여금 보고서를 작성하게 하거나 각 위원들에게 검토한 내용을 설명하게 할 수 있다.

제3장 동물실험의 실시

제9조(동물실험계획 제출 등) ① 직무와 관계된 동물실험계획을 승인받고자 하는 자는 다음 각 호의 어느 하나에 해당하는 신청서를 작성하여 동물실험 시작 ○○일 전까지 위원회에 제출하여야 한다.

  1. 별지 제1호 서식에 따른 동물실험계획승인신청서
  2. 별지 제2호 서식에 따른 동물실험계획재승인신청서
  3. 별지 제3호 서식에 따른 동물실험계획변경승인신청서

② 제1항에 따른 신청서는 ○○○○의 내부 인터넷 망을 이용하거나 서면으로 필요한 자료와 함께 제출할 수 있다.

③ 신규로 동물실험계획 승인신청을 하는 경우는 다음 각 호와 같고 별지 제1호 서식에 따른 동물실험계획 승인신청서를 제출하여야 한다.

  1. 신규과제에서 동물실험이 필요한 경우
  2. 연속과제에서 년차마다 다른 동물실험을 실시할 경우 당해년도에 해당하는 동물실험
  3. 기존에 승인받은 동물실험계획을 변경하고자 할 때 제5항에 따른 변경승인신청의 각 호에 해당하지 않는 경우
  4. 완료된 과제에 대해 추가로 동물실험이 필요한 경우

④ 매년 동일한 동물실험이 반복되는 동물실험계획의 경우에는 위원회가 최대 3년간 이를 승인할 수 있으며, 이 경우 해당과제책임자는 최초 승인 다음연도부터 별지 제2호 서식에 따른 동물실험계획재승인신청서를 작성하여 매년 한 번씩 위원회에 제출하여야 한다.

⑤ 승인받은 동물실험계획 중에서 다음 각 호의 어느 하나에 해당하는 사항을 변경하고자 하는 자는 제1항제3호에 따른 동물실험계획변경승인신청서를 제출하여야 한다. 다만, 제7호 또는 제8호의 사항을 변경하는 경우에는 제8조의 규정에 따른 사전검토 결과에 따라 위원회의 별도 심의 없이 위원장이 승인할 수 있다.

  1. 비 생존 수술에서 생존수술로 변경
  2. 동물 종 변경 또는 사용 마리수의 50% 이하 증가
  3. 생물학적 위해물질의 사용 변경
  4. 시료채취 및 투여, 장소의 변경

5. 진정·진통·마취 방법

6. 안락사방법

7. 연구책임자 또는 실험수행자

8. 실험기간의 변경 또는 3개월 이내의 실험기간연장

제10조(동물실험계획 심의·승인 등) ① 위원회에 상정된 안건을 심의할 때에는 다음 각 호의 사항을 중점적으로 검토하여야 한다.

1. 동물실험의 필요성 및 타당성

2. 동물구입처의 적정성(식약처에 실험동물공급자로 등록된 업체이어야 함)

3. 동물실험의 대체방법 사용 가능성 여부

4. 동물실험 및 실험동물의 관리 등과 관련하여 동물복지와 윤리적 취급의 적정성 여부

5. 실험동물의 종류 선택과 그 수의 적정성

6. 실험동물의 안락사 방법의 적정성과 인도적 종료시점의 합리성

7. 실험동물이 받는 고통과 스트레스의 정도

8. 고통이 수반되는 경우 고통 감소방안 및 그 적정성

9. 「동물보호법」 제24조(동물실험의 금지 등)의 준수 여부

10. 「실험동물에 관한 법률」 제9조(실험동물의 사용 등)에 관한 사항

11. 동물실험 수행자의 동물실험 및 실험동물의 관리 등과 관련된 지식 및 교육·훈련 이수 여부

12. 기타 위원회가 실험동물의 보호와 윤리적인 취급을 위하여 필요하다고 인정하는 사항

② 위원은 위원회 회의에 상정된 안건 중 동물실험계획이 수반되는 안건에 대하여는 별지 제4호 서식에 따른 동물실험계획심의평가서와 그 평가항목별 세부평가기준에 의하여 심의·평가하고 그 종합 심의평가결과에 따라 제7조제4항에서 규정한 의결을 하여야 한다. 이 의결에 참여한 위원은 심의 평가한 안건별로 별지 제4호 서식에 따른 동물실험계획심의평가서를 작성하여 위원장에게 제출하여야 한다. 제9조제5항의 규정에 따라 이미 승인 받은 동물실험계획의 변경에 대한 승인 여부를 의결하는 경우에도 이와 같다.

③ 동물실험을 위한 모든 동물 구입 및 실험은 위원회의 동물실험계획 승인을 받은 후 실시하여야 한다.

제11조(심의결과 통보) ① 위원은 심의결과를 위원장에게 보고하여야 한다.

② 위원장은 승인된 안건에 대해서는 승인번호를 부여하고 별지 제5호 서식 또는 별지 제6호 서식에 따른 동물실험계획승인서를 ○○○○장 또는 연구책임자에게 발급한다.

제12조(동물실험수행) ① 동물실험을 수행하고자 하는 자는 위원회로부터 동물실험계획을 승인받

은 후에 실시하여야 하며, 모든 동물실험은 ○○○○의 동물실험 및 실험동물 관련 모든 규정을 준수하여 실시하여야 한다.

② 제1항의 동물실험 수행자는 「실험동물에 관한 법률」 제17조에 따른 교육을 이수하거나 ○○○○장이 주관한 실험동물 사용 및 관리에 관한 교육 또는 위원회가 별도로 인정하는 교육을 이수하여야 한다.

③ 연구책임자는 동물실험이 종료된 후 15일 이내에 별지 제7호 서식에 따른 동물실험 종료보고서를 작성하여 위원회 또는 간사에 제출하여야 한다.

제13조(위원의 제척·회피) ① 위원장은 위원이 다음 각 호의 어느 하나에 해당하는 경우에는 해당 심의대상 안건의 심의·의결에서 제외하여야 한다.

　1. 위원이 해당 심의안건에 관하여 연구·개발 또는 이용 등에 관여하는 경우

　2. 위원이 해당 심의안건과 이해관계가 있다고 인정되는 경우

② 위원이 제1항 각 호의 사유에 해당하는 때에는 스스로 그 안건의 심의·의결을 회피할 수 있다.

③ 동물실험계획서를 제출한 연구책임자는 제1항에 따른 위원이 참여할 경우에 해당 안건의 심의·의결에서 제외하여 줄 것을 요청할 수 있다.

제14조(점검 및 불만사항 처리 등) ① 위원 또는 간사는 승인된 동물실험계획에 따라 동물실험이 수행하는지를 연 1회 이상 점검하고 그 결과를 위원장에게 보고하여야 한다.

② 제1항에 따른 보고사항에는 다음 각 호의 내용을 포함한다.

　1. 승인된 방법에 의거한 동물실험 실시 여부

　2. 동물실험과 관련된 사항에 대한 애로사항 및 불만사항

　3. 정당한 불만사항에 대한 개선방안

③ 위원회는 승인된 계획과 일치하지 않은 방법으로 진행 중인 실험에 대해서는 이를 승인철회 또는 중지하게 할 수 있다.

④ 위원회는 승인된 동물실험절차를 따르지 않는 직원에 대해 다음과 같이 조치 할 수 있다.

　1. 상담 및 특별교육

　2. 경고장

　3. 동물 사용 또는 실험수행에 대한 일시적 또는 제한적 취소

⑤ 위원장은 점검결과 및 조치사항을 지체 없이 ○○○○장에게 보고하여야 한다.

제4장 동물실험시설의 평가

제15조(동물실험시설의 점검) 위원회는 동물실험시설의 사용 및 관리에 관하여 연 2회 현장을 방문하고 점검을 실시하여야 한다.

제16조(시설점검 방법) ① 위원회는 별표 1에 따라 시설을 점검하고 점검결과를 ○○○○장에게 보고하여야 한다.

② 제1항에 따라 점검을 실시할 때에는 ○○○○장이 지명한 직원의 입회하에 실시한다.

③ 시설점검은 다음 각 호의 사항을 중점적으로 평가하여야 한다.

  1. 실험동물 관리 및 사용에 관한 사항

  2. 직원의 보건 및 안전에 관한 사항

  3. 수의학적 관리에 관한 사항

  4. 기록물 유지 및 보존에 관한 사항

  5. 실험동물 관리와 관련한 보고체계

  6. 내부 종사자 및 동물실험 수행자의 교육·훈련에 관한 사항

제5장 보칙

제17조(수당) 위원, 이해관계인 및 외부전문가에 대하여는 예산의 범위 내에서 위원회 회의참석 및 자문 등에 따른 수당 등을 지급할 수 있다.

제18조(비밀유지) ① 위원은 임기가 시작되기 전에 별지 제8호 서식에 따른 위원서약서를 작성하여 ○○○○장에게 제출하여야 한다.

② 위원은 그 직무를 수행함에 있어 알게 된 비밀을 누설하거나 도용하여서는 아니 된다.

제19조(기록 보관 및 열람) ① 위원장은 회의록 등 위원회 구성 및 운영 관련 자료를 회의종료일로부터 3년 이상 보관하여야 한다.

② 위원회 활동과 관련한 기록물을 열람하거나 복사물을 입수하고자 하는 자는 위원회를 거쳐 ○○○○장의 승인을 받아야 한다. 다만, 「동물보호법」제40조에 따른 동물보호감시원 또는 「실험동물에 관한 법률」제27조에 따른 관계 공무원이 업무 수행을 위한 경우에는 그러하지 아니하다.

제20조(조치요구) 위원장은 실험동물의 보호와 윤리적인 취급을 위하여 ○○○○장에게 필요한 조치사항을 요구하고자 하는 때에 문서로 하여야 한다.

제21조(운영세칙) 이 규정에서 정한 사항 외에 위원회 운영에 관하여 필요한 사항은 위원회의 의결을 거쳐 위원장이 정한다.

부 칙

① (시행일) 이 규정은 공포한 날부터 시행한다.

② (경과조치) 이 규정 시행 당시 종전의 「동물실험윤리위원회운영규정」에 따라 행하여진 행위는 이 규정에 따라 행하여진 것으로 본다.

[출처] — 동물실험윤리위원회자료실(animal.go.kr)

공저자 약력

오희경
서울대학교 농학박사
장안대학교 건강과학부 바이오동물보호과 교수

김주완
경북대학교 수의학박사
대구한의대학교 반려동물보건학과 교수

배동화
경북대학교 예방수의학박사
영진전문대학교 동물보건과 교수

송광영
건국대학교 축산대학 농학박사
서정대학교 동물보건과 교수

이재연
충남대학교 수의학박사
대구한의대학교 반려동물보건학과 교수

황보람
건국대학교 수의학석사
장안대학교 건강과학부 바이오동물보호과 교수

동물보건복지 및 법규

초판발행	2023년 9월 1일
지은이	오희경 · 김주완 · 배동화 · 송광영 · 이재연 · 황보람
펴낸이	노 현
편 집	사윤지
기획/마케팅	김한유
표지디자인	이영경
제 작	고철민 · 조영환
펴낸곳	㈜ 피와이메이트
	서울특별시 금천구 가산디지털2로 53 한라시그마밸리 210호(가산동)
	등록 2014. 2. 12. 제2018-000080호
전 화	02)733-6771
f a x	02)736-4818
e-mail	pys@pybook.co.kr
homepage	www.pybook.co.kr
ISBN	979-11-6519-449-9 93520

copyright©오희경 외, 2023, Printed in Korea

정 가   25,000원

박영스토리는 박영사와 함께하는 브랜드입니다.